日本冷凍空調学会専門書シリーズ

測定器の取扱方法

公益社団法人 日本冷凍空調学会

測定器の取扱方法　改訂版発行にあたって

　前書「冷凍空調における測定器の取扱方法」が出版されて本年で35年となる．現代ではだれもがネットで情報を得ることができ，このような時代に前書を改訂する意義があるか，改めてそのことを問い直すことから改訂作業は始まった．

　議論の中で，冷凍空調に携わる技術者にとっての測定器とは，必要な情報を得るためのツールであり，測定器を知っているだけでなく，目的に沿って有効な使い方や評価方法を含めた知識が必要であるとの認識に至った．このため本書は，学会のもつ豊富な知識・情報力を総合し，ネットだけでは得ることのできない測定全般に対するワンストップソリューションを目指した改訂を進めることとした．また，さらに詳しく知りたい方のために文献紹介も充実させている．

　以上を踏まえ，本書は大きく三編で構成されている．

　共通編は測定を行う際の基本となるデータの不確かさ，信頼度などについて記述している．測定データの意味について理解いただけるよう，今回の改訂で追加した部分である．
　基礎編は前書の改訂部分であり，本書の中心である．この35年間の測定器の進歩や測定方法の変化を元に項目，構成を見直し，冷凍空調分野で扱うであろうほぼ全ての測定器の原理，特徴，取扱方法について述べている．前書の校正に関する記述は各測定器の章内に含めた．
　応用編も共通編同様新しく加えた部分であり，測定器を用いた実際の計測例を挙げている．これは目的に合わせて適切に測定器を選定し，適切な使い方をしなければ正確な測定はできない，という視点から加えられたものであり，算出式や測定のノウハウなども記述している．
　計測器の選定や使用方法を知りたい方は，まず基礎編からお読みいただきたい．具体的な実験方法については応用編をご参考にしていただきたい．計測して得られたデータの整理については共通編がお役に立てるであろう．目的に合わせて各編を自在にご利用いただければと考えている．

　このような非常に欲張った内容の執筆を，その分野の専門の方々にお願いできたことはまことに幸いであった．お忙しい中，本書の執筆に参加していただいた皆様に改めてお礼を申し上げる次第である．
　有効に使っていただければ幸いである．

2015年3月

公益社団法人　日本冷凍空調学会
測定器の取扱方法改訂委員会
委員長　池内　正充

測定器の取扱方法　改訂委員会　委員（50音順）

委員長	池内　正充	株式会社　前川製作所
委　員	秋庭　義明	横浜国立大学
	岡田　覚	東芝キヤリア　株式会社
	小澤　貴浩	株式会社　オーバル
	粥川　洋平	独立行政法人　産業技術総合研究所
	神戸　正純	新日本空調　株式会社
	佐藤　浩二	長野計器　株式会社
	柴田　稜威夫	元・三機工業　株式会社
	瀧川　隆介	株式会社　チノー
	東條　健司	東條技術士事務所
	松岡　文雄	株式会社　ヒートポンプ研究所
	三田村　安晃	ショーワ　株式会社
	宮良　明男	佐賀大学

測定器の取扱方法　執筆者一覧（50音順）

青木　敏和	ウエットマスター株式会社		地下　大輔	東京海洋大学
青山　有加	日置電機株式会社		鈴木　康泰	株式会社オーバル
秋庭　義明	横浜国立大学		高橋　直樹	株式会社アルバック
浅野　等	神戸大学		瀧川　隆介	株式会社チノー
阿部　恒	独立行政法人産業技術総合研究所		田中　秀幸	独立行政法人産業技術総合研究所
池内　正充	株式会社前川製作所		田村　純	三興コントロール株式会社
市毛　誠吾	日本フローセル製造株式会社		遠山　秀司	長野計器株式会社
伊藤　知美	ショーワ株式会社		中尾　雄一	株式会社オーバル
糸　康	株式会社オーバル		仲谷　行雄	新コスモス電機株式会社
井上　順広	東京海洋大学		西野　敦洋	独立行政法人産業技術総合研究所
岩村　大介	理研計器株式会社		野田　伸一	株式会社東芝
小澤　貴浩	株式会社オーバル		橋詰　隆	株式会社小野測器
梶尾　恭弘	アズビル株式会社		星　靖洋	株式会社小野測器
片橋　明石	株式会社オーバル		本多哲太郎	公益財団法人放射線計測協会
粥川　洋平	独立行政法人産業技術総合研究所		松田　朋信	リオン株式会社
倉島　孝行	日置電機株式会社		三田村　安晃	ショーワ株式会社
後藤　正昭	日本フローセル製造株式会社		宮良　明男	佐賀大学
小山　繁	九州大学		安松　彰夫	横河電機株式会社
斉藤　玲	日本サン石油株式会社		吉田　将之	マイクロトラック・ベル株式会社
斎藤　竜太	日置電機株式会社		若松　武史	株式会社オーバル
佐藤　浩二	長野計器株式会社		渡辺　丈	ダイキン工業株式会社
佐藤　智典	株式会社e・オータマ		渡辺　学	東京海洋大学
佐藤　雄亮	日置電機株式会社			

測定器の取扱方法　目次

測定器の取扱方法改訂版発行にあたって　　　[池内正充]

【 共 通 編 】

第1章. 測定の不確かさ評価　　　[田中秀幸]
1.1　はじめに 1
1.2　「精度」「誤差」「不確かさ」とは 1
1.3　不確かさの評価方法 3
　1.3.1　不確かさの評価法概要 3
　1.3.2　量の定義，評価方法，測定手順の明確化 ... 3
　1.3.3　測定のモデル式の構築 4
　1.3.4　不確かさ要因の特定 4
　1.3.5　標準不確かさの評価法の分類 5
　1.3.6　タイプAの評価法 6
　1.3.7　タイプBの評価法 7
　1.3.8　合成標準不確かさの算出 8
　1.3.9　拡張不確かさの算出 9
　1.3.10　不確かさの報告 9
1.4　おわりに 10

第2章. 実験計画法　　　[田中秀幸]
2.1　はじめに 11
2.2　誤差の構造モデル 11
2.3　分散分析法の基本 13
　2.3.1　分散分析法の原理 13
　2.3.2　一元配置の分散分析法の計算について ... 13
　2.3.3　分散分析法による因子の分散の推定 14
　2.3.4　F-検定 15
2.4　一元配置の分散分析法の例 16
2.5　おわりに 16

【 基 礎 編 】

第3章. 温度　　　[瀧川隆介]
3.1　温度概論 18
　3.1.1　概要 18
　3.1.2　温度とは 18
3.2　温度計の種類と用途 18
　3.2.1　接触式温度計 18
　3.2.2　非接触式温度計 19
3.3　熱電対 19
　3.3.1　熱電対の原理 19
　3.3.2　基準接点 19
　3.3.3　熱電対の種類 20
　3.3.4　熱電対の構造 21
　3.3.5　補償導線 22
3.4　測温抵抗体 23
　3.4.1　原理と特徴 23
　3.4.2　種類 23
　　(1)　白金測温抵抗体 23
　　(2)　極低温用測温抵抗体 24
　　(3)　サーミスタ 24
　3.4.3　構造 24
　3.4.4　使用上の留意点 24
3.5　放射温度計 25
　3.5.1　原理 25
　3.5.2　放射温度計の種類と構造 25
　3.5.3　放射率 25
　3.5.4　放射温度計の使用上での留意点 26
　　(1)　対象物体の放射率 26
　　(2)　光路障害の影響 26
　　(3)　対象物体以外の高温熱源の影響 26

第4章. 圧力
4.1　圧力の基本　　　[佐藤浩二]　　28
　4.1.1　圧力とは 28
　4.1.2　圧力の種類 28
　　(1)　大気圧, ゲージ圧, 真空, 絶対圧, 差圧 ... 28
　　(2)　動圧, 静圧, 全圧 28
　4.1.3　圧力の単位 28
4.2　弾性素子の種類 28
　4.2.1　ブルドン管 28
　4.2.2　ベローズ 28
　4.2.3　ダイアフラム 29
　4.2.4　カプセル 29
4.3　圧力計（機械式） 29
　4.3.1　圧力計の構造 29
　4.3.2　圧力計の種類 29
　　(1) JIS B 7505-1 ブルドン管圧力計 29
　　(2)　微圧計 30
　　(3)　差圧計 30
　　(4)　グリセリン入り圧力計 31
　　(5)　接点付圧力計 31
　　(6)　圧力スイッチ 31
　　(7)　隔膜式圧力計 31
　　(8)　精密圧力計 31
　4.3.3　圧力計の選定 32
　　(1)　精度 32
　　(2)　測定流体 32
　　(3)　測定圧力 33
　　(4)　環境 33
　　(5)　仕様の決定 33
4.4　圧力センサ　　　[遠山秀司]　　33
　4.4.1　圧力センサの種類 33
　　(1)　原理 33
　　(2)　出力信号の種類 34
　4.4.2　圧力センサの選定 35
　　(1)　精度 35
　　(2)　測定流体 35
　　(3)　測定圧力 35
　　(4)　環境 35
　　(5)　仕様の決定 35
4.5　計装上の注意事項　　　[佐藤浩二]　　36
4.6　計器の保守，管理 36
　4.6.1　保守点検の周期 36
　4.6.2　保守点検の方法 36
　4.6.3　管理の実際 37
　　(1)　現場計器の管理 37
　　(2)　基準器の管理 37
4.7　関連規格および法的規制 37
　4.7.1　JIS規格 37
　4.7.2　計量法 38
　4.7.3　高圧ガス保安法 38
　4.7.4　労働安全衛生法 38

| 4.8 真空計測とトレーサビリティ　　[高橋直樹]　38
| 　4.8.1　真空計の種類　39
| 　4.8.2　機械的現象に基づく真空計　39
| 　　(1) U字管マノメータ，マクラウド真空計　39
| 　　(2) 隔膜真空計　39
| 　4.8.3　気体の輸送現象に基づく真空計　40
| 　　(1) ピラニ真空計　40
| 　　(2) スピニングロータ真空計　41
| 　4.8.4　気体中の電離現象に基づく真空計　42
| 　　(1) 代表的な熱陰極電離真空計　42
| 　　(2) 電離真空計の測定下限　42
| 　　(3) 電離真空計の測定上限　43
| 　4.8.5　真空領域のトレーサビリティ　43
| 　　(1) 各種標準器について　44
| 　　(2) 真空計測に関する標準供給の現状　44
| 　4.8.6　真空計測規格　45
| 　4.8.7　参考　45
| 4.9　漏れ検査　45
| 　4.9.1　気体の流れ　46
| 　　(1) 気体の流量　46
| 　　(2) 気体の流量とコンダクタンス　47
| 　4.9.2　発泡漏れ試験法　47
| 　4.9.3　圧力変化漏れ試験法　48
| 　　(1) 圧力変化法加圧法による漏れ量　48
| 　　(2) 圧力変化法減圧法による漏れ試験の注意点　48
| 　4.9.4　ヘリウム漏れ試験法　49
| 　4.9.5　その他の真空を用いた漏れ試験テクニック　50

第5章．湿度　　[阿部　恒，田村　純]
5.1　湿度の基本　51
　5.1.1　湿度とは　51
　5.1.2　空調における湿度制御の重要性とその影響　51
　5.1.3　湿度の表現法　51
　　(1) 露点　51
　　(2) 物質量分率（モル分率）　51
　　(3) 絶対湿度　51
　　(4) 混合比　51
　　(5) 相対湿度　52
　　(6) 比較湿度（飽和度）　52
　5.1.4　飽和蒸気圧式と逆関数　52
　5.1.5　湿度表示法の相互関係　52
5.2　湿度の計測器　54
　5.2.1　湿度の計測器の種類　54
　　(1) 鏡面冷却式露点計　54
　　(2) 通風乾湿計　55
　　(3) 湿度センサ　56
　　(4) 自記式湿度計　57
　　(5) 湿度計の形態　57
　5.2.2　空調における湿度センサと温度センサの関係　58
5.3　測定結果の信頼性　58
　5.3.1　湿度測定の不確かさ要因　58
　5.3.2　湿度計の校正と不確かさ評価　59
　5.3.3　湿度のトレーサビリティシステム　59
　5.3.4　湿度制御のための注意点と準備　60
　5.3.5　現場湿度計の施工　60
　　(1) 湿度計の選択，工事設計　60
　　(2) 設置工事　60
　　(3) 試運転　61
　5.3.6　湿度計の取り扱い　61
　　(1) 注意事項　61
　　(2) カタログ記載項目　61
　　(3) 長期安定性，寿命　62
5.4　おわりに　62

第6章．流量
6.1　流量計測の基礎　　[小澤貴浩]　64
　6.1.1　流量とは　64
　6.1.2　流量計の種類と分類　64
6.2　各種流量計の計測原理・構造・特徴　64
　6.2.1　容積流量計　　[若松武史]　64
　　(1) 概要　64
　　(2) 特徴　64
　　(3) 原理　64
　　(4) 選定方法および使用上の注意事項　65
　6.2.2　差圧流量計　　[梶尾恭弘]　66
　　(1) 概要　66
　　(2) 特徴　66
　　(3) 測定原理　66
　　(4) 選定方法および使用上の注意事項　68
　6.2.3　面積流量計　　[市毛誠吾，後藤正昭]　68
　　(1) 概要　68
　　(2) 特徴　69
　　(3) 測定原理　69
　　(4) 選定方法および使用上の注意事項　70
　6.2.4　電磁流量計　　[安松彰夫]　70
　　(1) 概要　70
　　(2) 特徴　71
　　(3) 原理　71
　　(4) 選定方法および使用上の注意事項　71
　6.2.5　渦流量計　　[鈴木康泰]　71
　　(1) 概要　71
　　(2) 特徴　72
　　(3) 原理　72
　　(4) 渦発生体形状　72
　　(5) 選定方法および使用上の注意事項　72
　6.2.6　超音波流量計　　[小澤貴浩]　73
　　(1) 概要　73
　　(2) 特徴　73
　　(3) 原理　73
　　(4) 選定方法および使用上の注意事項　74
　6.2.7　タービン流量計　　[若松武史]　75
　　(1) 概要　75
　　(2) 特徴　75
　　(3) 原理　75
　　(4) 選定方法および使用上の注意事項　76
　6.2.8　コリオリ流量計　　[中尾雄一]　77
　　(1) 概要　77
　　(2) 特徴　77
　　(3) 原理　77
　　(4) 選定方法および使用上の注意事項　78
　6.2.9　熱式質量流量計　　[小澤貴浩]　79
　　(1) 概要　79
　　(2) 特徴　79
　　(3) 原理　79
　　(4) 選定方法および使用上の注意事項　80
　6.2.10　フロースイッチ　81
　　(1) 概要　81
　　(2) 原理　81
　　(3) 選定方法および使用上の注意事項　81
6.3　流量計の校正と関連法規　81

6.3.1	校正とトレーサビリティ	[片橋明石]	81
6.3.2	総合精度の考え方		82
6.3.3	関連法規・規格	[糸　　康]	82
(1)	法規		82
(2)	規格		83

第7章. 応力　　　　　　　　　　　　　　　[秋庭義明]

- 7.1 はじめに ……… 85
- 7.2 応力の成分と主応力 ……… 85
- 7.3 ひずみの成分と主ひずみ ……… 88
- 7.4 フックの法則 ……… 89
- 7.5 残留応力 ……… 89
- 7.6 応力・ひずみ測定 ……… 90
  - 7.6.1 ひずみゲージ法 ……… 90
  - 7.6.2 熱弾性法 ……… 91
  - 7.6.3 音弾性法 ……… 92
  - 7.6.4 磁気ひずみ法 ……… 93
  - 7.6.5 回折法 ……… 93
  - 7.6.6 その他の全視野測定法 ……… 94
- 7.7 おわりに ……… 94

第8章. 電気

- 8.1 電力計　　　　　　　　　　　　[青山有加] 96
  - 8.1.1 電力用語と電力測定 ……… 96
    - (1) 電力 ……… 96
    - (2) 直流電力 ……… 96
    - (3) 交流電力 ……… 96
    - (4) 結線ごとの電力測定 ……… 96
  - 8.1.2 電力計の測定原理 ……… 97
    - (1) 概要 ……… 97
    - (2) アナログ演算処理 ……… 97
    - (3) デジタル演算処理 ……… 98
  - 8.1.3 電力計の種類と注意事項 ……… 98
    - (1) 電流入力方式 ……… 98
    - (2) 入力部の構造 ……… 99
    - (3) 測定周波数帯域と要求精度 ……… 99
  - 8.1.4 電力計の使用例 ……… 99
    - (1) 直接入力方式の電力計 ……… 99
    - (2) 広帯域電力計 ……… 99
    - (3) 商用電源用のクランプ式電力計 ……… 100
    - (4) 電源品質アナライザ ……… 101
- 8.2 電気安全測定器　　　　　　　[佐藤雄亮] 101
  - 8.2.1 絶縁耐圧試験 ……… 101
    - (1) 目的と用途 ……… 101
    - (2) 規格で決まっている感電対策 ……… 102
    - (3) 測定方法と注意点 ……… 102
    - (4) 絶縁耐圧試験における接触の重要性 ……… 102
    - (5) 絶縁耐圧試験器の選び方 ……… 103
  - 8.2.2 漏れ電流試験 ……… 103
    - (1) 目的と用途 ……… 103
    - (2) 漏れ電流について ……… 103
    - (3) 漏れ電流測定を要求する規格 ……… 103
    - (4) 漏れ電流試験の種類 ……… 103
    - (5) 試験条件について ……… 104
    - (6) 漏れ電流試験器の選び方 ……… 104
  - 8.2.3 保護導通試験 ……… 104
    - (1) 目的と用途 ……… 104
    - (2) 試験方法 ……… 104
    - (3) 保護導通試験器の選び方 ……… 105
- 8.3 記録計, ロガー　　　　　　　[倉島孝行] 105
  - 8.3.1 データロガー ……… 105
    - (1) 概要 ……… 105
    - (2) データロガーの種類と特徴 ……… 105
    - (3) 使用方法と使用上の注意 ……… 106
  - 8.3.2 波形記録計 ……… 106
    - (1) 概要 ……… 106
    - (2) 波形記録計の種類と特徴 ……… 106
    - (3) 使用方法と使用上の注意 ……… 106
- 8.4 工事用測定器　　　　　　　　[斎藤竜太] 107
  - 8.4.1 絶縁抵抗計 ……… 107
    - (1) 概要 ……… 107
    - (2) 絶縁抵抗計の種類 ……… 107
    - (3) 使用方法と使用上の注意 ……… 108
  - 8.4.2 クランプ電流計 ……… 109
    - (1) 概要 ……… 109
    - (2) クランプ電流計の種類 ……… 109
    - (3) 使用方法と使用上の注意 ……… 110
  - 8.4.3 接地抵抗計 ……… 110
    - (1) 接地工事と接地抵抗 ……… 110
    - (2) 接地抵抗計の概要 ……… 110
    - (3) 接地抵抗計の種類 ……… 111
    - (4) 3電極法による測定方法 ……… 111
    - (5) 2電極法による測定方法 ……… 112
  - 8.4.4 検相器 ……… 112
    - (1) 概要 ……… 112
    - (2) 検相器の種類 ……… 112
    - (3) 三相回路の配色と呼称 ……… 112
  - 8.4.5 DMM ……… 113
    - (1) 概要 ……… 113
    - (2) DMMの種類 ……… 113
    - (3) 測定カテゴリ ……… 113
    - (4) 使用方法と使用上の注意 ……… 113

第9章. 振動・騒音・変位　　　　　　　　[野田伸一]

- 9.1 振動測定 ……… 115
  - 9.1.1 はじめに ……… 115
  - 9.1.2 振動測定の方法 ……… 115
    - (1) 各種の振動ピックアップ ……… 115
    - (2) 振動測定の方法選択 ……… 116
    - (3) 振動測定上の留意点 ……… 116
  - 9.1.3 周波数分析 ……… 116
- 9.2 騒音測定 ……… 117
  - 9.2.1 はじめに ……… 117
  - 9.2.2 騒音レベルの定義と評価・分析法 ……… 117
    - (1) デシベル ……… 117
  - 9.2.3 A特性補正と騒音レベル ……… 117
  - 9.2.4 騒音のデシベルの計算 ……… 118
- 9.3 音響インテンシティ法による測定 ……… 118
  - 9.3.1 はじめに ……… 118
  - 9.3.2 音響インテンシティ法の規定 ……… 119
  - 9.3.3 音響インテンシティと音響パワーの測定方法 ……… 119
- 9.4 ひずみゲージによる応力測定 ……… 120
  - 9.4.1 はじめに ……… 120
  - 9.4.2 ひずみの物理量 ……… 120
  - 9.4.3 ひずみゲージの原理 ……… 120
    - (1) 抵抗の変化 ……… 120
    - (2) ホイートストンブリッジ回路 ……… 120

第10章．水質

10.1 冷凍空調回路の運転における水の役割　　［三田村安晃］122
- 10.1.1 冷却水 ································ 122
- 10.1.2 冷温水（ブライン）················ 122
- 10.1.3 水質管理 ····························· 122

10.2 水質管理に必要な測定機器············ 124

10.3 導電率計 ···································· 124
- 10.3.1 導電率とは ····························· 124
- 10.3.2 導電率測定の原理····················· 125
- 10.3.3 導電率計の操作方法および注意事項········ 125
  - (1) 測定 ···································· 125
  - (2) 保管 ···································· 126
  - (3) 保守：セル定数の校正··············· 126
  - (4) 導電率自動ブロー装置の導電率センサの保守····· 126
- 10.3.4 導電率と水質管理 ···················· 126

10.4 pHメータ ··································· 127
- 10.4.1 pHとは ································· 127
- 10.4.2 pHメータの原理······················· 128
- 10.4.3 pHメータの操作方法および注意事項······· 128
- 10.4.4 pHと水質管理 ························· 128

10.5 ブラインテスタ　　［伊藤知美］129
- 10.5.1 ブラインとは ························· 129
- 10.5.2 ブラインテスタの原理··············· 129
- 10.5.3 ブラインテスタの操作方法および注意事項···· 130
  - (1) 校正（0点調整）······················· 130
  - (2) 測定 ···································· 130
  - (3) 保守，その他注意事項··············· 131
- 10.5.4 ブラインの濃度管理 ················· 131

10.6 排水　　［三田村安晃］131

10.7 おわりに ···································· 131

第11章．ガス

11.1 冷媒漏洩検知器の種類と活用　　［岩村大介］132
- 11.1.1 はじめに ································ 132
- 11.1.2 冷媒ガス用漏洩検知器の種類 ······· 132
- 11.1.3 半導体式センサ ······················· 132
- 11.1.4 ポータブル型検知器と定置型検知器の活用···· 132
- 11.1.5 自然冷媒の漏洩検知について ······· 133

11.2 高濃度ガス検知器　　［仲谷行雄］133
- 11.2.1 フロンガス警報器····················· 134
- 11.2.2 アンモニア冷凍設備用ガス検知警報器········ 135
- 11.2.3 デジタル酸素濃度計 ················· 135
- 11.2.4 装着型酸素計 ························· 136
- 11.2.5 高濃度ガス検知器····················· 136
- 11.2.6 可燃性ガス検知警報装置············ 136
- 11.2.7 共通事項 ································ 136

11.3 冷媒漏れ検知の最新技術　　［渡辺　丈］137
- 11.3.1 はじめに ································ 137
- 11.3.2 遠隔監視による冷媒漏洩検知システム······· 137
  - (1) 空調機用遠隔監視システムの概要··· 137
  - (2) 新検知方法の特徴····················· 138
- 11.3.3 市場データによる検証··············· 139
  - (1) 冷媒保有量の分布····················· 139
  - (2) 検知感度の評価·· 139
  - (3) 実際の冷媒漏洩事例 ················· 140
- 11.3.4 実運用での課題 ······················· 141
  - (1) 冷媒漏洩でない事例（1）············ 141
  - (2) 冷媒漏洩でない事例（2）············ 141
  - (3) 漏洩箇所の特定 ······················· 141
  - (4) 漏洩点検・修理作業を想定した施工····· 141
- 11.3.5 おわりに ································ 141

第12章．微粒子　　［松田朋信］

12.1 はじめに ···································· 142

12.2 原理と仕様 ·································· 142
- 12.2.1 粒子による光散乱····················· 142
- 12.2.2 光学系 ···································· 142
- 12.2.3 流体系 ···································· 143
- 12.2.4 表示および出力端子 ················· 144
  - (1) 常時モニタリング····················· 144
  - (2) 多点モニタリングシステム·········· 144
- 12.2.5 性能仕様 ································ 144

12.3 規格 ··· 144
- 12.3.1 パーティクルカウンタの規格 ······· 144
  - (1) 粒径区分のしきい値設定方法······· 145
  - (2) 計数効率 ································ 145
  - (3) 粒径分解能 ····························· 145
  - (4) 偽計数 ···································· 145
  - (5) 最大粒子個数濃度····················· 145
  - (6) 試料空気流量 ························· 146
  - (7) 測定時間 ································ 146
  - (8) 応答性 ···································· 146
- 12.3.2 クリーンルームの規格··············· 146

12.4 測定および取扱上の注意················ 146
- 12.4.1 原理上の誤差要因····················· 146
  - (1) 粒子の持つ光学的性質の影響······· 146
  - (2) 同時通過損失 ························· 147
- 12.4.2 使用方法による要因 ················· 147
  - (1) サンプリング管の粒子沈着·········· 147
  - (2) 等速吸引の必要性····················· 148
  - (3) 計数値過少による誤差··············· 148

12.5 保守管理 ····································· 148

12.6 おわりに ···································· 149

第13章．電磁両立性（EMC）　　［佐藤智典］

13.1 はじめに ···································· 150

13.2 エミッション ······························ 150
- 13.2.1 雑音端子電圧（CISPR 14-1）······ 150
  - (1) 測定器 ···································· 151
  - (2) 測定 ···································· 152
- 13.2.2 妨害電力（CISPR 14-1）············ 153
  - (1) 測定器 ···································· 153
  - (2) 測定 ···································· 153
- 13.2.3 放射電磁界（CISPR 14-1）········ 154
  - (1) 測定 ···································· 154
- 13.2.4 電源高調波電流（IEC 61000-3-2，-3-12）··· 154
  - (1) 測定 ···································· 155
- 13.2.5 電圧変動・フリッカ（IEC 61000-3-3，-3-11）··· 155
  - (1) 測定 ···································· 156

13.3 イミュニティ ······························ 156
- 13.3.1 静電気放電（IEC 61000-4-2）····· 156
  - (1) 試験器 ···································· 156
  - (2) 試験法 ···································· 156
- 13.3.2 放射電磁界（IEC 61000-4-3）····· 157
- 13.3.3 電気的ファスト・トランジェント/バースト（IEC 61000-4-4）······· 157
  - (1) 試験器 ···································· 157
  - (2) 試験法 ···································· 158
- 13.3.4 サージ（IEC 61000-4-5）··········· 158

- 13.3.5 無線周波伝導妨害（IEC 61000-4-6） ········ 158
- 13.3.6 ディップ・短時間停電（IEC 61000-4-11） ··· 159
- 13.4 電力品質の考慮··· 159
- 13.5 人体の電磁界への曝露の制限··························· 159
- 13.6 試験の実施··· 160
  - 13.6.1 規格の選択··· 160
  - 13.6.2 装置のカテゴリ··· 160
  - 13.6.3 電源電圧··· 160
  - 13.6.4 エミッション測定時の動作··························· 161
  - 13.6.5 イミュニティ試験時の動作の監視··················· 161
  - 13.6.6 イミュニティ試験での合否判定····················· 161
  - 13.6.7 EUTなどの準備··· 162
- 13.7 品質保証··· 162

第14章．放射線　　　　　　　　　　［本多哲太郎］
- 14.1 放射線··· 164
  - 14.1.1 放射線·· 164
  - 14.1.2 放射線の種類と性質··································· 164
  - 14.1.3 放射線の単位·· 164
  - 14.1.4 放射線の人体への影響································ 165
- 14.2 放射線の測定·· 165
  - 14.2.1 測定器の原理と特徴··································· 165
    - (1) GM計数管·· 166
    - (2) シンチレーション検出器································ 166
    - (3) 電離箱··· 166
    - (4) 半導体検出器·· 166
  - 14.2.2 空間線量率の測定·· 166
    - (1) 相対指示誤差（線量率直線性）························ 167
    - (2) エネルギー特性·· 167
    - (3) 方向特性··· 167
  - 14.2.3 表面汚染密度の測定··································· 168
    - (1) 直接測定法·· 168
    - (2) 間接測定法（ふき取り法）····························· 168
  - 14.2.4 食品中の放射能濃度の測定··························· 169
    - (1) シンチレーション検出器を用いたγ線スペクトロメータ ··· 171
    - (2) Ge検出器を用いたガンマ線スペクトロメータ ···· 171
  - 14.2.5 空気中の放射能濃度の測定··························· 172
  - 14.2.6 個人線量の測定··· 173
- 14.3 放射線測定の信頼性確保································· 173
  - 14.3.1 測定器の校正·· 173
    - (1) 空間線量率測定用サーベイメータの校正定数·· 173
    - (2) 表面汚染密度測定用サーベイメータの機器効率 ··· 174
    - (3) 放射能濃度測定用γ線スペクトロメータの検出効率 ··· 174
    - (4) 個人線量··· 174
  - 14.3.2 トレーサビリティ······································· 175
  - 14.3.3 測定精度の管理··· 175
    - (1) 空間線量率測定および表面汚染密度測定用のサーベイメータ ·· 175
    - (2) 食品中の放射能測定用γ線スペクトロメータ·· 176
- 14.4 原子力発電所の事故に関連して······················· 176
  - 14.4.1 日本国の処置·· 176
  - 14.4.2 海外の処置··· 176
  - 14.4.3 国内の放射線測定機関など··························· 176

第15章．質量
- 15.1 質量　　　　　　　　　　　　　　［粥川洋平］ 178
  - 15.1.1 質量の定義とトレーサビリティ··············· 178
  - 15.1.2 分銅··· 178
    - (1) 分銅の種類·· 178
    - (2) 分銅の規格·· 179
    - (3) 公称値，協定質量および不確かさ················ 179
    - (4) 分銅の取り扱い·· 180
  - 15.1.3 電子天秤··· 180
    - (1) 電子天秤の種類·· 180
    - (2) 電子天秤の取り扱い方································· 181
    - (3) 質量測定の実例·· 181
    - (4) 質量測定の不確かさ要因····························· 182
- 15.2 密度・比重··· 183
  - 15.2.1 浮ひょう··· 183
  - 15.2.2 比重瓶（ピクノメータ）······························ 183
    - (1) ピクノメータの校正··································· 183
    - (2) ピクノメータによる液体試料の測定··········· 184
  - 15.2.3 振動密度計·· 184
  - 15.2.4 水の密度··· 184
  - 15.2.5 空気の密度·· 185
  - 15.2.6 密度のトレーサビリティ······························ 186
- 15.3 吸着　　　　　　　　　　　　　　［吉田将之］ 187
  - 15.3.1 はじめに··· 187
  - 15.3.2 吸着剤··· 187
  - 15.3.3 吸着等温線·· 187
  - 15.3.4 吸着量測定装置··· 189
    - (1) 定容量法··· 190
    - (2) 重量法··· 190
    - (3) 多成分吸着量評価······································· 191
  - 15.3.5 まとめ··· 192
- 15.4 オイル循環率　　　　　　　　　　［瀧川隆介］ 192
  - 15.4.1 概要··· 192
  - 15.4.2 サンプリング方式······································· 192
  - 15.4.3 オイル分離方式··· 192
  - 15.4.4 光学式··· 193
  - 15.4.5 音速式··· 193
  - 15.4.6 静電容量式·· 193
  - 15.4.7 可視化方式·· 193

第16章．回転計・トルク
- 16.1 はじめに　　　　　　　　　　　　［橋詰　隆］ 195
- 16.2 回転速度の測定·· 195
  - 16.2.1 センサ··· 195
    - (1) タコジェネレータ······································· 195
    - (2) 電磁式回転センサ······································· 196
    - (3) 磁気式回転センサ······································· 196
    - (4) 光電式回転センサ······································· 197
    - (5) ストロボスコープによる回転速度測定········ 198
    - (6) その他の回転センサ··································· 199
  - 16.2.2 回転計··· 200
    - (1) アナログ回転計·· 200
    - (2) ディジタル回転計······································· 200
    - (3) FFT回転計·· 201
    - (4) F-V変換··· 201
  - 16.2.3 回転計測の応用··· 202
    - (1) 回転速度制御·· 202
    - (2) 設備診断··· 202
  - 16.2.4 回転速度の校正方法··································· 204
  - 16.2.5 まとめ··· 204
- 16.3 トルク計··· 204
  - 16.3.1 トルク計　　　　　　　　　　　［星　靖洋］ 204
    - (1) 位相差法··· 205
    - (2) 歪みゲージ法·· 206

(3) 磁歪法・・・・・・・・・・・・・・・・・・・・・・・・・・・・・・・・・ 207
16.3.2 トルク計測の応用・・・・・・・・・・・・・・・・・・・・・ 208
  (1) トルク計測の事例・・・・・・・・・・・・・・・・・・・・・・ 208
  (2) ねじり共振・・・・・・・・・・・・・・・・・・・・・・・・・・・・ 209
16.3.3 トルクの校正とトレーサビリティ [西野敦洋] 210
  (1) 国内におけるトレーサビリティ階層構造・・・・・・ 210
  (2) トルク校正装置・・・・・・・・・・・・・・・・・・・・・・・・ 210
  (3) トルク計測機器の校正方法および不確かさの評価・・ 211

第17章. 粘度 [斉藤 玲]
17.1 はじめに・・・・・・・・・・・・・・・・・・・・・・・・・・・・・・・・・・・ 214
17.2 冷媒と冷凍機油・・・・・・・・・・・・・・・・・・・・・・・・・・・・・ 214
17.3 粘度・・・・・・・・・・・・・・・・・・・・・・・・・・・・・・・・・・・・・・・ 215
  17.3.1 ニュートン流体・・・・・・・・・・・・・・・・・・・・・・・・ 215
  17.3.2 絶対粘度 動粘度・・・・・・・・・・・・・・・・・・・・・・ 215
  17.3.3 工業用潤滑油（冷凍機油）の粘度
        ISO粘度グレード・・・・・・・・・・・・・・・・・・・・・・ 215
  17.3.4 粘度と温度の関係・・・・・・・・・・・・・・・・・・・・・ 215
17.4 粘度の測定方法・・・・・・・・・・・・・・・・・・・・・・・・・・・・・ 216
  17.4.1 毛細管式粘度計・・・・・・・・・・・・・・・・・・・・・・・ 216
  17.4.2 回転式粘度計・・・・・・・・・・・・・・・・・・・・・・・・・ 216
  17.4.3 落球式粘度計・・・・・・・・・・・・・・・・・・・・・・・・・ 216
17.5 冷媒/冷凍機油混合液用粘度センサ・・・・・・・・・・・・ 216
  17.5.1 測定原理と構造・・・・・・・・・・・・・・・・・・・・・・・ 216
  17.5.2 特徴・・・・・・・・・・・・・・・・・・・・・・・・・・・・・・・・・ 217
17.6 圧縮機内の冷媒/冷凍機油混合液の粘度測定・・・・ 217
  17.6.1 取り付け方法, 位置・・・・・・・・・・・・・・・・・・・・ 217
  17.6.2 注意点・・・・・・・・・・・・・・・・・・・・・・・・・・・・・・・ 218
17.7 おわりに・・・・・・・・・・・・・・・・・・・・・・・・・・・・・・・・・・・ 218

【 応 用 編 】

第18章. 熱伝達率測定など
18.1 熱伝達率測定の基礎 [宮良明男] 219
  18.1.1 熱伝達率の定義と不確かさ・・・・・・・・・・・・・・ 219
  18.1.2 熱交換器の種類と熱伝達率の測定・・・・・・・・・ 220
18.2 冷媒側熱伝達率の測定・・・・・・・・・・・・・・・・・・・・・・ 220
  18.2.1 管内熱伝達率・・・・・・・・・・・・・・・・・・・・・・・・・ 220
  (1) 電気加熱における熱流束の測定・・・・・・・・・・・ 220
  (2) 熱媒体による加熱/冷却における熱流束の測定・ 220
  (3) 冷媒温度・・・・・・・・・・・・・・・・・・・・・・・・・・・・・・ 221
  (4) 壁面温度・・・・・・・・・・・・・・・・・・・・・・・・・・・・・・ 221
  (5) 冷媒と壁面との温度差・・・・・・・・・・・・・・・・・・ 221
  (6) シース熱電対を使用する際の注意事項・・・・・・・ 221
  18.2.2 ミニチャンネル・扁平多孔管 [小山繁, 地下大輔] 222
  18.2.3 管外熱伝達率 [井上順広] 223
  (1) 熱流束・・・・・・・・・・・・・・・・・・・・・・・・・・・・・・・・ 223
  (2) 冷媒蒸気温度・・・・・・・・・・・・・・・・・・・・・・・・・・ 223
  (3) 壁面温度・・・・・・・・・・・・・・・・・・・・・・・・・・・・・・ 223
  18.2.4 プレート熱交換器 [浅野 等] 224
  (1) 流路代表長さ・・・・・・・・・・・・・・・・・・・・・・・・・・ 224
  (2) 伝熱面積・・・・・・・・・・・・・・・・・・・・・・・・・・・・・・ 224
  (3) 冷媒が相変化を伴う場合の注意点・・・・・・・・・・ 224
  (4) 熱伝達率の計測・・・・・・・・・・・・・・・・・・・・・・・・ 225
18.3 空気側熱伝達率の測定 [渡辺 学] 225
  18.3.1 理論的な予測・・・・・・・・・・・・・・・・・・・・・・・・・ 225
  18.3.2 経験的な予測方法・・・・・・・・・・・・・・・・・・・・・ 226
  18.3.3 交換熱量の計測方法（日本の規格）・・・・・・・・ 227
  (1) 冷媒流量計法・・・・・・・・・・・・・・・・・・・・・・・・・・ 227
  (2) 凝縮器冷媒流量計法・・・・・・・・・・・・・・・・・・・・ 227
  (3) 熱量計式試験室法・・・・・・・・・・・・・・・・・・・・・・ 227
  (4) 風量測定法・・・・・・・・・・・・・・・・・・・・・・・・・・・・ 227
  18.3.4 交換熱量の計測方法（米国の規格）・・・・・・・・ 227
  (1) Method 1: DX Dual Instrumentation・・・・・・・・・・・・ 227
  (2) Method 2: DX Calibrated box・・・・・・・・・・・・・・・・ 227
  (3) Method 3: Liquid Overfeed・・・・・・・・・・・・・・・・・・ 228
  18.3.5 気流の温度定常状態を利用した交換熱量測定方法・・ 228
  18.3.6 まとめと今後の課題・・・・・・・・・・・・・・・・・・・・ 228
18.4 水側熱伝達率 [井上順広] 229
  18.4.1 熱流束・・・・・・・・・・・・・・・・・・・・・・・・・・・・・・・ 229
  18.4.2 壁面温度・・・・・・・・・・・・・・・・・・・・・・・・・・・・・ 229
  (1) 電気抵抗値による測定・・・・・・・・・・・・・・・・・・ 229
  (2) 熱電対による測定・・・・・・・・・・・・・・・・・・・・・・ 229
  18.4.3 水と壁面との温度差・・・・・・・・・・・・・・・・・・・・ 229
18.5 冷媒流動の可視化 [浅野 等] 230
  18.5.1 流路壁面を透明素材に置換する方法・・・・・・・・ 230
  18.5.2 赤外線サーモグラフィによる方法・・・・・・・・・ 230
  18.5.3 放射線による透過法・・・・・・・・・・・・・・・・・・・・ 231

第19章. 風量測定の応用例 [青木敏和]
19.1 風量測定の種類と原理・・・・・・・・・・・・・・・・・・・・・・ 232
  19.1.1 絞りなど差圧による風量測定・・・・・・・・・・・・ 232
  (1) オリフィス・・・・・・・・・・・・・・・・・・・・・・・・・・・・ 232
  (2) 吸込ノズル・・・・・・・・・・・・・・・・・・・・・・・・・・・・ 233
  19.1.2 風速計による風量測定・・・・・・・・・・・・・・・・・・ 233
  (1) ピトー管・・・・・・・・・・・・・・・・・・・・・・・・・・・・・・ 234
  (2) 複合ピトー管・・・・・・・・・・・・・・・・・・・・・・・・・・ 234
  (3) 熱線式風速計・・・・・・・・・・・・・・・・・・・・・・・・・・ 235
19.2 環境試験室での風量測定例・・・・・・・・・・・・・・・・・・ 235
  19.2.1 事例1 換気扇の風量測定・・・・・・・・・・・・・・・・ 235
  19.2.2 事例2 ファンコイルユニットの風量測定・・・ 236

第1章. 測定の不確かさ評価

1.1 はじめに

測定の不確かさについて規定している文書である「測定における不確かさの表現のガイド, Guide to the expression of Uncertainty in Measurement (GUM)[*1)2)]」が1993年に発行された. この間に標準供給・試験所認定分野では急速に不確かさは普及し, 更に不確かさが用いられる領域は次第に広くなっている.

しかし, 不確かさの概念がこれまでの誤差の概念と比較し, より広いものを扱っていることで, 不確かさについてのニーズは高まっているにもかかわらず, 不確かさの評価法についてはなかなか一般に浸透したとは言い切れない.

本章では, GUMによって規定されている不確かさについての考え方と, その評価法の一般的なところを解説する.

1.2 「精度」「誤差」「不確かさ」とは

測定結果が完全に正しいということはあり得ない. 一般的な測定は個数のような離散量に対して行われるのではなく, 連続量に対して行われる. 温度の測定結果が20.3 ℃というものであったとしても, これは20.300・・・℃を表しているものではない. あくまでも表示桁が小数点以下第1位までだったので, 20.3 ℃と表示されただけであり, これの意味するところは, 温度は20.25 ℃から20.35 ℃の間に存在する, ということを表しているにすぎない.

ただし, 測定には測定を行う目的があり, その目的を達するために必要な精度というものが存在する. 例えば, 現在の時刻を知りたいのであれば, 普通の生活上では1分程度が区別できる精度で時刻が分かれば十分であろう. しかし, 人工衛星から送られる時刻情報を利用し, 現在位置を推定するシステムであるGPSにおいては, 1分程度区別できるというのでは話にならない. GPS衛星に搭載される原子時計は10^{-10} sをはるかに超える精度を持つ. つまり, 測定を行うということは, 目的によってその精度が規定される, ということである.

さて, 精度とは一体何であろうか？精度という言葉は一般に会話でも使われているが, 科学用語としての精度は非常に混乱した用いられ方をされている. 精度とそれに関連する用語をいくつか紹介する. 次に示す語句の定義は, JIS Z 8103 計測用語[*3)]からの引用である.

精度・・・測定結果の正確さと精密さを含めた, 測定対象量の真の値との一致の度合い

正確さ・・・かたよりの小さい程度.

精密さ・・・ばらつきの小さい程度.

（注：JIS原文では「測定量」という用語が用いられている. 現在では「測定対象量」という用語が用いられているため, ここでは「測定対象量」を用いた.）

このように,「正確さ」がかたより,「精密さ」がばらつき,「精度」が両者の総合概念を表していることが分かる.

日常の用途で用いられる「精度」という言葉も同様の意味で用いられていることが多いだろうが, この3つの言葉は分野によって非常に混乱がある. なぜなら, 規格によって定義されている言葉の意味が異なるからである. これらを一覧表にまとめたものを表1.2-1に示す.

表1.2-1 精度に関係する混乱した用語

JIS番号	ばらつき	かたより	総合概念
（英語）	precision	trueness	accuracy
Z 8103[*3)]	精密さ・精密度	正確さ	精度
Z 8402-1[*4)]	精度	真度・正確さ	精確さ
Z 8101-2[*5)]	精度・精密度・精密さ	真度・正確さ	精確さ・総合精度
Q 0033[*6)]	精度・精密さ	真度・正確さ	精確さ・精度
K 0211[*7)]	精度	真度	精確さ
TS Z 0032 (VIM)[*8)*9)]	精密さ・精度	真度・正確さ	精確さ・総合精度

Z 8103は計測全般, Z 8402-1は測定データの取り扱い（試験・化学分野でよく用いられている）, Z 8101-2は統計用語, Q 0033は化学系の試験所認定, K 0211は分析化学, TS Z 0032 (VIM) は現在の計量分野でのグローバルスタンダード, とこれらの用語集はそれぞれの分野で用いられている.

この混乱した用語について更に詳しい情報を得たい場合は参考文献[*10)]を参照してほしい.

このように非常に分野ごとによって混乱している「精度」という用語であるが, 本解説では, かたよりとばらつきの総合概念という意味で用いる.

さて, この精度を端的に表すことができる量としてこれまで用いられてきたものは,「誤差」であった. つまり測定結果が持つ誤差が小さければ, 精度は高い, ということである. 次にこれまで用いられてきた「誤差」の定義を見てみよう.

誤差・・・測定値から真の値を引いた値. [*3)]

また, ここで用いられている「真の値」についても定義を示す.

真の値・・・ある特定の量の定義と合致する値. [*3)]

誤差の定義を見て分かることは, 誤差を求めるには「真

の値」を知る必要があるということである．次に「真の値」とは何を表しているのかを考えよう．

真の値とは「量の定義と合致する値」である．非常に簡単な例として，サイコロの出る目の平均値を考えよう．サイコロの出る目の量定義は，「1から6までの目があり，それぞれの目が出る確率は1/6となる」というものである．

ではこのとき，サイコロを何度も振って出た値の平均値を求めるとすると，その期待できる値は，3.5となる．つまり，サイコロを何度も振った平均値の真の値は3.5となるであろう．

これを実際の測定に置き換える．ある金属棒の長さを測定することを考える．この金属棒の真の長さを考えれば，（私たちには知ることができるかどうかは分からないが，）何らかの値が存在するように思える．しかし，実際にはそうはならない．なぜなら，その金属棒は温度によって長さが変動する．10℃のとき，20℃のとき，30℃のときで金属棒の長さは異なるが，どれが真の金属棒の長さであろうか？これはもちろんどの温度のときも金属棒の長さと言えるだろう．このように金属棒の長さの真の値というものを考えたとしても，それはある一つの長さに決まる訳ではない．真の値とはある一つの値に決定するものではない．何らかの幅を持った値なのである．つまり，真の値，という概念は理想的な概念であり，絶対に知ることができない．

しかし，金属棒の長さの定義として「20℃のときの金属棒の長さ」とすればどうだろうか？これだと20℃のときのみ考えればよいので，真の値が決定しそうであるが，金属棒の長さに影響を与える要因は，その影響が大きい小さいは別として無数に存在する．よって，真の値を一つに決定するためには，無限の量の定義が必要となる．これについて解説しているGUM[*1)]の項目を引用しよう．

GUM D.1.1 測定を行う第一歩は測定対象量—測定される量—を規定することであり，この測定対象量の規定は値によってではなく，量を記述することによって初めて可能となる．しかし，原理的には，測定対象量を"完全に"記述するためには無限の量の情報が必要である．したがって，測定対象量に解釈の余地が残っている限り，測定対象量の定義の不完全さは，測定の要求精度に比べて大きいかまたは小さいかは分からないが，測定結果の不確かさ成分を生じさせることになる．

つまり測定される量を規定するのは値ではなく，測定対象量の定義とはどのようなものか（例えば，1mの定義の場合は「1秒の299792458分の1の時間に光が真空中を伝わる工程の長さ」），どのように測定を行うか（例えば，「測定を10回繰り返し得られた値の標本平均を報告する値とする」）などを記述することによって規定することができる．しかし，測定結果に影響を与える要因は大きいか小さいかは別にして，無数のものが考えられ，それらすべてを定義する訳にはいかない．つまり，定義の曖昧さが原因となり，真の値は1つに決定するものではなく，幅を持った曖昧な部分が必ず存在するということである．「不確かさ」の概念は，真の値が一つに決定するという考えは理想的なものであり，測定値と真の値の差である誤差を完全に知ることはできない．という前提に立ち構築されている．そして，この量の定義の不完全さも不確かさの要因の一つとして考える．

更に，「誤差」ではあまり考慮されていなかったことについてGUM[*1)]では指摘している．

GUM D.3.1 （前略）あらゆるかたよりを補正した測定結果は，測定対象量の"真の"値の最良推定値と見なされることがあるが，実はこの結果は測定しようとしている量の値に対する最良推定値にすぎない．

これもまたサイコロの例で考えよう．今手元にあるサイコロを無限回振って平均値を求めれば，（この無限回測定を行った結果の平均値のことを母平均という）その母平均は真の値である3.5に一致するであろうか？これは絶対に一致しない．なぜなら，この世には完全なサイコロは存在しないからである．つまり，母平均が3.5となるには，各目が出る確率は1/6ずつでなければならない．しかしこれを達成することはできない．各目が出る確率が完全に1/6となるためには，各面の大きさが完全に等しく，向かい合う面は完全に平行であり，隣り合う面は完全に垂直でなければならない．このようなサイコロを作成することは人間のテクノロジーでは不可能である．つまり，絶対に出やすい目，出にくい目が存在するはずである．このように量の定義として「1から6までの目があり，それぞれの目が出る確率は1/6となる」を満たすことはできず，今手元にあるサイコロの目の量の定義は異なるものである．我々が測定しているのはあくまでも手元にあるサイコロであり，得られる最良推定値は，その手元にあるサイコロの最良推定値であり，理想的なサイコロの最良推定値ではない，ということである．

しかし，このサイコロが十分に注意深く製作されているのであれば，その結果を理想的なサイコロを振った結果である，と考えても差し支えがないことが多いだろう．現実の測定も同様で，このような測定の曖昧さというものを避けることは不可能ではあるが，必要とされる精度を満たす程度に曖昧さを抑えることはできるはずである．ただし，その曖昧さがどの程度あるのか，ということを数字として表し，それを知ることは非常に重要なことである．つまり，測定結果としての値の候補は一つではなく，曖昧さによりいろいろな値が存在する．その値の集団を提示することこそが本来測定の結果を完全に示すことになるはずである．不確かさはそれを行えるよう定義されている．

この不確かさの考え方は広まりつつあり，測定に関する用語についても不確かさの考え方が積極的に導入されている．計測の分野では，International Vocabulary of Metrology (VIM)[*8)*9)]という計測に関する国際的な用語集の第3版が2007年に発行され，全面的に不確かさの考え方が導入された．

不確かさの定義は，
・測定結果に付随する，合理的に測定対象量に結びつけられ得る値のばらつきを特徴付けるパラメータ．(GUM)[*1)]
・用いる情報に基づいて，測定対象量に帰属する量の値の

ばらつきを特徴付ける負ではないパラメータ．(VIM第3版)[*8]となっている．

二つの定義が存在しているのは，VIMの第2版では，GUMと同じ定義であったものが第3版で不確かさの定義が変更されたためである．現在GUMも有効な文書であるので，2つの定義が混在している．しかし，両者の定義で大きく変わるところはなく，どちらも測定対象量に帰属する量の値のばらつきを特徴付けるパラメータである．

ここで注意すべきは，「値」という言葉である．これは英語原文では"values"と複数形になっている．つまり，測定対象量に帰属する量の値は一つではなく，複数存在する，ということである．これは先程説明したように，量の定義にも曖昧さが存在し，測定対象量に帰属する量の値も一つではなく，複数存在する，ということを示している．このように不確かさは「真の値」という理想的な値を定義に含むことなく，現実的に算出可能な値として定義されている．

次にこの不確かさの定義で重要であるのは，「測定結果に付随する」という部分である．つまり，不確かさは測定結果に付くものであり，測定器，測定装置，測定システムに付くものではない，ということである．VIM第3版では，測定結果に付随する，という文言は定義には入っていないが，定義の注釈に書かれている．

そして，不確かさの定義の核となるのは，「ばらつきを特徴付けるパラメータ」という部分である．つまり，不確かさとは測定のばらつきを表すものである．ただし，不確かさの文脈ではこの「ばらつき」という用語の中には通常使われる「ばらつき」以上の意味が含まれる．繰り返し測定を行うと測定結果がばらつくことは多い．これが通常のばらつきの意味である．不確かさでは知識の曖昧さを表しているものについてもばらつきとして考える．

例えば本章の最初に出した温度の例がそれである．20.3℃と表示された温度の意味は，20.25℃から20.35℃の間に温度が存在している，ということを表しているにすぎない．つまり，20.3℃±0.05℃で曖昧さが存在する，ということである．不確かさではこれもばらつきとして考えている．

また，「かたより」についてであるが，かたよりの大きさが分かっているのであれば，すべてそのかたよりを補正し，残ったばらつきだけを評価するということになっている．よって不確かさ評価においては，かたよりはすべて補正された後のばらつきの評価のみを行うので，ばらつきを表すパラメータと定義されている．

1.3 不確かさの評価方法

1.3.1 不確かさの評価法概要

本節では，不確かさの評価方法について順を追って紹介する．まず不確かさ評価を行う道筋を簡単に紹介する．
(1) 測定結果にばらつきを与える要因を特定する．
(2) 特定された個々のばらつきを与える要因によって，測定結果がどの程度ばらつくのかを標準偏差（標準不確かさ）で表す．
(3) 求められた標準不確かさを合成し，測定結果全体のばらつき（合成標準不確かさ）を求める．
(4) 合成標準不確かさを変換し，測定結果の存在範囲を表す区間（拡張不確かさ）を求める．

次項からは不確かさ評価方法の詳細を順番に示す．

1.3.2 量の定義，測定方法，測定手順の明確化

前項で紹介したように，量の定義がどの程度明確になっているかということは，その量の定義の不確かさと関係が深いこともあり，非常に重要である．また，このことは不確かさ評価だけにとどまらない．測定を行う際に量の定義，測定方法，測定手順が明確になっていないと，その測定結果は何を測定したのかということが曖昧になる．そのような測定結果はほとんど意味をなさない．つまり，測定を行う前に入念に量の定義，測定方法，測定手順について考える必要がある．

一般的な用語としての「計測」と「測定」は同じ意味として用いられているが，JIS Z 8103 計測用語では，「計測」と「測定」は明確に区別がつけられている．

計測・・・特定の目的を持って，事物を量的にとらえるための方法・手段を考究し，実施し，その結果を用い所期の目的を達成させること．

測定・・・ある量を，基準として用いる量と比較し数値または符号を用いて表すこと．
となっている．

つまり，計測とは，何のために測るのか，その目的を達成するためにはどのような測定方法，手段を用いればよいかを考え，そこで決められたとおりに測り，その測った結果を基に，最初に決めた目的を達成させる，という非常に広い意味でとらえられている．測定は，その計測の中の実際に「測る」という行為そのものを表している．

我々が測定を行うためには何らかの目的が存在するはずである．その目的を達成するために入念な実験計画を練り，またその実験計画の段階で，統計処理法も決定しておく必要がある．そして実際に測定を行うときは事前に決められたとおりに行い，得られた測定値の処理についても事前に決められたとおりに行うことが重要である．取得した測定値を見て，そこからどのような統計処理を行うかを考えるのは，限られた測定値しか存在しないときや，コスト的に過去に取られた測定値を用いる必要があるなど，限定的に使うべきであって，通常はあまり考えるべきではない．

不確かさ評価も同じで，この時点で不確かさ評価法のアウトラインを描いておくことが重要である．先に測定値を得てから，その測定値を用いてどのように不確かさを評価

しようか，と考えるのはあまりよい方法とは言えない．

1.3.3　測定のモデル式の構築

量の定義，測定方法，測定手順が明確になったら，次は測定のモデル式を構築する．この測定のモデル式とは簡単に言うと，測定結果を算出するための式のことである．例えば，既知の抵抗値 R を持つ抵抗にかかる電圧 V を電圧計で測定し，抵抗に流れる電流の大きさ I を求めるのであれば，

$$I = \frac{V}{R} \tag{1.3-1}$$

という測定のモデル式となる．ここで，最終的に得たい量 I のことを出力量，I を得るために測定される量 V, R のことを入力量と呼ぶ．

オームの法則のように物理的な関係で表されるものだけでなく，更に測定結果に補正を含む場合は複雑になる．例えば，20℃のときの金属棒の長さ測定における測定のモデル式は，

$$L = x - \alpha x(t - 20) \tag{1.3-2}$$

ここに，
L：金属棒の長さ
x：マイクロメータの読み値
α：金属棒の熱膨張係数
t：測定時の温度
となる．つまり，測定時の温度を 20℃ちょうどにすることは非常に難しいことから，20℃からのずれ分を熱膨張係数を用いて補正している，ということになる．

また，何らかの測定器の読み値をそのまま測定結果にするとき，例えば，金属棒の長さをものさしで測定する場合を考えよう．その場合は測定精度を考えると温度補正などは考える必要はなく，ものさしの読み値がそのまま金属棒の長さとなる．このときは，

$$y = x \tag{1.3-3}$$

ここに，
y：金属棒の長さ
x：ものさしの読み値
となる．

この測定のモデル式は不確かさ評価において非常に重要な役割を果たす．この測定のモデル式について GUM[*1)] に書かれているところを引用しよう．
GUM 3.4.1　（前略）したがって，その測定の要求精度が課す程度に測定が数学的にモデル化できることを，この標準仕様書（著者注：GUM のこと）では暗に仮定している．

この測定のモデル式は不確かさを合成するときに重要な役割を果たす．それについては，1.3.6 で解説する．

1.3.4　不確かさ要因の特定

測定のモデル式が構築できたら次に不確かさ要因を特定する．不確かさ要因を特定する際によく用いられるのが，特性要因図である．特性要因図の例を図 1.3-1 に示す．

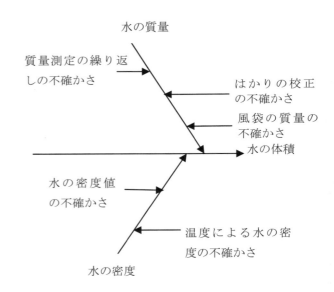

図 1.3-1　水の体積測定における特性要因図

図 1.3-1 に示す水の体積測定のモデル式は，

$$v = \frac{m}{\rho} \tag{1.3-4}$$

ここに，
v：水の体積
m：水の質量
ρ：水の密度
である．

不確かさの要因として，水の質量に関しては，質量測定の繰り返し，はかりの校正の不確かさ，風袋の質量の不確かさの三つを考えている．また，水の密度に関しては，水の密度値の不確かさと温度による影響の二つを要因として考えている．これ以降，この水の体積測定の不確かさ評価をモデルとして，最終的に報告する不確かさを算出するまでの道程を示す．

この特性要因図の書き方は，まず左から右へ矢印を一本書き，その先に出力量を記載する．そして，その矢印に向けて入力量の個数分だけ斜めに矢印を書き込み，矢印の根元に入力量を記載する．そして，その入力量に影響を与える不確かさ要因を入力量の矢印に向けて矢印を引き，その根元に不確かさ要因を書き込む．このような方式で作成する．

この特性要因図を作成すると，測定のモデル式に含まれる各入力量にどのような不確かさ要因が存在するのか，ということが図示でき，整理した形で提示できる．

また，前項で解説した量の定義の不完全さによる不確かさについても考慮する必要がある．量の定義の不完全さによる不確かさは測定結果に明らかに影響を与える大きさであるのか，全く影響を与えないほど小さなものであるのか，ということは分からないが必ず存在する．その中で測定結果に明らかに影響を与えるものをピックアップする必要がある．これは，量の定義の不完全さによる不確かさだけではなく，すべての不確かさ要因に言えることである．つまり，考慮しても合成標準不確かさの値がほとんど変わらないというような要因については無視しても問題ない．

また，特性要因図などを用いて，ここで挙げた不確かさ要因がどの入力量に影響を与えているのか，ということを明示する必要がある．水の体積測定の例では，水の質量については，測定の繰り返し，はかりの校正の不確かさ，風袋の質量の不確かさの三つが影響を与えていると考えた．ここで，それぞれの不確かさに対し記号を付与する．

標準不確かさを表す記号は"u"である．またここで挙げた二つの要因はすべて水の質量に影響を与えるものであるので，それを $u(m)$ とする．しかしこれでは三つの不確かさを区別できないので，それぞれに添え字をつけ区別する．繰り返しはR，校正についてはSの添え字を与えるとする．そうすると，

$u_R(m)$：質量測定の繰り返しの標準不確かさ
$u_S(m)$：はかりの校正の標準不確かさ

となる．また，この二つの標準不確かさを合成したものが，水の質量の標準不確かさとなる．これを $u(m)$ とする．

同様に水の体積についても記号を付与する．

$u(\rho)$：水の密度の標準不確かさ
$u_S(\rho)$：水の密度値の標準不確かさ
$u_t(\rho)$：温度による水の密度の標準不確かさ

となる．

1.3.5　標準不確かさの評価法の分類

ここからは，標準不確かさの大きさを求めることを考える．標準不確かさの大きさを求める方法としてGUMには二種類の方法が規定されている．それは，

・タイプAの評価法
・タイプBの評価法

である．

タイプAの評価法とは，実際の測定を行い，測定値を取得し，その測定値に統計的手法を適用し，標準偏差を求める手法のことである．

タイプBの評価法とは，タイプAの評価法以外の評価法のことである．

これまで誤差評価においては，測定結果に曖昧さを与える要因の性質によって分類されていた．つまり，系統誤差と偶然誤差である．系統誤差とは，測定結果にかたよりを与えるものであり，偶然誤差とはばらつきを与えるものである．しかし，実際の測定においては，かたより，ばらつきを厳密に分類することは非常に難しい．例えば，測定者が5人おり，その測定者によって測定結果が大きかったり小さかったりするとしよう．この測定者間の値の違いはばらつきと考えられるが，実際の測定作業においては，5人測定者を用意しているのは，測定対象物の数が多いため複数の測定者を用意し，対応している場合が多いであろう．そうなると，ある測定対象物の測定結果は5人の中の1人が測定を行ったものとなる．視点を測定対象物に移せば，その測定対象物の値はその測定者が値を大きめに測ってしまう癖があったとすると，大きめの値がついてしまうことになる．これはかたよりである．

このように，状況によって同じ要因であってもかたよりと考えるかばらつきと考えるかは異なる．よって，不確かさでは，測定結果に曖昧さを与える要因の性質によって分類することをやめ，その評価法によって分類することとした．この分類はあくまでも議論の便宜のために行われたものであり，タイプA評価で求められた標準不確かさと，タイプB評価で求められた標準不確かさで何らかの差が存在するということは意味しない．

このタイプA，タイプBの分類に関してGUM[*1)]に言及されている部分を紹介する．

GUM 3.3.3　（前略）不確かさの成分をそれらの評価の方法に基づいて二つの種類，"A"および"B"に分類している．（略）これらの種類は不確かさに適用するもので単語"偶然"および"系統"に代わるものではない．（略）

注記　（前略）このような不確かさの分類法は一般に適用すると曖昧なものになる．例えば，一つの測定における不確かさの"偶然"成分は，この第一の測定の結果を入力データとして使用する他の測定の不確かさの"系統"成分になり得る．したがって不確かさの成分を評価する方法を分類する方が，成分自身を分類するよりも曖昧さが避けられる．（後略）

GUM 3.3.4　タイプAおよびタイプBの分類の目的は，不確かさの成分を評価する二つの異なる方法を明示することであり，また議論の便宜だけのためである．すなわち，この分類は，二つのタイプの評価を理由に成分の性質に差があることを示すものではない．（後略）

このように不確かさ評価法はタイプAとタイプBの評価法に分けられるが，これらは両方とも測定結果のばらつきを標準偏差として表したものであり，タイプAは本当

のばらつき（母標準偏差）を実際に測定することによって，近似的にそのばらつき（標本標準偏差）を求める（なぜなら母標準偏差は，無限回の測定によってのみ知ることができるので，推定せざるを得ない），ということであり，タイプBは，真のばらつきをこれまでの知識，経験，文献などから推定する．ということを行うのである．

また，本当の値を推定する，ということは不確かさ評価だけではなく，測定結果についても言えることである．通常測定結果は複数の測定値を得てその標本平均を測定結果とすることが多いが，標本平均もまた母平均（無限回の測定によって得られる測定値の平均値）の推定値である．このような無限回の測定によって知ることができる母平均，母標準偏差などのことを母数という．つまり，測定は母数を標本によって推定するために行う．今後第1章，第2章において母数についてはギリシャ文字（例えば母平均についてはμ）を用いて表し，標本については，アルファベット（例えば標本平均については$\bar{x}$）を用いて表す．

1.3.6 タイプAの評価法

ではここからはタイプAの評価法について紹介する．

標準不確かさとは，測定結果のばらつきを標準偏差で表したものである．タイプAの評価法では，母標準偏差を標本標準偏差によって推定する．標本標準偏差$s(x)$は以下の式によって求めることができる．

$$s(x) = \sqrt{\frac{\sum_{i=1}^{n}(x_i - \bar{x})^2}{n-1}} \quad (1.3\text{-}5)$$

ここに，x_i：繰り返し測定結果，$\bar{x}$：測定結果の標本平均，n：繰り返し回数である．

つまり，標本平均$\bar{x}$からの距離の二乗平均である標本分散の平方根が標本標準偏差である．

ただ，二乗平均とはいうものの，繰り返し回数であるnで割るのではなく，$n-1$で割っている．この$n-1$のことを自由度という．なぜnで割るのではなく，$n-1$で割るのかというと，独立である偏差$x_i - \bar{x}$の個数を考えると分かるだろう．つまり，偏差$x_i - \bar{x}$はn個求められるが，全偏差の和が0になるという拘束条件がつくため，独立な偏差の個数は，$n-1$となる．これは偏差を算出するために標本平均を用いていることが理由である．

実際の測定においては通常繰り返し測定が行われ，その結果から測定結果が算出される．その測定値のばらつきを表すものがこの標本標準偏差である．またGUMではこのようなタイプAの手法によって求められた標本標準偏差のことを「実験標準偏差」とよぶ．

しかし，ここで注意しなければならないことは，標準偏差が表しているものはあくまでも測定値のばらつきだということである．つまり，繰り返し測定を行った結果を用いて測定結果を算出するときには通常その繰り返し測定で得た測定値から平均値を算出し，その平均値を測定結果とするだろう．しかしながら先ほど求めた標準偏差はあくまでも測定値がどの程度ばらつくのか，ということを表す指標であり，平均値がどの程度ばらつくのかということを表す指標ではない．

平均値がばらつく，という意味であるが，ここで求められた平均値は測定値から算出された標本平均である．例としてサイコロを考えよう．サイコロを3回振って平均値を算出することを考える．その場合，平均値がだいたい3.5に近い値になることもあれば，3回連続1がでて平均値が1になってしまうということもあるだろう．つまり，標本平均は変動する値なのである．これを測定に言い換えれば，5回の繰り返し測定を行った結果ある平均値が得られたとしても，また別の機会に5回繰り返し測定を行い平均値を算出すると，異なる平均値が求められるだろう．つまり，繰り返し測定を行い得た標本平均はあくまでも今回はその値になったというものであり，同様の繰り返し測定を別の機会に行えば標本平均は違う値となるであろう．そう考えると，測定結果である標本平均に対して不確かさを付与するのであれば，標本平均の実験標準偏差を求める必要がある．

標本平均の実験標準偏差を求めるには，以下の関係式を用いればよい．

$$s(\bar{x}) = \frac{s(x)}{\sqrt{n}} \quad (1.3\text{-}6)$$

nは測定回数である．つまり，標本平均の実験標準偏差と測定値の実験標準偏差の間には式(1.3-6)で示される関係が成立するので，まず繰り返し測定を行い，その結果から実験標準偏差を算出し，その算出された実験標準偏差を測定回数の平方根で割れば，標本平均の実験標準偏差が算出できる．ここで求められた標本平均の実験標準偏差が繰り返し測定の標準不確かさとなる．

ただし，注意しなければいけないのは，測定回数の平方根で割れば標本平均の実験標準偏差が算出できるが，測定回数nとは何を表すのか，ということである．例えば，前項でかたより，ばらつきについて解説した際の例で挙げた，人の違いによる不確かさでは，実際に測定対象を測るのは5人のうちの1人であった．人による値の違いを評価し，その違いを標準偏差で表したとすると，人による違いの標準不確かさはそこで求めた人の違いによる実験標準偏差を$\sqrt{5}$で割ってはいけない．なぜなら，測定対象を測るのはあくまでも5人のうちの1人であるので，その人による不

確かさは平均化されない．もし，$\sqrt{5}$ で割るのであれば，ある測定対象を5人全員が測定し，その5人分の測定値の平均値を測定結果としなければならない．この場合であれば，人による違いは平均化されている．

このようにタイプAの評価法は通常の統計的手法によって求められるので，理解はしやすいが，測定結果が平均値なのか，そうでないのか，ということを十分に考える必要がある．特に分散分析を行った際にはこの点に気を配る必要がある．

具体的なタイプA評価の例を以下に示す．

水の質量をはかりにより繰り返し測定を行ったところ，**表1.3-1** を得た．

表1.3-1 水の質量の繰り返し測定の結果

	測定値(g)
1回目	69.922
2回目	70.011
3回目	69.945
4回目	69.947
5回目	70.042

このとき，

標本平均：69.9734 g

測定値の実験標準偏差：0.05066 g

標本平均の実験標準偏差：0.02266 g

となる．この標本平均の標本標準偏差がタイプA評価された標準不確かさとなる．

1.3.7 タイプBの評価法

前項で解説したタイプAの評価法は，実際に測定を行いその測定値から標準偏差を求めるというこれまで誤差評価などでも良く行われてきた評価法である．タイプBの評価法はそれ以外の手法，ということで漠然としているが，なんらかの事前の情報から標準不確かさを求める，という方法をまとめてそう呼んでいる．

最も基本的な方法は，ある不確かさ要因のばらつきがすでに標準偏差で表されている，つまり，文献，ハンドブック，論文などである不確かさ要因に対してそのばらつきが標準偏差の形で提示されていたときそれを引用し，標準不確かさとして採用するというものである．このような例で最も多いのが物理定数や物性値を引用する場合がそうだろう．また，測定に用いる測定器の校正の不確かさは，その装置に添付されている校正証明書に校正の不確かさが記載されているのでそれを引用すればよい．

ただし，ばらつきが標準偏差の形で提示されているという場合は実際にはあまりなく，なんらかの方法によって標準偏差を推定しなければならない．このときに用いる手法は，事前情報に基づいて確率分布を仮定し，標準偏差を推定する，というものである．

確率分布というのは，測定結果がどのような分布をしているのか，ということを表したものである．この方法はタイプAの評価法と大きく異なっているところはない．つまり，タイプAの評価法の場合は，実際に測定値を得，その測定値の分布から標準偏差を求めている訳であるが，タイプBの評価法の場合は，測定値から分布を求めるのではなく，事前の情報，知識などから分布を決定する，という方法である．

タイプB評価を行うには，事前の情報から確率分布を仮定する訳であるが，その際に用いられる典型的な確率分布を紹介する．

最もよく用いられる確率分布は，矩形分布（一様分布）である．矩形分布を**図1.3-2** に示す．

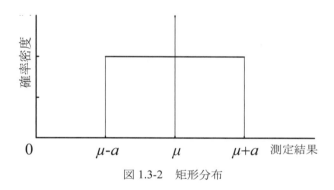

図1.3-2 矩形分布

ここに，μ は測定結果の母平均，a は測定結果が存在する範囲を示す値である．また縦軸の確率密度とは，測定結果として表れる値は $\mu \pm a$ の範囲内に存在するが，その範囲内に含まれる測定結果の候補は無限個存在する．よって，ある値が測定結果として表れる確率は0となってしまう．よって，出やすさを表すためには確率ではなく，確率密度と呼ばれる値を用いる．詳細は統計の専門書に譲る．

この分布は，測定結果が $\mu \pm a$ の中に含まれており，更にその範囲内では確率がすべて等しい，と考えられるときに適用する．

この分布が適用される例として，デジタル表示の不確かさがある．これは1.2節で解説した例で，デジタル温度計で20.3℃と表示された温度の意味は，20.25℃から20.35℃の間に温度が存在している，ということを表しているにすぎない，ということであった．よってこの曖昧さを表す確率分布は，矩形分布であると考えられるだろう．つまり，20.3℃と表示されたデジタル温度計があった場合，温度は20.25℃から20.35℃の間のどこに存在するかということは全く分からない．よってこれはこの範囲内ですべ

て等しい確率で値が存在する，と考えてよいだろう．

　また，矩形分布が適用される例として値が取り得る限界値のみ分かっている場合，というものがある．測定装置などで，メーカのカタログスペックに「長期安定性：±1%」などと書かれているものがよくある．このような場合，分布の半幅を1%とした矩形分布を適用することが多い．これはメーカはある範囲内に値が存在する，とだけ保証している訳であり，その範囲内ではどのような分布をしているか，ということについては通常全く触れられていない．このような場合矩形分布を適用するのは躊躇するが，GUM[*1)]ではある程度許されている．該当部分を引用する．

　GUM 4.3.7 その他の場合として，X_i に対する限界（上限および下限）だけを推定することが可能なケース，つまり，"X_i の値が a_- から a_+ の区間にある確率が事実上1に等しく，また，X_i がこの区間の外にある確率が事実上ゼロである"というケースがある．区間内にある X_i の取り得る値について具体的な情報がない場合には，X_i が区間内のどこにでも同じ確率で存在する[一様分布または矩形分布]と仮定する．(後略)

　つまりスペックや，規格による制限などでは限界値のみが示されていることが多く，このようなときには通常矩形分布が用いられる．

　また，限界値が分かっていて更に分布の形についての情報も持っている場合はその分布の情報に対応した確率分布を用いる必要がある．その際用いられる分布は，三角分布，U字分布，台形分布とあるが，詳細についてはGUM，専門書に譲る．

　確率分布を仮定することができれば次はその確率分布の標準偏差，つまり標準不確かさを求める必要がある．矩形分布を適用した場合にはその矩形分布の標準偏差は，

$$u(x_{\text{RECT}}) = \frac{a}{\sqrt{3}} \tag{1.3-7}$$

によって表される．ここに，x_{RECT} は矩形分布している量の値を示している．つまり，分布の半幅 a を $\sqrt{3}$ で割ったものが標準不確かさになる．

　ここまで行ってきたことを整理すると，事前の情報により量の値の確率分布を仮定し，その情報から標準偏差を求める，ということになる．これは，測定を行うことなく，事前の情報のみによって標準不確かさの値を求めていることとなる．よって，妥当な事前の情報さえあれば，コスト，時間，人手をかけることなく標準不確かさの評価が行なえる．うまくタイプBの評価法を用いることができれば，不確かさを評価するための労力を大きく削減することができるが，その求めた標準不確かさの信頼性は事前の情報がいかに正確であるか，ということに左右される．最終結果にあまり大きな影響を与えないくらいの不確かさ要因であれば，そう問題は起こらないが，充分だとは言い切れない情報によって評価したタイプBの標準不確かさが測定結果に最も大きな影響を与える要因となった場合は，その要因の再評価を考えた方が良いだろう．

　具体的なタイプB評価の例を以下に示す．

　はかりの校正の標準不確かさは，はかりの校正証明書に記載された不確かさを引用する．このように不確かさを引用する場合もタイプB評価の1つの方法である．校正証明書にははかりの校正の標準不確かさは，

$$u_S(m) = 0.015 \text{ g} \tag{1.3-8}$$

との記載があった．

　また，水の密度値は文献を参照すると，

$$\rho = 0.9980 \text{ g/cm}^3 \pm 0.005 \text{ g/cm}^3 \tag{1.3-9}$$

であるとの記載があった．ただし，文献にはこの範囲内に値が存在する，としか記載されず，分布についての情報は記載されていなかった．通常このような場合は矩形分布を仮定する．よって，水の密度値の標準不確かさは，

$$u_S(\rho) = \frac{0.005}{\sqrt{3}} = 0.0002887 \text{ g/cm}^3 \tag{1.3-10}$$

となる．

　水の密度の標準不確かさを構成するもう一つの要因，温度による水の密度の標準不確かさは，厳密に温度コントロールされた環境下において，温度をモニタリングしながら測定を行っているため，非常に小さな標準不確かさとなることが予想されたため，無視した．

1.3.8　合成標準不確かさの算出

　各標準不確かさを求めたら，それをすべて合成して，最終的な測定結果のばらつきを表す合成標準不確かさを求める必要があるが，各入力量は測定のモデル式にしたがって出力量に影響を与える．更に各入力量は不確かさを持ち，その不確かさも測定のモデル式にしたがって出力量の不確かさに影響を与える．

　モデル式は一般的に，

$$y = f(x_1, x_2, \cdots, x_n) \tag{1.3-11}$$

によって表すことができる．ここに y は出力量であり，各 x_i は入力量を表す．入力量の標準不確かさが出力量にどのように影響を与えるかはもちろん測定のモデル式がどのようなものであるか，ということによって異なるが，モデル式を測定結果周りでテイラー展開すれば，近似的に出力量 y に与える影響の大きさを求めることができる．

　式(1.3-11)を測定結果周りに1次のテイラー展開を適用

すると，

$$\Delta y = \frac{\partial y}{\partial x_1}\Delta x_1 + \frac{\partial y}{\partial x_2}\Delta x_2 + \cdots + \frac{\partial y}{\partial x_n}\Delta x_n \qquad (1.3\text{-}12)$$

と表すことができる．ここにΔy，Δx_iは入力量，出力量の値からの微少変位を表している．式(1.3-12)の両辺の分散を求めると，

$$\begin{aligned}u_c^2(y) = &\sum_{i=1}^{n}\left(\frac{\partial y}{\partial x_i}\right)^2 u^2(x_i) \\ &+ 2\sum_{i=1}^{n-1}\sum_{j=i+1}^{n}\left(\frac{\partial y}{\partial x_i}\right)\left(\frac{\partial y}{\partial x_j}\right)u(x_i)u(x_j)r(x_i,x_j)\end{aligned} \qquad (1.3\text{-}13)$$

となる．ここに，$u_c(y)$は出力量の標準不確かさつまり，合成標準不確かさであり，$u(x_i)$は各入力量の標準不確かさ，$r(x_i,x_j)$はx_i，x_j間の相関係数を表す．式(1.3-13)のことを不確かさの伝播則と呼び，不確かさはこの不確かさの伝播則を用いて合成する．また，各入力量間に相関は存在しない場合も多い．そのようなときには相関係数が0であると考えられるので，式(1.3-13)は，

$$u_c^2(y) = \sum_{i=1}^{n}\left(\frac{\partial y}{\partial x_i}\right)^2 u^2(x_i) \qquad (1.3\text{-}14)$$

と書ける．

不確かさの伝播則に含まれる偏微分係数は感度係数と呼ばれるものである．感度係数の物理的意味は，入力量を出力量の次元に変換することである．つまり，入力，出力の関数関係を直線近似し，入力量の標準不確かさに近似直線の傾きを掛けることによって出力量の次元の標準不確かさに換算しているのである．

不確かさの伝播則には更にテイラー展開の高次項を考慮したものも存在するがそれについてはGUM，専門書に譲る．

1.3.9 拡張不確かさの算出

前項で紹介した合成標準不確かさは最終的な測定結果であるyのばらつきを標準偏差で表したものである．よって，合成標準不確かさは最終的な測定結果のばらつきを示すものとして，必要十分なものである．しかし，一般的によく用いられる最終的な測定結果の報告には，その測定結果が存在する範囲を示すということが行われる．よって，不確かさにおいても範囲を示すための不確かさを求める方法が規定されている．

最終的な測定結果はほとんどの場合中心極限定理によって正規分布をしていると見なすことができる．この中心極限定理と不確かさの関係についての詳細はGUM附属書Gを参照してほしい．最終的な測定結果が正規分布をしていると見なす事ができるのであれば，その正規分布は，母平均が測定結果であり，母標準偏差が合成標準不確かさである．このような前提があれば，正規分布の性質から，（測定結果±2×合成標準不確かさ）で示される範囲には約95％の確率で，測定対象の母平均が含まれるはずである．約95％含まれるというのであれば，ほぼすべての値が含まれると言えるだろう．この合成標準不確かさを2倍した値のことを拡張不確かさと呼びUで表す．また，合成標準不確かさを2倍したこの"2"のことを包含係数と呼びkで表す．また，"95％"のことを包含確率，または信頼の水準と呼ぶ．これらを整理し，数式で表すと，

$$U = ku_c(y) \qquad k=2 \qquad (1.3\text{-}15)$$

ここに，包含係数$k=2$に対応するおよその信頼の水準は95％である．
と表すことができる．また最終的な測定結果は，

$$y \pm U \qquad k=2 \qquad (1.3\text{-}16)$$

と表すことによって，値が存在すると考えられる区間を示すことができる．また，結果の報告に拡張不確かさを用いる場合にはそのときに用いられた包含係数の値と，包含確率を示さなければならない．

1.3.10 不確かさの報告

これまで紹介してきた方法によって不確かさを評価し，その結果をまとめることを考える．GUM[*1)]には不確かさを報告する際の手引きを示している．それを引用する．
GUM 7.1.4 実際には，ある測定結果を文書化するのに必要な情報の量はその使用目的に依存するが，何が要求されるかの基本原則は変わるものではない．すなわち，ある測定結果とその不確かさを報告するとき，情報が少なすぎるよりも多すぎるほどに提供する方が望ましい．例えば，次の記述が望ましい．
(1) 実験観測値と入力データとから測定結果およびその不確かさを計算するのに用いられた方法を明確に記述する．
(2) 不確かさのすべての成分を列挙し，それらがどのように評価されたかを完全に記載する．
(3) 必要に応じてデータ解析の重要な各段階を容易に追跡でき，また，報告された結果の計算を独立に繰り返すことができるように，そのデータ解析を提示する．
(4) その解析に用いられたすべての補正と定数およびそれらの出所を与える．

これを見て分かるように一番重要なことは，他の人がその不確かさ評価の報告を見た際に，独立に不確かさ評価をやり直せるくらいの情報量は必要だ，ということである．

また，不確かさ評価結果を報告する場合不確かさ評価の一覧表と言える，バジェットシートを用いることが一般に行われている．

バジェットシートには，不確かさ要因の記号，不確かさ要因の名前，標準不確かさ，感度係数，出力量の次元の標準不確かさ（標準不確かさに感度係数を掛けた後の値），

合成標準不確かさ，拡張不確かさは最低限載せるべきである．これまで見てきた水の体積測定における不確かさ評価についてのバジェットシートの例を**表 1.3-2**に示す．ただし，ここで例として出した水の体積測定の不確かさ評価例は，あくまでも簡単化された例であり，実際に用いることができる訳ではないことを留意してほしい．

表 1.3-2 水の体積測定におけるバジェットシート例

入力量の記号	入力量の値	標準不確かさの成分(記号)	不確かさ要因	標準不確かさ $u(x_i)$	感度係数(c_i)	標準不確かさ（体積の単位・cm^3）	備考
m	69.9734 g	$u(m)$	水の質量の標準不確かさ	0.02717 g	1.002 cm^3/g	0.02723	$u_R(m)$ と $u_S(m)$ の合成，感度係数は$(1/\rho)$
		$u_R(m)$	質量測定の繰り返しの標準不確かさ	0.02266 g	1.002 cm^3/g	0.02270	5 回測定の標本平均の実験標準偏差，感度係数は$(1/\rho)$
		$u_S(m)$	はかりの校正の標準不確かさ	0.015 g	1.002 cm^3/g	0.01503	はかりの校正証明書より，感度係数は$(1/\rho)$
ρ	0.9980 g/cm^3	$u(\rho)$	水の密度の標準不確かさ	0.0002887 g/cm^3	53.36(cm^3)^2/g	0.01540	$u_S(x)$ と $u_t(x)$ の合成，感度係数は(m/ρ^2)
		$u_S(\rho)$	水の密度値の標準不確かさ	0.0002887 g/cm^3	53.36(cm^3)^2/g	0.01540	文献より，感度係数は(m/ρ^2)
		$u_t(\rho)$	温度による水の密度の標準不確かさ	≈0 g/cm^3	53.36(cm^3)^3/g	0	影響が小さいため無視する
出力量の記号	出力量の値			合成標準不確かさ		0.03128	$u(x)$と$u(m)$と$u(k)$の合成
v	70.114 cm^3			拡張不確かさ		0.063	包含係数は $k = 2$

水の体積は，70.114 cm^3 ± 0.063 cm^3 である．

1.4 おわりに

本章では不確かさの評価方法について紹介したが，不確かさ評価を行う上で一番重要であるのは，その測定に対する知識である．不確かさ評価を行うときには，その測定に対してどの程度の知識を持っているかということが問われている、といっても過言ではないだろう．

不確かさ評価は統計的手法を多く用いるため，そちらのほうに目が行きがちであるが，統計の知識だけでは不確かさ評価を行うことはできない．最後にGUM[1]に不確かさを行う上での心得について書かれている部分を引用して，最後の言葉に代える．

GUM 3.4.8 この標準仕様書（著者注：GUMのこと）は不確かさを評価する枠組みを提供するが，それは厳密な思考，知的な誠実さ，そして専門的技能に取って代わることはできない．不確かさの評価は定型的な仕事でもなく，また純粋に数学的なものでもない．それは測定対象量や測定の性質についての知識の詳しさに依存する．したがって，測定の結果に付ける不確かさの質および効用は，その値付けに携わる人々の理解，鑑識眼のある解析，そして誠実さにかかっている．

参 考 文 献

[1] TS Z 0033 測定における不確かさの表現のガイド:日本規格協会，(2012)．
[2] ISO/IEC Guide98-3 Guide to the expression of uncertainty in measurement: International Standard Organization, (2008).
[3] JIS Z 8103 計測用語:日本規格協会，(2000)．
[4] JIS Z 8402-1測定方法及び測定結果の精確さ（真度及び精度）－第1部：一般的な原理及び定義:日本規格協会，(1999)．
[5] JIS Z 8101-2統計－用語と記号－第2部：統計的品質管理用語:日本規格協会，(1999)．
[6] JIS Q 0033 認証標準物質の使い方:日本規格協会，(2002)．
[7] JIS K 0211 分析化学用語（基礎部門）:日本規格協会，(2013)．
[8] TS Z 0032 国際計量計測用語—基本および一般概念並びに関連用語（VIM）:日本規格協会，(2012)
[9] ISO/IEC Guide99 International vocabulary of metrology-Basic and general concepts and associated terms(VIM): International Standard Organization, (2007).
[10] 上本道久:ぶんせき，日本分析科学会，pp. 15-20, 1, (2006)．

(田中　秀幸)

第2章. 実験計画法

2.1 はじめに

測定とは，何らかの目的を持ち，その目的を達成させるための重要な判断基準を得るために行う行為である．よって，目的を達成させるためにどのような判断基準を手に入れるかということは最も大事な事項である．実験計画法とは，その判断基準を測定データから効率よく手に入れるための手段である．

実験計画法で最も大事なテクニックは，測定に誤差を与える複数の要因が測定データにどのように影響を与えるのか，ということをデータの取得法によってコントロールし，複数の誤差を分離することである．例えば，恒温槽内に温度分布が存在するか否か，存在するのであれば，どの程度の大きさであるのか，それは，各測定場所における繰り返しのばらつきと比べ意味があるほど大きなものであるのか否か，ということを知るためには，測定場所による温度のばらつきとあるポイントにおける測定の繰り返しのばらつきを分離する必要がある．その際に用いられる手法が分散分析である．

本章では，測定データ内に含まれる誤差の構造を解析することによって，どのようにそれを分離すればよいのか，また分離した後の結果の解釈について解説する．

2.2 誤差の構造モデル

第1章にて誤差は理想的な概念であり，実際には知ることができない，という解説を行ったが，必要な精度を十分に達成することができるくらいに量の定義がなされていた場合では，真の値は母平均にほぼ一致すると考えることができ，その場合であれば，測定値と母平均の差を推定することは行える．つまり誤差を推定することは行えることになる．本章では，測定値と母平均との差という意味で誤差という用語を用いる．

測定データに誤差を与える要因（これを「因子」という）は無数に存在する．またその因子の中で，ある程度コントロールできる因子もあるが，全くコントロールできない因子も存在する．

例えば，プラスチック製の部品を射出成形によって作製する場合には，その成形時の温度によって微妙に部品の大きさは異なるだろう．しかし，その温度はある程度のコントロールができる．通常射出成形時の温度は200℃から250℃位で行われるが，200℃から250℃の間のどの温度が最もよい部品が作れるか判断したいこともよくあるだろう．このときには温度を200℃，210℃，220℃，230℃，240℃，250℃と10℃刻みでコントロールすることはそう難しいことではない．このとき因子は射出成形時の温度であり，設定された実験条件（本例では200℃，210℃…という温度，2.1で出した恒温槽の例だと，各測定ポイント）のことを水準という．

一方，繰り返し測定を行ったときの各データの値のばらつき（繰り返し性）はまずコントロールできない．測定のたびに値が変わってしまい，またその値が変化する原因を追及することも難しいからである．

実験計画法の重要な目的は，このある程度コントロールが効く因子による効果がどの程度のものであるかを分散分析法によって知ることである．ただし，測定結果にはコントロールできない因子が含まれるため，そのコントロールできない因子と，コントロールできる因子の誤差を分離し，コントロールできる因子の誤差の大きさが，コントロールできない因子の誤差の大きさより明らかに大きな場合にはそのコントロールできる因子の誤差が実際に存在している，ということがわかり，またその誤差の大きさを求めることもできる．更に，射出成形の例のように，最適な条件を求める，ということもできるだろう．

では実験計画法のなかで最も基本的なデータの構造と誤差の構造を解説する．**表 2.2-1** に最も簡単な1つの因子を持つ分散分析（一元配置）におけるデータの構造を示す．

表 2.2-1　一元配置の分散分析の構造

水準	繰り返し			
	1	2	…	n
1	x_{11}	x_{12}	…	x_{1n}
2	x_{21}	x_{22}	…	x_{2n}
⋮	⋮	⋮		⋮
m	x_{m1}	x_{m2}	…	x_{mn}

このように，各水準で繰り返し測定を行う，というのが実験計画法で対象とするデータ構造である．このようなデータ構造を持てば，測定値x_{ij}は以下のような誤差構造モデルを持つ．

$$x_{ij} = \mu + \alpha_i + \varepsilon_{ij} \tag{2.2-1}$$

ここに，μ：測定値x_{ij}の真の値（母平均），α_i：各水準の誤差，ε_{ij}：繰り返しの誤差，i：水準，j：繰り返し数を表す．また，ギリシャ文字を用いているのは母平均，誤差はそれぞれ母数からである．

式(2.2-1)の意味するところは，測定結果x_{ij}は，何らかの真の値μが存在し，α_iは例えば因子を測定装置とした場合，測定装置1は小さめに測定するが，測定装置2は大きめに測定するというような場合，α_1は正の値となり，α_2は負の値となるであろう．このように，ある水準に共通して含まれる誤差を表している．ε_{ij}は測定の繰り返しによる誤差であり，その誤差は，測定を行うたびに異なる値となるので，ε_{ij}は水準，繰り返しが異なることによって，すべて異なる値となる．

式(2.2-1)で表される誤差の構造モデルは，分散分析法を適用する際の重要な仮定の一つである．分散分析法は測定

値が式(2.2-1)の形のような，測定値が誤差の単純和で表すことができるということを前提とし，行われる．これは複雑な分散分析を行う際も全く同様（複雑な分散分析の場合は誤差項が更に増えるだけである．）であり，この仮定のことを線形仮定という．

ただし線形仮定が成立している条件下のとき，水準はある程度コントロールされていても，コントロールされていない要因がすべて繰り返しの誤差に含まれるとは限らない．例えば，測定器が異なることによる測定結果の違いを評価する場合を考える．この場合評価したい因子は測定器であり，水準を設定することは測定器を変更するだけであるので容易である．その他の要因として繰り返しの誤差があるが，それ以外に測定対象物が時間によってドリフトし，値が徐々に大きくなっていく場合について考えよう．

このような場合に，ある測定器を用いて繰り返し測定を行うと，その繰り返し期間が短ければドリフトによる影響はほとんどないであろう．しかし，ある測定器を用いて繰り返し測定を行い，それが終われば測定器を変更し，また繰り返し測定を行う，という測定を行った場合，測定の最初のほうに用いた測定器による測定結果は，ドリフトがほとんど起こっていないので，小さな値になるだろう．また，終わりのほうに用いた測定器による測定結果はドリフトが起こっているので，大きな値になっているはずである．この場合，最初に用いた測定器による測定結果の平均値は小さいことが予想され，最後に用いた測定器による測定結果の平均値は大きな値になることが予想される．これでは測定器による違いを調べたのか，ドリフトによる影響を調べたのかが分からなくなってしまう．つまりこれは，測定器が異なるという因子とドリフトの因子が混ざり合ってしまい，分離できなくなっていることを意味する．これを因子の交絡と呼ぶ．交絡がおきた場合には絶対にその交絡が起こっている因子同士のばらつきを分離することはできない．よって，因子の交絡が起こらない実験計画が必要となる．

この場合に重要なのは，実験のランダム化である．この例でいうと，どの測定器を用いて測定を行うか，ということをランダムに決定する，ということである．**表2.2-2**に装置が3台あり，それぞれ4回の繰り返し測定を行うという実験のランダム化をしたときの実験順番を示す．

表2.2-2　実験のランダム化

測定器	繰り返し			
	1	2	3	4
1	②	③	⑤	⑨
2	④	⑦	⑧	⑫
3	①	⑥	⑩	⑪

このように測定の順番をサイコロや乱数表を用いてランダムに決めると，ドリフトのような効果は測定器1，2，3それぞれにほぼ均一に含まれるようになる．つまりどの測定器に対しても，あるときにはドリフトはほとんど起きない場合，あるときには大きなドリフトを持つ場合，が含まれているということである．そうすると，ランダム化しない場合では，測定器の因子と交絡してしまっていたドリフトの因子が，ランダム化を行うことによって，各測定結果にそれぞれ含まれるという，繰り返しの誤差因子と同じ性質を持つ因子となる訳である．つまり，ドリフトの因子と繰り返しの誤差因子が交絡したということである．しかし，繰り返しの誤差因子はその他の因子すべて，というものであったので，ドリフトの因子が繰り返しの誤差因子と交絡することは望ましいことであり，純粋に測定器が異なることによる影響を求めることができる．

つまり，実験のランダム化とは，コントロールできない因子をすべて誤差因子に押し込めてしまうというテクニックのことである．

分散分析法では基本的にはすべての実験がランダム化されているということが前提となっている．このようにランダム化を行ってデータを取得した場合の実験計画のことを「完全無作為化計画」と呼ぶ．ただし，ランダム化できない因子も存在し，そのような場合については，本解説では割愛するが，詳細を知りたい場合には「分割法，枝分かれ法」を調べてみてほしい．

また分散分析法を適用するには，繰り返しの誤差の等分散性の仮定も必要となる．これは，各水準で繰り返し測定を行うが，それぞれの水準での繰り返しの誤差の大きさは等しいと言える，ということである．これを図示したものを**図2.2-1**に示す．

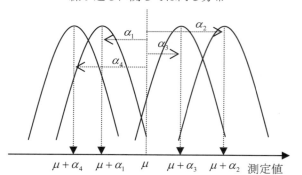

図2.2-1　繰り返しの誤差の等分散性

よって，ある測定値とその測定値が帰属する水準における平均値との差の二乗和から繰り返しの誤差分散が計算できるということである．

また，各誤差は互いに独立である，という独立性の仮定も必要となる．

これらの前提をすべて満たせば分散分析法を適用することができるが，もう一度この実験計画法を適用する目的を振り返ろう．目的は水準間に違いがあるかどうか，また違いがあるのであればどのくらい異なるのか，ということを知ることであった．更に深く考えると，水準間に違いがあるかどうかを知りたいというときの目的も2つに分けられ

る．一つは，射出成形の例のように，最適な条件を知るときなどのように，各水準の平均値に重きを置く場合であり，もう一つは，測定器の例のように測定値の真の値のほうに重きを置き，各水準は誤差を与える要因であるときである．この場合，射出成形の例の因子のことを母数模型といい，測定器の例の因子のことを変量模型という．

母数模型は，各水準間の平均値が異なるかどうか，ということには興味があるが，その平均値のばらつきの大きさがどの程度なのか，ということに関してはほとんど問題にしない．また，母平均に関してもほとんど問題にしない．母平均は水準の取り方によって値が異なるからである．

変量模型は，各平均値の値がいくつになるのか，ということに関してはあまり問題にせず，それより各水準の平均値のばらつきの大きさがどの程度なのか，ということを重要視する．さらに，母平均の値は最も重視する値である．

つまり，母数模型は最適条件を求めたいときによく使われ，変量模型は測定結果のばらつきを知りたいときに用いられる．特に不確かさ評価において分散分析法を用いる場合には変量模型を扱うことがほとんどである．一元配置の分散分析の場合，変量模型・母数模型はどちらであっても評価法が変わることはないが，因子が複数になり，多元配置の分散分析を行う場合には評価法が異なる場合も出てくる．本解説では多元配置の分散分析については省略する．

2.3 分散分析法の基本

2.3.1 分散分析法の原理

本節では，分散分析法の統計的な詳細について解説する．ここで解説するのは先程簡単に紹介した一元配置の分散分析法についてである．

分散分析法を行うことによって何を知るのか，ということであるが，もちろんそれは水準間の測定結果に差があるかどうかを知る，また差があるならばどのくらいなのか，ということを求める，ということである．

水準間に差があるかどうかを知るのであれば，各水準で繰り返し測定を行い，ある水準の繰り返し測定結果の平均値を他の水準のものと比較すれば知ることができる．しかし，平均値を比較するだけでは水準間に差があるのかどうかを知ることはできない．繰り返しの誤差が大きい場合であれば，平均値に差があったとしても，その繰り返しの誤差が原因となり，たまたま差が出てしまったのかもしれない，ということである．つまり水準間で比較を行うのであれば，水準間同士を比較するだけではなく，その水準間の値の差と，繰り返しの誤差の大きさを比較し，十分水準間の値の差が大きくなければならない．もし，繰り返しの誤差のほうが非常に大きいのであれば，水準間の値の差が存在するとはいえなくなる．

2.3.2 一元配置の分散分析法の計算について

分散分析法は，水準間の平均値の差と，繰り返しの誤差の大きさを比較するということであった．誤差の大きさを表すのはもちろん分散である．では，水準間の分散と繰り返しの誤差の分散の算出法を考える．

分散を算出するには，二乗和を自由度で割ればよい．これは，分散分析法ではない通常の分散の算出についても同様である．ここで，まず始めに測定値全体の偏差の二乗和を求めることを考える．これは，測定値から全平均（全測定値の平均値）を引き，二乗和を取ることによって求めることができる．

$$S_\mathrm{T} = \sum_{i=1}^{m} \sum_{j=1}^{n} \left(x_{ij} - \bar{\bar{x}} \right)^2 \tag{2.3-1}$$

ここに，

$$\bar{\bar{x}} = \frac{\sum_{i=1}^{m} \sum_{j=1}^{n} x_{ij}}{mn} \tag{2.3-2}$$

である．この偏差の二乗和 S_T のことを，全変動という．

次に，各水準の平均値の偏差の二乗和を考える．この場合，各水準の平均値から全平均を引き算し，二乗和を求めればよい．よって，

$$S_\mathrm{A} = \sum_{i=1}^{m} \sum_{j=1}^{n} \left(\bar{x}_i - \bar{\bar{x}} \right)^2 \tag{2.3-3}$$

ここに，

$$\bar{x}_i = \frac{\sum_{j=1}^{n} x_{ij}}{n} \tag{2.3-4}$$

である．この偏差の二乗和 S_A のことを級間変動という．

最後に繰り返しの誤差の二乗和を考える．繰り返しの誤差の二乗和は各測定値から各水準の平均値を引き，二乗和を求めればよい．よって，

$$S_\mathrm{e} = \sum_{i=1}^{m} \sum_{j=1}^{n} \left(x_{ij} - \bar{x}_i \right)^2 \tag{2.3-5}$$

である．この偏差の二乗和のことを級内変動という．

またこの三つの変動の間で以下の関係が成り立つ．

$$S_\mathrm{T} = S_\mathrm{A} + S_\mathrm{e} \tag{2.3-6}$$

つまり，全変動 S_T は，級間変動 S_A と級内変動 S_e に分解できるということである．

前章で解説したように，分散を算出するためには偏差の二乗和 S を自由度 f で割らなくてはいけない．よって次は分散分析における自由度について考える．前章で解説したように，自由度とは，独立な偏差の個数のことである．この独立な偏差の個数を求めるためには，偏差の個数から，偏差を算出するために用いた平均値の個数を引けばよい．更なる自由度についての詳細を知りたい場合には，統計の教科書の「不偏推定量」を参照すること．全変動の自由度は，データ数は mn 個あり，二乗和を算出するために平均値を1つ（全平均）用いている．よって，

$$f_\mathrm{T} = mn - 1 \tag{2.3-7}$$

となる．

次に，級間変動の自由度は，データ数（各水準の平均値の個数）は m 個あり，二乗和を算出するために用いる平均値は全平均 1 つなので，

$$f_\mathrm{A} = m - 1 \tag{2.3-8}$$

となる．

最後に級内変動の自由度は，データ数は mn 個あり，二乗和を算出するための平均値（各水準の平均値の個数）は m 個存在する．よって，

$$f_\mathrm{e} = mn - m = m(n-1) \tag{2.3-9}$$

となる．この自由度も先程の二乗和のときと同様に，

$$f_\mathrm{T} = f_\mathrm{A} + f_\mathrm{e} \tag{2.3-10}$$

という関係が成り立っている．よって全変動の自由度も級間変動の自由度と級内変動の自由度に分解できる．

これで，二乗和と自由度が求まったので，二乗和を自由度で割れば分散が算出できる．これを一覧表に表したものを**表 2.3-1** に示す．

表 2.3-1　分散分析表

因子	変動（二乗和）S	自由度 f	分散 V
A	$S_\mathrm{A} = \sum_{i=1}^{m}\sum_{j=1}^{n}\left(\bar{x}_i - \bar{\bar{x}}\right)^2$	$f_\mathrm{A} = m-1$	$V_\mathrm{A} = \dfrac{S_\mathrm{A}}{f_\mathrm{A}}$
e	$S_\mathrm{e} = \sum_{i=1}^{m}\sum_{j=1}^{n}\left(x_{ij} - \bar{x}_i\right)^2$	$f_\mathrm{e} = m(n-1)$	$V_\mathrm{e} = \dfrac{S_\mathrm{e}}{f_\mathrm{e}}$
T	$S_\mathrm{T} = \sum_{i=1}^{m}\sum_{j=1}^{n}\left(x_{ij} - \bar{\bar{x}}\right)^2$	$f_\mathrm{T} = mn-1$	

この**表 2.3-1** のことを分散分析表と呼び，分散分析を行う際にはまずこの表を作成することから始める．

2.3.3　分散分析法による因子の分散の推定

分散分析表を作成したことによって，因子 A の分散 V_A と繰り返しの誤差 e の分散 V_e が算出できた．しかし，これらの分散は何のばらつきを表している分散であるのか，ということは全く分からない．本項では，V_A と V_e は何のばらつきを表している分散であるのか，ということを求める．

測定値 x_{ij} は式(2.2-1)で表したような誤差構造を持つ．次に，各因子の平均値と全平均の誤差構造を考える．最初に各因子の平均値は，

$$\bar{x}_i = \frac{\sum_{j=1}^{n} x_{ij}}{n} = \mu + \alpha_i + \bar{\varepsilon}_i \tag{2.3-11}$$

となり，全平均は，

$$\bar{\bar{x}} = \frac{\sum_{i=1}^{m}\sum_{j=1}^{n} x_{ij}}{mn} = \mu + \bar{\alpha} + \bar{\bar{\varepsilon}} \tag{2.3-12}$$

となる．ここに，$\bar{\varepsilon}_i$ は，ε_{ij} の n 個の平均値，$\bar{\alpha}$ は α_i の m 個の平均値，$\bar{\bar{\varepsilon}}$ は ε_{ij} の mn 個の平均値を表している．

まず，式(2.3-11)，式(2.3-12)を式(2.3-3)に代入し，両辺の期待値を取ることによって，S_A が何を推定しているのかを求める．この期待値とは，その値がどのような母数を推定しているのか，ということを表すものである．例えば，標本平均 $\bar{x}$ の期待値は母平均 μ である．詳細は統計の専門書に譲る．

$$\begin{aligned}
E(S_\mathrm{A}) &= E\left\{\sum_{i=1}^{m}\sum_{j=1}^{n}\left(\bar{x}_i - \bar{\bar{x}}\right)^2\right\} \\
&= nE\left\{\sum_{i=1}^{m}\left(\bar{\varepsilon}_i - \bar{\bar{\varepsilon}}\right)^2\right\} + nE\left\{\sum_{i=1}^{m}\left(\alpha_i - \bar{\alpha}\right)^2\right\} \\
&= (m-1)\sigma_\mathrm{e}^2 + n(m-1)\sigma_\mathrm{A}^2
\end{aligned} \tag{2.3-13}$$

ここに，E( ) は期待値を表す演算子，σ_e^2 は繰り返しの誤差の母分散，σ_A^2 は水準 A 間の誤差の母分散を表す．母分散は母数であるので，ギリシャ文字にて表している．

次に，式(2.2-1)，式(2.3-11)を式(2.3-5)に代入し期待値を求める．

$$\begin{aligned}
E(S_\mathrm{e}) &= E\left\{\sum_{i=1}^{m}\sum_{j=1}^{n}\left(x_{ij} - \bar{x}_i\right)^2\right\} \\
&= \sum_{i=1}^{m}\left[E\left\{\sum_{j=1}^{n}\left(\varepsilon_{ij} - \bar{\varepsilon}_i\right)^2\right\}\right] \\
&= m(n-1)\sigma_\mathrm{e}^2
\end{aligned} \tag{2.3-14}$$

となる．よって，それぞれの分散の期待値は，

$$\begin{aligned}
E(V_\mathrm{A}) &= \frac{(m-1)\sigma_\mathrm{e}^2 + n(m-1)\sigma_\mathrm{A}^2}{m-1} \\
&= \sigma_\mathrm{e}^2 + n\sigma_\mathrm{A}^2
\end{aligned} \tag{2.3-15}$$

$$E(V_\mathrm{e}) = \frac{m(n-1)\sigma_\mathrm{e}^2}{m(n-1)} = \sigma_\mathrm{e}^2 \tag{2.3-16}$$

となる．これを分散分析表に書き入れたものを**表 2.3-2** に示す．

表 2.3-2　分散分析表（分散の期待値）

因子	S	f	V	$E(V)$
A	S_A	f_A	V_A	$\sigma_\mathrm{e}^2 + n\sigma_\mathrm{A}^2$
e	S_e	f_e	V_e	σ_e^2
T	S_T	f_T		

表 2.3-2 を見て分かるように，V_A とは繰り返しの誤差分散 1 つと因子 A による分散 n 個分が合成されたものを推定している．また，V_e は繰り返しの誤差分散をそのまま推定していることが分かる．

よって，因子 A が原因のばらつきの分散を計算したい場合には，

$$\hat{\sigma}_A^2 = \frac{V_A - V_e}{n} \tag{2.3-17}$$

とすれば，計算できることが分かる．σ の上に "^"（ハット）が付いているのは，推定値を表している．つまり，母分散は母数であるので知ることはできない，しかし式(2.3-17)によって，母分散の推定値を求めることができる，ということである．

また，繰り返しの誤差分散の推定値は，

$$\hat{\sigma}_e^2 = V_e \tag{2.3-18}$$

によって求めることができる．

2.3.4 F-検定

前項で解説したように，それぞれの因子が原因となるばらつきの分散を求めることができたが，これまでに解説したように，因子 A が引き起こすばらつきは，繰り返しのばらつきと比べ本当に意味があるほどばらついているのかどうかを知る必要がある．そのとき用いられるのが F-検定である．

V_A と V_e の構造について考えよう．V_A は繰り返しの誤差分散と因子 A による分散が合成されたものの推定値であり，V_e は繰り返しの誤差分散そのものの推定値であるということであった．ここで，もし因子 A が原因であるばらつきが存在しないとしよう．その場合，因子 A が原因である誤差分散 σ_A^2 は 0 である．よってその場合であれば，V_A と V_e は等しくなるはずである．ただし，V_A も V_e も推定値であるので，完全に等しくなるということはまずあり得ない．少しくらい値は異なるが，だいたい同じ程度の値になるということが考えられる．

では次に分散比というものを考える．分散比とは，

$$F_0 = \frac{V_A}{V_e} \tag{2.3-19}$$

で表される量 F_0 のことである．先程のように，もし因子 A によるばらつきが 0 であると考えられるのであれば，V_A と V_e はほぼ同じ値となり，F_0 の値は 1 に近い値になるだろう．また，因子 A のばらつきが実際に存在するのであれば，V_A の値が大きくなり，F_0 の値は 1 より遙かに大きな値になることが予想される．

では，F_0 がどのくらい 1 より大きな値になれば因子 A の効果が存在すると言えるのかを考えよう．ある測定の測定値が正規分布にしたがっているとき，繰り返し測定によりいくつかの測定値を得たとする．そのときの標本分散を V_1 とし，そのときの自由度を f_1 とする．また同様に，繰り返し測定を行い，標本分散 V_2 と自由度 f_2 を得たとしよ

う．このとき，理想的には V_1 と V_2 は等しくなるだろう．しかし，測定にはばらつきがあり，完全に V_1 と V_2 が等しくなるということはない．では，V_1 と V_2 の比はどのようになるのかを求めた結果を図 2.3-1 に示す．

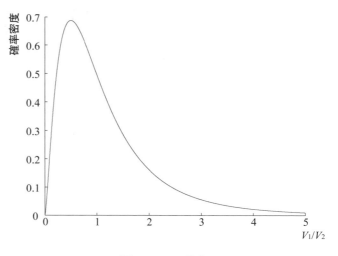

図 2.3-1　F-分布

図 2.3-1 は，f_1=5，f_2=10 のときの V_1/V_2 の確率分布を表している．この V_1/V_2 のことを通常 F といい，図 2-3-1 のことを F-分布と呼ぶ．

図 2.3-1 より，V_1 と V_2 がそれぞれ同じ正規分布からサンプリングされた測定値であるならば，その比 F_0 は 4 程度を超えることはあまりない，ということが分かるだろう．つまり，同じ正規分布から測定値が取得されているのであれば，この F-分布に従うが，異なる分布から値が取得されているのであれば，この F-分布に F_0 の値は従わないはずである．また表 2.3-2 の分散の期待値を見て分かるように，因子 A の効果があるのなら，V_A のほうが必ず大きくなるはずである．よって，図 2.3-1 を合わせて考えると，F_0 の値が 4 程度までは，因子 A の効果が存在していなくても起こりえるが，4 を超えるということは，因子 A の効果が存在する，と考えてもよいだろう．

ここで，厳密に F_0 の値がいくつ以上であれば，因子 A の効果があるかを考えてみよう．図 2.3-1 は確率分布を示しているので，F_0 がある値を超える確率は何%である，ということまで計算できる．ここで，5%以下の確率だと滅多に現れることがないため，そこを閾値として設定しよう．そのときの F の値を求めると，4.735 となる．つまり，同じ正規分布からサンプリングされた測定値であるならば，分散比 F_0 が 4.735 を超える確率は 5%である，ということを示している．この閾値を設定するために用いた確率 5%のことを有意水準という．

また，F-分布は V_1，V_2 の自由度 f_1，f_2 によって形が変わる．つまり 5%の有意水準であったとしても，自由度によって，閾値はすべて変わる．これに対応できるよう，通常 F-分布の閾値を有意水準別に数表として示されている．表 2.3-3 に有意水準 5%の場合の F-分布表を示す．

表 2.3-3　F-分布表（上側5%点）

f_1 \ f_2	5	10	20	50
5	5.050	3.326	2.711	2.400
10	4.735	2.978	2.348	2.026
20	4.558	2.774	2.124	1.784
50	4.444	2.637	1.966	1.599

表2.3-3はF-分布表の抜粋である．縦軸が分子，横軸は分母の自由度である．分散分析においては，縦軸が因子Aの自由度f_A，横軸が因子eの自由度f_eである．また，上側5%というのは，分散比V_1/V_2を求めるときには，分子と分母をどちらに対応させてもよいため，上側に値が外れる，下側に値が外れる，の2通り考えられるが，分散分析における分散比，V_A/V_eは因子Aの効果があるかどうかのみ知りたいため，上側だけ考えればよい．よって，ここで示したF-分布表は上側5%のものである．

このF-分布表の使用法は，それぞれの自由度から対応する数字を見つけ，その数字よりF_0の値が大きい場合は，5%の有意水準で因子Aの効果が存在すると言える．また表2.3-3に載っていない自由度の組み合わせにおける値や，5%とは異なる有意水準の表などが知りたい場合には，統計の解説書に添付されているF-分布表を参照のこと．

また，F-検定を用いる場合には，もう一つ仮定が必要となる．それは繰り返しの誤差の正規性である．これまで説明したようにF-分布は正規分布を元にして作成されている．よって繰り返しのばらつきは正規分布にしたがっているという前提が必要である．

2.4　一元配置の分散分析法の例

恒温槽内の温度分布の測定を例に解説する．
20℃一定の恒温槽内に10個の温度計を取り付け，それぞれ3回の繰り返し測定を行った．その結果を表2.4-1に示す．

表2.4-1　測定結果

温度計	繰り返し		
	1	2	3
1	20.83	19.48	20.23
2	19.54	19.00	19.91
3	20.90	20.47	20.55
4	21.45	20.41	20.42
5	20.76	20.29	20.59
6	18.29	19.73	18.87
7	20.42	19.86	20.85
8	21.00	20.32	20.10
9	19.90	20.69	20.13
10	20.77	19.90	19.74

この測定結果に一元配置の分散分析を適用した結果を表2.4-2に示す．

表2.4-2　分散分析表

因子	S	f	V	F_0	$F(0.05)$
A	8.3348	9	0.9261	3.566	2.393
e	5.1936	20	0.2597		
T	13.5284	29			

表2.4-2より，分散比F_0がF-分布表の値2.393より大きいことから，この恒温槽は場所による温度のばらつきが存在すると言える．また，

$$\hat{\sigma}_A = \sqrt{\frac{V_A - V_e}{n}} = 0.4713 \quad (2.4\text{-}1)$$

$$\hat{\sigma}_e = \sqrt{V_e} = 0.5096 \quad (2.4\text{-}2)$$

から，この恒温槽の場所によるばらつきは標準偏差で，0.4713℃，繰り返しのばらつきは標準偏差で0.5096℃である．

2.5　おわりに

分散分析では通常あまり使われない理解しにくい用語が多数使われる．これまでに出てきた用語を整理するために用語と意味を表2.5-1に示す．下記の定義はJIS Z 8101-3　統計—用語と記号—　第3部：実験計画法[1]を基本とし，わかりやすく改変したものである．

表2.5-1　実験計画法に関する用語

因子	入力対して出力がどのように変わるかを評価することを意図して，変動させている入力量．
水準	因子の設定可能な値あるいは設定可能な割り付け．
交絡	二つ以上の効果が区別できないように計画を組み合わせること．
ランダム化	処理を実験単位に割り付ける際，それぞれの実験単位にどの処理も等しい確率で割り付けられるようにする方法．
完全無作為化計画	処理がすべての実験単位に対してランダムに割り付けられた計画．
母数模型	因子の水準が，各因子の範囲内でそれぞれ予め一定値に定められた場合の分散分析．
変量模型	因子の水準が，それぞれの因子の水準の母集団からサンプルされたものと仮定される場合の分散分析．
級間変動	因子の水準間に現れる偏差の二乗和
級内変動	因子の水準内に現れる繰り返しによる偏差の二乗和

実験計画法は分散分析法をどのように行うか，ということに目が行きがちであるが，実験計画法において最も重要なことは，「実験を行う前には計画と立てる」ということである．計画を立て，どのようにデータを処理するか，ということまで決定してからデータを取得してほしい．

本解説では上記統計用語のみ文献を参照したが，その他に筆者が実験計画法を学習した際に用いた文献を参考文献に示す．

参 考 文 献

*1) JIS Z 8101-3 統計—用語と記号— 第3部：実験計画法：日本規格協会，(1999).
*2) 近藤良夫，舟坂渡：「技術者のための統計的方法」，共立出版株式会社，(1967).
*3) 林周二：「統計学講義第2版」，丸善株式会社，(1973).
*4) 石川馨，米山高範：「分散分析法入門」，日科技連出版社，(1984).
*5) JIS Q 0035 標準物質—認証のための一般的及び統計的な原則：日本規格協会，(2008).

(田中　秀幸)

第3章. 温度

3.1 温度概論

3.1.1 概要

温度は，われわれの生活に切りはなせない物理量である．したがって，温度センサには，原理の違い，使用目的が幅広くあり，各種各様のものがある．温度センサを大きく大別すると，対象物に接触して測定する接触式温度計と対象物から離れたところで測定する非接触式温度計に分類される．前者はガラス温度計，熱電対，測温抵抗体，サーミスタなどがその代表であり，後者は放射温度計や赤外線サーモグラフィがある．本章では，これらの温度計の測定原理，特徴と選定のポイント，測定上の留意点などについて説明する．

3.1.2 温度とは

温度とは物体の熱的状態を定量化したもので，物体の内部エネルギーの平均的な強さと比例していて，内部エネルギーの強さの尺度のひとつである．すなわち，**図3.1-1**のイメージのように温度が高ければ高いほど分子は早く動き，温度が低ければ低いほど遅く動く．分子の速さは温度に応じて変化し，体が熱くなるのは，これら原子や分子の運動が活発になるためである．ある物体の温度は一般的に物体中の内部エネルギーが増えたり減ったりするのに応じて，上がったり下がったり変化する．たとえば，水が凍るまでエネルギーを取り除いた時を0℃，水が沸騰するまでエネルギーを与えた時が100℃である．しかし，エネルギー量の増減量は直接結びつけるのは難しく，同じ0℃や100℃であっても，水や金属では熱の増減量は，熱容量（比熱）に関係しているため異なる．

図3.1-1　分子の温度による運動イメージ

温度の単位は，長さ，質量，時間，圧力などと同じ概念で，ものの大きさを表現する際に対象としている量で，これは"物理量"と呼ばれている．この物理量の大きさを表す国際単位系（SI）では，温度は，熱力学での理想的な可逆サイクルの熱機関（カルノーサイクル）から導き出された温度目盛として熱力学温度と呼ばれ，ケルビン(K)を基本単位として表わされる．ケルビン温度は水の三重点の熱力学温度を273.16 Kとして，1 Kは水の三重点の1/273.16と定義されている．水の三重点とは，固体，液体，気体が共存することであり，物質固有の圧力と温度の条件で存在する．**図3.1-2**に水の三重点の状態線図を示す．水の三重点は圧力が約610 Paで温度が273.16 Kのときに実現される現象である．

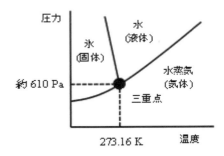

図3.1-2　水の三重点

通常われわれが使い慣れている温度の単位の摂氏温度のセルシウスは国際単位系において「固有の名称をもつSI組立単位」の一つとされており，その記号を℃としている．セルシウス温度の数値tは，熱力学温度の数値Tと式(3.1-1)の関係で表される．

$$t = T - 273.15 \tag{3.1-1}$$

式(3.1-1)では熱力学温度が273.15 Kである温度を原点，すなわち0℃にとり，1 Kと同じ大きさの1℃を単位にとって温度を測れば，セルシウス温度が得られる．その原点である0℃は水の三重点の温度である273.16 Kより0.01 Kだけ低い温度である273.15 Kであり，これは氷点である水と氷とが，空気で飽和された状態で，共存している温度そのものではないが，0℃と氷点はきわめて近いと考えてよい．

温度の間隔，差，変化分は，Kまたは℃のどちらで表しても良く数値上は同じであるが，一般にはKで表す．温度測定方法に関する日本工業規格では，「温度をセルシウス度で表した場合には温度間隔または温度差は，セルシウス度で表してもケルビンで表してもよい」との方針を採用している．

3.2 温度計の種類と用途

表3.2-1に各種温度計の特徴を記載する．また，これらの温度計は接触式と非接触式の2種類に大きく分類される．ここでは，この分類に即して温度計について説明する．

3.2.1 接触式温度計

接触式温度計は異なる金属間での温度変化に起因する起電力を利用した熱電対，温度による抵抗値の変化を利用した測温抵抗体が挙げられ，さまざまな分野で使われている．

全ての接触式温度計は対象物の温度を測定しているので

表 3.2-1　温度計の特徴[*1]

分類	温度計の種類	特徴
接触式温度計	抵抗温度計	・約-273〜500℃で精度のよい温度測定に適する. ・強い振動のある対象には適さない.
接触式温度計	サーミスタ温度計	・導線抵抗に比べて検出器の抵抗が大きい. ・一つの検出器での使用温度範囲が狭い. ・衝撃に弱い.
接触式温度計	熱電対	・原理的には,接点の大きさ程度の空間の温度を測定できる. ・応答がよい. ・振動,衝撃に強い. ・温度差が測定できる. ・高温での測定ができる. ・基準接点が必要である.
非接触式温度計	放射温度計	・高温域の温度測定に適する. ・遠隔測定が可能である. ・移動または回転している物体の表面温度が測定できる. ・被測定物の温度を乱すことが少ない. ・原理的に遅れの少ない測定が可能である.

はなく,温度計自身の温度を測定している.よって測定対象物の温度変化の影響が少なくなるように,温度計の熱保有量は測定対象物の熱保有量よりかなり小さくなければならない.

3.2.2　非接触式温度計

非接触式温度計は物体の温度に起因する熱放射を電磁波として受けてその電磁波の強度から温度を測定する温度計であり,放射温度計,サーモグラフィが挙げられる.放射温度計は微小な面積の温度を測定するのに対し,サーモグラフィは比較的大きな面積の温度分布を測定する温度計である.

特徴として,原理的に測定対象に接触することが無いため測定対象の状態を乱すことが少なく,電磁波を用いたセンサであることから応答速度が接触式に比べて速い.測定に際して,測定対象の放射率,測定対象以外の熱源の影響,波長の選定などに注意が必要となる.

3.3　熱電対

熱電対は工業の用途において最も広く使われている温度計で冷凍空調の分野においても数多く使われている温度計である.良く使われている温度計であるため,ここでは熱電対の原理から説明し,その後に種類,構造,補償導線について説明する.

3.3.1　熱電対の原理

2種類の金属導体の両端を電気的に接続して**図3.3-1**のような閉回路を作り,この一端を加熱するなどの方法で,両端に温度差を与えると,回路中に電流が流れる.これは1821年にT. J. Seebeck(ゼーベック)が銅とアンチモンとの間で発見した現象であって,ゼーベック効果とよばれる.このゼーベック効果を利用した温度計を熱電対という.

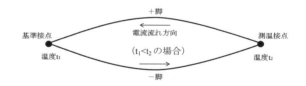

図 3.3-1　熱電対の構成

ゼーベック効果によって生じる電流を発生させる起電力を熱起電力という.この起電力の大きさは,原理的には両端の温度のみによって定まり,導体の長さや太さ,両端以外の温度には無関係である.このことより,一端の温度を一定の温度,原則として0℃に保てば,熱起電力の値から他端の温度を算出することができる.

図 3.3-1に示すように,2箇所の接続点のうち,一定に保つものを基準接点,温度測定するためのものを測温接点という.2種類の金属導体のうち,測温接点の温度が基準接点より高い場合,電流が測温接点より基準接点に向かって流れるものを+脚,他の一方を-脚という.

ここで熱電対は原理的に測温接点と基準接点の温度「差」の温度計であることに注意しなければならない.この原理に基づいて温度を測定するには,基準接点を一定温度に保つか,またはこれと同等の効果をあげるための配慮と工夫が必要となる.

3.3.2　基準接点

基準接点を一定温度で0℃に保つ方法として良く用いら

れるのは水と氷を用いた氷点式基準接点と呼ばれるものである．氷点式基準接点は**図 3.3-2**のように削氷と水で構成される．これを実現するには，いわゆるきれいな氷と水が必要となる．水は蒸留水，氷は蒸留水を凍らせたものが良いが，一般の水道水を用いるのであれば塩素を抜いた水，それを凍らせた氷を使用する．氷は細かく削って魔法瓶の中に少量の水を加えて十分に固く詰める．固く詰めた削氷の中心にガラス管を挿入する．ガラス管内には水やフロリナートを入れておく．このガラス管に熱電対の基準接点を挿入して温度が0℃の基準接点として使用する．この基準接点は手軽かつ正確に0℃を実現できることから，熱電対の校正や高精度の温度測定に広く用いられている．

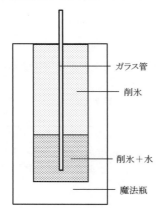

図 3.3-2　氷点式基準接点装置

一般の測定においては基準接点に氷点式基準接点を準備するのは難しい．一般に市販されている熱電対が接続される記録計や調節計などの機器では基準接点が接続される端子台に温度センサを設置し，その温度センサの温度を基準接点の温度として，熱起電力から測温接点の温度を測定している．このように基準接点の温度を測定して補償するような接点を補償式基準接点という．**図 3.3-3**に氷点式基準接点を使った温度測定，**図 3.3-4**に補償式基準接点を使った温度測定の測定例を示す．先述の氷点式基準接点に比べると基準接点としての性能は劣るが，一般の測定においては十分に使える範囲であり，また必要であれば測定したい温度域において氷点式との比較をすることで，測定したい温度域における不確かさを確認するなどの方法で測定精度を評価することも可能である．

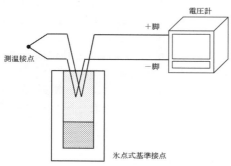

図 3.3-3　氷点式基準接点による温度測定

図 3.3-4　補償式基準接点による温度測定

3.3.3 熱電対の種類

熱電対は大別すると貴金属熱電対と卑金属熱電対に分類される．熱電対に用いられる金属で重要なのは融点が高く加工性と耐食性にすぐれていることであり，貴金属であればほとんどがこの条件を満たすが，卑金属熱電対の場合はこれらを全て満足するとはかぎらない．これらの問題や熱起電力の特性を改善するために熱電対では異種金属同士の合金を材質とするものが多く，主な熱電対の種類として貴金属熱電対はB, R, S熱電対，卑金属熱電対はN, K, E, J, Tが挙げられる．**表 3.3-1**にこれらの8種類の構成材料を示す．

熱電対の許容差は熱電対の種類ごとに**表 3.3-2**のように分類される．また，測定温度範囲は熱電対の素線径によって異なり，**表 3.3-3** に示す．また，特殊用途において表3.3-1 に示されていない材質の熱電対も存在し，それらは用途によって使い分けが必要である．

表3.3-1　熱電対の構成材料[*2]

種類の記号	構成材料	
	＋脚	－脚
B	ロジウム30％を含む白金ロジウム合金	ロジウム 6％を含む白金ロジウム合金
R	ロジウム13％を含む白金ロジウム合金	白金
S	ロジウム10％を含む白金ロジウム合金	白金
N	ニッケル，クロムおよびシリコンを主とした合金	ニッケルおよびシリコンを主とした合金
K	ニッケルおよびクロムを主とした合金	ニッケルを主とした合金
E	ニッケルおよびクロムを主とした合金	コンスタンタン（銅およびニッケルを主とした合金）
J	鉄	コンスタンタン（銅およびニッケルを主とした合金）
T	銅	コンスタンタン（銅およびニッケルを主とした合金）

表3.3-2 熱電対の許容差[*2)]

種類	項目	クラス1	クラス2	クラス3
B	温度範囲	-	-	600 ℃以上800 ℃未満
	許容差	-	-	±4℃
	温度範囲	-	600℃以上1700℃未満	800 ℃以上1700 ℃未満
	許容差	-	±0.0025・|t|	±0.005・|t|
R, S	温度範囲	0 ℃以上1100 ℃未満	0 ℃以上600 ℃未満	-
	許容差	±1℃	±1.5℃	-
	温度範囲	-	600 ℃以上1600 ℃未満	-
	許容差	-	±0.0025・|t|	-
N	温度範囲	-40 ℃以上+375 ℃未満	-40 ℃以上+333 ℃未満	-167 ℃以上+40 ℃未満
	許容差	±1.5℃	±2.5℃	±2.5℃
	温度範囲	375 ℃以上1000 ℃未満	333 ℃以上1200 ℃未満	-200 ℃以上-167 ℃未満
	許容差	±0.004・|t|	±0.0075・|t|	±0.015・|t|
K	温度範囲	-40 ℃以上+375 ℃未満	-40 ℃以上+333 ℃未満	-167 ℃以上+40 ℃未満
	許容差	±1.5℃	±2.5℃	±2.5℃
	温度範囲	375 ℃以上1000 ℃未満	333 ℃以上1200 ℃未満	-200 ℃以上-167 ℃未満
	許容差	±0.004・|t|	±0.0075・|t|	±0.015・|t|
E	温度範囲	-40 ℃以上+375 ℃未満	-40 ℃以上+333 ℃未満	-167 ℃以上+40 ℃未満
	許容差	±1.5 ℃	±2.5℃	±2.5 ℃
	温度範囲	375 ℃以上800 ℃未満	333 ℃以上900 ℃未満	-200 ℃以上-167 ℃未満
	許容差	±0.004・|t|	±0.0075・|t|	±0.015・|t|
J	温度範囲	-40 ℃以上+375 ℃未満	-40 ℃以上+333 ℃未満	-
	許容差	±1.5 ℃	±2.5℃	-
	温度範囲	375 ℃以上750 ℃未満	333 ℃以上750 ℃未満	-
	許容差	±0.004・|t|	±0.0075・|t|	-
T	温度範囲	-40 ℃以上+125 ℃未満	-40 ℃以上+133 ℃未満	-67 ℃以上+40 ℃未満
	許容差	±0.5℃	±1℃	±1℃
	温度範囲	125 ℃以上350 ℃未満	133 ℃以上350 ℃未満	-200 ℃以上-67 ℃未満
	許容差	±0.004・|t|	±0.0075・|t|	±0.015・|t|

表3.3-2における許容差とは，熱起電力を基準熱起電力表によって換算した温度から測温接点の温度を引いた値の許される最大限度をいう．|t|は測定温度の＋，－の記号に無関係な温度（℃）で示される値である．

表3.3-3における過熱使用温度とは，必要上やむを得ない場合に短時間使用できる温度の限度をいう．

3.3.4 熱電対の構造

熱電対の構造で最も簡単な構造は，**図 3.3-5** に示すように，両脚の素線を端に接続しただけのもので，これを裸熱電対という．裸熱電対では電気的絶縁や機械的強度について何も配慮されておらずこのままでは実用に耐えないので，絶縁管や絶縁物で絶縁処理をし，保護管で保護をした熱電対が一般的に多く使用され，その中でもシース熱電対とよばれる．絶縁にはMgO（酸化マグネシウム）を用いてそれを保護管に収めるタイプのものが最も広く使用されている．

シース熱電対は，正確には無機絶縁金属シース熱電対といい，**図 3.3-6** に示すように熱電対の導線の周囲を絶縁物であるMgOの粉末が用いられ，保護管にはステンレスやインコネルが用いられる．シース熱電対の製造法は，金属の管中に熱電対の素線を挿入して位置を固定し，この間隙にMgOの粉末を充填する．このようにできたシースに対して冷間加工で所要寸法まで引き抜き加工が施され仕上げられる．加工条件が適切であれば熱電対線が断線したり，互いに接触したりすることはなく，最初に位置決めしたときの同じ断面がそのまま細くなっていく．これをシース熱電対線とよぶが，この線を所要長さに切断し，端末および先端加工を施して熱電対となる．

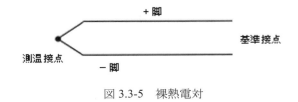

図 3.3-5 裸熱電対

図3.3-7, 8, 9にシース熱電対の先端部である測温接点の形状を示す．図3.3-7の接地型は最も一般的なもので，シースと熱電対線とをともに接地させる構造である．応答速度も速く強度的にも堅牢であることが特徴である．図3.3-8非接地型は熱電対線を接地回路から絶縁させる必要のある場合に用いられ，ノイズ環境などで用いられる．図3.3-9の露出型はシース熱電対としての特色がいかされていないので，とくに応答速度を速める必要のある場合以外には用いられない．シース熱電対の端末は，基準接点または補償接点を取り出すために各種のジョイントが取り付けられるが，大気中の湿気などがシース中に侵入することを防止するためにガラスやエポキシ樹脂などを用いて封止加工を行う．

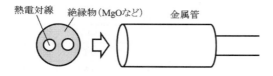

図3.3-6　シース熱電対構造図

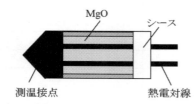

図3.3-7　シース熱電対の測温接点構造　接地型

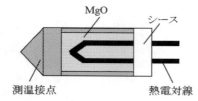

図3.3-8　シース熱電対の測温接点構造　非接地型

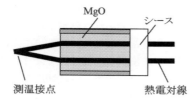

図3.3-9　シース熱電対の測温接点構造　露出型

このように作られたシース熱電対は次のような特徴を有する．小型軽量，応答速度が速い，ある程度の折り曲げが可能，長尺物が製作可能，防爆に適切などが挙げられる．これらの特徴を最大限に生かすために次に挙げるような欠点や問題点も理解する必要がある．

最初に熱電対に最適な加工が行われていないことが挙げられる．シース熱電対は金属シースと一体で冷間加工されているが，この加工条件はシース金属に合わせて最適化されていて，熱電対線にとって最適な加工条件とは必ずしも一致しない．このため，熱電対線に歪みが残留していたり，逆に過焼鈍のため結晶粒の粗大化や脆化などを起こしている危険があり，機械的に弱く，精度の低下につながる可能性がある．また，絶縁物として使われているMgOは非常に湿気を吸いやすい．シースの密封加工の劣化から湿気がシース内に侵入すると絶縁低下を起こす可能性がある．この絶縁低下に加えて長尺のシース熱電対でシースの中間部が高温になるような測定系の場合，絶縁抵抗が無視できなくなり熱起電力測定値の変化となって現れる．これをシャントエラーと呼び，炉内温度監視用の熱電対などでこの現象が起こる可能性がある．

シース熱電対は使い勝手がよく機械的に設置が容易であることから良く用いられるが，これまでに挙げた欠点や問題点をよく理解して使うことが求められる．

表3.3-3
熱電対の素線径による常用温度および過熱使用限度[*2]

種類の記号	素線径 mm	常用温度 ℃	過熱使用限度 ℃
B	0.50	1500	1700
R, S	0.50	1400	1600
N	0.65	850	900
	1.00	950	1000
	1.60	1050	1100
	2.30	1100	1150
	3.20	1200	1250
K	0.65	650	850
	1.00	750	950
	1.60	850	1050
	2.30	900	1100
	3.20	1000	1200
E	0.65	450	500
	1.00	500	550
	1.60	550	600
	2.30	600	750
	3.20	700	800
J	0.65	400	500
	1.00	450	550
	1.60	500	650
	2.30	550	750
	3.20	600	750
T	0.32	200	250
	0.65	200	250
	1.00	250	300
	1.60	300	350

3.3.5　補償導線

熱電対で測定する場合，原理的には熱電対をそのまま計器に接続するのが理想的であるが，現実には計器までの距

第3章. 温度

離が大きいと高価になることや，経路で誘導そのほかの障害により測温精度が落ちてしまうことなどの問題が起こる．一方，熱電対と計器の間を遮蔽，そのほかの保護被覆を施した導線で結んだ場合は，熱電対と導線との補償接点と熱電対の測温接点の温度差は正確に測定することができても，補償接点の温度が変動するため正確な測定ができないことになる．そこで常温を含む相当の温度範囲において，熱電対と同じまたはきわめて類似した熱起電力特性をもった2種類の導体を1組として，これに絶縁および各種の保護被覆を施したもので熱電対と計器の間を結ぶことにより，熱電対を延長したのと同じ効果で補償接点の温度を補償し，かつ経路での種々の障害を防止し正確な測温ができることになる．このように選んだ導線のことを補償導線とよぶ．

補償導線は各熱電対で決められており，その材質について表 3.3-4 に示す．実際に選択する場合はこの表から測定条件に見合うものを選択する．

3.4 測温抵抗体

測温抵抗体は物質の電気抵抗が温度によって変化することを利用して温度を測定するものである．熱電対とは異なり基準接点が必要ないので比較的簡便にかつ正確に温度を測定することができるが，測定温度範囲は熱電対に比して低いなどの特徴を持つ．ここでは測温抵抗体の原理と特徴，種類と構造について説明する．

3.4.1 原理と特徴

一般に物質の電気抵抗は温度によって変化する．金属では温度に比例して電気抵抗が増加する．金属の中で測温抵抗体としてよく用いられる白金や銅などの電気抵抗と温度の間には一定の関係があり，この関係を利用して温度を測定する温度計が測温抵抗体である．

測温抵抗体は次に挙げるような特徴を持っている．
・感度が熱電対と比して検出電圧で約1桁大きい，・安定度が高い，・温度と抵抗の関係が既知，・抵抗値から温度が求まる，・形状が大きい，・最高使用温度は500～650℃と熱電対より低い，・機械的衝撃や振動に弱い．

これらの特徴をよく理解した上で測温抵抗体を使う必要がある．

3.4.2 種類

(1) 白金測温抵抗体

白金は純度の高いものが入手でき，高い温度まで化学的に安定で，また線引きなどの加工も容易であるために，きわめて純粋で均一な線材にすることができる．また，広い温度範囲にわたって温度と抵抗の関係が最も良く調べられており，精密な温度測定に適している．白金測温抵抗体は多くはPt100と呼ばれる0℃での抵抗値が100Ωのものが用いられる．詳細はJIS C1604に測定の際の電流値などが記載されており，こちらを参照されたい．

表 3.3-4 補償導線の材質と許容温度[*3]

組合わせて使用する熱電対の種類	心線の構成材料		補償接点温度 ℃	記号
	+側心線	-側心線		
B	銅	銅	0～100	BC
R	銅	コンスタンタン（銅およびニッケルを主とした合金）	0～100	RCA
R	銅	コンスタンタン（銅およびニッケルを主とした合金）	0～200	RCB
S	銅	コンスタンタン（銅およびニッケルを主とした合金）	0～100	SCA
S	銅	コンスタンタン（銅およびニッケルを主とした合金）	0～200	SCB
N	ニッケルおよびクロムを主とした合金	ニッケルおよびシリコンを主とした合金	-25～200	NX
N	銅およびニッケルを主とした合金	コンスタンタン（銅およびニッケルを主とした合金）	0～150	NC
K	ニッケルおよびクロムを主とした合金	ニッケルを主とした合金	-25～200	KX
K	鉄	コンスタンタン（銅およびニッケルを主とした合金）	0～150	KCA
K	銅	コンスタンタン（銅およびニッケルを主とした合金）	0～100	KCB
E	ニッケルおよびクロムを主とした合金	コンスタンタン（銅およびニッケルを主とした合金）	-25～200	EX
J	鉄	コンスタンタン（銅およびニッケルを主とした合金）	-25～200	JX
T	銅	コンスタンタン（銅およびニッケルを主とした合金）	-25～200	TX

(2) 極低温用測温抵抗体

低温になると一般に金属の電気抵抗は極端に減少する．常温以上で広く利用されている白金測温抵抗体は70 K以下になると感度が急に減少し，20 K付近では室温のときの約1/10となる．さらに13 K以下になると温度依存性のない残留抵抗のみとなり，極低温領域では実用温度計として用いるのは困難でなる．一般に純金属では残留抵抗は非常に小さいが，磁気能率を有する原子を貴金属に微量加えた希薄合金は極低温で残留抵抗が割合大きい．この性質を生かして英国立物理研究所でロジウム・鉄希薄合金による測温抵抗体が作られた．その後，国内で計量研究所が，白金にコバルトを微量加えた希薄合金による測温抵抗体を開発し，国内では工業用温度計として実用化されている．

(3) サーミスタ

サーミスタは半導体の感温抵抗体で，いろいろな温度特性のものがある．主にMn, Co, Ni, Feなど2種類以上の遷移金属酸化物の複合焼結体でできており，組成に応じて温度特性を調整できる．サーミスタは白金測温抵抗体に比べて電気抵抗が大きい，温度係数が大きい，形状が小さいという特徴がある．温度係数が大きいために広い温度範囲での測定には不適であるが，特定の温度範囲において半導体の組成を変えることで所要の特性を得ることができる．形状が小さいことから，さまざまな形状のものを作ることができ，各分野においてその分野に見合う形状ものが多数造られている．

3.4.3 構造

測温抵抗体にはさまざまな種類があるが，ここでは特に白金測温抵抗体の主な構造について述べる．その他の測温抵抗体，特にサーミスタは近年小型化が進み，実に多様な形状があるので，各メーカーのカタログを参照されたい．

図 3.4-1, 2が基本的な測温抵抗体の構造図で，温度抵抗素子は白金抵抗線をコイル状に巻いたものがガラスやセラミックの筒に封入されている．外径は1.2～3 mm，長さは10～20 mmである．最近では，基板に白金膜を蒸着した薄膜形もある．図 3.4-3は，シース熱電対と同じように保護管と内部導線および抵抗素子の間に絶縁物を充填したシース測温抵抗体の構造を示す．先端部に抵抗体が封入されているため先端の折り曲げには注意が必要である．

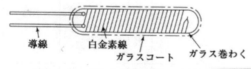

図 3.4-1　ガラス封入型測温抵抗体

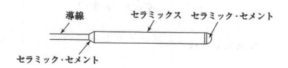

図 3.4-2　セラミック封入測温抵抗体

測温抵抗体は，素子の抵抗値を正確に検出する必要があり，内部導線の結線方式は，図 3.4-4のように2線式，3線式，4線式がある．白金素子の抵抗値変化で温度を求めるため，途中の接続導線の抵抗分を含めないために，精密測定では4線式を使用し導線抵抗を除去している．工業用での温度測定では通常3線式が用いられる．この場合3線とも電気抵抗が等しい線を使用し，受信計器側にあるブリッジ回路が導線抵抗を除去する工夫がされている．2線式は導線抵抗の影響を除くことができないため，あらかじめ導線の抵抗値を測定して補正することもできるが，使用条件により温度勾配が変わり正確な温度補正は難しい．

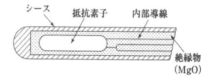

図 3.4-3　シース測温抵抗体

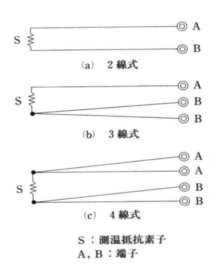

図 3.4-4　測温抵抗体の結線方式

3.4.4 使用上の留意点

測温抵抗体を使用した場合，温度センサ自身に起因するものとして主に，自己加熱，寄生熱起電力による誤差，応答性，絶縁抵抗があり，測定方法に起因するものとして，挿入長による誤差がある．

・自己加熱による誤差

自己加熱は抵抗変化を測定するため，抵抗素子に受信計器側より電流を流すが，ジュール熱が出るため，抵抗体自体で発生する熱による抵抗変化が加味され誤差要素となる．測定電流はできる限り少ない方がよく，JIS規格では0.5，1，2mAと決められている．

・熱起電力による誤差

測温抵抗体と外部導線および受信計器で構成されるが，測温抵抗体でも電気回路での抵抗素線材料と違う金属が接続されるため，熱電対と同じように温度勾配が生じると熱

起電力が発生する．この熱起電力の発生を抑えるため，配線上で極力異種金属を介在しないようにし，接続箇所では温度勾配を少なくするように注意する必要がある．

・応答性

速い温度変化を測定する場合には，測定対象物の温度変化に十分追従できる応答速度を有する測温抵抗体であることを確認する必要がある．応答速度は抵抗体の構造，被測温物の状態に影響される．応答遅れを小さくするには，保護管の太さを細くするのが一番である．シース抵抗体の場合はφ3.2で約2秒，φ8で約13秒である．

・絶縁抵抗

一般の工業計測においては，測定回路がアースに落ちていることがある．このとき，測温抵抗体の絶縁が悪いと，測定回路とは別にアースと測温抵抗体で回路が構成されることがある．この回路に流れる電流が測定上無視できない大きさになると測定誤差となる．測定温度によっては，絶縁抵抗が10MΩ以上必要である．

・挿入長

被測温物に抵抗体を挿入する場合，挿入長が短いと保護管や内部導線の熱伝導などにより，外界の温度の影響を受け，被測温物が外界温度より高い場合には，（－）側の誤差となり，低い場合には（＋）側の誤差を生じる．金属保護管では，外径の15〜20倍，非金属保護管で10〜15倍の挿入長が必要とされている．

3.5 放射温度計

あらゆる物体はその表面からその温度に応じた広義での電磁波を放射している．この光の強度を測定して物体の温度を測定する温度計を放射温度計という．放射温度計は電磁波強度を測定するものであるため，原理的に非接触での測定であり，測定対象に与える影響が少なく，応答の速い測定が可能となる．ここでは放射温度計の原理，種類と構造，放射率，使用上の留意点について説明する．

3.5.1 原理

熱放射のエネルギーはその物体の温度，表面性状に依存する．物体の中である温度で最も熱放射が強い物体のことを黒体とよび，理想的な黒体における熱放射のエネルギーである分光放射輝度Lは式（3.5-1）で表される．

$$L(\lambda, T) = \frac{2c_1}{\lambda^5} \frac{1}{exp\left(\frac{c_2}{\lambda T}\right) - 1} \tag{3.5-1}$$

ここでλは波長，Tは熱力学温度を表す．C_1，C_2は放射の第1定数，第2定数とよばれ式(3.5-2), (3.5-3)で表される物理定数である．

$$c_1 = c^2 h = 5.9548 \times 10^{-17} \text{ W} \cdot m^2 \tag{3.5-2}$$

$$c_2 = \frac{ch}{k} = 0.014388 \text{ m} \cdot \text{K} \tag{3.5-3}$$

ここでcは真空中の光の速度，hはプランク定数，kはボルツマン定数を表す．

プランクの式(3.5-1)が表しているのは，ある温度の物体はその温度に応じた波長分布の光を放射しているということであり，その波長または波長域の光強度を測定することで温度が測定できることを表す．図 **3.5-1** に黒体の温度ごとの波長と放射輝度の関係を示す．

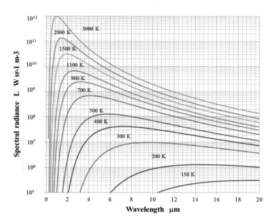

図 3.5-1　黒体の分光放射輝度

3.5.2 放射温度計の種類と構造

放射温度計の基本的な構成を図 **3.5-2** に示す．放射温度計を構成する要素は，測定物体からの放射エネルギーを集めるための光学系（主にレンズが用いられる）により光検出素子に導く．光検出素子は，測定する光の波長により異なり，①光電形素子（Si：シリコン，InGaAs：インジウム・ガリウム・ヒ素，PbS：硫化鉛，PbSe：セレン化鉛，InSb：インジウム・アンチモン，HgCdTe：水銀・カドミウム・テルル）と②熱形素子（TP：サーモパイル，焦電素子）が主に使用される．放射エネルギーを，光電形素子は光としてとらえた光電効果を利用し，熱形素子は熱としてとらえ，素子の温度上昇を利用する．それぞれ電気信号に変換して，電気回路により信号処理を行い，温度を表示する．

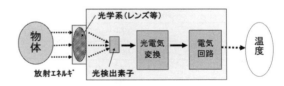

図 3.5-2　放射温度計の基本的な構成

3.5.3 放射率

放射温度計，赤外線サーモグラフィで測定する物体は，理想的な黒体ではない．この黒体でない度合いを放射率と呼ぶ．放射率εで表され，黒体と同じ温度に保持された測定物体から放射される放射エネルギーの比率で，式(3.5-4)で示される．

$$\varepsilon = \frac{\text{温度}T\text{の測定物体からの熱放射}}{\text{温度}T\text{の黒体からの熱放射}} \tag{3.5-4}$$

また，放射率は0から1の間の定数で，その物質の反射率をρ，透過率をτとすると式（3.5-5）の関係が成立する．

$$\varepsilon + \rho + \tau = 1 \tag{3.5-5}$$

キルヒホフの法則より，鏡面体は透過率τが0と仮定すると反射率ρが1となり，放射率εは0となる．このような関係を図 **3.5-3**に示す．

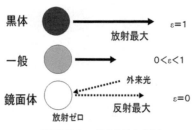

図 3.5-3　放射率の概念

放射温度計で温度を測定する際には，測定対象の放射率が既知である場合は，その放射率をあらかじめ温度計に設定して測定する必要がある．通常の放射率の設定は1の場合が多く，この設定では，通常の物質の放射率は，1より小さいため，測定温度は低く出る．放射率は一般には実験的に求められ，**表 3.5-1**に主な材質の波長0.9μmでの放射率を示す．物質，温度，表面の状態などにより変化するため，放射温度測定には注意が必要である．

表 3.5-1　波長0.9μmにおける物質の放射率[*4)]

物質	放射率
アルミニウム	0.10〜0.23
金	0.015〜0.02
鉄	0.33〜0.36
銅	0.03〜0.06
ステンレス鋼	0.3
シリコン	0.69〜0.71
ゲルマニウム	0.6
炭化チタン	0.47〜0.50
黒鉛	0.87〜0.92

3.5.4　放射温度計の使用上での留意点

放射温度計を用いて，正確な温度測定を行うためには，測定する対象の放射率の温度指示に与える影響と測定対象の温度測定に影響する外乱要素を把握すること，あるいは軽減することが必要である．

具体的には，**図 3.5-4**に示すように，主に (1) 対象物体の放射率，(2) 対象物体と放射温度計の間の光路障害，(3) 対象物体以外の高温熱源の影響の3つの要因がある．

(1) 対象物体の放射率

物体の放射率は一定でなく，測定対象物の温度，対象の形状，表面状態や放射温度計や赤外線サーモグラフィで使用されている測定波長などにより変化する．そのため，放射率に影響を及ぼす要因をよく把握することが温度測定に十分な注意が必要である．測定対象の種類によって固有の放射率を持つことはもちろんであるが，物体の形状や表面状態，測定波長による放射率の違い，測定角度による放射率の違いなどについても十分に留意する必要がある．

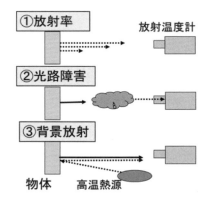

図 3.5-4　放射温度計の温度測定に影響を及ぼす要因

(2) 光路障害の影響

物体から放射された熱放射エネルギーが放射温度計に到達する前に減少する場合で，実際のエネルギーより少ない量が放射温度計に入射するため実際より低い温度を示す．放射温度計で測定する波長は，可視〜赤外域の波長を用いているため，測定対象物体と放射温度計の間の光路に熱放射エネルギーを吸収するガスがあると影響を受ける．大気中に含まれるガスの成分で，温度指示に影響するのは主に水蒸気，二酸化炭素である．したがって，これらのガスの吸収の影響の少ない測定波長を用いて測定する必要があり，3〜5μm，8〜14μmは大気の吸収の少ない波長帯域として「大気の窓」とよばれ，赤外域の放射温度計または赤外サーモグラフィでは，これらの波長が主に使用されている．

(3) 対象物体以外の高温熱源の影響

測定物体以外の物体からの熱放射エネルギーが，放射温度計に混入する場合で，周囲に高温熱源がある場合は，高い温度指示を示すことがある．**図 3.5-5**は，測定対象物体の温度Tで，放射率がεの測定対象物体の温度を放射温度計で測定する場合について示している．測定対象物は不透明で，透過する熱放射エネルギーはないものとして，測定対象物の反射率ρは，$\rho = 1-\varepsilon$である．この時，放射温度計に入射する熱放射エネルギーは，背景の反射源温度からの熱放射エネルギーが対象物体に反射した熱放射エネルギーと放射率ε，温度Tの対象物体の熱放射エネルギーを加えたもので，式(4.5-5)のようになる．

$$L(S) = (1-\varepsilon)L(Tb_1) + \varepsilon L(T) \tag{3.5-5}$$

Sは放射温度計の指示温度である．
これを変形して，測定対象物体の熱放射エネルギー $L(T)$ を求める式は式(3.5-6)のようになる．

$$L(T) = \frac{1}{\varepsilon}\bigl(L(S) - (1-\varepsilon)L(Tb_1)\bigr) \quad (3.5\text{-}6)$$

ここで，反射源温度 Tb_1 と対象物体の放射率 ε が未知数であるため，正しい温度を求めるためには，反射源温度 Tb_1 と放射率 ε を求めて，放射温度計にて演算することにより，対象物体の温度 T を求めることができ，この補正を反射率補正という．実際の測定では，必ずしもこのような理想的な状態ではないため，周囲の高温熱源の影響を軽減するために遮断する，反射源の温度を下げて影響を少なくするなどの処置をすることが望ましい．

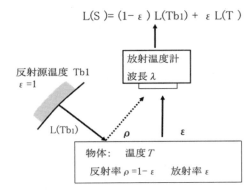

図3.5-5　放射温度計に入射する熱放射エネルギー

参　考　文　献

*1) 計測自動制御学会"温度計測部会"編：「新編温度計測」，初版　p23，計測自動制御学会
*2) JIS C1602　熱電対
*3) JIS C1610　熱電対用補償導線
*4) http://www.chino.co.jp/support/technique/thermometers/housyaritsu.html　(2014)

(瀧川　隆介)

第4章. 圧力

4.1 圧力の基本

4.1.1 圧力とは

固体では，力を受けると圧縮応力や引張り応力が生じる．また，この応力は，固体の内部でも場所によって値が異なる．これに対して，気体や液体（これらを総称して流体という）では，力を受けると圧縮応力のみが生じる．しかも，流体が連続している限り，同一高さで静的な状態では場所による差異がない．これをパスカルの原理という．つまり，この流体内に発生する圧縮応力を圧力とよぶ．

4.1.2 圧力の種類

(1) **大気圧，ゲージ圧，真空，絶対圧，差圧**

我々の周囲は大気と呼ばれる空気に取り囲まれているが，この密度により圧力を生じている．これを大気圧とよんでいる．

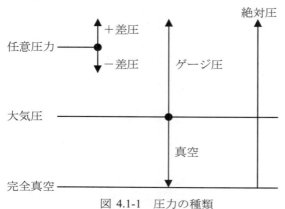

図 4.1-1 圧力の種類

図 **4.1-1**のとおり，大気圧を基準として測定する圧力をゲージ圧とよび完全真空までを真空とよぶ．完全真空を基準にして測る圧力を絶対圧とよぶ．また，任意の圧力（これを基準圧とよぶ）を基準として測る圧力を差圧とよんでいる．このように，圧力はある基準を基に測定される．

なお，圧力計は通常ゲージ圧の測定に用いる．このため，本章では断らない限り圧力はゲージ圧をいう．

(2) **動圧，静圧，全圧**[1]

水平な定常流の中に物体があるとき，物体の正面中央の一点で流れは完全にせき止められる．この点の圧力をp_tとすると

$$p_t = p + \rho(v^2/2) \tag{4.1-1}$$

ただしp，vは，物体の影響を受けない前方における圧力と流速である．また，ρは流体の密度である．したがって，圧力上昇量は

$$p_t - p = \rho(v^2/2) \tag{4.1-2}$$

これを動圧という．これに対してpを静圧，p_tを全圧という．

4.1.3 圧力の単位

圧力は単位面積当たりの力として定義される．SI単位では，1㎡あたり1N（ニュートン）の力が加わる圧力を1Pa（パスカル）として定義されている．

なお，次元は$L^{-1}MT^{-2}$である．

4.2 弾性素子の種類

圧力計は，圧力による弾性素子の変形量を検出して流体の圧力を測る計器である．この弾性素子には様々な種類があり，以下にこれらを説明する．

4.2.1 ブルドン管

ブルドン管は扁平に潰した断面を持つパイプを円弧状に巻いた形状をしており，その形状から主としてC形，スパイラル形，ヘリカル形などに分類される．

C形は，弾性変位を大きく取れないが生産性に優れているため最も使用量が多い．また，スパイラル形およびヘリカル形は，巻き数を増やすと大きな弾性変位を取り出すことができるため精密な測定や高圧の測定の用途に使用される場合が多い．何れのブルドン管も一端を閉じて他端から圧力を導入する．（図 **4.2-1**）

ブルドン管は，低圧から高圧までの広い範囲で，外形形状を大きく変えずに製作できる．このため，圧力計に組み込んだ場合，圧力計の外形形状を一定にしたまま広い範囲のレンジをカバーできるという極めて優れた特長がある．

ブルドン管の材料は，黄銅・りん青銅・ステンレス鋼・特殊鋼・高張力鋼などが使用されている．また，黄銅・りん青銅は5MPa以下程度の低圧に，ステンレス鋼は100MPa以下程度の広い範囲に，また特殊鋼，高張力鋼は50MPa以上の高圧に使用されている．

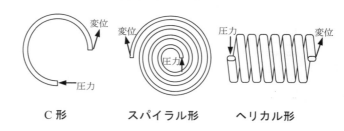

図 4.2-1 各種ブルドン管

4.2.2 ベローズ

ベローズは蛇腹状の弾性素子である．ベローズは製作方法により，主として成形ベローズと溶接ベローズに分類される．成形ベローズは板材を絞ってパイプ状とし，油圧成形により製作する．（図 **4.2-2**）

材質は，りん青銅，ステンレス鋼が一般的である．ベローズは，比較的低圧に使用され5 kPa〜15 Mpa程度の範

囲で使用される．

また，ベローズは弾性特性を改善するため，一般的には他のバネと併用して使用される．

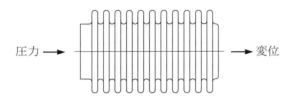

図 4.2-2　ベローズ

4.2.3　ダイアフラム

ダイアフラムとは周辺を固定した比較的柔軟な板材からなる弾性素子である．

ダイアフラムは，その材料から非金属製と金属製のダイアフラムに分類される．非金属ダイアフラムでは，主としてゴムが使われ，ほとんどの場合中央部に剛体とみなせるセンタディスクを設け，有効面積（弾性素子を変位させるのに有効な受圧面積をいう）を大きくする方法がとられている．（図 4.2-3）

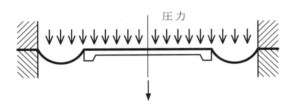

図 4.2-3　非金属ダイアフラム

金属ダイアフラムでは，フラットな薄板だけのものと特性を改善するために波形に成形されたものとがある．金属ダイアフラムは，ベローズと比較し，同一の有効面積では直径が大きくなるなど不利な点もある．しかし，波形と同形状のバックアッププレートを設けることにより相当過大な圧力に耐えられる利点がある．

ダイアフラムは，主として 100 Pa～400 kPa 程度の比較的低圧で使用される．

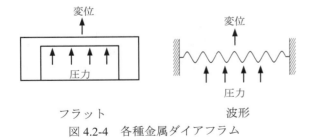

図 4.2-4　各種金属ダイアフラム

4.2.4　カプセル

図 4.2-5 のように金属ダイアフラムを組み合わせたカプセルとよばれる弾性素子も使用される．金属ダイアフラム単体では取り出せる変位が小さいため，感度を上げるため変位を必要とする場合に有効である．

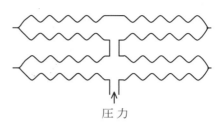

図 4.2-5　カプセル

4.3　圧力計（機械式）

4.3.1　圧力計の構造

代表的な圧力計であるブルドン管圧力計の構造を図 4.3-1 に示す．

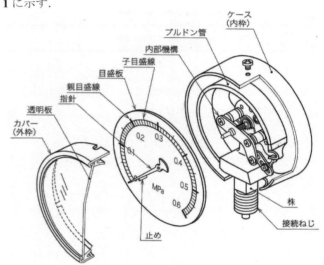

図 4.3-1　ブルドン管圧力計の構造[2]

株（圧力計の継手状の接続部をいう）を介してブルドン管が感圧し，平円形または楕円形に潰されている断面は内側から圧力が加わることで円形に近づこうとする．円弧状のブルドン管は一端を株に固定されており，直線に近づこうとして自由端の管先が変位する．この変位は，弾性範囲内であれば，所定の圧力に対して比例する（フックの法則による）．この変位は，内部機構を介して伝達され，大きな歯車と小さな歯車で拡大および回転運動に変換される．そして，指針にて通常 270° の目盛角度で圧力を目盛板上に表示する機構となっている．

4.3.2　圧力計の種類

(1) JIS B 7505-1 ブルドン管圧力計

JIS B 7505-1 ブルドン管圧力計には，以下の項目毎に種類がある．

 a)　測定圧力

圧力の種類に応じて，圧力計，真空計，連成計がある．

 b)　大きさによる種類

目盛板の外径(mm)で表し，50 mm，60 mm，75 mm，100 mm，150 mm，200 mm がある．

c) 精度等級の種類

精度に応じて，0.6 級，1.0 級，1.6 級，2.5 級，4.0 級がある．

d) 用途による種類

表 4.3-1 のとおり，用途に応じて，一般，蒸気用，耐熱用，蒸気・耐熱用，耐熱・耐振形がある．

表 4.3-1　ブルドン管圧力計の用途による種類

種類	用途
一般	周囲温度が-5～45℃で取付部に振動や脈動圧がなく振動も加わらない場所
蒸気用 記号〈M〉	蒸気などの高温の測定流体がエレメント内に入るおそれのある場合で周囲温度および測定流体温度が10～50℃の場所
耐熱用 記号〈H〉	取付場所の周囲温度および測定流体温度が-5～80℃の場所
耐振用 記号〈V〉	取付場所に振動がある場合で，振動条件はJIS B 7505-1に規定された範囲を満足する場所
蒸気・耐振用 記号〈MV〉	蒸気用と耐振用の用途に対応する場所
耐熱・耐振用 記号〈HV〉	耐熱用と耐振用の用途に対応する場所

e) 圧力レンジ

圧力レンジは，測定圧力の種類に応じて規定されている．ただし，圧力計では制限がない．

・真空計　-0.1－0 MPa
・連成計　-0.1－0.1 MPa → -0.1－2.5 MPa
・圧力計　制限なし

f) 形状

ブルドン管圧力計の形状の名称および記号は表 4.3-2 による．また，ブルドン管圧力計の形状の例を図 4.3-2 に示す．

表 4.3-2　ブルドン管圧力計の形状の名称および記号[2]

形状の名称	形状の記号	縁位置	株位置
縁なし形	A	なし	下
丸縁形	B	後	下
前縁形	B2	前	下
埋込形	D	前	裏
	D2	なし	裏
ねじ込み形	D3	前	中心
	D4	なし	中心

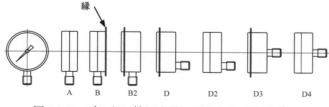

図 4.3-2　ブルドン管圧力計の形状および記号[2]

g) 接続部の接続ねじ

接続ねじは，JIS B 0202 の B 級おねじ，または JIS B 0203 のおねじとし，表 4.3-3 のとおりである．

表 4.3-3　ブルドン管圧力計の接続ねじ

大きさ mm	50	60	75	100	150	200
管用ねじ	G1/4B又はR1/4	G1/4B又はR1/4	G3/8B又はR3/8	G3/8B又はR3/8	G1/2B又はR1/2	G1/2B又はR1/2

h) 接続部のスパナ掛け部の形状

株のスパナ掛け部の形状は，二面取り，四角，六角がある．

(2) 微圧計

JIS B 7505-1 に規定されているブルドン管圧力計では測定できないような 50 kPa 以下の低い圧力を測定する圧力計である．（図 4.3-3）

図 4.3-3　微圧計

(3) 差圧計

差圧計は 2 ヶ所の圧力の差を測定する．このため，観測者が 2 ヶ所の圧力計の差を計算しなくてすみ，直接差圧を測定できる．（図 4.3-4）また，オリフィスを使用して流量測定，フィルタの目詰まり検出，密閉タンク内の液位測定ができる．

ここで，図 4.3-5 に差圧計の構造例を示す．

この構造は，弾性素子の内側と外側にそれぞれ異なる圧力を加えることによって圧力同士を対抗させて差圧を検出する．

図 4.3-4　各種差圧計

第4章. 圧力

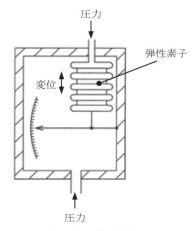

図 4.3-5 差圧計の構造例

(4) グリセリン入り圧力計

圧力計のケース内にグリセリン溶液を満たしたもので，激烈な振動，脈動圧がある場合に使用する．また，周囲の雰囲気に腐食性がある場合にも有効である．(**図 4.3-6**)

図 4.3-6 グリセリン入り圧力計

(5) 接点付圧力計

圧力の指示をすると同時に，あらかじめ設定した圧力で電気接点を開閉し警報信号や制御信号を発する圧力計である．(**図 4.3-7**)

なお，電気接点には，マイクロスイッチ，コンタクトスイッチ，リードスイッチ，光電スイッチなどが使用されており，マイクロスイッチが最も多く使用されている．

図 4.3-7 接点付圧力計

(6) 圧力スイッチ

圧力スイッチは，接点開閉機能のみで指示機能のないものをいう．(**図 4.3-8**) したがって，接点精度，耐振性などの接点性能を最重要視して設計されている．

図 4.3-8 各種圧力スイッチ

(7) 隔膜式圧力計

隔膜式圧力計は，測定流体と弾性素子とをダイアフラムで仕切り，内部に圧力伝達用の液体を封入した構造により，測定流体が直接圧力計内部に入らないようにしたものである．(**図 4.3-9**) また，ダイアフラムあるいは受圧部を構成するフランジは，測定流体に応じて，各種の材質を選定できる．

なお，主な用途は次のとおりである．
・腐食性測定流体の場合．
・高粘度測定流体の場合．
・沈殿物・異物を含んだ測定流体の場合．
・温度が低下すると，粘度が著しく高くなったり固まったりする測定流体の場合．

図 4.3-9 隔膜式圧力計

(8) 精密圧力計

次のような用途では，精密圧力計 (**図 4.3-10**) のように高精度の圧力測定が要求される場合がある．
・圧力計の校正のための標準圧力計
・圧力スイッチの設定のための標準圧力計
・実験用途などで精密な圧力測定が必要な場合

なお，精密圧力計の精度は，±0.1％フルスケール(F.S.)～±0.25％F.S.のものが用意されている．

図 4.3-10 精密圧力計

4.3.3 圧力計の選定
(1) 精度
JIS B 7505-1 ブルドン管圧力計によると，精度は，0.6級，1.0級，1.6級，2.5級，4.0級の5等級の精度等級が規定されている．

最も選択範囲が広いのは1.6級である．このため，1.6級を標準として選定を行う．システム上要求される精度より高精度の圧力計を選定しても無意味なだけでなくコストを増大させる要因になる．また，精度の高い圧力計は構造的にデリケートなため比較的耐久性に欠ける．その反面，熱や振動などが加わる悪い条件下で使用されても耐久性能に優れている計器は一般的に構造が単純で精度は劣る．

(2) 測定流体
a) 腐食性

弾性素子は，高応力で使用され直接的に測定流体に触れる．このため，弾性素子は，圧力計の部材の中で最も過酷な使用条件に晒されている．

弾性素子の設計に当たって最も重視されるのは弾性特性である．また，弾性素子は，比較的薄い材料から成形されているため，僅かな腐食に対しても影響が大きく圧力計としての特性が大きく変化する．

このような背景から，ブルドン管の材料は限られており，測定流体に適合するかどうか厳密に調査する必要がある．万一適合する材料がない場合は隔膜式圧力計を選定する．

b) 粘度

ブルドン管圧力計は圧力導入口が約3mm程度の細長い穴になっておりスラリ状や粘度の高い測定流体の場合には圧力導入口が詰まり測定不能になる場合がある．このような場合も隔膜式圧力計を使用する．

なお，隔膜式圧力計は高価であるので，単に重油を測定する場合などではシールポット（凝縮槽）で他の測定流体に置換するなどの方法も有効である．

c) 温度

JIS B 7505-1 ブルドン管圧力計では，用途による種類として，一般，蒸気用，耐熱用，耐振用，蒸気・耐振用，耐熱・耐振用が挙げられているが温度に関する分類は次の通りである．

- 一般　　：-5～45℃
- 蒸気用　：10～50℃
- 耐熱用　：-5～80℃

80℃より高い温度の測定流体を測定する場合は，パイプサイフォン（**図 4.3-11**）あるいは圧力導入管（長い圧力配管）などにより温度を冷却し圧力計に導入する．しかし，アスファルト，重原油など冷却すると都合が悪い流体の場合には隔膜式とする．

高温の蒸気の圧力を測定する場合には，パイプサイフォン，タンクサイフォン（**図 4.3-12**）あるいは圧力導入管などにより蒸気を冷却するとともに水に置換し圧力計に導入する．

測定流体の温度が-5℃より低い場合にもパイプサイフォンあるいは圧力導入管などにより測定流体の温度を常温に戻してから圧力計に導入する．また，この場合には，圧力計に空気中の水分が凝結し霜状に圧力計を覆い指示が読みとれないばかりでなく内機機構などが凍り付き圧力計が作動しなくなるおそれがあるので，圧力計を保温するのが望ましい．

図 4.3-11 パイプサイフォン　図 4.3-12 タンクサイフォン

d) 酸素の圧力測定

酸素は油と接触すると発火爆発の危険がある．

通常の圧力計は，油で調整，検査している可能性がある．このため，酸素測定の場合には，必ず，禁油処理した圧力計を使用する．また，4.6節に記述する圧力試験器（重錘形圧力計）には，油を使用するのが普通であるから，試験器を用いて禁油の圧力計の調整，検査を行う際は，必ず，タンクサイフォンを使用して測定流体を水に置換する．

e) アンモニアの圧力測定

アンモニアは銅合金を腐食するので，アンモニア用として製作された圧力計を使用する．

f) 脈動

JIS B 7505-1 ブルドン管圧力計によれば，測定圧力をその変動状態により次の2種類に区分している．

・定圧力：変化しない圧力または1秒あたり圧力スパンの1%を超えない速さで連続的に変化し，かつ，1分あたりの変化量が圧力スパンの5%を超えない圧力．

・変動圧力：1秒当たり圧力スパンの1～10%の速さで変化する圧力．

上記の変動圧力より更に速い変化速度の圧力は，圧力計の寿命を著しく短くするので何らかの脈動防止手段を講じる必要がある．その手段の一例として，絞りの設置がある．

絞りには，**図 4.3-13** の固定絞りと**図 4.3-14** の可変絞りがある．

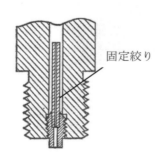 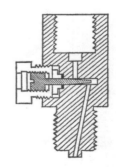

図 4.3-13　固定絞り　　図 4.3-14　可変絞り

固定絞りは，圧力計の株にねじ込んで使用する．簡便で安価であるが，固定絞りであるため脈動に合わせた調整はできない．

可変絞りは，継手状の形態で供給され，絞りを調整できる特長がある．

(3) 測定圧力
JIS B 7505-1 ブルドン管圧力計では，常用圧力範囲の上限は次の値以下に制限されている．

a) 定圧力に対しては，最大圧力の 3/4（最大圧力が 10 MPa 以上では 2/3．）．

b) 変動圧力に対しては，最大圧力の 2/3（最大圧力が 100 MPa 以上では 1/2．）．

c) 真空圧力に対しては，真空側の最大圧力以上を基準に圧力計の最大レンジを決定する．ただし，最大レンジは，無制限に各種揃っているわけではない．このため，目的とするレンジに近いレンジを選定する．

(4) 環境
a) 振動，衝撃

圧力計は精密計器であるため，振動，衝撃を避けるよう取り付ける．やむを得ない場合には JIS B 7505-1 ブルドン管圧力計の耐振用を選定する．しかし，最近の機器，装置の大形化などもあり，条件は益々厳しくなる一方である．このため，耐振仕様ではもう満足出来ない環境条件が多くなっている．その場合には，耐振仕様よりも更にグレードの高いグリセリン入り圧力計を選定するのが賢明である．

b) 気象

圧力計のケースは，特殊なものを除き一般ケース（IP32）と密閉ケース（IP43）とがある．基本的に，一般ケースは屋内用として，密閉ケースは屋外用として選定する．

c) 雰囲気

海岸付近あるいは腐食性雰囲気のおそれがある場所では，密閉ケースに耐酸塗装を施した圧力計を選定する．ステンレスケースの圧力計も用意されているので特に腐食を嫌う場合にはこちらを使用する．また，アンモニアに使用する圧力計はアンモニア用圧力計を使用する．

d) 温度

JIS B 7505-1 ブルドン管圧力計では，一般の定格条件として装備場所の周囲温度は-5 〜 45 ℃と定めている。また，特殊な用途条件として装備場所の周囲温度が-5 ℃ 〜 最高 80 ℃になる場所に取り付けて使用する圧力計を耐熱用と定めている．

(5) 仕様の決定
以上述べた事項について十分検討し仕様を決定する．まとめると次の通りである．

・圧力計の大きさ
・精度
・用途（一般，蒸気用，耐熱用など）
・圧力レンジ
・圧力計の形状
・接液部の材質
・接続部の接続ねじ
・接続部のスパナ掛け部の形状
・付属品（固定絞り，パイプサイフォンなど）の有無

引 用 文 献

1) 日本機械学会編：「機械工学便覧 基礎編 α4 流体工学」，初版，pp19，丸善，東京(2007)
2) JIS B 7505-1：2007「アネロイド型圧力計－第 1 部：ブルドン管圧力計」

（佐藤 浩二）

4.4 圧力センサ

圧力センサは，圧力-電気信号の変換機能をもち，その信頼性向上，小型軽量化と低価格化により，冷凍空調機器はもとより，建設機械や産業機械などの油空圧システムのみならず，自動車，家電製品などにも使用率が着実に増加している．

4.4.1 圧力センサの種類
圧力センサを使用するシステムの種類が多く，圧力計測が多様であることにより，そこに用いられる圧力センサも計測範囲や用途によって原理や構造の最適なものが開発され選択されている．

(1) 原理
圧力-電気信号変換の方法としては，圧力を力や変位，歪などの機械量に変換し，さらに，この機械量を電気信号に変換することが行われる．

最初の圧力-機械量変換をする素子である圧力エレメントには，ベローズ，ブルドン管，ダイアフラムなどがあるが，形状が単純で小型化に適したダイアフラムが多く用いられている．機械量-電気信号変換をする方式は，量産タイプの圧力センサにおいては，静電容量式と抵抗歪ゲージ式が主として使用されている．

a) 静電容量式

静電容量式は，ダイアフラムとしては，金属，セラミック，シリコンなどが用いられ，圧力によるダイアフラムの変位で電極間距離が変化し，これによる静電容量の変化として検出する方式である．電極部の構造には，可動電極の片側だけに固定電極がある片側静電容量式と，可動電極の両側に固定電極がある差動静電容量式がある．

冷媒圧や空気圧機器用としては，主にセラミックダイアフラムを用いて図 4.4-1 に示す片側静電容量式圧力センサが用いられる．

清浄な空気の微小な圧力差を検出する場合には，元圧の影響をさけるため，シリコンダイアフラムを用いて図 4.4-2 に示す差動静電容量式が使用されている．

ダイアフラムにセラミックやシリコンを用いた場合は，接続ネジ部との溶接構造のような一体化は困難であり，金属との熱膨張係数の差も大きいため，ガスケットでダイアフラムを固定した構造になる．

　b）　抵抗歪ゲージ式

抵抗歪ゲージ式は，圧力エレメントとしてシリコンや金属のダイアフラムを用い，圧力により生ずる表面歪を歪ゲージの抵抗値の変化として検出する．

歪ゲージの抵抗体としては，金属もしくは半導体が用いられている．金属歪ゲージの場合，抵抗体が圧縮や引張の力を受けて変形し，圧縮歪の場合には，長さが短くなり断面積が大きくなるため抵抗値は小さくなり，引張歪の場合には抵抗値が大きくなる．半導体歪ゲージでは，ピエゾ抵抗効果があり，金属歪ゲージの場合の寸法変化による抵抗変化分に対して，10～50倍の大きな値になる．

シリコンをダイアフラムに用いた圧力センサは図 **4.4-3** に示す構造の半導体の歪ゲージであり，非腐食性気体用に使用される．これを液体や腐食性媒体に用いる場合には，図 **4.4-4** に示す構造のシリコンオイルを封入した二重ダイアフラム方式が使用されている．

金属ダイアフラムを用いた圧力センサは，接続ネジ部までが溶接により一体化が可能で信頼性がたかく，冷媒圧用に適した構造である．図 **4.4-5** に金属ダイアフラム上に半導体歪ゲージを製造する工程の一例を示し，図 **4.4-6** に圧力センサの外観の一例を示す．

図 4.4-5　薄膜半導体歪ゲージの製造工程

図 4.4-6　薄膜半導体歪ゲージ式の圧力センサ

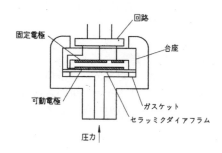

図 4.4-1　片側静電容量式圧力センサ

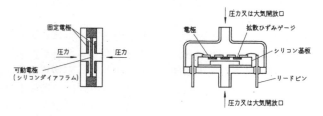

図 4.4-2　差動静電容量式　　図 4.4-3　拡散半導体歪ゲージ式

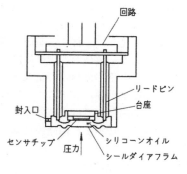

図 4.4-4　拡散半導体歪ゲージ式（二重ダイアフラム方式）

(2)　出力信号の種類

　a）　オン/オフ信号

圧力スイッチの信号として，圧力エレメントと接点機構を組合せた機械式で接点信号を出すものと，センサの信号を基準電圧と比較するコンパレータ回路を入れ，電圧の信号あるいはトランジスタの出力を取り出したオープンコレクタ信号を出すものがある．センサを用いた圧力スイッチは，機械式に比べ信頼性が高く動作が安定しているためコンピュータ制御に用いられる．

　b）　アナログ信号

低レベル電圧信号としては，抵抗歪ゲージ式のブリッジ回路の出力信号があり，電圧を印加して数 10mV の出力が可能である．

高レベル電圧信号としては，圧力-電気変換の検出部に増幅回路を付加し，0～5V DC，0～10V DC，0.5～4.5V DC，1～5V DC，1～10V DC などが用いられる．

近年ではA/D変換器と圧力センサの電源を共用することで電源電圧に起因する誤差を低減できるレシオメトリックタイプの 0.5～4.5V DC 信号が多用されている．

電流信号としては 0～5mA DC，0～20mA DC，4～20mA DC，10～50mA DC などが用いられる．なかでも2線式の 4～20mA DC が工業プロセス用の計測では一般的であり，センサへの電源の供給と信号の伝送2本

の電線で同時に行うことができ，ノイズに強く伝送線路抵抗が数百Ωまで使用でき，長距離の信号伝送が可能である．

c) デジタル信号

センサからの出力信号はコンピュータに入力されることが多くなっているため，アナログ信号はA/D変換が必要であるが，センサからの信号がデジタル信号であれば直接入力でき便利である．通信方法まで含めて統一標準化されたCAN, CAN open, HART, BRAIN, Profibus, RS-232などが使用されている．

4.4.2 圧力センサの選定

圧力センサは用途によって，精度，測定流体，測定圧力，環境にあわせ，原理や構造の最適なものを選択して，仕様の決定を行う必要がある．

(1) 精度

精度の表現は，非直線性，ヒステリシス，繰返し性，再現性，ゼロ点の温度影響，出力の温度影響，など種々の要素ごとに規定されるが，メーカや使用する業界により表記方法に多少の相違が有るので明確にしておく必要がある．一般的に常温での精度が重視されがちであるが，実際の使用温度は大きく変化するため，使用温度範囲内の温度特性を含めた総合的な精度の評価が望ましく，要素ごとに規定されている場合には発生しうる誤差を確認する必要がある．

測定環境の温度変動周期と幅や温度変化の勾配を把握し，測定体と環境温度の差の変化が激しい場合は，安定時の温度特性だけでなく，過渡温度特性の良好なセンサを選定すべきである．

(2) 測定流体

測定流体が気体であるか液体であるか，そして測定流体のもつ腐食性，粘性，温度，凝固性，沈殿性などの特性により注意が必要である．

a) 腐食性　測定流体の腐食性に応じて，エレメントや接続ネジに適した材質を使用した圧力センサの選定を行う．

b) 粘度　測定流体の粘度が高い場合には，検出部まで正しく圧力が伝わらないため，圧力導入口が大径なタイプや先端の検出部が直接受圧するフラッシュダイアフラムタイプを選定する．

c) 温度　測定流体の温度に耐える使用温度範囲のセンサを選定するが，温度範囲の広い用途では，温度変化による誤差が大きいため，温度特性の良い圧力センサの選定および温度の影響を受けにくい場所への圧力センサの設置が必要となる．

温度により測定流体が気体から液体に変化する場合には，液体の表面張力が誤差にならぬように圧力導入口が大径なタイプを選定し，配管内の液柱の影響を受けない場所への設置を行う．

温度により測定流体が固体に変化する場合には，体積変化による過大圧を考慮した圧力レンジを選定し，配管側の保温などの対策を行う．

d) 酸素の圧力測定　特異な用途の例として，酸素を測定する場合には，圧力センサの製造時に使用した油が残留している場合に発火爆発が発生する可能性があり，注文時に油の残留を禁止する指示（禁油処理など）が必要である．

e) 脈動　脈動圧を測定したい場合には応答性の早いセンサを選定し，脈動圧の影響を受けたくない場合には，機械的な絞り機構や電気的な遅れ回路を内蔵したセンサを選定する．

(3) 測定圧力

圧力センサの選定にあたり，計測レンジ内の圧力の変動の振幅と周波数，サージ圧力の波形などの測定圧力の特性の把握が必要である．圧力センサの圧力レンジは，サージ圧を含めた過大圧に対し，性能上影響の無い範囲で計測レンジよりも高い圧力レンジを選定する．

測定流体が気体の場合は，圧力を伝搬する時間が非常に長いため，センサの電気的な遅れはほとんど無視できる．空気圧システムの応答性の改善には，配管の容積を小さくすることを推奨する．

測定流体が液体の場合のフィードバック用センサの応答性は，システムの応答性に対し早い必要があるが，応答性の良い圧力センサはサージ圧に対しても敏感なため，絞り機構などとの併用を行う．

(4) 環境

センサの設置場所は，計測対象により近いところになるため，気象変化の影響を受け，温度条件が厳しく，振動や衝撃が大きく，水や油や塵などの存在する悪条件になる．

a) 気象　空気圧システムで一般的に使用される圧力センサは，大気圧を基準としたゲージ圧タイプが多いが，使用相対湿度範囲，結露の有無，降雨による影響に配慮が必要である．耐環境性の点よりケーシングを密閉構造としたシールド圧や絶対圧タイプを使用する場合には，設置場所の気圧変化によってシステムで発生する誤差の影響を確認し，必要ならば回路基板側に大気圧センサを設置して補正を行う．

b) 温度　測定流体の温度と圧力センサ取付部の周囲温度より圧力センサの使用温度，保存温度，温度補償範囲選定する．

c) 振動衝撃　装置への取り付け後だけでなく，輸送中に遭遇する振動，衝撃を考慮して，耐振性，耐衝撃性の仕様に適合した圧力センサを選定する．

d) 保護等級　圧力センサの取付場所によって，水の侵入に対する保護方法が異なるため，JIS C 0920, JIS D 0203, IEC (International Electrotechnical Commission) 規格に基づくIP (International Protection) 表示などによりランク付けされた防水性の圧力センサを選定する．

(5) 仕様の決定

圧力センサは，使用条件，時間，環境が変化しても，機能を失うことなく，性能を維持して正常に動作する必要

があるため性能，特性，用途，使用環境などを考慮して仕様を決定する必要がある．

　a）　圧力レンジ　　製品の規定圧以上の圧力がかからないように，性能上影響の無い範囲で想定する圧力よりも1.5倍程度高い圧力レンジを選定する．

　b）　防水性　　室外環境の適用が必要な場合は，降雨，湿度，ほこり，塩害などの環境に対し信頼性の高い構造を有したものを選定することを推奨する．

　c）　温度の影響　　温度変化が大きい場合には，使用温度範囲が広く温度特性の良いものが必要である．

　d）　機械的影響　　受圧部は耐媒体性を考慮して金属ダイアフラムやセラミックダイアフラムを選び，感圧部は耐振動性，耐衝撃性に優れた可動部の無いものを選ぶことを推奨する．

　e）　電気的影響　　高圧送電線や放送送信所などの近傍での外来ノイズによる誤動作，自然現象として発生する雷サージや静電気，無線機の使用による電波障害の影響が考えられる場合は，ノイズフィルタの内蔵や圧力配管との絶縁構造などにより影響を低減する対策をほどこした圧力センサの選定をする．

（遠山　秀司）

4.5　計装上の注意事項

(1)　計測者が指針を正面から正確に読みとれる向きに設置する．前後左右傾斜させない．なお，圧力計は，あらかじめ取り付け傾斜角度を指定して特別に製作できる場合がある．

(2)　取り付け取り外しの際は，ケースを持って操作しない．必ず株に合致するレンチを使用する．

(3)　測定流体が液体の場合は，液と同じレベルに圧力計を装着する．これは，水頭（ヘッド：H）誤差を避けるためである．（図 4.5-1）

　なお，圧力計で予め取り付け位置がわかっている場合は，指針をその分だけプラスまたはマイナスさせておくこともできる．また，実際の現場へ取り付けてから指針をゼロ点調整する方法でもよい．

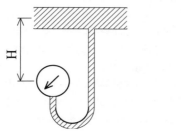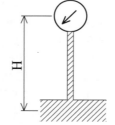

図 4.5-1　計器の取り付け位置

(4)　一般的に，測定流体と計器の間の導管は長すぎない方がよい．長すぎると応答性が悪化する．

(5)　導管には，ゲージバルブまたはゲージコックを取り付ける．計器の交換時に便利である．

(6)　高温の測定流体の場合は，パイプサイフォンを使用するか本管よりできるだけ圧力計を離して取り付ける．また，圧力計の場合は，蒸気用または耐熱用の圧力計を使用する．

(7)　周囲温度が急変する場所では，ガラスにくもりが生じたり，呼吸作用によりケース内に水滴が溜まる場合がある．周囲温度が急変する場所は避けた方がよい．

(8)　周囲温度が低温の場合は，霜がケースに付着して読み取りが困難になったり，計器が作動しなくなったりするので，できるだけ常温に近い場所へ取り付ける．

(9)　振動のある場所では，次のような対策を講じる．
　・計器の取り付け盤を分離する．
　・計器と盤との間に防振ゴムを使用する．
　・圧力計の場合は，耐振用またはグリセリン入り圧力計を使用する．

(10)　脈動圧力のある場合は，固定しぼりあるいは可変絞りを使用する．

(11)　計器のレンジを超える圧力が加わるおそれのある場合は，ゲージセーバ（所定の圧力に達すると遮断する装置）を使用する．

(12)　冷えると固化する流体の場合は，加熱装置を付けて圧力計の許容される温度まで加熱する．あるいは隔膜式の採用を考慮する．

(13)　測定流体の腐食性を十分考慮し，腐食が懸念される場合は，隔膜式の仕様を検討する．

(14)　ウォーターハンマにより異常に高い圧力が発生するので，ウォーターハンマの防止についての対策を行うなど十分考慮する．

(15)　腐食性の雰囲気で使用する場合は，接液（ガス）部の材質をステンレス鋼とし，プラスチックケースを考慮する．

(16)　保守・管理のために圧力計には元弁を取り付けるなど，圧力計を取り外せる工夫を行う．

(17)　差圧計の場合は，測定誤差を小さくするため，できるだけ配管を短くして両方の配管を同じ温度に保つ．また，測定流体が液体で，差圧が小さくなるに従い，十分なエア抜きが必要である。

(18)　差圧計の場合は，測定開始時などに過大な差圧が容易に加わるため，なるべく三岐弁を設置する．

4.6　計器の保守，管理

4.6.1　保守点検の周期

　保守点検は，法的な規制は別として最低半年に一度は定期的にチェックすることが望ましい．

4.6.2　保守点検の方法

(1)　計器を現場から取外し，重錘形圧力計または液柱形圧力計に取り付け，加圧してゼロ点，中間点，最高点は最低限確認し，できれば数字の記入してある各点の往復（昇圧，降圧）の誤差を記録する．そして，直線性，ヒステリ

シスが精度内に入っているかどうかをチェックする.
(2) ゼロ点に指針ストッパのついている圧力計では，ゼロ点が確認できないので，次の太線目盛を代用してこの点を仮想ゼロとしてチェックするとよい.
(3) 固定絞りを装着した計器は，取り外してもゼロ点が戻らない. このため，一見するとゼロ点示度不良に見える場合がある. したがって，チェック時は必ず固定絞りを外して行う.
(4) どうしても現場から取外しができない場合は，簡易的には元弁などを締め，圧力源を遮断したのち圧力計の継手部を僅かにゆるめるなどして，大気開放したのち圧力計のゼロ点チェックを行う方法もある.
(5) 外せないことが判っている場合は，計装工事の時点で，予め計器の近くにチェックのためのT形継手を設けておく. そして，普段は封止栓をし，チェック時にはこの栓を外し，ここから基準圧力を加えて圧力計をチェックする方法もある.
(6) 計器の良否の判定は，示度が全範囲にわたって精度内に入っていることである. しかし，前述のとおり現場から取り外しができない場合もあるので，やむを得ずゼロ点のみのチェックで代えるしかない.

一般に，振動による各部の摩耗その他の異常の多くは，ゼロ点誤差となって現れる. このため，簡易的にはゼロ点のみのチェックでも良否の判定ができる. 大雑把に考え，ゼロ点の狂いが数パーセントの範囲であれば，ゼロ点のみの修正でまだ使用可能である. しかし，これ以上の狂いが生じている場合は，圧力計に何らかの致命的な異常が起きていると判断しなければならない.

とくに，重大な事故に繋がる危険性があるのは弾性素子の疲労である. しかし，多くの場合は，事前に顕著な兆候が現れないのでやっかいである. このため，脈動圧の測定をしている場合は注意を要する.
(7) 油圧回路に取り付けけられている計器では，回路中に含まれる電磁弁の切換時に発生するサージ圧が時には常用圧力の2倍以上にも達する場合がある. このため，弾性素子を永久変形させてしまうおそれがあるので絞りを取り付ける必要がある.

4.6.3 管理の実際
(1) 現場計器の管理
一般に，計器を管理するには管理台帳を作成する. そして，計器毎の Tag No.がある場合はその No.別に，またそれがない場合はシリアル No.別に管理する.

6ヶ月毎の点検記録を採っていくと必ず傾向が判る. 例えば，前々回の点検時はゼロ点の修正が 0.5 %で済んだ，前回は1%の修正を必要とし，今回は3%もの修正を必要としたとすると，この計器は加速的に摩耗が進行していることが分かる. 摩耗が進行しているということは，振動や脈動圧が加わっているため弾性素子も疲労が進行していると判断できる. このため，安全のため早めに交換をするなどの対策が必要である. 放置しておいて弾性素子が破壊した場合，測定流体の大量流出など大きな事故に発展するおそれがある.

計器の管理により，こうした事故の未然防止に役立てることができる.

(2) 基準器の管理
計量管理の基本は，基準器の管理が第一であるが，これについて概要を説明する.

a) 計量法上の圧力基準器としての基準器検査を受けられるものに,
・基準重錘型圧力計 － 250 MPa 以下のもの（図4.6-1）
・基準液柱型圧力計 － 0.22 MPa 以下のもの（図4.6-2）
の二種類があり，基準器検査の有効期限は4年間である. 計量法により，製造事業者，修理事業者，検定を行う公的機関などが基準器検査を行うことができる.

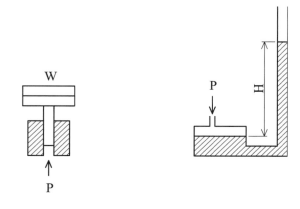

図 4.6-1　重錘型圧力計　　　図 4.6-2　液柱型圧力計

b) 基準器ではないが，校正用の標準圧力計として使えるものには
・0.1 %クラスのミラー付2回転指針式の精密圧力計
・0.15 ～ 0.25 %クラスのミラー付精密圧力計
・0.6 %クラス（JIS B 7505-1 ブルドン管圧力計）の標準圧力計
・0.1 %クラスのデジタル圧力計

などがあり，これらはまた定期的に標準器により校正されなければならない.

現在，基準器検査は一般の人たちは受けることができないので，これら校正用の標準圧力計は JCSS (Japan Calibration Service System : 校正事業者登録制度) 校正証明書付きの標準器により校正される必要がある.

4.7　関連規格および法的規制

4.7.1　JIS 規格
(1) JIS B 7505-1（アネロイド型圧力計－第1部：ブルドン管圧力計）にブルドン管圧力計の規格がある.
(2) JIS B 7505-2（アネロイド型圧力計－第2部：取引または証明用－機械式）に取引または証明用の機械式圧力計としての規格がある.
(3) JIS B 7505-3（アネロイド型圧力計－第2部：取引ま

たは証明用－電気式）に取引または証明用の電気式圧力計としての規格がある．

(4) JIS B 8266（圧力容器の構造）に圧力容器などで圧力計の設置が義務づけられている．

4.7.2 計量法

取引証明用として政令で定められた計量器は，検定証印または基準適合証印を付した計量器でなければ使用してはならない．圧力計の場合は，次の二つの用途が対象となる．
・鉄道車両用圧力計
・高圧ガス保安法の定期検査に使用する〈比較のための圧力計〉で，検定対象レンジは大気圧以上〜200.1 MPa 以下となっている．なお，真空計と連成計は対象外である．

4.7.3 高圧ガス保安法

以下の省令に圧力計の設置義務がある．
・容器保安規則
・冷凍保安規則
・液化石油ガス保安規則
・一般高圧ガス保安規則
・コンビナートなど保安規則

4.7.4 労働安全衛生法

以下の省令に圧力計の設置義務がある．
・労働安全規則
・特定化学物質障害予防規則
・ボイラおよび圧力容器安全規則
・高気圧作業安全衛生規則

なお，爆発性雰囲気の危険がある場所で電気機械器具を使用する場合は，防爆構造電気機械器具の設置が義務づけられている．

（佐藤　浩二）

4.8　真空計測とトレーサビリティ

真空とは，JIS Z 8126-1：から，"通常の大気圧より低い圧力の気体で満たされた空間の状態．備考　圧力そのものをいうのではない"と定義されている．通常の大気圧を我々が生活できるような圧力であるととらえると，真空はおおよそ 10^5 Pa（絶対圧）から 10^{-10} Pa 以下まで，15桁以上の圧力領域を包含することとなる．このような広い領域の圧力を測定するのが真空計である．しかし，一種類の真空計で全ての圧力領域が測定可能なものは，残念ながらない．各圧力領域に応じた真空計が必要となる．各圧力領域で使用される真空計のうち，基準器，参照標準器として重要なものおよび産業界で良く利用されているものの例を**表4.8-1**に示す．

近年では，一つの測定子の中に測定可能な圧力領域が異なる感圧部分を複数搭載して，測定可能な圧力領域を広げたものもある．

真空計は圧力計の一種であるが，真の意味で圧力を測定しているものは少なく，気体の密度（温度一定であれば圧力）に比例する物理量を測定しているものがほとんどである．また，感度が気体の種類によって異なるものがほとんどである．したがって，圧力に対する校正が必要となる．

真空計の中には，原理上および測定圧力範囲の上で隔膜や歪ゲージを用いた圧力計と区別しにくいものもある．本稿では，現在産業界でよく使用されている真空計の種類や原理について触れるとともに，基本的な真空計の取扱い方法，真空領域のトレーサビリティの現状に関して解説する．さらに詳しくは，参考文献を参照されたい．

表 4.8-1　代表的な真空計とそれらの測定圧力範囲．

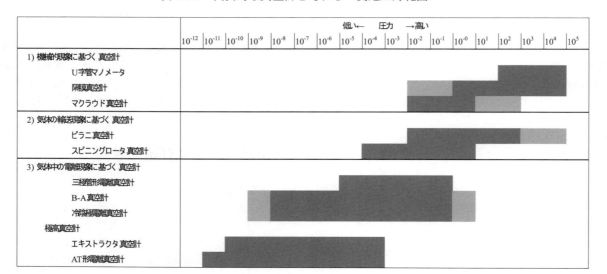

4.8.1 真空計の種類

真空計は原理的に次の3種類に大別される（**表 4.8-2**）．
(1) 機械的現象に基づく真空計
(2) 気体分子による輸送現象に基づく真空計
(3) 気体中の電離現象に基づく真空計

表 4.8-2 真空計の種類と分類．（JIS Z 8126-3：真空技術-用語- 第3部：真空計および関連用語より）

種類	特徴
1) 機械的現象に基づく真空計 ・U字管マノメータ ・マクラウド真空計 ・ブルドン管 ・隔膜真空計	出力信号が気体種によらない 絶対圧計
2) 気体分子による輸送現象に基づく真空計 ■熱の輸送 ・ピラニ真空計 ・熱電対真空計 ・サーミスタ真空計 ■運動量輸送 ・スピニングロータ真空計（SRG） ・水晶振動子形真空計	気体分子によるエネルギーの授受を測定する．特に SRG は測定の信頼性が高く，標準機の国際比較にも用いられている．
3) 気体中の電離現象に基づく真空計 ・イオン計測 (電離真空計) ■熱陰極形 ・三極管形真空計 ・B-A 形真空計 ・エキストラクタ真空計 ・AT 形真空計 ■冷陰極形電離真空計 ・マグネトロンゲージ ・逆マグネトロンゲージ	気体分子を電離してイオンとし，電流の形で計測する．気体の密度に比例した量を測定する．イオン化効率が気体種よって異なるため，感度のガス種依存性が大きい．高真空～極高真空領域の圧力測定が行える．感度はいいが，圧力に対する信号の直線性が悪い．ノイズには強い．

(1) では気体分子が壁に与える力を水銀や薄い隔膜の変位としてとらえることで圧力測定を行う．気体種による感度の違いがない絶対圧計である．ただし，多くの隔膜真空計で約10 Pa 以下を測定する場合に熱遷移による誤差があり，またこの誤差は気体種に依存することを考慮しなければならない．

(2) は気体分子が固体表面に入射したときに授受する物理量の大きさが気体の密度に依存することを利用したものである．

(3) は，気体分子を電子衝撃などによりイオン化し，イオンの密度（イオン電流）を測定する．高真空~極（キョク）高真空領域の圧力測定に利用される．

商用真空計として良く使用されているものに関して原理，使用上の注意点などを示す．

4.8.2 機械的現象に基づく真空計

(1) U字管マノメータ（U-tube manometer），マクラウド真空計（McLeod gauge）

U字管マノメータやマクラウド真空計は，圧力，真空の基準器として用いられてきた．U字管マノメータは，日本の圧力の特定標準器として独立行政法人 産業技術総合研究所 計量標準総合センターが所有し，維持されている．マクラウド真空計も，かつては日本の真空標準として維持，管理されていた．しかし，現在は基準器および工業的に使用されることはほとんどない．

(2) 隔膜真空計（Diaphragm gauge）[4] [5] [6]

金属やセラミックなどでできた薄い隔膜が気体の圧力によってひずむ．この歪の量から圧力を測定するものが隔膜真空計である．隔膜の歪量を静電容量の変化として測定するものが多く，キャパシタンスマノメータ，静電容量形隔膜真空計（Capacitance Diaphragm gauge: CDG）とよばれることも多い．絶対圧計として用いられる CDG の大まかな構造を図 4.8-1 に示す．真空排気して封じきられた部分に，圧力測定用の固定電極と参照用の固定電極が配置されている．隔膜の歪量を，圧力測定用の固定電極と隔膜との間の静電容量の変化で測定する．

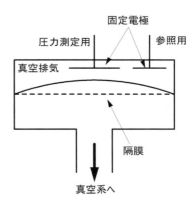

図 4.8-1　静電容量形隔膜真空計概略図

一つの測定子で圧力測定できる範囲は2～3桁程度なので，通常は複数の測定範囲が異なる測定子を併用する．高精度形のものは約45℃程度に温度調節されているものが多い．しかし，圧力領域によっては熱遷移（下記参照）の影響で正しい圧力測定ができないこともあるので注意する．

さらに使用上の注意点を示す．

a) 特に高精度形の温度調節された形式のものは，その性能を十分に発揮するために数時間～1日程度の暖気時間が必要となる場合もある．

b) 特にレンジの中の低い圧力を高精度に測定する場合には，外気温度の変動，機械的ストレスなどに起因するゼロ点の移動に注意する．

c) 頻繁に大気圧—真空の過程を繰り返す場合には，測定子の前にバルブを設置して測定子を保護することを推奨する．

d) 試験,校正されたときと設置姿勢が異なる場合には,オフセットの値やスパンの値が異なる場合がある.

熱遷移（Thermal transpiration）について[*5)][*6)]
温度,気体の密度,圧力がそれぞれ T_1, n_1, p_1, T_2, n_2, p_2 であり,$T_1 < T_2$ で平衡状態にある系を考える（**図 4.8-2**）.

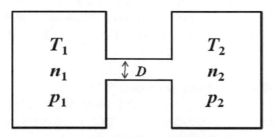

図 4.8-2 熱遷移の概念図.

系をつなぐ配管径 D に対して気体分子の平均自由行程 λ が十分長い（$\lambda \gg D$）場合（この場合分子流という）

$$\frac{p_2}{p_1} = \sqrt{\frac{T_2}{T_1}} \qquad (4.8\text{-}1)$$

が成り立つ.λ が D に対して十分に短かい（$\lambda \ll D$）場合（この場合粘性流という）は $p_1 = p_2$ となる.ここで λ は,

$$\lambda = \frac{kT}{\sqrt{2}\pi p d^2} \qquad (4.8\text{-}2)$$

であらわされる.（k：ボルツマン定数,T：絶対温度,p：圧力,d：気体分子直径）

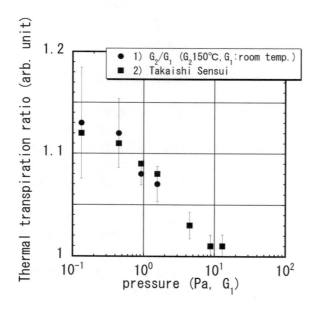

図 4.8-3. 1) 隔膜真空計の熱遷移による指示値の違い.G1 は室温（約 25 ℃）,G2 は約 150 ℃に保たれている.2) Takaishi-Sensui[*5)][*6)]による熱遷移補正の例

室温（約 25 ℃）に保たれた隔膜真空計（G_1）と約 150 ℃に保たれた隔膜真空計（G_2）の出力比（G_2/G_1）の圧力依存性を**図 4.8-3** 中の 1)（●）に示す.図 4.8-3 から最大で約 10 % 程度の熱遷移による読みとり誤差があることが予測され,図 4.8-3 中の 1)（●）でこのことが実験的に明らかである.図 4.8-3 中の 2)（■）では Takaishi-Sensui による補正式により補正した結果を参考までに示す.

4.8.3 気体の輸送現象に基づく真空計
(1) ピラニ真空計（Pirani gauge）[*7)][*8)]

ピラニ真空計は,固体表面に入射した気体分子が熱を奪う量に圧力依存性があることを利用した真空計である.
ピラニ真空計の測定子概略を**図 4.8-4** に示す.

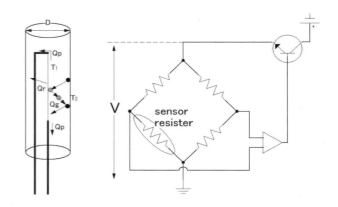

図 4.8-4 ピラニ真空計の概略図（Pirani gauge）
左図はセンサの概略図.右図は測定回路の概略図.

真空中に真空壁よりも高い温度に保たれた細線のフィラメントが張られている.フィラメントの温度を一定に保つ低温形ピラニが一般的である.ブリッジ回路が平衡になるように電流制御し,ブリッジ出力を測定して圧力換算する.フィラメントからの熱流量（$\dot{Q}_{total}$）は以下の式で表される.

$$\dot{Q}_{total} = \dot{Q}_p + \dot{Q}_r + \dot{Q}_{gas} + \dot{Q}_{convection} \qquad (4.8\text{-}3)$$

ここで,
$\dot{Q}_p$：フィラメントが保持されているピンへの熱流
$\dot{Q}_r$：輻射による熱流出
$\dot{Q}_{gas}$：気体による熱流出
$\dot{Q}_{convection}$：気体の対流による熱流出

a) 圧力が低いとき
$\dot{Q}_{gas}$ が小さいので,$\dot{Q}_p$,$\dot{Q}_r$ が支配的となり,一定値に漸近する.

b) 中間領域
分子の平均自由行程 $\lambda \gg D$ のときには,フィラメントに入射した分子が奪う熱量（図 4.8-4 中 Q_g）がフィラメント表面に入射する気体分子数（圧力）に依存する.

$$\dot{Q}_{gas} \propto \alpha \Gamma (T_{fil} - T_{wall}) \tag{4.8-4}$$
$$\Gamma = \frac{1}{4} n \bar{v}$$

ここで，α：熱伝導に関わる係数，Γ：フィラメント表面への気体分子の入射頻度（個/m²），n：気体密度，$\bar{v}$：気体の算術平均速度（$\bar{v} = \sqrt{8RT/\pi M}$，m/s），$T_{fil}$：フィラメントの温度（K），$T_{wall}$：センサの壁の温度（室温，K），$T$：気体の温度

圧力が上がればフィラメントが奪われる熱量が増える．フィラメント抵抗（温度）を一定に保とうとすると，フィラメントに流れる電流が大きくなるように制御される．したがってブリッジ電圧 V が高くなる．圧力が低くなると逆のことが起きる．10～1000 Pa 程度の圧力領域では，ブリッジ電圧と圧力が線形になる．

c) 圧力が高いとき（大気圧に近いとき）

大気圧付近では気体の熱伝導が一定値に近づき，出力が変化しなくなる．

$$\dot{Q}_{gas} \approx \alpha (T_{fil} - T_{wall}) \quad (\alpha：熱伝導に関わる係数) \tag{4.8-5}$$

さらに圧力が上がると，対流の影響で気体分子に熱が奪われ，ブリッジ出力が高くなる

これらをまとめると図 **4.8-5** のようになる．

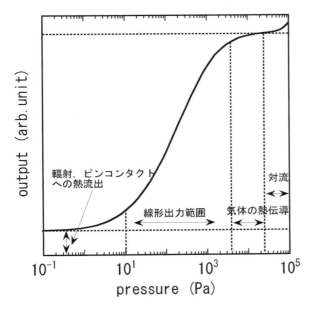

図 4.8-5 ピラニ真空計の出力の例．

ピラニ真空計の注意点

・現在は，大気側の非線形性と低圧側の非線形性を補正して，大気圧～10^{-2} Pa 程度の圧力領域を測定できる商品が主流である．ただし，おおよそ 5 kPa 以上の圧力になると，測定子の重力に対する取り付け方向によって指示値が異なる．これは，測定子内で気体の対流の状況が異なることでフィラメントから熱が奪われる量が変化することに由来するものである．したがって，事実上ピラニ真空計の測定圧力領域は 1 Pa ～ 1 kPa 程度であると考えたほうが良い．

・測定子の壁の温度が大きく変化すると，フィラメントと測定子との壁の間の温度差が変化する．ピラニ真空計は，気体を媒体とした熱エネルギの授受を測定しているので，ピラニ真空計の感度が変化することを意味する．現在は室温（測定子の壁）の温度で補正して圧力測定を行うものもあるが，低価格の物はこのような補正がないものもある．メーカが推奨する使用温度範囲に注意したい．

・この真空計の感度は気体分子の種類によって異なる．また，例えば，油回転ポンプの排気系で油がフィラメントに付着する場合や，CVD（化学気相成長，Chemical Vapor Deposition）プロセスなど，薄膜がフィラメントに付着する場合など，フィラメントの表面状態によっても感度が変わるので注意して使用する．

(2) スピニングロータ真空計（Spinning rotor gauge）[9] [10]

スピニングロータ真空計（SRG）は，真空中で回転する球の回転数の減衰率が圧力に依存することを利用した真空計である（図 **4.8-6**）．

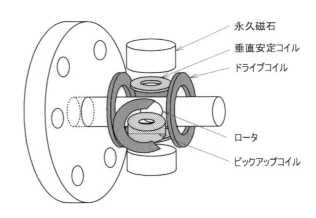

図 4.8-6 スピニングロータ真空計の測定子概略図．

真空フランジにつけられた筒状の容器中に，磁性体で作製された球（ロータ）が，磁場により浮いている．ドライブコイルによって数百ヘルツに加速されたのち，自由回転になる．ロータは，気体分子の摩擦によって減速される．ロータの回転数の減衰率から圧力換算する．

$$p = -\left(\frac{\dot{\omega}}{\omega}\right) \frac{\pi r \rho \bar{v}}{10\sigma} = -\left(\frac{\dot{\omega}}{\omega}\right) \frac{\pi r \rho}{10\sigma} \sqrt{\frac{8RT}{\pi M}} \tag{4.8-6}$$

ここで，$\bar{v}$ は気体分子の算術平均速度（$\bar{v} = \sqrt{8RT/\pi M}$，m/s），$r$ はロータ半径（m），ρ はロータ密度（kg/m³），σ はエネルギー授受係数，R は気体定数（J/mol・K），T は温度（K），M は気体のモル質量（kg/mol）である．

$1 \sim 10^{-3}$ Pa 領域における JCSS 校正の特定二次標準器である．標準機関同士の真空標準比較や，1Pa〜10^{-4} Pa 台程度までのトランスファースタンダードとして使用される．

低圧（10^{-3} Pa 以下）であると，一回の測定時間が 30 秒程度かかることや，振動に弱いこと，オフセットが変化するなど，工業的な取り扱いが難しい．

4.8.4 気体中の電離現象に基づく真空計
(1) 代表的な熱陰極電離真空計 (Hot cathode vacuum gauge)[11]-[13]

構造的には非常に簡単で，熱陰極（フィラメント，カソード；Filament, Cathode），グリッド（集電子電極，アノード；Grid, Anode），イオンコレクタ(Ion collector)で構成される(**図 4.8-7**) 三極管形電離真空計(Triode vaccum gauge)，**図 4.8-8** BA 真空計(BA gauge)などがある．フィラメントから放出された熱電子がフィラメントとグリッド間の電位差によって加速され，グリッド周辺を往復して最終的にグリッドで集められる．電子がグリッド付近を往復する間に気体分子と衝突し，気体分子は電離（イオン化）される．イオンは電位勾配に沿ってイオンコレクタ方向へ移動し捕集される．捕集されたイオンによるイオン電流は気体分子密度に比例するので，イオン電流と圧力との関係を補正することで圧力計として使える．

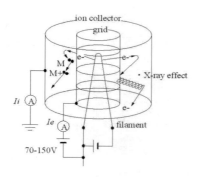

図 4.8-7 三極管形電離真空計

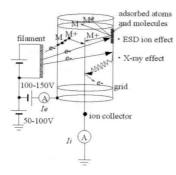

図 4.8-8 BA 真空計

$$I_i = k \cdot I_e \cdot p \tag{4.8-7}$$

ここで，I_i はイオン電流 (A)，k は感度係数 (Pa^{-1})，I_e は電子電流 (A)，p は圧力 (Pa) である．イオン化断面積が気体によって異なるので，気体によって感度が異なる原因となる．

通常電離真空計は，窒素を基準に校正されている．窒素の感度係数（k_{N2}）に対するある気体（x）の感度係数（k_x）の比

$$r_x = \frac{k_x}{k_{N2}} \tag{4.8-8}$$

を比感度という．通常の電離真空計は，

$$p_i = \frac{I_i}{k_{N2} I_e} \tag{4.8-9}$$

で表される圧力を表示している．気体 x を導入したときの実際の圧力は，表示圧力を p_i として，

$$p_x = \frac{k_{N2}}{k_x} p_i = \frac{1}{r_x} p_i \tag{4.8-10}$$

で表すことができる．

(2) 電離真空計の測定下限

真空技術はより低い圧力を達成し，その場（圧力）を測定すること（系を清浄にする）を目標に発展してきた．古くは真空管の特性を向上するためであり，近年では，超清浄半導体製造プロセスを構築することや清浄表面上での原子，分子のふるまいを観察する，高エネルギー加速器の特性を向上するなどのための技術である．また，トレーサビリティの観点からは，低い圧力が測定できることは，真空計のオフセットに起因する不確かさ成分を小さくするという意味がある．

熱陰極電離真空計の測定下限を決定する要因として，軟エックス線効果（図 4.8-7 Soft x-ray limit），電子衝撃脱離イオン効果（electron stimulated desorption, ESD；図 4.8-7），真空計自信からの放出ガスなどが挙げられる．これらをまとめると，式（4.8-7）は以下のようになる．

$$I_i + I_r = k I_e p \quad (I_r：残留電流) \rightarrow \quad p = \frac{I_i + I_r}{k \cdot I_e} \tag{4.8-11}$$

三極管形電離真空計 (Triode vacuum gauge) は，イオンコレクタの面積が広いために，軟エックス線効果による擬似イオン電流が大きく，測定下限値が $10^{-6} \sim 10^{-5}$ Pa 程度である（**図 4.8-9** 中 1)）

第4章. 圧力

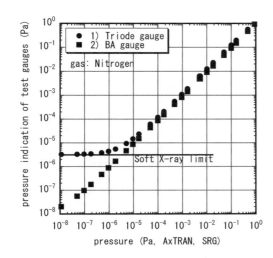

図 4.8-9 熱陰極電離真空計による測定例. 1) 三極管形電離真空計, 2) BA 真空計. 参照真空計として, 10^{-8}〜10^{-4} Pa：AT ゲージ, 10^{-4}〜1 Pa：スピニングロータ真空計を使用した.

フィラメントをグリッドの外側に配置し, イオンコレクタを針状にしてグリッドの中心線上に配置したのが BA 真空計である（図 4.8-9 中 2）; BA gauge). イオンコレクタの表面積を小さくし, 軟エックス線効果による擬似イオン電流を低減し, 測定下限値が 10^{-9}〜10^{-8} Pa に向上したものである（図 4.8-9 中 2））.

(3) 電離真空計の測定上限

真空, 高真空, 超高真空という言葉から, 気体分子や電極表面との相互作用が少なく, 清浄な状態が保たれていると思われがちだが, 熱陰極電離真空計の内部では化学的な反応や物理的な現象が数多く発生している. 場合によっては小さな化学プラントであるとも考えられる.

熱陰極電離真空計の使用上限値は,
・高温のフィラメントが設置されていることによるフィラメントの焼損が回避できる圧力（酸化, 還元反応）
・電子やイオンが真空計内を飛行するので, これらの粒子と気体分子との相互作用で粒子の軌道が阻害されない圧力（電気的な力, 分子間力）
・反応性が高い気体や, 電子衝撃, イオン衝撃によって変質する可能性がある気体の場合, 反応, 変質が問題とならない圧力（化学反応, CVD (chemical vapor deposition) と考えられる場合もある）

などによって決まる. 商用真空計では, 不活性な気体（窒素, アルゴンなど）に対して 10 Pa 程度を使用上限とするものが主流であるが, 測定子をできるだけ損傷させることなく安定に使用するための圧力上限の目標として 0.1 Pa 程度を推奨する.

4.8.5 真空領域のトレーサビリティ[*14]

日本では, 1960 年代から JIS Z 8750 に基づき真空計の校正が行われてきた. この規格中では, 1300 Pa 以下の圧力においてマクラウド真空計を基準とすることやその設計基準, 0.27 Pa 以下の圧力においては標準マクラウド真空計で校正された副標準電離真空計（VS-1 または VS-1A）を基準にする, などが規定されている. しかし, この規格中では不確かさの概念がないことや, 現在参照真空計として多用されている隔膜真空計, スピニングロータ真空計が使用されることが考慮されていなかった.

一方, 国際標準化機構（ISO）の真空技術専門委員会（TC112）から, ISO/TS 3567:2005 Vacuum gauges – Calibration by direct comparison with a reference gauge として規格が発行された（現在は ISO 3567:2011）. これに伴い, 2008 年に JIS Z 8750 は ISO/TS 3567 に整合をとり, JIS Z 8750 として全面的に改定された. 2005 年から, 産業技術総合研究所 計量標準総合センター（NMIJ）から 10^{-3}〜1 Pa における JCSS による標準供給が行われている（特定二次標準器はスピニングロータ真空計）.

旧 JIS Z 8750 におけるトレーサビリティと現在の真空領域におけるトレーサビリティの体系のそれぞれを図 4.8-10, 図 4.8-11 に示す.

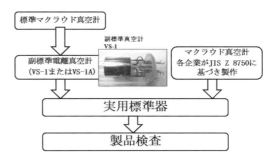

図 4.8-10 旧 JIS Z 8750 によるトレーサビリティ体系

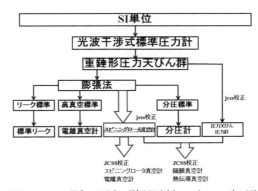

図 4.8-11 現在の圧力（絶対圧力）のトレーサビリティ体系
jcss：産総研からの校正事業者, JCSS：校正事業者からフィールドへ

前述のように旧体系ではマクラウド真空計を基準とした体系であったが, 現在は SI 単位にトレーサブルな体系となっている. 2011 年 5 月現在, NMIJ から標準供給される圧力領域は以下のとおりである.

<膨張法による中真空標準>
・1 〜150 Pa：依頼試験
・10^{-3} 〜 1 Pa：jcss 校正

<流量法による高真空標準>
・$10^{-6} \sim 10^{-3}$ Pa：依頼試験

真空の定義からすると"真空"であると解釈できる領域ではさらに，

<重錘形圧力天秤およびデジタル圧力計（絶対圧）>
・100 Pa ～ 5 kPa：jcss 校正

の標準供給も行われている．

(1) 各種標準器について

ここでは，独立行政法人産業技術総合研究所　計量標準センター　圧力真空研究室が所有しているおよそ 150 Pa 以下の圧力領域の標準器について触れる．基本的には標準圧力場を作成し，その場に対して真空計の値付けをするという考えである．

a) 膨脹法 (Static expansion method)[*14]

高い圧力を低い圧力へ拡張する方法のひとつである．

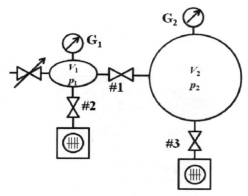

図 4.8-12　膨脹法の概念図．(Static expansion method)

図 4.8-12 中で，標準圧力計 G_1 が取りつけられている容積 V_1 の容器に気体を満たし（圧力 p_{10}, #1, #2 閉），次いで#3 を閉じ，#1 を開いて V_2 に気体を導入したとき，#1 の開閉前後の圧力は，ボイルの法則により次式で与えられる．

$$p_{10}V_1 = p(V_1+V_2) \quad (4.8\text{-}11)$$

ここで，p_{10}:気体導入前の V_1 の圧力，p:気体導入後の全体の圧力，である．
ただし，V_2, V_1 の到達圧力は十分に低い．ここから

$$\begin{aligned}p &= p_{10}V_1/(V_1+V_2) \\ &= p_{10}/(1+(V_2/V_1))\end{aligned} \quad (4.8\text{-}12)$$

となる．したがって，真空容器の体積比(V_2/V_1)がわかれば G_2 の校正ができるということになる．

産総研の特定標準器であり，スピニングロータ真空計や隔膜真空計が校正される．放出ガス，排気の効果などが不確かさに与える影響が非常に大きいことにより，電離真空計の校正には向かない．

b) 流量法 (Dynamic expansion method; Orifice method)[*15][*16]

この方法も高い圧力から低い圧力へ拡張する方法のひとつである．

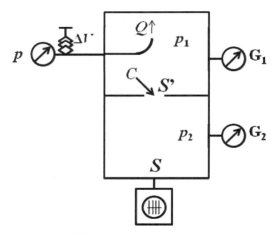

図 4.8-13　流量法の概念図．(Dynamic expansion method, Orifice method)

図 4.8-13 中で，気体の流入量 Q, 上流側の圧力を p_1, 下流側の圧力を p_2, 上流と下流との間のコンダクタンスを C, 上流と下流との間の排気速度を S' とすると以下の式が成り立つ．

$$\begin{aligned}Q &= C(p_1-p_2) = S' \cdot p_1 \\ S' &= C \cdot S/(C+S)\end{aligned} \quad (4.8\text{-}13)$$

今，$C \ll S$ であれば，$S' \fallingdotseq C$ と近似できるので，$Q = C \cdot p_1$ となる．流量計を用いて Q が決定できれば，p_1 を求めることができ，被校正真空計 G_1 の校正を行うことができる．流量計としては，ピストン方式（$Q = p \cdot \Delta V$）のものが標準機関などでは使用されている．産総研の高真空標準はこの方式が用いられている．また，二段階式流量分配法を用いた分圧標準によって，分圧計として四極子形質量分析計の校正が行われる．

(2) 真空計測に関する標準供給の現状

2014 年 6 月現在の JCSS (計量法に基づく計量標準供給制度，Japan Calibration Service System)による真空領域の標準供給に関して述べる．

2010 年に 1～10^{-3} Pa の JCSS 校正事業者が登録され，産業界に標準供給を行えるようになった．粘性真空計（スピニングロータ真空計）と熱陰極電離真空計が被校正器として考えられていた．[*19]

2013 年の JCSS の技術指針の改正に伴い，被校正器の種類が増え，1～10 kPa に関して，以下のように変更された．[*17][*18]

[要約]　1 Pa 以上 10 kPa 以下の圧力領域に関して，圧力および真空の JCSS 校正事業者が，1 Pa 以下の特定二次標準器または常用参照標準器，および，10 kPa 以上の特定二次標準器または常用参照標準器を持ち，事業者の技術力でこの間の約 4 桁を内挿し，JCSS による標準供給が行うこ

とが可能である．

2014年6月以降，JCSS校正事業者による 1 Pa～133 kPa の JCSS 校正も開始され，産業界に供給できるようになった．

4.8.6 真空計測規格

ISO/TC112 から，近年，以下のような規格が発行されている．

- ISO 3567:2011, Vacuum gauges – Calibration by direct comparison with a reference gauge
  (JIS Z 8750:2008 として発行)．
- ISO 27893：2011，Vacuum Technology - Vacuum gauges- Evaluation of the uncertainties of results of calibrations by direct comparison with a reference gauge.
  （TS Z 0029：2011 として発行）
- ISO 27894：2009, Vacuum technology – Vacuum gauges – Specifications for hot cathode ionization gauges.
  （JIS Z 8129：2014 として発行）

真空計測に関する ISO 規格の構成図を図 4.8-14 に示す．

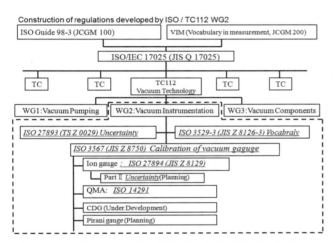

図 4.8-14 真空計測に関する ISO，JIS 規格の構成図

近年の計測，計量，試験法に関する規格はすべて ISO/IEC 17025（JIS Q 17025）を基礎としている．真空計測に関しても例外ではない．今後，ISO/TC 112 からは，静電容量形隔膜真空計やピラニ真空計に関する，仕様，校正，不確かさの規格などが開発される予定である．

4.8.7 参考

真空および真空計，真空システムについてより詳しくは参考文献*1)，*2)を参考にされたい．一般社団法人 日本真空協会では毎年，真空夏期大学，真空技術基礎講習会を開催している（http://www.vacuum-jp.org/）．真空技術の技術認定制度として真空技術者認定試験も行われている．真空夏期大学のテキストは真空技術の導入専門書としても有用であり，問題も整備されている．真空技術の基礎を知る上で参加されることを薦めたい．

参 考 文 献

[真空に関する教科書，資料集]
- *1) K. Jousten ed., "Handbook of Vacuum Technology" Wiley-VCH, Weinheim (2008).
- *2) J. M. Lafferty ed, "Foundations of Vacuum Science and Technology" John Wiley and Sons Inc., New York (1998).
- *3) 株式会社 アルバック 編：「真空ハンドブック」オーム社，2002．

[CDG，熱遷移に関して]
- *4) R. W. Hyland, J. Vac. Soc. : Technol. **A09**, 1991, 2843
- *5) T. Takaishi and Y. Sensui, : Trans. Faraday Soc., 1963, 59, 2503.
- *6) 吉田，小松，新井，平田，秋道，：真空 **58**，2010，686．

[ピラニ真空計に関して]
- *7) K. Jousten, J. Vac. Sci. : Technol. **A26**, 2008, 352.
- *8) R. E. Ellefson, A. P. Miller, J. Vac. Sci. : Technol. **A18**, 2000, 2568.

[スピニングロータ真空計に関して]
- *9) G. Comsa, J. K. Fremery, J. Vac. Sci. : Technol. **17**, 1980, 642.
- *10) J. K. Fremery, J. Vac. Sci. : Technol. **A03**, 1985, 1715.

[熱陰極電離真空計に関して]
- *11) N.Takahashi, Y. Tuzi, I. Arakawa, J. Vac. Sci. : Technol. **A25**, 2007, 1240.
- *12) D. Li, K. Jousten, J. Vac. Sci. : Technol. **A21**, 2003, 937.
- *13) J. H. Singleton, J. Vac. Sci. : Technol. **A19**, 2001, 1712.

[産総研の真空標準について]
- *14) 平田，：真空 **48**，2005，599．
- *15) 新井，秋道，平田，：真空 **53**，2010，614．
- *16) 吉田，新井，秋道，平田，：真空 **51**，2008，109．

[真空領域のJCSSに関して]
- *17) JCSS 技術的要求事項適用指針，JCT20501. http://www.iajapan.nite.go.jp/jcss/docs/index.html
- *18) JCSS 技術的要求事項適用指針，JCT20502. http://www.iajapan.nite.go.jp/jcss/docs/index.html
- *19) 高橋直樹，堀隆英，竹井智明，：計測標準と計量管理 60，2010，29．

4.9 漏れ検査

漏れ検査は非破壊検査の一部であり，冷凍，空調機器における配管や容器の気密性を確実にするための検査として非常に重要である．場合によってはライフラインの安全性を担保するものである．このようなことから以下のような JIS 規格が発行されている．

JIS Z 2300　非破壊試験用語
JIS Z 2329　発泡漏れ試験方法

JIS Z 2330　非破壊試験-漏れ試験方法の種類およびその選択
JIS Z 2332　圧力変化による漏れ検査方法
JIS Z 2333　アンモニア漏れ試験方法

また，漏れ検査を含む非破壊検査を行う"人"に対する技量，技能，知識の認証を行うことを目的として，ISOおよびJISから下記の規格が発行されている．

ISO 9712 : 2012　Non-destructive testing – Qualification and certification of NDT personnel,
JIS Z 2305:2013，非破壊試験技術者の資格および認証

この規格の中で漏れ試験（LT）に関する項目が追加されたことに伴い一般社団法人　日本非破壊検査協会から，NDIS 0605：非破壊試験－漏れ試験技術者の資格および認証が発行され，漏れ検査の技術者に対する認証試験が2013年から開始されている．この試験では，
　　　1)　発泡漏れ試験法
　　　2)　圧力変化漏れ試験法
　　　3)　ヘリウム漏れ試験法
の三つの方法の技能認定が行われている．

漏れ試験の方法は前記のJIS規格のように様々なものがある．この節では，上記の三つの漏れ試験法に加え，真空技術で用いられる漏れ試験法に関して解説する．

4.9.1　気体の流れ

漏れは隔壁に空いた微小な孔（あな）や隙間から流体が外に流れ出す現象である．真空技術の観点から見ると，気体が真空容器の内外へ移動することを意味する．したがって，微少量の気体が流れる量（流量）が定義される．

漏れおよび漏れ検査方法の具体的な例を挙げる前に，気体の流量に関するいくつかの事項に関して示す．

(1) 気体の流量

気体が移動する量（流れ）は，
　　　（移動する気体の量）/（時間）
で表される．例えば，気体の流量の単位として良く使用される "SLM" や "SCCM" という単位は，Standard liter あるいは cc/minute の意味であり，標準状態（0℃，1気圧）のもとで，1分間に何cc気体が移動するか，という意味である．ここで，次のような状況を考える．
［注記］標準状態という言葉の考え方は，各業界や規格などにより定義が異なる場合があるので注意する．

【例】今，0℃，1気圧下に，直径5cmのパイプに，重さのない膜がはってある（図 4.9-1）．図の下側から気体を導入したところ，1cm/minの割合で膜が上昇した．気体の流量はどれくらいであろうか（L/min，SCCM，m³/s）．また，そのとき分子はどれくらいの割合（個/sec）で流入しているのか．

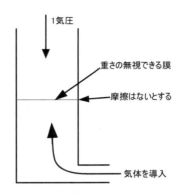

図 4.9-1　気体流量の模式図

体積の変化率を dV としていくつかの単位で表す．

$$dV = \pi \times \left(\frac{5}{2}\right)^2 \times 1 = 19.6 \text{ cm}^3/\text{min}$$
$$= 19.6 \text{SCCM} \tag{4.9-1}$$
$$= 3.27 \times 10^{-7} \text{m}^3/\text{s}$$

これを，気体分子が移動した個数で表すと，$p \cdot dV = dN \cdot k \cdot T$
（p：圧力，dV：体積の変化量，dN：気体分子の変化量，k：ボルツマン定数，T：温度）から，

$$dN = \frac{3.27 \times 10^{-7} (\text{m}^3/\text{s}) \times 1.01 \times 10^5 (\text{Pa})}{1.38 \times 10^{-23} (\text{J/K}) \times 273 (\text{K})} = 8.8 \times 10^{18} (\text{個/sec})$$

と表す事ができる．さて，この例を例えば0℃，1Pa下で行うことができたとしよう．増加する体積は同じだが気体分子が入ってきた個数が $1/10^5$ になる．

真空技術では，圧力が一定ではないので気体の量を，
　　　（気体の量）＝（圧力）×（体積）
で表すことが多い．これを用いた気体の流量を体積流量と言い Q_v で表す．

$$Q_v = p \cdot dV = dN \cdot k \cdot T \tag{4.9-2}$$

単位は，Pa·m³/sec や Torr·L/sec などである．SI単位系では仕事率（1 W=1 J/s）と同じ次元になる．圧力 p が変化しても気体分子が移動した個数の関数となり絶対値に近い．

気体の流れに関して，SCCMやSLMといった表記（単位）は1気圧下においてのみ適用できるものであることに注意したい．また，S(standard)を0℃の代わりに20℃の時の値として表現する場合がある．この場合，気体分子が移動する個数としてとらえると（297.15/273.15）=1.09となり，厳密には気体流量に約10%の差がある事を示している．

ここでは体積流量を示したが，式(4.9-2)を少し変形して
モル流量　$Q_v = Q_v/(RT) = dv$　　　　　　(mol/s)
質量流量　$Q_w = M_x Q_v$　　　M_x：平均モル質量　(kg/s)
と表す事ができる．v はモル数である．また，気体定数 R とボルツマン定数 k との間の関係は $k = R/N_A$（N_A：アボガドロ数）である．

(2) 気体の流量とコンダクタンス

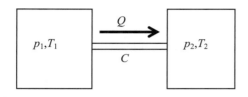

図 4.9-2 気体流量を示す模式図

今，$p_1 > p_2$ である系を考える．この時，間の流路を通って圧力が高い方から低い方へ気体が流れる．流量をQ(Pa・m^3/s) とする．気体が流れる量は，

$$Q = C(p_1 - p_2) \tag{4.9-3}$$

と表すことができる．ここで，C は気体の流れやすさを表す係数で，コンダクタンス（m^3/s）と呼ばれる．コンダクタンスは気体分子の振る舞いによって決定される係数であり，圧力が高いとき（粘性流）と低いとき（分子流）とでは考え方が異なる．

今，便宜上コンダクタンスを特徴づける長さを管の直径（d（m））とする．気体の平均自由行程（気体分子がほかの気体分子と衝突せずに飛行することができる平均的な行程：λ）は

$$\lambda = \frac{kT}{\sqrt{2}\pi D^2 p} \tag{4.9-4}$$

であらわされる（D は気体分子の直径（m））．気体分子がほかの気体分子との衝突を繰り返しながら移動する場合（圧力が高い）は平均自由行程が短く，連続流体としてとらえられる．この状態を粘性流と呼ぶ．一方で，気体分子同士の衝突が少なく，気体分子一つ一つが独立した粒子であると扱える場合（圧力が低い）は平均自由行程が長い．この状態を分子流とよぶ．

粘性流と分子流とを区別する指標としてクヌーセン数（Knudsen number）がある．クヌーセン数 K_n は以下のように定義される．

$$K_n = \frac{\lambda}{d} \tag{4.9-5}$$

（d：配管の代表的な長さ，例えば直径）

粘性流と分子流とは，クヌーセン数の値によっておよそ**表 4.9-1** のように分類される．

表 4.9-1 クヌーセン数による気体の流れの区別

粘性流領域	$K_n < 0.01$
中間流領域	$0.01 < K_n < 0.5$
分子流領域	$0.5 < K_n$

粘性流における円形導管のコンダクタンスは管の半径を a(m)として

$$C = \frac{\pi a^4 \bar{p}}{8 \mu L} \tag{4.9-6}$$

であらわされる．ここで，

$\bar{p} = (p_1 + p_2)/2$ (Pa)
L：管の長さ (m)
μ：気体の粘性係数 (Pa・s)

である．したがって，円形導管中を流れる気体の量は

$$Q = C(p_1 - p_2) = \frac{\pi a^4 \bar{p}}{8 \mu L}(p_1 - p_2) \tag{4.9-7}$$

となる．これらの式から以下のような特徴がわかる．
a) コンダクタンスは平均圧力に比例する
b) コンダクタンスは管径の4乗に比例する
c) コンダクタンスは管の長さに反比例する

分子流における長い円形導管のコンダクタンスは以下のようにあらわされる．

$$C = \frac{8a}{3L} A \frac{1}{4} \bar{v} = \frac{8a}{3L} A \frac{1}{4} \sqrt{\frac{8RT}{\pi M}} \tag{4.9-8}$$

ここで，A は管の断面積，$\bar{v}$ は気体分子の熱運動速度の平均値，M は気体分子の平均モル質量である．したがって，分子流領域の気体の流量は少し式を整理して，

$$Q = C(p_1 - p_2) = \frac{2\pi a^3}{3L}\sqrt{\frac{8RT}{\pi M}}(p_1 - p_2) \tag{4.9-9}$$

と表すことができる．これらの式から以下のようなことがわかる．
a) コンダクタンスは導管内の圧力に無関係
b) コンダクタンスは管径の3乗に比例する
c) コンダクタンスは管の長さに反比例する

4.9.2 発泡漏れ試験法

JIS Z 2329 では，

4.試験の種類

4.1加圧法 試験面の反対側に気体で圧力を加え，試験面へ通過する気体の漏れおよび箇所を，試験面の表面に塗布した発泡液の泡の形成や気体の噴出を観察することによって検知する方法．

4.2真空法 透明な窓のある真空箱を試験面に載せ，真空箱の中を真空にし，試験面へ通過する気体の漏れおよび箇所を，試験面の表面に塗布した発泡液の泡の形成を観察することによって検知する方法．

と定義されている．これを JIS Z 2329 4.1 に基づき概略を図示する（**図4.9-3**）．

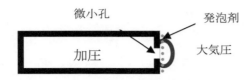

図 4.9-3 発泡漏れ試験の模式図

微小な孔の前に発泡剤が配置されると，加圧された容器中から気体が流出するときに泡となり膨らむ．これを検知するのが発泡法による漏れ検査である．原理的には泡の体積増加から漏れ量を測定することも可能ではあるが，実際には難しい．一番簡単な検査方法として初期の漏れ検査や現場検査によく使用される．

4.9.3 圧力変化漏れ試験法
JIS Z 2332 では，
5. 試験方法の種類
5.1 圧力を測定する試験方法
5.1.1 圧力を直接測定する試験方法
5.1.2 組み合わせる試験方法
5.2 流量を測定する試験方法

が規定されている．これらのうちの一部で理解しやすく一般的なものを図 4.9-4 に図示する．

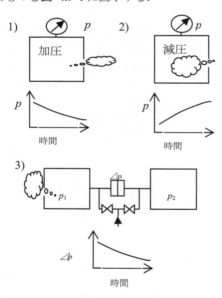

図 4.9-4 圧力変化漏れ試験法の概略

これら以外に，加圧，真空との組み合わせを用いる，加圧と減圧との関係（加圧容器（ワーク）を真空容器で覆う，真空容器（ワーク）を加圧容器で覆う）をワークによって変えるなどの応用方法がある．

(1) 圧力変化法加圧法による漏れ量
ここでは簡単の為，JIS Z 2332 の附属書Aに示される圧力変化法加圧法（図 4.9-4 1)）を例にとって示す．漏れ量（体積流量）は $\Delta p \cdot V$ なので，大気圧および温度の変化が無視できる程度に小さい場合，

$$Q_v = \Delta p \cdot V = V \frac{(p_0 - p_1)}{\Delta t} \quad (\text{Pa}\cdot\text{m}^3/\text{s}) \quad (4.9\text{-}10)$$

で表される．厳密には，式(4.9-7)から高い圧力の時の気体の流量は内外の圧力の平均値に依存するが，単位時間あたりの圧力の変化が微小であり，コンダクタンスの変化が微小であるとして求める．

(2) 圧力変化法減圧法による漏れ試験の注意点
JIS Z 2332の附属書Bに示される減圧を用いた方法で漏れ試験を行う場合，減圧容器内はいわゆる真空となる．真空で封じ切る場合，目的とする漏れがなくとも圧力が上昇する．漏れがなくとも以下のような要因による圧力上昇がある．

a) 真空容器内面に吸着した気体分子の脱離に由来する圧力上昇
b) 真空壁に含まれる気体分子が拡散過程を経て放出されることに由来する圧力上昇

さらにゴムシールの部分がある場合などでは，

c) ゴム中に含まれる気体分子が真空容器中に放出されることに由来する圧力上昇
d) ゴムが大気と接している場合，大気成分が真空容器中に透過することによる圧力上昇

この状態を図 4.9-5 に示す．これらを総称して放出ガスという．

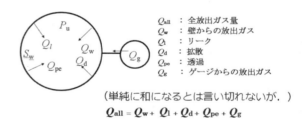

図 4.9-5 真空容器内の圧力上昇の原因となる要因

一般的に，真空排気の方程式は次式で示される．

$$-V\frac{dp}{dt} = S \cdot p + Q \quad (4.9\text{-}11)$$

ここで，V は真空容器の体積（m³），S は真空ポンプの排気速度（m³/S），Q は放出ガス（Pa·m³/S）である．この放出ガスの中には漏れ（リーク：Q_l（Pa·m³/S））の成分も含まれる．今，封じ切った真空容器は真空ポンプの排気速度 S が 0 とみなすことができるので，

$$p = p_0 + (Q/V)t \quad (4.9\text{-}12)$$

となる．この式中のQ/Vが，漏れがあるときとないときとで変わる．また，真空容器内の放出ガス（含む：ゴムからの放出ガス）は，放出ガスの種類（凝縮性の気体など）にもよるが，平衡状態になり，一定値に漸近する場合がある．

一方で漏れによる圧力上昇は，内外の圧力が平衡になるまで続くことに注意する．（図 4.9-6）

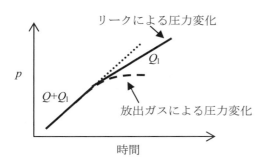

図 4.9-6 放出ガスの平衡と漏れの概念図

4.9.4 ヘリウム漏れ試験法

JIS Z 2331では，

1. 適用範囲

この規格は，ヘリウムガスとリークディテクタとを用い，漏れ量および漏れ箇所を検知する
漏れ試験方法について規定する。

とされている．また，試験法として以下が規定されている．

4. 試験方法の種類

試験方法は，次の7種類の方法とする．

a) 真空吹付け法（スプレー法）
b) 真空外覆法（真空フード法）
c) 吸込み法（スニッファー法）
d) 加圧積分法
e) 吸盤法（サクションカップ法）
f) 真空容器法（ベルジャー法）
g) 浸せき法（ボンビング法）

ヘリウム漏れ試験法は漏出したヘリウムをリークディテクタで検出する方法で，漏れ試験法の中では一番感度が高いものとして知られている．また，漏れの有無だけでなく，漏れの箇所を特定することができる試験法であることも特徴である．各方法のうち代表的なものを図 4.9-7に示す．

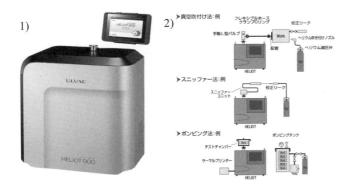

図 4.9-7 1) ヘリウムリークディテクタおよび 2)ヘリウム漏れ試験法の種類

ヘリウムリークディテクタの装置構成を図 4.9-8に示す．大まかに，

(1) 高真空ポンプ（ターボ分子ポンプ：TMP）
 ・ 質量分析器内を動作圧力まで下げる
 ・ 大気成分とヘリウムガスとのフィルタの役割をする
(2) 背圧ポンプ（フォアポンプ：FP）
 ・ 高真空ポンプが動作できる圧力にする
 ・ テストポートをリークディテクタが動作できる圧力まで排気する
(3) 磁場偏向形質量分析器（ANA）
 ・ ヘリウムをイオン化，質量分析し，検出する
(4) テストポート（TP）

で構成される．テストポートに導入されたヘリウムが①，②または③の流路を通り，高真空ポンプを逆拡散して磁場偏向形質量分析計に到達することで検出される．

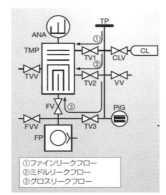

TP	テストポート
CL	校正リーク
CLV	校正リークバルブ
VV	ベントバルブ
PiG	ピラニ真空計
TV1	テストバルブ1
TV2	テストバルブ2
TV3	テストバルブ3
ANA	分析管
TMP	複合分子ポンプ
TVV	複合分子ポンプベントバルブ
FV	フォアラインバルブ
FVV	フォアラインベントバルブ
FP	フォアポンプ
SP	スニッファープローブ
MS	マイクロセパレータ
MP	メンブレンポンプ

図 4.9-8 ヘリウムリークディテクタの装置構成図の例

ヘリウム漏れ試験法は，以下の理由で最も高感度でかつ確実に漏れを検知することができるものとして理解されている．

・ ヘリウムの大気中の濃度が小さい（約6ppm程度）
・ 分子が小さいので狭い隙間にも入り込みやすい
・ 不活性気体である
・ 人体に無害である

高感度で漏れを検出できるヘリウム漏れ試験だが，いくつか注意点がある．

・ 軽い気体なので，上昇する．下から試験を行うと，上側の漏れに反応する可能性がある．試験は上側から下側へと行う．
・ 感度が良いので，近い場所に漏れ箇所が複数あると特定しにくい場合がある．漏れ箇所を疑う場所が複数ある場合（配管の接合箇所など）は，覆いをかけ，場所を決めながら試験していくことを推奨する．
・ 漏れが小さい場合，ヘリウムが漏れ箇所を通過するために時間を要する．（応答の時定数が長い）
・ ヘリウムはゴムや高分子体の中を透過する．これが漏れと判断される場合もある．ゴムや高分子体中の透過の場合は時定数が非常に長いことから漏れと区別することができる．

4.9.5 その他の真空を用いた漏れ試験テクニック

真空計が設置されている装置や排気系では，真空計の気体による感度の差を用いて漏れ試験を簡易的に行うことができる．

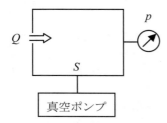

図 4.9-9 漏れのある真空システムの例

真空システムに漏れがあり，その漏れ量がQ（Pa・m³/S）とする．真空ポンプの排気速度をS（m³/S），圧力指示値をp（Pa）とする．システム自身の到達圧力が十分に低いとすると，システム内の圧力は

$$p = Q/S \tag{4.9-13}$$

と表すことができる．ここで，漏れの箇所にヘリウムを吹きかけ，真空槽内に流入する気体が大気からヘリウムに置換されたとする．微小な孔を通過する気体の量は，大気からヘリウムに変わり，粘性係数が異なるので変化する（式4.9-7）が，ここでは簡単のため変化がないと仮定する．また，真空ポンプの排気速度も気体の種類によって変わるが，大きな違いはないとする（実際に窒素に対して0.05 m³/s の排気速度のカタログ仕様のものは，ヘリウムに対しても0.05 m³/s 程度である）．この仮定から，漏れの対象の気体がヘリウムに変わり，真空槽内にヘリウムが流入した結果としても実際の圧力はそれほど変わらない．一方で，真空計が熱陰極電離真空計の場合，式(4.8-8)で表されるヘリウムに対する比感度は約0.4である．したがって，表示される圧力値は大気が流入していた時に比べて約40％程度の指示値となる．つまり，漏れの箇所にヘリウムを吹きかけることで真空計の指示値が下がる．この現象を利用して漏れ試験を行うことができる．例えば0.05 m³/s の真空ポンプで，真空計の指示値が10^{-4} Pa 台の場合，10^{-7}〜10^{-6} Pa・m³/s 台の簡易的な漏れ試験として使用できる．

大きな漏れの場合，例えばピラニ真空計が大気に対するエタノールの感度が高いことを利用して，簡易的な漏れ試験を行うことができる．この場合，漏れがある個所にエタノールをかけると，ピラニ真空計の指示値が高くなる．小さな漏れの場合には，エタノール分子により漏れ箇所がふさがり，圧力が下がることもある．

参 考 文 献

*1) K. Jousten ed., : *Handbook of Vacuum Technology*, Wiley-VCH, Weinheim (2008)
*2) J. M. Lafferty ed, : *Foundations of Vacuum Science and Technology*, John Wiley and Sons Inc., New York (1998)
*3) 株式会社　アルバック　編「真空ハンドブック」オーム社，2002.
*4) 真空技術基礎講習会運営委員会編「わかりやすい真空技術」　第三版，日刊工業新聞社.
*5) 一般社団法人　日本真空学会「真空夏期大学　テキスト」

（高橋　直樹）

第5章. 湿度

5.1 湿度の基本

5.1.1 湿度とは

湿度とは，空気中あるいはガス中の水蒸気量の尺度を意味する，広い概念をもった一般的な用語である．その定量的な表現方法は，露点，相対湿度など複数あり，目的用途によって使い分けられている．また，測定器も様々な原理のものが使用されている．したがって，一口に湿度を測定すると言っても，どのような量をどのような測定器で測るかによって，注意すべき点が異なってくる．

通常の雰囲気において，水蒸気(水)は窒素，酸素についで3番目に多く含まれる成分であり，大気中に存在する最大量の極性分子でもある．室内，製品製造ライン，超高純度ガスのボンベ内，超高真空装置の内部，高層大気などのいかなる環境においても，水は必ず存在するため，その影響も程度の差はあれ必ず存在する．この影響を正しく理解するには，信頼性の高い湿度計測が不可欠となる．

5.1.2 空調における湿度制御の重要性とその影響

居住環境の快適性の向上や，工業製品の生産管理・貯蔵などを目的に行われる空調において，湿度の制御は特に難しいと言われている．これは，空調の主たる制御量である温度の計測に比べても，また，他の物理量の計測に比べても，湿度を正確に計測することが難しいためであり，その結果大まかな制御しか行えないからである．しかし，最近では短期間であれば，相対湿度2〜3％程度の精度を実現できる湿度センサも市販品で多くみられる様になり，それにつれて湿度制御の性能も徐々に向上してきている．

一口に空調と言っても，湿度調節範囲は主たる目的に合わせ，相対湿度で20〜70％と広範囲におよぶ．居住環境における空調では，主に温度制御が重要視されるが，快適性を確保するには適切な湿度を保たねばならないことから，近年，湿度制御の重要性が高まってきている．また，特に付加価値の高い製品では，品質維持の観点から，湿度は重要な制御パラメータになっており，医薬品などの保管・保存はその典型的な例である．最近では，インフルエンザや熱中症などへの罹患対策として，湿度調節の重要性が叫ばれている．また，食品産業などでは結露による商品価値の毀損やカビの発生を避けるには，湿度の制御が大切となる．

5.1.3 湿度の表現法[1]-[3]

湿度を表す方法には様々なものがある．また同じ用語であっても，分野によって異なる量を意味することもあるので注意が必要となる．ここでは，JIS Z 8806[1]での定義および表記にしたがって，よく使われる6つの定量的な表現法(物理量)について簡単に紹介する．

(1) 露点

水分を含む気体を圧力一定の条件で冷却していくと，水蒸気の分圧が一定に保たれたままの状態でいつか結露する．その時の温度をこの気体の露点(T_d)と呼ぶ．水蒸気量が少なく，氷点以下まで温度を下げて，霜として現れる場合は霜点(T_f)と呼ぶ．露点と霜点の両方を含めた広義の意味で露点という用語が使われることもある．しかし，水は氷点以下で液相(過冷却)と固相のどちらの相をとることも可能であり，同じ温度であっても露か霜かによって水蒸気量が異なるため(露の方が水蒸気量は多い)，過冷却水が存在する温度範囲では，露点(液相)と霜点(固相)の区別は重要となる．国際単位系(SI)において露点の単位を表す記号はK(ケルビン)であるが，SI組立単位の記号である℃の方が実際にはよく使われている．よく知られているように，熱力学温度Tとセルシウス温度tの間には，$T/K=t/℃+273.15$の関係がある．

(2) 物質量分率(モル分率)

気体中に含まれる水蒸気の物質量をn_vとし，水蒸気を取り除いた気体(乾燥気体)の物質量をn_gとすると，この気体中の水蒸気の物質量分率x_vは次式で与えられる．

$$x_v = \frac{n_v}{n_v + n_g} \tag{5.1-1}$$

SI組立単位の記号はmol/molとなる(無次元量)．

(3) 絶対湿度

体積Vの気体中に質量m_vの水蒸気が含まれる場合，絶対湿度d_vは次式で与えられる．

$$d_v = \frac{m_v}{V} \tag{5.1-2}$$

SI組立単位の記号はkg/m^{3}となる．絶対湿度は湿度を表す一つの物理量であり，湿度の絶対測定という一般的な概念とは異なることに注意する必要がある．

機械関係，建築関係の分野では，次に示す混合比のことを，"絶対湿度"と呼んでいる場合がある．日本冷凍空調学会で使われている空気線図の絶対湿度も，JIS Z 8806では混合比と定義される量であることに注意する．JIS Z 8806の解説によると，物理学および気象の分野並びに学校教育では，絶対湿度および混合比について，本稿と同じ定義が用いられており，さらに，欧米各国の規格においても，絶対湿度および混合比は，本稿と同じ定義が使用されているとのことである．

(4) 混合比

気体中に含まれる水蒸気の質量をm_vとし，乾燥気体の質量をm_gとすると，混合比rは次式で与えられる．

$$r = \frac{m_v}{m_g} \tag{5.1-3}$$

SI 組立単位の記号は kg/kg となる(無次元量).既に述べたように,この量は日本冷凍空調学会の空気線図で絶対湿度 x として扱っている量と等しい.

(5) 相対湿度

気体中の水蒸気のモル分率を x_v とし,その温度と圧力で飽和した場合の水蒸気のモル分率を x_{vs} とすると,相対湿度 U_w は次式で与えられる.

$$U_w = \frac{x_v}{x_{vs}} \times 100 \tag{5.1-4}$$

JIS Z 8806 では相対湿度を表す記号として U_w が使われているが,機械関係の教科書(冷凍空調便覧など)では φ という記号がよく用いられている.単位の記号には%(パーセント)が使われる.また,相対湿度であることを明確にするために,% rh と書いてもよいことになっている.式(5.1-4)ではモル分率が使われているが,実用上は,気体中の水蒸気圧 e と,その時の温度 T における水の飽和蒸気圧 $e_w(T)$ を使って表した次の近似式,

$$U_w \approx \frac{e}{e_w(T)} \times 100 \tag{5.1-5}$$

がよく使われる.気体の温度が 0 ℃以下の場合,JIS Z 8806 では,式(5.1-5)の分母として水(過冷却水)の飽和蒸気圧を使うことになっている.また,もし氷の飽和蒸気圧 $e_i(T)$ を使う場合は,その旨記述することになっている.

(6) 比較湿度(飽和度)

気体の混合比を r とし,その温度および圧力で飽和している気体の混合比を r_s とすると,比較湿度 ψ は次式で与えられる.

$$\psi = \frac{r}{r_s} \times 100 \tag{5.1-6}$$

単位記号には相対湿度と同じく%が用いられる.比較湿度は飽和度とも呼ばれている.

5.1.4 飽和蒸気圧式と逆関数

水および氷の飽和蒸気圧式としては様々な式が提案されているが,JIS Z 8806 では,以下に示す Sonntag の式[*4)]が採用されている.

水の飽和蒸気圧式 $(173.15 \leq T/\mathrm{K} \leq 373.15)$

$$\begin{aligned}\ln(e_w/\mathrm{Pa}) = &-6096.9385(T/\mathrm{K})^{-1} + 21.2409642 \\ &- 2.711193 \times 10^{-2}(T/\mathrm{K}) + 1.673952 \times 10^{-5}(T/\mathrm{K})^2 \\ &+ 2.433502 \ln(T/\mathrm{K}) \end{aligned} \tag{5.1-7}$$

氷の飽和蒸気圧式 $(173.15 \leq T/\mathrm{K} \leq 273.16)$

$$\begin{aligned}\ln(e_i/\mathrm{Pa}) = &-6024.5282(T/\mathrm{K})^{-1} + 29.32707 + 1.0613868 \times 10^{-2}(T/\mathrm{K}) \\ &- 1.3198825 \times 10^{-5}(T/\mathrm{K})^2 - 0.49382577 \ln(T/\mathrm{K})\end{aligned} \tag{5.1-8}$$

これらの式で求めた飽和蒸気圧の相対標準不確かさは 0.5 %未満である.図 5.1-1 に水および氷の飽和蒸気圧を温度の関数として示す.-100 ~ 100 ℃の温度範囲で,蒸気圧が 8 桁近く変化することが分かる.

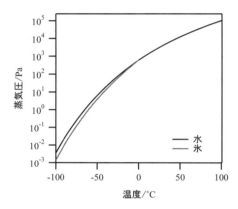

図 5.1-1 水と氷の飽和蒸気圧

水蒸気圧から露点・霜点を求めるために,これらの式の逆関数として,JIS Z 8806 の解説に以下の式が記載されている.

水の飽和蒸気圧式の逆関数 $(-100 \leq t_d/℃ \leq 100)$

$$y = \ln\left(\frac{e/\mathrm{Pa}}{611.213}\right) \text{として}$$

$y \geq 0$ の場合

$$\begin{aligned}t_d/℃ = &13.715y + 8.4262 \times 10^{-1}y^2 + 1.9048 \times 10^{-2}y^3 \\ &+ 7.8158 \times 10^{-3}y^4\end{aligned} \tag{5.1-9}$$

$y < 0$ の場合

$$\begin{aligned}t_d/℃ = &13.7204y + 7.36631 \times 10^{-1}y^2 + 3.32136 \times 10^{-2}y^3 \\ &+ 7.78591 \times 10^{-4}y^4\end{aligned} \tag{5.1-10}$$

氷の飽和蒸気圧式の逆関数 $(-100 \leq t_f/℃ \leq 0.01)$

$$y = \ln\left(\frac{e/\mathrm{Pa}}{611.153}\right) \text{として}$$

$$\begin{aligned}t_f/℃ = &12.1197y + 5.25112 \times 10^{-1}y^2 + 1.92206 \times 10^{-2}y^3 \\ &+ 3.8403 \times 10^{-4}y^4\end{aligned} \tag{5.1-11}$$

これらの逆関数の式で求めた露点・霜点の見積誤差は 0.06 ℃以下とされている.

5.1.5 湿度表示法の相互関係

5.1.3 で紹介した湿度の表示法のいくつかには,例えば,

第5章．湿度

相対湿度を露点に変換するには温度の情報が必要になるなど，一義的な関係にはならない組み合わせがある．湿度には様々な表示法があり，さらにそれらの間の相互関係がやや複雑であることが，湿度を分かりづらいものとさせている理由の一つと考えられる．ここでは，5.1.3 で紹介した湿度の表示法の相互の関係についての理解を深めるため，2 つの例題を扱う．

<u>例題 1</u>
露点計を用いて部屋の湿度を測定したところ，t_d/℃=17 だった．x_v, d_v, r, U_w, ψ を求めなさい．ただし，このときの気圧(全圧 P)は 101.325 kPa，気温は 25 ℃とし，水蒸気と空気は理想気体とみなす．

<u>答え</u>
最初に x_v を求める．体積 V の空間に含まれる水蒸気と空気を考えると，いま，水蒸気も空気も理想気体とみなすことができるので，理想気体の状態方程式より，

$$n_v = \frac{eV}{RT} \tag{5.1-12}$$

$$n_v + n_a = \frac{PV}{RT} \tag{5.1-13}$$

が成り立つ．ここで P は全圧，T は気体の熱力学温度，R (=8.31446 J·mol^{-1}·K^{-1})は気体定数，n_a は体積 V の空間に含まれる乾燥空気の平均物質量を表す．したがって式(5.1-1)は x_v=e/P となる．この気体の露点は 17 ℃なので，気体中に含まれる水蒸気の分圧は，17 ℃の水の飽和蒸気圧に等しい．したがって，e は式(5.1-7)の T/K を 290.15 (=17+273.15) とおくことで得られる．$\ln A = B$ のとき，$A = \exp(B)$ となることから，

e/Pa=e_w(T/K=290.15)/Pa
 =exp[-6096.9385(290.15)$^{-1}$+21.2409642
  -2.711193×10^{-2}(290.15)+1.673952×10^{-5}(290.15)^2
  +2.433502ln(290.15)]
 =1938.28 (5.1-14)

したがって，

$$x_v = \frac{e}{P} = \frac{1938.28}{101325} = 0.0191293 \ (1.9\%) \tag{5.1-15}$$

となる．次に d_v を求める．水のモル質量を M_v (=18.0153×10^{-3} kg·mol^{-1})とすると，体積 V の空間に含まれる水の質量は $m_v = n_v M_v$ となるから，式(5.1-2)と式(5.1-12)より，

$$d_v = \frac{n_v M_v}{V} = \frac{e M_v}{RT} = \frac{1938.28 \times 18.0153 \times 10^{-3}}{8.31446 \times (25+273.15)}$$

$$= 1.4 \times 10^{-2} \ \text{kg/m}^3 \tag{5.1-16}$$

となる．つぎに r を求める．空気の平均モル質量を M_a(=28.9645×10^{-3} kg·mol^{-1})とし，体積 V の空間に含まれる乾燥空気の平均質量を m_a とすると $m_a=n_a M_a$ となる．また，この気体中の乾燥空気のモル分率を x_a とすると，$x_a+x_v=1$ の関係があるので，式(5.1-3)から

$$r = \frac{n_v M_v}{n_a M_a} = \frac{\frac{n_v}{n_v+n_a}M_v}{\frac{n_a}{n_v+n_a}M_a} = \frac{x_v M_v}{x_a M_a} = \frac{x_v M_v}{(1-x_v)M_a}$$

$$= \frac{0.0191293 \times 18.0153 \times 10^{-3}}{(1-0.0191293) \times 28.9465 \times 10^{-3}}$$

$$= 1.2 \times 10^{-2} \ \text{kg/kg} \tag{5.1-17}$$

となる．次に U_w を求める．気温が 25 ℃なので，この時の飽和水蒸気圧(水の飽和蒸気圧)を式(5.1-14)と同様に求めると 3169.90 Pa となる．したがって，式(5.1-5)より，

$$U_w = \frac{e}{e_w(T)} \times 100 = \frac{e_w(T=17+273.15)}{e_w(T=25+273.15)}$$

$$= \frac{1938.28}{3169.90} \times 100$$

$$= 61\% \tag{5.1-18}$$

となる．式(5.1-15)と比較すると分かるように，同じ湿度の気体でも，モル分率では 1.9 %となり，相対湿度(気温 25 ℃)では 61 %となって，数値が大きく異なることに注意する．次に ψ を求める．全圧が 101.325 kPa で温度 25 ℃における飽和水蒸気のモル分率を x_{vs} とする．式(5.1-6), 式(5.1-17), 式(5.1-4)から，

$$\psi = \frac{\frac{x_v}{1-x_v}}{\frac{x_{vs}}{1-x_{vs}}} \times 100 = \frac{(1-x_{vs})}{(1-x_v)}\frac{x_v}{x_{vs}} \times 100 = \frac{(1-x_{vs})}{(1-x_v)}U_w$$

(5.1-19)

が成り立つ．気温 25 ℃における水の飽和蒸気圧を e_s とすると，式(5.1-19)は次のように変形できる．

$$\psi = \frac{(1-x_{vs})}{(1-x_v)}U_w = \frac{(1-e_s/P)}{(1-e/P)}U_w = \frac{(P-e_s)}{(P-e)}U_w \tag{5.1-20}$$

25 ℃の飽和水蒸気圧は 3169.90 Pa であるから，式(5.1-20)より，

$$\psi = \frac{(P-e_s)}{(P-e)}U_w = \frac{(101325-3169.90)}{(101325-1938.28)} \times 61$$

$$= 60\% \tag{5.1-21}$$

となる．式(5.1-21)を見ると，$(P-e_s)/(P-e) \leq 1$ であることから，$\psi \leq U_w$ が常に成り立つことが分かる．

例題 2
相対湿度計を用いて部屋の湿度を測定したところ，U_w= 46 %だった．t_d, x_v, d_v, r, ψ を求めなさい．ただし，この時の気圧は 99.5 kPa で気温を 23 ℃とする．

答え
最初に t_d を求める．式(5.1-14)と同様に 23 ℃ (296.15 K)の飽和水蒸気圧を計算すると 2811.02 Pa となる．式(5.1-5)からこの部屋の水蒸気の分圧，

$$e = \frac{U_w \times e_w}{100} = \frac{46 \times 2811.02}{100} = 1293.07 \text{ Pa} \tag{5.1-22}$$

が得られる．水の飽和蒸気圧式の逆関数を使うために y を計算して，$y=\ln(e/611.213)=\ln(1293.07/611.213)=0.749330$ を得た．これを式(5.1-9)に代入すると，

$$\begin{aligned}t_d/\text{℃} &= 13.715 \times 0.749330 + 8.4262 \times 10^{-1} \times (0.749330)^2 \\ &\quad + 1.9048 \times 10^{-2} \times (0.749330)^3 + 7.8158 \times 10^{-3} \times (0.749330)^4 \\ &= 11\end{aligned} \tag{5.1-23}$$

となる．x_v, d_v, r, ψ については例題 1 と同様に計算を行うと，

$$x_v = \frac{e}{P} = \frac{1293.07}{99500} = 0.0129957 \quad (1.3\ \%) \tag{5.1-24}$$

$$\begin{aligned}d_v &= \frac{eM_v}{RT} = \frac{1293.07 \times 18.0153 \times 10^{-3}}{8.31446 \times (23+273.15)} \\ &= 9.5 \times 10^{-3} \text{ kg/m}^3\end{aligned} \tag{5.1-25}$$

$$\begin{aligned}r &= \frac{x_v M_v}{(1-x_v)M_a} = \frac{0.0129957 \times 18.0153 \times 10^{-3}}{(1-0.0129957) \times 28.9465 \times 10^{-3}} \\ &= 8.2 \times 10^{-3} \text{ kg/kg}\end{aligned} \tag{5.1-26}$$

$$\begin{aligned}\psi &= \frac{(P-e_s)}{(P-e)}U_w = \frac{(101325-2811.02)}{(101325-1293.07)} \times 46 \\ &= 45\ \%\end{aligned} \tag{5.1-27}$$

となる．

5.2 湿度の計測器

5.2.1 湿度の計測器の種類[*1)-*3)]

市販の湿度の計測器として広く使われているものに，鏡面冷却式露点計，通風乾湿計，湿度センサ，自記式湿度計がある．鏡面冷却式露点計は，測定原理が明確で，信頼性が高いため，標準器として使われる場合が多い．通風乾湿計も，測定原理が明確であり，気象観測において，古くから使われている．温度センサは様々な現場で湿度制御用に非常に多く使われている．自記式湿度計は，取扱いが容易のため室内の湿度記録などによく使われている．ここでは，これらの湿度の計測器の，測定原理，構造，測定上の注意点について概説する．

(1) 鏡面冷却式露点計

圧力一定の条件で，鏡面上に測定対象ガスを流しながら鏡面を冷却していくと，鏡面の温度が測定対象ガスの露点と等しくなったところで結露する．その時の温度を読み取り，露点を決定する装置である．図 **5.2-1** に鏡面冷却式露点計の概念図を示す．

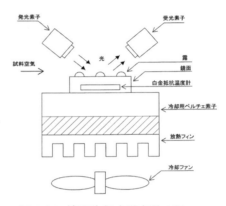

図 5.2-1 鏡面冷却式露点計の図

鏡面冷却式露点計は，鏡面，鏡面冷却機構，結露検知機構，温度制御・測定機構で主に構成されている．光源からの直接光と，鏡面からの反射光の光量を検出器で測定し，結露によって減少する反射光量と，直接光量との比較から，鏡面での露量が一定となるように温度制御する．平衡状態となったところで温度を測定して，測定対象ガスの露点を決定する．測定範囲は通常-80～100 ℃の範囲であり，不確かさはおよそ 0.1～2 ℃である．鏡面冷却式露点計を使った測定に関する注意点を以下に示す．

a) 鏡面の汚れ

鏡面が汚れると露の中にその汚れが取り込まれ，測定誤差の原因となる可能性がある．そのため，鏡面を時々クリーニングする必要がある．露点計によっては，汚れの除去機能をもつものがある．

b) 過冷却

-30～0 ℃の範囲では，鏡面に霜が形成されず，過冷却状態になることがある．露点の説明の箇所で述べたように，同じ温度でも露か霜かによって蒸気圧が異なるので注意が必要となる．また-20～-10 ℃付近の測定では，露から霜に変わるあたりで制御が不安定となる．必要があれば，鏡面を強制的に-40 ℃以下に下げて一度霜を形成させてから測定を行う．

c) 高露点測定

室温より高い露点を測定するときには、鏡面以外の場所で結露しないよう、配管およびセンサ部を保温する必要がある。しかし、過度に熱を加えると、その熱がセンサ部に伝わり測定誤差の原因となる可能性があるので注意が必要である。

d) 低露点測定

配管には水蒸気の吸脱着の少ない、表面処理されたステンレス鋼を使い、配管の長さはできるだけ短く、継手の数はできるだけ少なくする。ナイロン樹脂のチューブは大気中の水分がチューブ内部に浸透するので低湿度領域では使用できない[*6]。測定前に乾燥ガスを使って、チューブやセンサ内部の乾燥パージが必要となる場合もある。低露点になるほど、平衡に達するまでの時間が長くなるので、応答性が悪くなる。

e) 気体温度と露点の温度差

気体の温度と露点の温度差が大きい場合は、結露面付近に大きな温度勾配が生じることによって、指示が低めとなる可能性がある。1次元モデルに基づいた計算によると、気体の温度が 300 K で露点がそれより 10 K 低い場合、相対湿度で約1%低めに指示すると見積もられる[*2]。

f) 雰囲気ガス・不純物の影響

雰囲気ガスが凝結する温度より低い露点は、原理的に検出できない。気体中に不純物があり、そちらの凝結温度が露点より高い場合も、同様に測定できない。アルコール、シンナなどの有機溶媒が存在する状況では注意が必要となる。同じ水分濃度でも、雰囲気ガス種によって露点が大きく変化する場合がある[*5]。

(2) 通風乾湿計

部屋の中にぬれたタオルを干した場合、梅雨時などで部屋の湿度が高い時はなかなか乾かないが、エアコンの除湿機能などを使って部屋の中をある程度乾燥させた状態にしておくと比較的速く乾く。これは水がタオルから蒸発していく速度が、部屋の湿度に関係していることを意味する。この原理を利用して湿度を測定する装置に通風乾湿計がある。図 5.2-2 に概念図を示す。

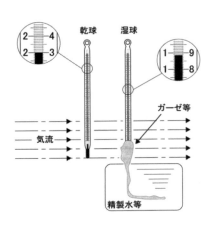

図 5.2-2 通風乾湿計の図

乾球、湿球と呼ばれる2本の温度計を準備し、湿球の感温部にぬれたガーゼなど(ウィック)を巻く。乾球の温度は周囲からの伝熱によって決まるが、湿球ではさらに水の蒸発によって熱が奪われる効果が加わる。その結果、湿球の温度は乾球の温度より低くなる。すなわち、空気が乾燥しているときは、水分蒸発量が多くなるので、湿球温度が乾球温度よりも大幅に低くなり、逆に湿度が高いときは、水分蒸発量が少ないので、湿球温度があまり下がらず乾球温度に近い値を示すことになる。一方、ウィックでの水の蒸発量は風速にも依存するので、湿球の温度低下量も風速の影響を受ける。この影響については、風速が小さいときは、わずかな風速の違いが大きく作用するが、風速が大きいときは、多少の風速の違いは、あまり問題にならないことが知られている。そのため、通風乾湿計には、ある程度の速さの一定の風速(2〜4 m/s)を確保する機構がある。

単位時間当たりにウィックで蒸発する水の量は、大気中の水蒸気量が少ない程多くなるので、周囲が乾燥状態であるほど、乾球と湿球の温度差が大きくなる。乾球と湿球の温度をそれぞれ t, t_w とし、気圧を P とすると、次のスプルング(Sprung)の乾湿計公式が成り立つ。

$$e = e_w(T_w) - AP(t - t_w) \tag{5.2-1}$$

ここで A は乾湿計係数と呼ばれており、湿球の構造や周辺の条件に依存する機器ごとに異なる値である。これの詳細については、JIS B 7920[*7]を参照されたい。通風乾湿計の最初のものはアスマン(Assmann)通風乾湿計(図 5.2-3 参照)であり、これに対する A として JIS Z 8806 には、湿球が氷結していないときは、0.000662 K^{-1}、氷結しているときは、0.000583 K^{-1} が記載されている。

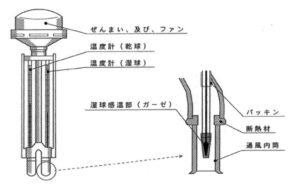

図 5.2-3 アスマン通風乾湿計の図 [*10]

例題3

アスマン通風乾湿計で測定を行ったところ、乾球温度が 24 ℃、湿球温度が 20 ℃だった。気圧を 101.325 kPa として、e, t_d, U_w を求めなさい。

答え

最初に e を求める。式(5.1-14)と同様に $T_w/K=293.15$ の e_w

を計算すると 2339.25 Pa となるので，式(5.2-1)より，

$$e = e_w(T_w) - AP(t - t_w)$$
$$= 2339.25 - 0.000662 \times 101325(24-20)$$
$$= 2070.94 \text{ Pa} \tag{5.2-2}$$

次に t_d を求める．$y = \ln(2070.94/611.213) = 1.22031$ だから，式(5.1-23)と同様に計算して，

$$t_d/°C = 13.715 \times 1.22031 + 8.4262 \times 10^{-1} \times (1.22031)^2$$
$$+ 1.9048 \times 10^{-2} \times (1.22031)^3 + 7.8158 \times 10^{-3} \times (1.22031)^4$$
$$= 18 \tag{5.2-3}$$

次に U_w を求める．式(5.1-5)より，

$$U_w = \frac{e}{e_w(T)} \times 100 = \frac{2070.94 \text{ Pa}}{e_w(T = 24 + 273.15)} \times 100$$
$$= \frac{2070.94}{2985.76} \times 100$$
$$= 69\% \tag{5.2-4}$$

通常はこのような計算を行わなくても，通風乾湿計用の湿度表を使うことで，t_w と $t - t_w$ の値から簡単に U_w を求めることができる．

通風乾湿計の測定範囲は通常 10～100 %，不確かさはおよそ 2～5 %である．通風乾湿計を使った測定に関する注意点を以下に示す．

a) 水

蒸留水または精製水などきれいな水を使用する．水が汚れると水の蒸気圧が低下し（ラウールの法則），式(5.2-1)の $e_w(T_w)$ の項に水の飽和蒸気圧式が使えなくなり，誤差が生じる．汚れの原因としては，不純物やゴミの他，夏場は特にバクテリアにも注意する．

b) ウィック

ガーゼは使用前に良質の石鹸液などで洗った後，よく水洗いして，のり・油分を取り除く．湿球を包むガーゼは一重にし，しわや湿球と間に隙間ができないように巻く．ガーゼが汚れると，上記の水の場合と同様に誤差が生じるので，定期的に清掃・交換を行う．作業の際には，直接手を触れないように，洗浄されたビニール手袋などを使用する．ウィックをぬらす際には，不要な箇所に水が付くと，そこから発生する水蒸気によって誤差が生じるので，他の箇所に水をつけないように注意する．

c) 温度計の確認

湿球からウィックを外し，同じ条件で乾球との指示の比較を行う．差がある場合は補正をする．

d) 熱放射の影響

通風乾湿計では，水の蒸発による熱の放出によって，乾球と湿球との間に温度差が生じるとの仮定に基づいている．熱放射の影響がある場合，乾球と湿球とではウィックの有無によって放射率が異なるので，これが乾球と湿球の温度差を引き起こして，誤差となる．屋外で使用する時は直射日光を避けるなど，放射の影響をあまり受けない状態で測定する必要がある．

e) 測定操作

通風機構がきちんと作動しているか確認する．通風開始後，指示が安定するまで 5～10 分程度待つ必要がある．読み取りの際，測定者の体温で暖められた空気が吸い込まれるおそれがある．測定時には不用意に近づかず，読み取りは息を止めて素早く行う．

(3) 湿度センサ

現在，最も広く工業的に使用されている湿度センサは，高分子材料などを感湿材とし，水分の吸脱着によって生じる，静電容量の変化(静電容量式)，または抵抗の変化(抵抗式)を検出して湿度を決定するセンサである．以前は，セラミック式，限界電流式，熱伝導式なども販売されていたが，現在は市場ではほとんど見かけられない．ここでは，静電容量式と抵抗式の湿度センサについてのみ概説する．多くの場合，静電容量式も抵抗式も電子計測回路を組み込んだ表示機器と組み合わせて使用されているため，外観及び使用法の観点からは何ら違いが見られない．しかし，その測定原理の違いを知ることは，使用目的にあわせたセンサの選択や計測結果の信頼性の評価を行う上で大きな力となる．

a) 静電容量式センサ

静電容量式センサは，センサ材料がコンデンサとなり，湿度の上昇に伴って増加した感湿部に吸着する水分量を，コンデンサの静電容量の変化として検出し，湿度を決定している．このセンサの利点は，水の比誘電率が 80 と極めて大きいため，他の吸着物による静電容量の変化の影響を受けづらいことにある．しかし，エタノール(比誘電率 25)，アセトン(比誘電率 21)などの，比誘電率が比較的高く吸着性を有するガスが存在すると，当然それらが誤差要因になる．また，高湿度の雰囲気で多量の水分が吸着し(または結露し)，感湿部が膨潤すると，コンデンサの電極間の距離が増加して見かけ上静電容量が減少するので，このような状況では誤差が増大する．

静電容量式センサの構造図を図 5.2-4 に示す．高分子材料には親水性と疎水性を持つものがあり，これらの特性により湿度計測の信頼性，耐久性が異なる．

図 5.2-4 静電容量式センサ[11]

静電容量式センサは抵抗式センサと比較すると，以下の特徴が挙げられる．
・直線性がよい．
・正確に温度補償すれば相対湿度 0 %の計測も可能である(JIS B 7920:2000 の 6.14 では露点温度-40 ℃以下の空気は相対湿度 0 %とみなすとある)．
・安定性に優れている．
・高価な計測機器に利用されている．
・低湿(相対湿度 15 %以下)の計測に優れている．
・アルコールなどの揮発性の高い化学物質に曝され，高分子膜が汚染されるとドリフトする．

　b)　抵抗式センサ

抵抗式センサは，基板上にくし形の電極を作り，その上面に感湿膜を覆い被せた構造になっている．抵抗式の湿度センサの構造図を**図 5.2-5** に示す．湿度の上昇に伴って感湿部に吸着する水分量が増加すると，電離作用によって感湿材内部での可動イオン数が増え電極間の抵抗が下がるが，逆に吸着水分量が少ないと抵抗が増える．電極間に電圧を印加しておき，可動イオン数の変化をインピーダンス変化として検出することで，湿度を決定している．

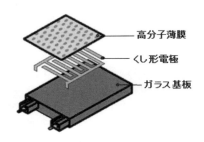

図 5.2-5　抵抗式センサ

抵抗式センサは，静電容量式センサと比較すると，以下の特徴が挙げられる．
・使い易く，素子として安価なため，湿調が必要な装置，機器内に多く組み込まれている．
・オフセット変動による経年変化が少ない．
・高湿(相対湿度 85 %以上)の計測に優れている．
・温度係数が大きい．
・相対湿度 5 %以下の計測は，ほぼ不可能である．

　c)　湿度センサの測定範囲の注意点

静電容量式センサまたは抵抗式センサを使用した場合，相対湿度 5 %以下および 95 %以上の領域の測定は，一般的に容易ではない．それらの領域で信頼性の高い測定を行うには，現状では(1)の鏡面冷却式露点計を利用する方が適切と考えられている．

(4)　自記式湿度計

この湿度計は，感湿材料として毛髪や高分子材料の湿度による伸縮を利用して，湿度計測を行っている．古くから使用されている湿度計の一つである．記録方式としては，円筒型の記録紙を使う機器(**図 5.2-6** 参照)と円板型の記録紙を使う機器(**図 5.2-7** 参照)があり，ほとんどの場合に同時に温度の記録も行う．

図 5.2-6　自記式湿度計(円筒型)[*12]

図 5.2-7　自記式湿度計(円盤型)[*13]

現在においても，空調の変化率の記録によく利用されている．これは一見して，必要な時間軸での湿度の変化(トレンド)を把握することができ便利だからである．その取扱いの注意点を以下に示す．
・感湿材料の汚れ．
・低湿環境(10 %以下)と高湿(90 %以上)環境に長時間設置しない(感湿材料の劣化が早くなる)．
・風速が 5 m/s 以上の環境に設置しない．
・急激な温度変化は避ける．

(5)　湿度計の形態

最近では，様々な産業分野で湿度計が利用されている．湿度センサを使った湿度計にはさまざまな種類がある．
・表示だけでなく湿度計測信号を伝送するもの(**図 5.2-8** 参照)．

図 5.2-8　湿度伝送器[*11]

・電池で動作する様なハンディ型デジタル湿度計と呼ばれるもの．現場の標準器として使用される場合もある(図 **5.2-9** 参照)．

図 5.2-9　ハンディ型デジタル湿度計*10)

・データロガーと呼ばれ，連続的に設置された場所の湿度測定値をロギングするもの(図 **5.2-10** 参照)．

図 5.2-10　湿度データロガー*11)

・閉じられた空間内の温度や湿度の分布を立体的に計測，評価，管理するいわゆるマッピング(図 **5.2-11** 参照)目的の湿度信号を無線で伝送するもの(図 **5.2-12** 参照) などがある．これらの各々の特徴があり，湿度計測の目的に合致する様に使用されている．

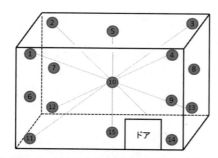

空調している閉じられた空間の温度や湿度を立体的に分布計測，評価，管理する．

図 5.2-11　マッピング

図 5.2-12　無線湿度計*14)

5.2.2　空調における湿度センサと温度センサの関係

空調用に広く使われている静電容量式または抵抗式の湿度センサは，感湿特性として雰囲気温度に対する依存性がある．空調用の湿度センサには，温度を測定するための温度センサも通常内装されているので，それによる温度測定の結果を使い，湿度測定の結果に対して温度補償を行っている湿度センサが多い．また，相対湿度を表示するセンサの場合，相対湿度の定義から温度の情報が必要となるので，温度センサが不可欠となる．温度センサとしては，以前はNTC サーミスタがよく使用されていたが，現在では薄膜の白金抵抗温度センサを使用している場合がほとんどである．

湿度センサに内装されている温度センサは，湿度センサの温度補償および相対湿度の計算を主目的に組み込まれており，雰囲気空気温度の正確な測定には適さない場合が多い．したがって，気体温度の正確な測定が必要な場合は，専用の高精度な温度計を別途準備する必要がある．

5.3　測定結果の信頼性

5.3.1　湿度測定の不確かさ要因

湿度の測定とは，計測器を使って，気体中に含まれる水蒸気の量を，露点や相対湿度といった物理量として測定する行為をいう．湿度の測定に限らず，一般に計測器を使って得られた測定結果には，さまざまな外乱の影響が含まれている可能性がある．したがって，得られた測定結果がどの程度信頼できるかは，どのような外乱が測定時にあったのかに依存する(図 **5.3-1**参照)．一般環境下(大気圧下)で，湿度の測定を行った場合，主な外乱要素としては，以下が挙げられる．

・温度，圧力の変化
・湿度センサの姿勢と方向
・妨害成分(化学的，物理的)の存在
・妨害電磁界の存在
・気流の変化
・湿度センサ保護フィルタの存在

実際の測定においては，校正証明書に記載されている不

確かさ以外に，これらの影響によって生じる不確かさを考慮する必要がある．測定環境が悪い場合は，実際の不確かさが，校正証明書に記された値の数倍以上になることもあるので，特に注意が必要となる．

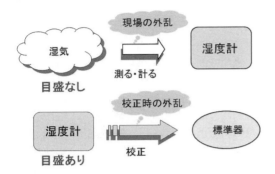

図 5.3-1　校正時と測定時の測定環境の違い

5.3.2　湿度計の校正と不確かさ評価

いかに高額な湿度計を使用しても，目盛りが合っていなければ，信頼性の高い測定結果は得られない．したがって，湿度計の校正は，メーカの責任で行うにせよユーザの責任で行うにせよ，非常に重要な作業である．湿度計の校正には，校正用装置が設置されている場所に湿度計を持ち込んで行う通常の校正と，湿度計が設置されている場所に校正用装置を持ち込んで行う現地校正とがある．通常の校正の場合，校正事業者やメーカに依頼し，校正事業者・メーカが保有するよく管理された校正用装置(湿度の標準)と湿度計とを比較するため，測定結果の信頼性は現地校正に比べ高いが，湿度計を一定期間預ける形になるので，空調現場・生産現場で湿度計を使用できない期間が生じてしまうデメリットがある．一方，現地校正では，湿度計を現場から移動させず校正できるメリットはあるが，校正に用いる校正用装置が，どうしても簡易なものにならざるを得ないので，測定結果の信頼性は通常の校正に比べて低下する．現地校正における不確かさ要因で一番大きなものは，校正用装置として使われる恒湿度発生装置に起因するものである．主として現場で使われている恒湿度発生装置を，市販品をもとに挙げると，飽和塩槽，分流方式湿度発生装置，2圧力方式湿度発生装置などがあり，これらの湿度発生の安定性と分布の均一性が一番大きな不確かさ要因となる．

通常の校正・現地校正ともに，湿度計の校正の際の不確かさ評価方法は

- ISO 国際文書：計測における不確かさの表現のガイド[*8]

にしたがって行うことになる．また，以下の文書も実際の校正手順を定める上で参考にされている．

- JIS B 7920：「湿度計－試験方法」
- JIS Z 8806：「湿度－測定方法」
- JCSS：JCT22000-13 技術的要求事項適用指針「湿度」[*9]

ここで特に注意することは，校正証明書が得られたとしても，そこに記載されている不確かさは，あくまでも校正時における測定結果の不確かさを示すものであり，ユーザが普段行う測定の結果の不確かさを示すものでないということである．校正を行った条件と，ユーザが普段測定を行っている条件とが大きく異ならない場合は，校正直後であれば，校正結果で得られた不確かさをそのまま普段の測定で用いても大きな問題は生じないと考えられるが，測定条件が校正時とは大きく異なったり，校正を行ってから長い時間が経過したりした場合は，それらによって生じる新たな不確かさ成分を考慮しなければならない．考慮すべき成分は，湿度計の種類や性能によっても異なる．5.3.1 にある不確かさ要因に注意し，湿度計の取扱い説明書，上記のJIS や JCSS 文書などを参考に評価する必要がある．その際，寄与率の高い不確かさ成分，一般的には，全体の不確かさからみて相対値で 10 %以上になると予想される成分のみを考慮すればよい．これは不確かさ評価では通常，各成分の二乗和の平方根を計算して，それを最終的な不確かさとして採用するので，10 %以下の不確かさ成分は無視しても最終的な不確かさへの影響が少ないからである．

湿度計測に限らないが，不確かさ評価を行った経験のない者が，独力で不確かさ評価を行うのは，大変骨の折れる作業であり時間も多く掛かるので，最初はメーカ技術者や他のエキスパートなどに助言を求めた方がよい．したがって，不確かさに関する質問に対して，きちんとした回答が得られるメーカを探すことも重要であると言える．

5.3.3　湿度のトレーサビリティシステム

湿度計の校正を行うには，湿度の基準となるもの，すなわち湿度標準が必要となる．日本における湿度のいわゆる国家標準は，独立行政法人産業技術総合研究所(産総研)の計量標準総合センター(NMIJ)が開発・整備を行っている．NMIJ は計量研究所を前身とする組織である．ここで開発された計量標準は，国際単位系(SI)にトレーサブルであり，他国の計量標準との同等性も，メートル条約に基づく枠組みの中で，国際比較とよばれる活動を通して確認されている．

計測器の校正サービスを行っている事業者は，校正事業者と呼ばれている．校正事業者が保有する湿度計(鏡面冷却式露点計)または校正用発生装置は，NMIJ にトレーサブルとなる方法で既に校正されているので，ユーザは校正事業者に計測器の校正を依頼することで，SI にトレーサブルな校正サービスが受けられることになる．校正事業者が提供している校正サービスには，JCSS と呼ばれる計量法に基づくサービスと，NMIJ の依頼試験を利用したサービスとがある．どちらも，NMIJ の標準にトレーサブルな校正サービスではあるが，JCSS の校正証明書には JCSS の標章(ロゴ)が記載されており，それがあることで ISO/IEC 17025 の要求事項に適合している校正事業者から校正を受けたことを証明できるので，JCSS サービスを利用した場合，測定結果の信頼性に関する第三者への説明がしやすいという利点がある．ちなみに，JCSS のロゴは，産総研が発行する証明書では小文字(jcss)が使われ，JCSS 登録事業者が発行する証明書では大文字(JCSS)が使われている．図 5.3-2 に JCSS のトレーサビリティ体系図を，図 5.3-3 に NMIJ が高湿度標準の発生に用いている発生装置の写真を示す．

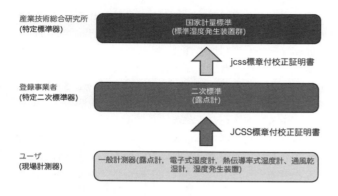

図 5.3-2 JCSSトレーサビリティ体系図

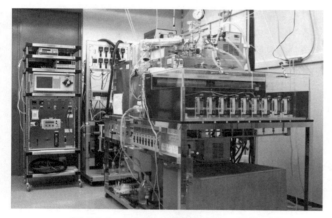

図 5.3-3 NMIJの高湿度標準発生装置

JCSS による校正サービスを行っている湿度の校正事業者(JCSS 登録事業者)は，独立行政法人製品評価技術基盤機構(NITE)のウェブサイト(「NITE」「JCSS」のキーワードで検索)で調べることができるので，詳細についてはそちらを参照されたい[*9]．

NMIJ が関与していない，ユーザが利用可能なこれら以外の校正サービスとして，他国の湿度標準にトレーサブルとなる校正サービスや，どこの国の国家標準にも繋がらない，メーカが独自で開発した標準に基づく校正サービスが存在している．

5.3.4 湿度制御のための注意点と準備

湿度の制御については，制御対象となる空間の大きさ，外乱の大きさによって，操作量を調節しなければならない．多くの空調においては，湿度制御は相対湿度に対して行われているため，そのような場合，まず温度制御を行い，その上で湿度制御を行うことが重要となる．また，湿度測定に使われている湿度センサの時定数は大きいので，単純なフィードバック制御系だけでなく外乱対策としてフィードフォワード制御系の採用も考慮する必要がある場合がある．ただし，空調を行っている空間内で湿度の制御が1~2分程度遅れても，ほとんどの場合，製品の品質に深刻な影響を与えるようなことはない．

通常の室内空間のような空気の流れのあまりない場所(静的空間)での制御か，空調用ダクト内のような常に空気の流れがある場所(動的空間)での制御かによっても注意点は異なる．

- 静的空間 ― 室内空間など
- 動的空間 ― 空調用ダクト内など

静的空間に設置する湿度センサは，その中でも空気の流れが比較的起きやすい場所に設置すべきであり，壁に囲まれた部屋の角のような場所への設置はできるだけ避けた方がよい．一方，動的空間に設置する湿度センサは，感湿面が流れに対して垂直になるように設置する必要がある．

5.3.5 現場湿度計の施工

ここでは「施工」という用語が示す様に空調現場での設計~試運転迄の要点について述べる．

(1) 湿度計の選択，工事設計

湿度計の選択および工事設計では，計測の目的が何であるか，測定を行う箇所はどこかについて，事前に調査する必要がある．単なる人間の居住空間であれば，空調設備メーカが従来から販売している壁掛け型の湿度計を，壁に設置して使用すれば充分である．しかし，同じ居住空間においての空調でも，例えば，院内感染に対処する為には，そのために必要となる計測機能と信頼性を持つ湿度計を選択して，適切な設置場所に設置しなければならない．立体的な空間での湿度計測では，分布計測も考慮し，湿度計の仕様と必要な個数と立体的な配置も検討する必要がある．

また，空気の組成と異なるガスが存在する場合，湿度計によっては，正確な湿度計測が出来ないものがあるので，そのような可能性が考えられる計測現場では雰囲気を事前に調査し，ガスの影響が少なくなるような湿度計を選択することも重要である．

工事設計としては，計測した湿度信号を受信・制御する装置まで正確に伝送することを念頭に，重要な要因となる電気配線と信号配線の工事について，特に注意を払う必要がある．

(2) 設置工事

特に注意しなければならないのは，
- 防爆対策(図 5.3-4参照)
- 電磁ノイズ対策(図 5.3-5参照)
- 静電気対策

などである．一般的に人の居住空間における設置工事では通常の内線工事レベルで充分であるが，工業製品の生産現場においては，可燃性ガス雰囲気湿度計の設置環境を考え，防爆仕様の湿度計(図 5.3-6参照)採用は当然とし，防爆配線工事などをしなければならない．これらの特殊工事は特殊な材料や技術が必要なため，防爆プロセスでの配線工事の経験がある電気工事施工企業や計装工事施工企業

第5章. 湿度

に任せるとよい．

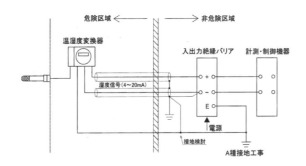

図5.3-4 防爆対策を施した設置工事例

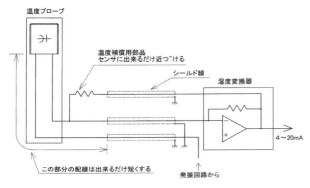

図5.3-5 電磁ノイズ対策を施した設置工事例

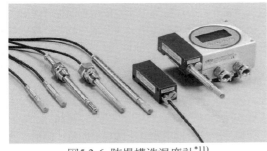

図5.3-6 防爆構造湿度計[11]

(3) 試運転

これに関しては，
- 湿度計～受信機器～制御装置までの組み合せ導通テスト
- 湿度計の単体校正
- 電源供給ライン，信号伝送ラインの絶縁テスト
- 湿度計の設置外観テスト
- 湿度制御系のチューニング

などがあり，これもまた各々の専門企業に任せるとよい．

5.3.6 湿度計の取り扱い
(1) 注意事項

湿度計の取り扱いで一番注意を払わなくてはならないのは感湿部(湿度センサ)である．鏡面冷却式ならば鏡面部，通風乾湿計ならばウィック部，高分子膜式ならば膜表面とチップリード線，自記式ならば毛髪および高分子繊維などを計測するのに最適な状態に保つ必要がある．

さらには計測環境においては以下に注意する．
- 振動
- 電磁気的ノイズ
- 感湿部を劣化させるようなガス
- 感湿部の姿勢
- 太陽光や発熱体からの放射熱
- 結露状態の可否

(2) カタログ記載項目

ここでは市販されている高分子膜・静電容量式湿度センサのカタログによく記載されている項目について下記の例を参考に解説する．

表5.3-1 カタログ記載項目[11]

性能	
相対湿度	
・測定範囲	0～100 %
・精度(非直線性，ヒステレシス，繰り返し性を含む)	
-40～180 ℃	±(1.5+0.015×指示値) %
・工場出荷時の不確かさ($k=2$), (20 ℃)	
0～40 %	±0.6 %
40～97 %	±1.0 %
・90 %応答時間(20 ℃)	
プラスチックグリッド付	8秒
焼結金属フィルタ付	40秒
温度	
・測定範囲 -70～180 ℃	
・精度(20 ℃) ±0.2 ℃	
使用環境	
・温度	
プローブ	測定範囲に同じ
変換表示部	-40～60 ℃
ディスプレー付	0～60 ℃
・圧力 0～10 MPa	

a) 測定範囲 0～100 %

これは常温(23～25 ℃)で結露しないという条件下での測定範囲であり，少なくとも相対湿度10 %以下と90 %以上の領域では測定可能な条件が限られるので注意を要する．例えば，高分子膜を使った湿度センサを，高湿度雰囲気(相対湿度90 %以上)で長時間使用した場合，感湿部や絶縁部の劣化などによって，ドリフトが生じたり，故障したりする問題が知られている．

b) 精度 ±(1.5+0.015×指示値) % -40～180 ℃

これは湿度センサ部単体のみの精度であり，センサと表示部が一体タイプでは電子回路，液晶表示部があるので-40～180 ℃の設置環境では，とても設置することはできない．

また，カタログに記載された精度は，メーカが試験を行

った実験条件およびメーカの設計基準などにより決定された数値であって，実際にユーザが使用する場合は，ユーザが使用する環境条件・使用目的に合わせ，管理精度(数値)を検討する必要がある．

  c) 工場出荷時の校正不確かさ($k=2$) ±1.0 %

「不確かさ」と記載がある場合，通常はSIへのトレーサビリティが確保される方法で，かつ5.3.2で示したISO国際文書「計測における不確かさの表現のガイド」(GUM)にしたがって，不確かさが評価されていることを意味する．このように国際的なルールにしたがって評価された不確かさは，メーカが独自の基準で決定している「誤差」「精度」とは異なり，その数値が持つ意味がより明確である．購入した計測器に，5.3.3で説明したJCSSのロゴ付きの校正証明書が付属している場合は，そのような方法で不確かさ評価がきちんと行われたことが保証される．kは包含係数と呼ばれ，$k=2$は，正規分布においては，約95 %の信頼の水準に相当する．

  d) 90%応答時間　焼結金属フィルタ付　40秒

現在，湿度センサの応答性能に関する統一された規格や基準はない．多くはメーカが独自に決めている場合やローカルな規格による場合がある．JISの場合では，JIS B 7920の5.2「性能試験方法」のうちの「e) 応答性」に方法や手順が記載されている．

最近ではメーカが計測応答性について情報公開している場合が多く，その計測応答性能試験を行った条件をよく吟味し実際に使用条件に合わせたデータと比較検討する必要がある．特に湿度センサ部のフィルタの有無については計測応答性能に深く関係するので注意が必要である．

小空間での湿度量の制御に必要な応答性については湿度センサの設置した姿勢，位置，保護フィルタの有無選択なども重要な要因となる．

少し古いデータではあるが欧州メーカより公開されている応答性のデータを図 5.3-7と図 5.3-8に示す．

図 5.3-7は相対湿度50 %付近の雰囲気から約90 %の状態まで加湿した時と(図の上側)，50 %付近から約10 %の状態まで除湿した時の(図の下側)，7台の湿度センサの応答性を調べたものである．ただし，各センサの試験開始時刻は全て同時ではない．横軸の単位は秒である．また，

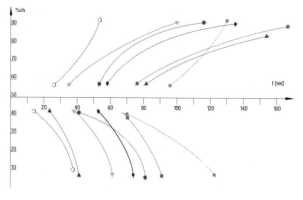

図5.3-7 応答性の試験1[*15)]

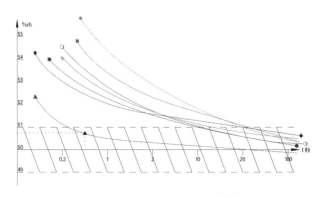

図5.3-8 応答性の試験2[*15)]

図 5.3-8は95 %の雰囲気に24時間以上センサ部を曝した後，50 %に湿度を下げた場合の，7台の湿度センサの応答性の様子を示している．ただし，湿度変更直後の高湿度領域のデータは一部省略してある．横軸の単位は時間である．これらの結果から，センサによって，応答性が大きく異なっていることが分かる．

  e) 温度の精度　±0.2 ℃

5.2.2で既に述べたように，気体温度の正確な測定が必要な場合は，専用の高精度な温度計を別途準備した方がよい．

  f) 使用環境

プローブ(湿度センサ)と変換表示部では使用温度範囲が異なるので，注意しなければならない．電気化学的反応を利用した計測機器である場合，他の物理系の計測機器とは異なり，その取扱いには特に注意が必要である．また，選択性能において劣っている(常に水分のみを測定している訳ではない)ことを念頭に取り扱わなければならない．製品性能は通常きれいな空気中での使用を前提に保証されており，極端な環境下での使用では保証されていないことにも注意する必要がある．

(3) 長期安定性，寿命

物理系のセンサと比較して，一般的に，長期的なドリフトの影響が大きく，寿命も短い．特に，過酷な環境(酸，塩基，揮発性の高い化学物質を含む雰囲気，高温，汚れでは，それらの問題が顕著となる．

5.4 おわりに

既に述べたように，湿度の測定は，例えば温度の測定に比べても非常に難しい．相対湿度を表示する湿度計としては，数千円程度から数十万円以上もするものが販売されているが，たとえ非常に高額な湿度計(鏡面冷却式露点計を除く)を使用しても，相対湿度 1 %以下の不確かさで測定結果を得ることは決して容易ではない．それには，湿度計の長期・短期の安定性評価や，様々な外乱の影響を抑えて，慎重に測定を行う必要があるなど，いろいろと面倒なこと

を考慮・実行する必要がある．一方，不確かさ 1 ℃以下で通常領域の温度を測定することは，安価な温度計を使用したとしてもそれほど困難ではないであろう．

制御の観点で考えると，温度の場合は±0.1 ℃以内の精度で管理しなければならないアプリケーションは多岐に渡って存在するが，湿度の場合は相対湿度±10 ％以内の精度で管理しなければならないケースは，結露が問題となる湿度領域を除けば，現在のところ実はあまり多くはない．

以上から，湿度とは，温度などの他の物理量に比べると，精度のよい測定結果を得ることが難しい量ではあるが，それほど厳しい精度での管理がまだあまり要求されていない量でもあると考えられる．したがって，やみくもに高精度を追求するのではなく，まずは測定および制御の目的を明確にし，どの程度の不確かさまでなら許容できるのかを大まかに掴むことが，他の量の測定・制御に比べて，より重要と考えられる．製品選定時においては，カタログに記載されている精度にのみ注意を払うのではなく，信頼できる方法で不確かさを見積もることが可能かを検討することも大事と言える．5.3.3 で紹介した SI トレーサビリティの確保は，計測器の信頼性評価を行う上での有力なツールの一つであることを，ここでは指摘しておきたい．

湿度は温度との関係が深いためか，この二つがセットで語られることも多いが，測定・制御の観点では，二つは全く別物と考えた方がよい．例えば，温度と湿度の測定・制御に不可欠となる温度計と湿度計とを比較した場合，空気のような混合物を測定対象とすると，温度計は混合物の温度を測定すればいいのに対し，湿度計は混合物の中から水蒸気のみを検出してその量を測定する必要がある点で大きく異なっている．多くの湿度計では，吸着や結露といった，他成分の妨害を受けやすい測定原理を採用しており，さらに感湿部の劣化が測定結果に大きな影響を与えてしまうため，実際使用上の耐久性・安定性・信頼性は，温度計のそれらとは大きく異なることを知っておく必要がある．筆者達の経験から，温度と同じような感覚で湿度も測定・制御できるものと考えている(節のある)人ほど，問題が起きた際に長引かせてしまう可能性が高いと感じている．湿度の測定・制御に関わることになった場合は，「精度のよい測定結果を得るのは難しい」「厳しい精度での管理が本当に必要か？」という2つのことをまずは意識することが肝要かと思われる．また，実際に測定・制御を進めていく上で問題が生じた場合は，なるべく早い段階で専門業者などに相談することも大切である．様々な検討の結果，もし「厳しい精度での管理が本当に必要」との結論が出た場合は，現状の湿度測定・制御の技術では，ある程度の時間的・経済的な負担を覚悟する必要がある．湿度測定・制御の技術は年々進歩してきているので，今よりも使いやすく，高精度で安価な湿度測定・制御の技術が，近い将来登場することを期待したい．

参 考 文 献

*1) JIS Z 8806:2001，日本規格協会発行, (2001)
*2) 日本機械学会編「湿度・水分計測と環境のモニタ」技報堂出版, (1992)
*3) 芝　亀吉「湿度と水分」計量管理協会編，コロナ社，(1975)
*4) Z. D. Sonntag,, Z. Meteorol. **70,** 340 (1990)
*5) E. Flaherty, C. Herold, D. Murray, and S. R. Thompson, Anal. Chem., **58,** 1903 (1986)
*6) M. Stevens, F. Hussain, S. A. Bell, H. Othman, Md. Nor Md. Chik, R. Gee, Proc. of the 5th International Symposium on Humidity and Moisture, 2006
*7) JIS B 7920:2000，日本規格協会発行, (2000)
*8) 飯塚幸三監修，ISO 国際文書：計測における不確かさの表現のガイド，日本規格協会，(2000)
*9) 以下の(独)製品評価技術基盤機構のサイトからダウンロードできる：http://www.iajapan.nite.go.jp/jcss/docs/
*10) 神栄テクノロジー(株)カタログ
*11) ヴァイサラ(株)カタログ
*12) 佐藤計量器(株)カタログ
*13) 国際チャート(株)カタログ
*14) HANEYWELL 社カタログ
*15) ロトロニック社，The Original Rotronic Humidity Manual, 53-54

(阿部 恒，田村 純)

第6章. 流量

6.1 流量計測の基礎

6.1.1 流量とは

流量は，圧力，温度と並んでプロセス量の三大要素であり，非常に重要な計測項目である．流量は，ある任意断面を通過する流体の体積または質量を意味し，単位時間当たりで表す場合を瞬時流量，通過した流体の全量を表す場合は積算流量として区別している．

6.1.2 流量計の種類と分類

流量計は，瞬時流量と積算流量のいずれか，または両方を指示する流量測定装置[*1)]であり，他の測定器に比べ計測原理の種類が多岐に渡ることが大きな特徴である．これは，測定環境，流体，流量，圧力，温度により最適な計測原理が異なるためであり，逆に言えばそれだけ流量計測は難しいものであるといえる．したがって，正しい流量計測のためには，各種流量計の構造や原理を理解し，最適な機種選定と正しい運用を行う必要がある．

現在，様々な計測原理の流量計が実用化されているが，大別すると実測式と推測式の二種に分けることができる．実測式はその名の通り流量を直接計測するものであり，一方で推測式は，流量と相関のある物理量を計測することにより，間接的に流量を計測するものを指す．実測式と推測式の大まかな分類を表 6.1-1 に示す．

表 6.1-1 流量計の分類

大分類	小分類
実測式	容積流量計
推測式	差圧流量計
	面積流量計
	電磁流量計
	渦流量計
	超音波流量計
	タービン流量計
	コリオリ流量計
	熱式質量流量計

参 考 文 献

*1) JIS B 0155 工業プロセス計測制御用語および定義，pp37（1997）．

（小澤　貴浩）

6.2 各種流量計の計測原理・構造・特徴

6.2.1 容積流量計

(1) 概要

化学実験や調理などで，液体の体積を計量する必要がある場合，一般的にフラスコや計量カップなどの容器が用いられる．特に日本酒については，同じ容器でも升を基準とした，一合，二合という単位で扱われる場合が多い．升には目盛りが無いが，一杯の量が180 ml となるように製作されていることから，升もまた計量カップと同様に一種の計量器とみなすことができる．

容積流量計は，この升（一定容積）による計量を，自動的かつ連続的に行う計量器である．

繰り返し一定容積の流入と排出を繰り返す獅子脅しも，容積流量計の一種と考えることができる．獅子脅しの場合，一回に排出される量と，竹筒から発生する打音の回数から，おおよその流量を算出することができる．19世紀頃に初めて流量計が商業利用された際，2つのバケツを用いて自動的に計量を行うクロスレーのバケットメーターが使用されたといわれているが，これも容積流量計の一種である．

このように，容積流量計は升を使って計量するという単純な原理であるため，古くから実用化されてきたが，高精度な計量が可能であることから，今日においても石油類の取引証明や，JCSS認定事業者の標準器など，重要な場面で活用されている．一方，連続的に升を形成するため，流量計内部に回転運動，あるいは往復運動を行う可動部が存在することから，使用に当たって注意すべき点もある．

ここでは，容積流量計の特徴と原理，選定方法と使用に際して注意すべき事項について述べる．

(2) 特徴

a) 高精度で信頼性の高い計量が可能．
b) フローパターンの影響を受けないため，流量計前後の直管部や整流器が不要．
c) 100,000 mPa·s を超える高粘度流体を計量可能．
d) 純機械式の場合，電気工事が不要．
e) 長年重要な用途に使用されてきた実績がある．

(3) 原理

容積流量計は原理が単純であり，また長い歴史を持つことから，様々な実現形態が存在する．ここでは主要な実現形態であるオーバル歯車式と膜式について解説する．

　a) オーバル歯車式

オーバル歯車式は特に高い精度を実現できるため，石油化学，薬品，電力などの広い業界で，付加価値の高い流体を計量する際に多用されている．

動作原理を図 **6.2-1** により解説する．図 6.2-1 では流体が左から右に流れており，オーバル歯車の上流側の圧力

(P_1)は下流側の圧力(P_2)よりも高くなっている.

ここで,①の状態においてP$_1$およびP$_2$が上側のオーバル歯車におよぼす力を考えた場合,図内の矢印の数に示される通り,回転軸を中心として力のつり合いが取れているため,トルクを発生しない.

一方下側のオーバル歯車では,P$_1$による反時計回りのトルクよりもP$_2$による時計回りのトルクが小さいことから,結果として反時計回りのトルクを発生する.このトルクにより下側のオーバル歯車が主動歯車となり回転し,②の状態を経て③の状態に移る.

③の状態は①の状態の逆となっており,上側のオーバル歯車には時計回りのトルクが発生し,主動歯車となる下側のオーバル歯車にはトルクが発生しない.このように,オーバル歯車式では1つの歯車が1回転する間に主動歯車が4回切り替わりながら回転を継続する.

オーバル歯車の回転に伴い,計量室とオーバル歯車に囲まれた三日月形の定容積が,1回転あたりに4回吐出されるので,歯車の回転数を計測すれば流量計を通過した流体の流量が計量できる.流量の指示は,機械的に回転を取り出して指針を回転させる機械式と,回転子に埋め込まれた磁石を磁気センサで検出して演算,表示する電子式の2つの方式が主流である.

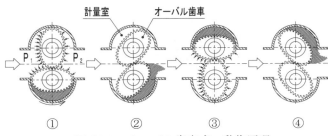

図 6.2-1　オーバル歯車式　動作原理

b)　膜式

膜式は小流量から大流量のガスを精度良く計量し,また長期間安定した性能を維持できることから,主に家庭用のガスメータとして使用されている.

動作原理を**図 6.2-2**により解説する.膜式流量計には4つの計量室があり,1室と2室の間および3室と4室の間に膜が設置されている.図6.2-2では左上のポートが入口であり,右上のポートが出口となる.

①の状態では,入口と2室,出口と1室が繋がっている.流入したガスは2室を膨張させる一方,1室を収縮させることから,2室に流入した量と同じ量のガスが1室から排出される.さらに2室への流入が続くと,膜と連結したリンクの動作により流路が切り替わり,②の状態へと推移する.

②の状態では,入口と3室,出口と4室が繋がっている.流入したガスは3室を膨張させる一方,4室を収縮させることから,3室に流入した量と同じ量のガスが4室から排出される.さらに3室への流入が続くと,膜と連結したリンクの動作により流路が切り替わり,③の状態へと推移する.

このように,膜式は膜の膨張収縮により流路を切り替えながら,連続的に動作し続ける構造となっている.

1～4室の最大容積の和から最小容積の和を差し引いたものが1サイクルの吐出量となるため,動作したサイクル数を計測すれば流量計を通過した流体の流量が計量できる.流量の指示は,膜と連結したリンクにより作られる回転運動をドラム式積算計に伝達する方式が主流である.

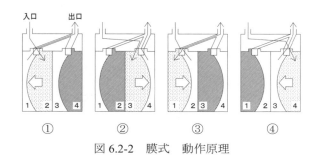

図 6.2-2　膜式　動作原理

(4)　選定方法および使用上の注意事項

a)　選定方法

測定原理や取り付け方法,使用する流体の種類,圧力,温度,流量,必要な精度のほか,以下に述べる注意事項を勘案して選定する.

b)　使用上の注意事項

容積流量計を正しく使用するため,液体計測においては**表 6.2-1**,気体計測においては**表 6.2-2**に示された内容に最低限留意し,事前に十分な検討を行うことが望ましい.

但し,容積流量計には様々な実現形態があることから,方式によっては該当しない内容が含まれることに注意されたい.

表 6.2-1　液体計測における注意事項

項目	注意事項
液種	腐食性,毒性のある液体や,極端に潤滑性の悪い液体,重合する恐れのある液体については,製造業者に適応可否を確認すること.
使用条件	温度,圧力,流量範囲が製造業者の指定する範囲内であること. 急激な温度変化は故障を引き起こす恐れがあるため,注意すること. 蒸気圧の低い流体はキャビテーションを起こしやすく,流量計を損傷する恐れがあるため,十分に加圧すること.
不純物	不純物はカジリや早期摩耗の原因となるため,極力除去すること.
混相流	液体中に気体がある場合,液体と同様に計量してしまうことから正確に計量できない.また,運動子を暴走させる可能性もあるため,気体は極力除去すること.
精度	使用する流量計が所望の精度を満足できるかを事前に確認しておくこと.
測定環境	過大な振動や電気的ノイズ源から隔離すること.流量検出に磁気を利用しているタイプの場合,周囲に磁界を発生させる機器(モーターやバンドヒーターなど)を設置しないこと.
保守	保守点検しやすい位置に設置すること

表 6.2-2　気体計測における注意事項

項目	注意事項
ガス種	腐食性や毒性のあるガスについては，製造業者に適応可否を確認すること．
標準状態	気体の体積は圧力や温度により変化するため，流量とともに圧力と温度を測定し，体積補正演算装置を用いて標準状態流量（大気圧，0℃，乾燥状態）の流量に換算することが望ましい．
使用条件	温度，圧力，流量範囲が製造業者の指定する範囲内であること．急激な圧力上昇は内部の運動子を暴走させる可能性があるため，注意すること．
不純物	不純物はカジリや早期摩耗の原因となるほか，付着により精度に影響が出る可能性があることから，極力除去すること．
混相流	気体中に液体がある場合，気体と同様に計量してしまうことから正確に計量できない．また，液体の粘性や表面張力により，運動子の円滑な運動が妨げられる可能性があるため，液体は完全に除去すること．
精度	使用する流量計が所望の精度を満足できるかを事前に確認しておくこと．
測定環境	過大な振動や電気的ノイズ源から隔離すること．流量検出に磁気を利用しているタイプの場合，周囲に磁界を発生させる機器（モータやバンドヒータなど）を設置しないこと．
保守	保守点検しやすい位置に設置すること

（若松　武史）

6.2.2　差圧流量計

(1)　概要

差圧流量計は流体力学のベルヌーイの定理と連続の式を用いた流量計である．そのため，原理的にも簡単に理解でき，構造がシンプルなため再現性も高く，かつ，壊れにくい流量計である．以下に差圧流量計の特徴を記す．

(2)　特徴

a)　配管流路内に入れる絞りの構造は単純であり，高いロバスト性を有している．

b)　配管流路に入れる絞り部と出力を発する差圧計の縁切りが可能であるため，プラント稼働中におけるメンテナンスが可能である．

c)　差圧計部分は他の測定ポイント用のものと共用することが可能である．

以上の特徴からもわかるとおり，今日，様々な方式の流量計が開発されたが，差圧流量計は現在なお工業プラントをはじめとする高信頼性を要求されるプロセスにおいて多数使用される流量計である．

なお，近年は併用する差圧計部分の高性能化により，微差圧領域の精度が向上したほか，差圧計側に加え，差圧流量計として使用する際を考慮し，各種流体の物性テーブルを入れたものや使用条件における絞り構造の流出係数を補正する機能を有する差圧流量計もあり，その用途を拡大してきている．

(3)　測定原理

差圧流量計は流体が流れている管の中に「絞り」を入れると，絞られた部分を通過する流体は速度を増し，その部分の圧力が低下する．この時，絞り前後の圧力差と流速の間には一定の関係があるので，この差圧を測定することにより流量を求めることができる（ベルヌーイの法則および連続の法則）．

なお，上述の測定原理を元にこれを規格化し，流量計として使用可能にしたものが JIS Z 8762「円形管路の絞り機構による流量測定方法」である．この規格で説明される測定方法の原理は，流体が管路を満たして流れている管路に，絞り機構（オリフィス，ノズルおよびベンチュリ管）を挿入することを基本的な構造としている．挿入された絞り機構の上流側とスロート部，又は下流側に圧力差が発生する．流量は，この圧力差の測定値，流れている流体の性質および絞り機構が使われている使用条件から計算することができるとされている．以下に同規格で記されている計算式を記す．

$$q_m = \frac{C}{\sqrt{1-\beta^4}} \varepsilon \frac{\pi}{4} d^2 \sqrt{2\Delta p \rho_1} \qquad (6.2\text{-}1)^{[1]}$$

記号　q_m　：質量流量　（kg/s）
　　　C　：流出係数　（－）
　　　β　：絞り直径比（－）　$\beta = d/D$
　　　d　：絞り孔径　（m）
　　　D　：上流側管径　（m）
　　　ε　：気体の膨張補正係数（－）
　　　ΔP　：差圧　（Pa）
　　　ρ_1　：絞り上流側の密度　（kg/m³）

なお，式（6.2-1）においては様々な変数を測定し，計算する必要があるように見られるが，被測定流体の密度ρ_1と膨張補正係数ε が既知で一定の条件であり，かつ使用するオリフィスの絞り孔径d や上流側管径D は配管内に設置をする前に測定をすることが出来るため，流出係数Cと差圧Δp がわかれば，流量q_m は求めることができる．

既述JIS Z 8762は定められた範囲と方法の中で流出係数Cを提供するものであるため，式（6.2-1）は次式（6.2-2）として扱うことができ，使用者は差圧Δp を測定することで流量を求めることが可能となる．

$$q = CK\sqrt{\Delta p} \qquad (6.2\text{-}2)$$

第6章．流量

記号　q　：流量
　　　C　：流出係数
　　　K　：$\beta, d, D, \varepsilon, \rho_1$ をまとめた定数

なお，JIS Z 8762 では絞りとしてオリフィス板，ノズルおよびベンチュリ管が規格化されているが，これらを代表し，最も使用頻度の高い絞り構造であるオリフィス板の構造（**図 6.2-3**）と，オリフィス板を管内に設置した場合の前後の圧力および温度分布（**図 6.2-4**）を示す．

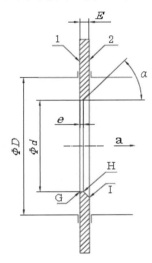

記号　1　上流面A　　　　　d　絞り孔径
　　　2　下流面B　　　　　E　オリフィス板の厚さ
　　　a　流れ方向　　　　e　エッジの厚さ
　　　I　下流側エッジ　　　D　管内径
　　　G　上流側エッジ　　　α　逃げ角
　　　H　下流側エッジ

図 6.2-3　標準的なオリフィス板の形状[1]

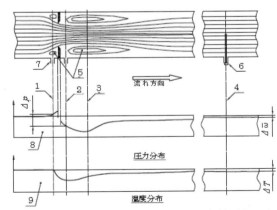

記号　1：上流の圧力取出し面　　6：温度計ポケット
　　　2：下流の圧力取出し面　　7：圧力取出し口
　　　3：縮流面（最高流速）　　8：管壁の圧力分布
　　　4：温度計の設置面　　　　9：平均温度分布
　　　5：二次流れ領域　　　　　$\Delta\overline{\omega}$：圧力損失

図 6.2-4　オリフィス流量計前後の圧力および温度の概略分布[1]

オリフィスとは**図6.2-5**のような円形の板に穴をあけたものであるが，これを規格に則り使用することで，高精度で再現性の高い流量計になる．

図 6.2-5　オリフィスの外観（同心円オリフィス）[*1]

なお，オリフィスと併用する差圧計には，現場では差圧発信器（あるいは差圧伝送器）が使用される．**図 6.2-6** に差圧発信器の外観を示す．差圧発信器は内部にシリコンで作られた差圧センサを内蔵している．なお，センサを直接測定流体に晒すことはできないので，高圧側／低圧側それぞれに保護ダイヤフラムを設け，差圧センサと保護ダイヤフラムの間をシリコンオイルで満たし，圧力をセンサに伝えている．

図 6.2-4 の7で示される圧力取り出し口から取り出された圧力は上流側を差圧発信器の高圧側に導き，下流側を差圧発信器の低圧側に導いて差圧が測定される．なお，圧力を導く管のことを導圧管という．また，導圧管を使用せずに絞り構造と差圧発信器を一体化させ，絞り構造内に設けられた導圧孔から直接差圧発信器に圧力を伝える方式の差圧流量計（**図 6.2-7**）もある．一体形の差圧流量計は導圧管の敷設工事が不要なため，設置が簡単であり，工事費の削減にも繋がる．

図 6.2-6　差圧発信器外観[*2]

図 6.2-7　一体形の差圧流量計外観[*2]

(4) 選定方法および使用上の注意事項

他の流量計同様，差圧流量計も選定方法や使用上において注意点があるので記載する．

a) 選定方法

既述の通り，計算式の中で密度や膨張補正係数などを取り扱うことからもわかるように，差圧流量計は全く未知の流体を測定可能な流量計ではないが，反面，ベルヌーイの定理や連続の式に則るため，条件を限定すれば，ほとんどどのような流体でも測定できる流量計である．

なお，選定はオリフィスと差圧発信器をそれぞれ照らし合わせながら選定をする必要があり，かつ，被測定流体に対する耐食性の確認なども考えると，簡単ではない．

まずはオリフィスの選定から記す．

i) 許容圧力損失の確認

オリフィスを設置することにより，圧力損失で流体が流れなくなってはプラント操業に影響が及んでしまうため，あらかじめ許容圧力損失を確認する．

ii) 被測定流体，流体条件，想定流量の確認

オリフィスの材質選定のため耐食性の確認から始まり，流量計算に使用する密度，膨張補正係数を確認する．そして，想定流量に加え，粘度や圧力，温度を確認し，適した絞り構造，絞り直径比を選択する．

iii) 使用条件，運転条件の確認

そのプロセス特有の測定条件を確認する．脈動があったり，流体中に固形物が存在したり，また，ある温度以下になると固化したりなど，様々な使用条件を確認する．

なお，これらを踏まえオリフィスを選定するが，オリフィスは使用者の条件に合わせて都度設計するスタイルが取られているため，オリフィス専門メーカーに上記の内容を伝え，専用のオリフィスを製作することが多い．

続いて，差圧発信器の選定であるが，差圧流量計も被測定流体に接するため耐食性の確認や電子部品を搭載することによる機器の使用環境に注意をする必要があるが，これらは他の流量計と同様なので詳細は省き，差圧流量計におけるオリフィスとの組み合わせ上の注意を記すことにする．

差圧流量計は式（6.2-1）および式（6.2-2）からもわかるとおり，流量は差圧の1/2乗に比例するため，リニアな流量出力を得ようとすると，差圧発信器で開平演算をする必要がある．よって，併用する差圧発信器の測定差圧が微小にならないよう注意をする必要がある．上述のオリフィス選定時に検討した許容圧損を小さくすると流体の搬送動力を少なくでき経済性は高まるが，流量に応じて得られる差圧も小さくなるため，極度に小さな差圧では差圧発信器に起因した誤差が増加する．よって，このことを踏まえ，オリフィスの絞り口径比と勘案の上，使用する流量範囲にあわせた選定が必要になる．

b) 使用上の注意事項（表6.2-3参照）

差圧流量計を正しく使用するため，上述のオリフィスと差圧発信器の選定結果が使用者の必要とする要求精度の中に入るか注意をして確認をされたい．差圧流量計の誤差は既述JIS Z 8762規格の中で「8.流量測定の不確かさ」として詳述されているので，これを参考にされたい．

表 6.2-3 注意事項

項目	注意事項
液種	オリフィスならびに差圧発信器の保護ダイヤフラムを腐食させる流体での使用は不可．高粘性流体は注意が必要である．
使用条件	温度が高温になる場合ではオリフィスの板厚を厚くするか，ノズルなどへの変更を検討する． また，温度変化が著しい場合は使用する配管径の変化，オリフィスの孔径変化を考慮する必要がある． 脈動があってはならない．
不純物	固形物を含む流体での使用ではオリフィスのエッヂが磨耗し，発生差圧が変化してしまうためオリフィスは不向きである．このような場合にはノズルやベンチュリなどを使用することを検討する．
配管	配管の内径が既知で，内面粗さがJIS Z 8762規格の範囲内で収まっていること．それに合致しない場合は付加誤差を想定すること．
必要直管長	流量計の前後にJIS Z 8762に記された必要直管長を確保すること．
精度	使用する流量計が所望の精度を満足できるかを事前に確認しておくこと．
測定環境	過大な振動や電気的ノイズ源から隔離すること．
保守	保守点検しやすい位置に設置すること

引 用 文 献

1) 日本工業規格 JIS Z 8762 (2007)
「円形管路の絞り機構による流量測定方法」

参 考 文 献

*1) フローエンジニアリング株式会社　製品カタログ
*2) アズビル株式会社　製品カタログ

(梶尾　恭弘)

6.2.3 面積流量計

(1) 概要

面積流量計は鉛直なテーパ管内に自由に上下する種々の形状をしたフロートを入れ，テーパ管の下方より流体を流すと，フロートに加わる流体力と重力がつりあう位置でフロートが静止する．このフロートの静止位置から流量を測る流量計である．発生する差圧が常に一定であるように流体が充満して流れる管路の断面積を可変のものとし，その

断面積の変化の大きさを流量の測定手段としている．この面積流量計の歴史は非常に古く，1868年エドモンド・オウグスティン・キャメロイによって発明され，1937年にはフィッシャーアンドポータ社よりガラステーパ管式流量計が大量生産されたことで，工業用面積流量計の礎が築かれた．国内においては，1950年頃まではガラステーパ管式でフロートの位置を直接読み取る直接指示形が一般的であったが，プロセス工業分野での遠隔監視や制御などの必要性が高まり金属テーパ管を用いた空気式や電子式による伝送方式の面積流量計が発達した．またプラントの多様化により接液接ガス部材質として多種の金属材料，樹脂材料が使用されるようになった．近年においては，科学，鉄鋼，上下水，石油化学，食品，原子力，半導体，環境保全などの広い分野で使用されるのに伴い，標準化，規格化も進んだ．

面積流量計は管路断面積の可変方式によって主に次の検出方法がある．

a) テーパ管とフロートによるもので，テーパ管の断面が円形のものと円形にリブを持つリブ付，そして三角柱を組み合わせたトリフラット形などがある．

b) 絞り機構とテーパフロートによるもので，このテーパフロートはテーパプラグともよばれている．

ここでは広く使用されている「テーパ管とフロート」による面積流量計を中心に特徴，測定原理，選定方法および使用上の注意事項について述べる．

(2) 特徴

a) 長所
　i) 流れの状態が直視できる
　　フロートが流れの状態に応じてテーパ管内を上下するため，流れの変化が目視できる．特にガラステーパ管の場合は，流体が直視できるため，流体の汚れやエアーの混入が確認でき安心感がある．
　ii) 構造が簡単であること
　　検出部がテーパ管とフロートの組み合わせで，これに出入口の配管接続部品という単純な構成であることからメンテナンスが容易である．
　iii) 比較的流量範囲が広い
　　測定できる最大流量と最少流量の比は10:1で有効測定範囲が広い．
　iv) 直管部が一般的に不要
　　検出には流速分布の影響を受けにくいため，流量計の上流側の直管部が不要である．
　v) 電源が不要
　　流れのエネルギーによってフロートが作動するため警報出力のような付属機能がない現場指示形は電源を必要とせず何処にでも簡単に設置できる．

b) 短所
　i) 垂直取付けが原則
　　フロートがテーパ管の中で流れとバランスしているため，垂直でないと摩擦などにより作動不良を起こし指示に誤差を生じる．

　ii) フロートの異常による影響
　　常に可動しているフロートは，摩耗や腐食あるいは，付着物の堆積により誤差を生じやすい．
　iii) 流体密度や粘度の変化による影響
　　温度や圧力の変化により，流体の密度や粘度が変化すると精度に大きく影響があるため，設計時の使用条件を厳守しなければならない．

(3) 測定原理

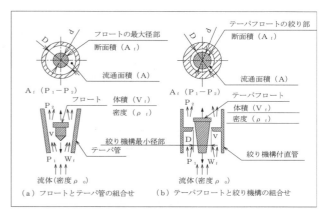

図 6.2-8　面積流量計の測定原理図

面積流量計は図6.2-8のように鉛直に取り付けられたテーパ管又は絞り機構を持つ直管と，その中を自由に上下するフロート（可動部）から構成される．この流量計に下方から流体を導入すると，流れはフロートにより絞られ，その前後に差圧が生じる．フロートは，この差圧による上向きの力を受けて上昇するが，テーパ管の上方に移動するに伴い流通断面積が大きくなり，その上昇力は次第に減少して，フロートの浮力を差し引いた重量と平衡する位置で静止する．このとき，フロートの上昇高さによって決まる流通面積と流量は比例関係にあるので，その位置を検出して流量を求めることができる．ここで，流通面積と流量との関係を式で展開して基本式を導く．

フロートがある位置でつり合っているとき，フロートにかかる上向きと下向きの力が等しいから，

$$W_f + A_f \times P_2 = A_f \times P_1 \text{から差圧 } \Delta P \text{は}$$

$$\Delta P = P_1 - P_2 = W_f / A_f \tag{6.2-3}$$

ここで　P_1：フロート上流側の圧力
　　　　P_2：フロート下流側の圧力
　　　　A_f：フロートの最大径部断面積（$\pi d^2/4$）
　　　　W_f：フロートの流体中での重量

一方，管内に流れる流体の体積流量Qは

$$Q = CAv = CA\sqrt{2g\Delta P / \rho_0} \tag{6.2-4}$$

ここで　C：流出係数
　　　　A：流通面積　m^2

v ：フロートとテーパ管の隙間の流速　m/s
ρ_0：測定状態における流体の密度　m³/kg
g：重力加速度　9.8m/s²
D：フロート平衡位置のテーパ管または
　　絞り機構の最小径
d：フロートの最大径部または
　　テーパフロートの絞り部の径

また，フロートの密度をρ_f，フロートの体積をV_fとすると

$$W_f = V_f(\rho_f - \rho_0) \quad (6.2\text{-}5)$$

式(6.2-4)に式(6.2-3)，式(6.2-5)を代入すると，流通面積と体積流量の関係は次の基本式で表すことができる．

$$Q = CA\sqrt{\frac{2gV_f}{A_f} \times \frac{(\rho_f - \rho_0)}{\rho_0}} \quad (6.2\text{-}6)$$

(4) 選定方法および使用上の注意事項

a) 選定方法

面積流量計は，流体の流れを直接利用し検出するため，製作仕様と使用条件が合致すれば長期間安定して使用することが可能な流量計である．したがって，流量計の設置や流体の種類，圧力，温度，流量，腐食性，必要な精度など，以下に述べる注意事項を考慮して適切な機種を選定する．面積流量計の機種は，透明テーパ管式，（硬質ガラスやアクリル樹脂などの透明材質が使われているもの）金属テーパ管式（ガラス直管などの指示部を持つ直接指示形，全金属テーパ管式の間接指示形）など，何種類かに分類されるため，各機種の構造も確認して選定する．

機種選定に当たっての注意事項
　i) 面積流量計の測定対象は，液体，気体，蒸気とする．
　ii) スラリ，微粒子混入液体については，スラリ専用形を使用する．
　iii) 不透明な液体に使用する場合は，金属テーパ管式などの間接指示形または間接指示伝送形を選定する．
　iv) 高粘度または低温で凝固する恐れのある流体の測定は保温または加熱できる構造（保温ジャケットなど）の機種を選定する．
　v) 粘着性のある液体については，管体内壁，フロートへの粘着することにより精度や作動に影響するので，接液部はガラス，フッ素樹脂ライニングまたはサニタリ加工処理されたものが望ましい．
　vi) 高温，高圧，腐食性の流体を測定するときは，テーパ管または絞り機構をもつ直管可動部，パッキンおよび接液部が，それに耐える構造，材質のものを使用する．高温，高圧の場合は全金属製（金属テーパ管式）のものを選定する．またガラス管使用のものは強アルカリ性流体やフッ素を含む流体には使用できない．

流量計の選定に当たっての注意事項
　i) 常用流量が最大目盛値の60～80%になるように選ぶ．
　ii) 使用目的が測定用か制御用かによって，精度，感度，再現性，直線性などの適当な特性を持つものを選ぶ．
　iii) 測定する流体の粘度が大きく変化する場合は，粘度の影響を受けにくいフロートを持つ流量計を選ぶ．
　iv) 流体の種類および使用状況に合ったものを選ぶ．
　v) 制動用ダッシュポットの要，不要の検討．

b) 使用上の注意事項

設置に当たっての注意事項
　i) 振動が少ない場所を選び，流量計が鉛直になるように設置し必要に応じてバイパス配管を設ける．
　ii) 設置は流量計本体やその他の部分の交換および保守点検に必要な空間を設ける．
　iii) ガラス管を使用する流量計を設置する場合は，配管に生じる応力がガラス管に伝わらないように配管を固定する．また，流量計が重い場合は，配管がたわまないように流量計を支持する．
　iv) 設置前にフラッシングなどによって管路内の異物を取除く．

測定および操作に当たっての注意事項
　i) バルブを徐々に開き流量計の指示が安定してから測定を開始する．
　ii) 目盛りは真正面から読み取り，フロートの形状により読み取り位置を確認する．
　iii) ガラス管を使用している機種の場合は，急激な温度・圧力の変化を与えないように注意する．

参 考 文 献

*1) JIS B 7551：フロート形面積流量計
*2) 流量計の実用ナビ：（社）日本計量機器工業連合会
　　　　　　　　　　　　　　　（市毛　誠吾・後藤　正昭）

6.2.4　電磁流量計

(1) 概要

電磁流量計はファラデーの電磁誘導の法則を応用した流量計で，1950年代に工業用として開発されてから既に半世紀以上が経過している．

管路内に障害物や可動部がなく低圧力損失やメンテナンスフリーなどの特徴から様々なアプリケーションに適用されている．ここでは，電磁流量計の特徴と原理，選定方法と使用に際して注意すべき事項について述べる．

(2) 特徴

電磁流量計は，他原理の流量計にはない優れた特徴を有している．以下に特筆すべき特徴について列記する．

a) 流量計内部に構造物がなく圧力損失を生じない．
b) 微小口径から超大口径まで製品化されており，測定できる流量範囲が広い．
c) 応答が速い．
d) 双方向の流量測定が可能．
e) 基本的に導電性流体であれば，温度，圧力，密度，粘度などの影響を受けずに体積流量の測定が可能．
f) 混入物（スラリ）を含む流体の測定が可能．
g) 他流量計と比べて，上下流直管長が短くてよい．

(3) 原理

電磁流量計の測定原理は，ファラデの電磁誘導の法則，すなわち「導体が磁界内で運動するとき，その導体内に磁界方向および運動方向の両者に直角の方向に起電力が発生し，その大きさは磁束密度と速度に比例する」という法則に基づいている．

通常の工業用電磁流量計では，**図6.2-9**に示すように，内面が絶縁された円形測定管（内径D）に一対の電極を設け，この電極方向と垂直方向に磁界（磁束密度：B）を印加する構成としている．

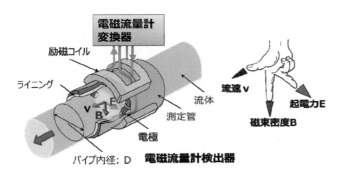

図 6.2-9 電磁流量計の測定原理

電極方向および磁界方向の両方に垂直な管路中に流体が平均流速$\bar{v}$で流れると，電極間に式 (6.2-7) で表される信号起電力Eが発生する．（**図6.2-9** 参照）．

$$E = K \cdot B \cdot D \cdot \bar{v} \tag{6.2-7}$$

ここでKは定数である．一方，体積流量は測定管内径と管内平均流速から式 (6.2-8) で表される．

$$Q = \left(\frac{\pi}{4} D^2\right) \cdot \bar{v} \tag{6.2-8}$$

式(6.2-7)，式(6.2-8) から式(6.2-9) を得る．

$$Q = \left(\frac{\pi D}{4 K \cdot B}\right) \cdot E \tag{6.2-9}$$

式 (6.2-9) から，磁束密度Bを一定にして電極間に発生した信号起電力Eを測定すれば，管内を流れる体積流体が測定できることがわかる．

(4) 選定方法および使用上の注意事項

a) 選定方法

用途に応じて機種の選定を行う．
 i) 変換器と検出器の構成（一体形，分離形）
 ii) 検出器の取り付け構造（フランジ接続，はさみ込みなど）
 iii) 液種や温度に応じたライニングや電極材質．

b) 使用上の注意事項

電磁流量計を正しく使用するために，**表 6.2-4** に示された内容に最低限留意し，事前に十分な検討を行うことが望ましい．

表 6.2-4 計測における注意事項

項目	注意事項
液種	導電率が仕様範囲内でかつ均一な液体であること．
流体内の異物	若干の固形物は測定可能だが，ノイズ，ライニング摩耗により精度悪化の可能性がある．絶縁性付着物への適用を避ける．
使用条件	温度，圧力，流量が仕様内であること．
配管	仕様書に書かれた直管長を確保する．測定管内が非満水，異物の滞留がないような配管条件であること．
測定環境	過大な振動や電気的，磁気的ノイズ源から隔離する．また，接液リングなどを用い，十分な接地をとること．
設置，保守	設置後，静水状態にしてゼロ調整を行うこと．保守点検しやすい位置に設置すること．

参 考 文 献

*1) 流量計の実用ナビ：一社）日本計量機器工業連合会, (2012).

(安松　彰夫)

6.2.5 渦流量計

(1) 概要

渦とは，**図6.2-10**の様に一様な流れの中で流れに対して垂直に柱状物体（渦発生体）置くと，その下流側には交互に安定した渦列が発生する．この渦の流れについてテオドール・フォン・カルマンが深く研究したことに因み，カルマン渦とよばれている．

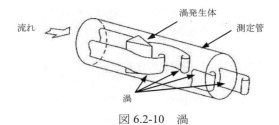

図 6.2-10 渦

渦流量計は，カルマン渦の発生周波数が流速に比例することを利用して流量を計測する．現在，渦検出方式も増えており，液体，気体，蒸気と広い分野で採用されている．渦流量計の特徴と原理，選定方法と使用上の注意事項について述べる．

(2) 特徴

渦流量計は，以下の特筆すべき特徴を有する．
a) 低温から高温までの流体計測が可能．(-196～460℃)
b) 構造が簡単で機械的な稼動部がないため，経年的劣化がない．
c) 流量範囲が比較的広い．
d) 広範囲の流体（蒸気・気体・液体）の測定が出来る
e) 圧力損失が比較的小さい

(3) 原理

カルマン渦の発生周波数と流速関係は，式(6.2-10)で表される．

$$St = \frac{f \cdot w}{\overline{U}} \quad (6.2\text{-}10)$$

渦発生周波数（渦周波数）：f

管路内の平均流速：$\overline{U}$

ストローハル数：St

渦発生体の幅：w

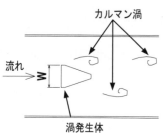

ストローハル数(St)は，渦発生体の形状および測定管の内径によって決まる無次元数であり，渦発生体の形状を最適化することで流速に関わらず幅広いレイノルズ数範囲でほぼ一定値となることから，流速と渦周波数が比例する．したがって，このときのカルマン渦の発生周波数を測定すれば，渦発生体を通過する流れの流速が推定できる．渦流量計では，この流速値に管路断面積をかけて体積流量を求めている．

また，ストローハル数は，レイノルズ数に依存しており，一般的にレイノルズ数20000以上の領域で使用される．この領域であれば，流体の密度や粘度などの物性影響を受けず計測することが出来る．

ストローハル数とレイノルズ数の関係の一例を図 **6.2-11** に示す．

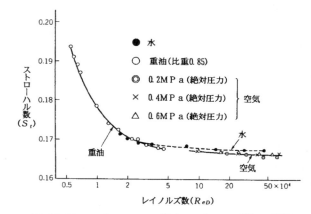

図 6.2-11 ストローハル数とレイノルズ数の関係

(4) 渦発生体形状

渦発生体の形状は，流量計の性能（ストローハル数特性，検出感度）に影響するため，各種の形状が実用化されている．現在までに実用化されている渦発生体の形状例を示すが，渦の剥離点を安定化するためにエッジを有している形状が多く製品化されている．（図 6.2-12）

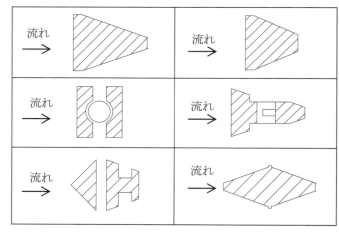

図 6.2-12 渦発生体形状（一例）

(5) 選定方法および使用上の注意事項

a) 選定方法

測定原理や取り付け方法，使用する流体の種類，圧力，温度，流量，必要な精度のほか，以下に述べる注意事項を勘案して選定する．特に渦流量計は，原理的に最小流量以下では出力しない（不感帯）の領域があるため注意する．

b) 使用上の注意事項

渦流量計を正しく使用するため，一般的な計測においては**表 6.2-5**に示された内容に最低限留意し，事前に十分な検討を行うことが望ましい．また，各種流体に対しては，

表 6.2-6, 表 6.2-7, 表 6.2-8 の検討を行うこと.

表 6.2-5　一般的な計測における注意事項

項目	注意事項
使用条件	温度, 圧力, 流量範囲が製造業者の指定する範囲内であること.
不純物	ダストやミストを含まないこと.
配管	配管の材質, 外径, 板厚が既知であること. また, 配管内面に汚れや錆などがなく, ガスケットのはみ出しがないこと.
必要直管長	流量計の前後にJIS規格や製造業者が指定した直管部を確保すること.
精度	使用する流量計が所望の精度を満足できるかを事前に確認しておくこと.
測定環境	過大な脈動, 電気的ノイズ源から隔離すること. 特に渦の応力を検出しているセンサの場合には, 配管振動に注意する.
保温	高温流体で使用される場合には, センサ, 変換器を保護するため, 製造業者が指定した保温をすること.
保守	保守点検しやすい位置に設置すること.

表 6.2-6　液体計測における注意事項

項目	注意事項
配管	流量測定部が液で満たされた状態（満管状態）を維持できること.
高粘度流体	高粘度流体は, レイノルズ数が小さくなるため, 最小流量が大きくなることから注意すること.
キャビテーション	液体の種類と圧力および圧力損失によりキャビテーションの発生に注意する.

表 6.2-7　気体計測における注意事項

項目	注意事項
標準状態	気体の体積は圧力や温度により変化するため, 流量とともに圧力と温度を測定し, 体積補正演算装置を用いて標準状態（大気圧, 0℃, 乾燥状態）の流量に換算することが望ましい.

表 6.2-8　蒸気計測における注意事項

項目	注意事項
質量	蒸気の密度は圧力や温度により変化するため, 流量とともに圧力と温度を測定し, 質量補正演算装置を用いて質量流量に換算することが望ましい.
流体	飽和蒸気がドレン化した場合には大きな誤差を生じることから, ドレンの発生に注意する.

参　考　文　献

*1) 日本計量機器工業連合会:流量計の実用ナビ
*2) 日本規格協会:JIS Z 8766 渦流量計-流量計

（鈴木　康泰）

6.2.6.　超音波流量計

(1)　概要

　超音波とは, 一般に「周波数が20 kHz以上の音」のことで, 人間には聞こえない周波数帯域である. しかし, 超音波は周波数が高いため, 高い指向性や短い音を作りやすい（パルス波）といった可聴音にない特徴を有している. 超音波流量計はこれらの特徴を生かし, 流体中に超音波を伝搬させることで管内流量を測定する流量計である. 工業用超音波流量計は, 1963年に我が国が世界で初めて開発[1)]した. 数ある流量測定方法の中でも, 比較的歴史の浅い流量計である. しかし, 近年のエレクトロニクス技術, コンピュータによる解析技術, センシング技術の飛躍的な発達により, その性能はこの50年間で大幅な進歩を遂げている. ここでは, 超音波流量計の特徴と原理, 選定方法と使用に際して注意すべき事項について述べる.

(2)　特徴

　超音波流量計は, 他原理の流量計にはない優れた特徴を有している. 以下に特筆すべき特徴について列記する.

　a)　流量計内部に構造物がなく圧力損失を生じない.
　b)　双方向の流量測定が可能.
　c)　測定できる流量範囲が広い.
　d)　基本的に音が伝搬すれば測定できるため, 液体, 気体のいずれも測定可能.
　e)　液体用の場合, 配管外側にセンサを取り付けることにより, 既設配管を切断することなく流量計を設置できるクランプオン取り付けが可能.
　f)　クランプオン取り付けの場合, センサが測定流体に接触しないため, 特に腐食性液体などの測定が容易.

(3)　原理

　超音波流量計はこれまで様々な測定原理が実用化されてきたが, ここでは主要な測定原理である伝搬時間逆数差法とドップラ法について解説する.

　a)　伝搬時間逆数差法

　　伝搬時間逆数差法は, 最も一般的な測定原理で, 液体用, 気体用のいずれでも用いられている.

　図 6.2-13 に示す通り, 流れに対してある交差角度 θ だけ傾けてセンサを配置し, それぞれのセンサから超音波パルスを互いに送受信する.

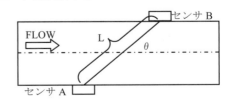

図 6.2-13　伝搬時間逆数差法

配管内の流体が完全に静止している場合，センサAからセンサBに超音波が伝搬する時間t_{ab}とセンサBからセンサAに伝搬する時間t_{ba}は式(6.2-11)のとおり同一である．

$$t_{ab} = t_{ba} = \frac{L}{C} \tag{6.2-11}$$

ここで，Lはセンサ間の距離，Cは流体の音速である．一方，配管内に流れが生じると，式(6.2-12)に示すとおり，超音波の伝搬時間は流れに対して順方向では流体静止時に比べて短くなり，逆方向では反対に流体静止時に比べ長くなる．

$$t_{ab} = \frac{L}{(C + v \cdot \cos\theta)}$$
$$t_{ba} = \frac{L}{(C - v \cdot \cos\theta)} \tag{6.2-12}$$

ここでvは，超音波伝搬経路上の平均流速である．式(6.2-12)の逆数差をとると流速vが求められる．

$$v = \frac{L}{2 \cdot \cos\theta} \cdot \left(\frac{1}{t_{ab}} - \frac{1}{t_{ba}} \right) \tag{6.2-13}$$

式(6.2-13)を見ると，Lおよびθはセンサ位置を固定すれば定数と見なせることから，流速vは伝搬時間t_{ab}とt_{ba}のみに依存する．よって正確な超音波伝搬時間を測定することにより，容易に流速を求めることができる．ここで求めた流速は超音波伝搬経路上の平均流速であり，管断面における平均流速ではないため，最終的に流量は測定した流速に管断面積と補正係数を乗じて求める．

b) ドップラ法

ドップラ法は，その名の通りドップラ効果を利用した流量測定方法で，超音波を用いたドップラ法は原理上，液体用に限定される．

図 6.2-14 ドップラ法

図 6.2-14 に示す通り，液体中に超音波を発信すると，液体中の気泡や夾雑物などに当たり反射波が得られる．反射波の周波数は，ドップラシフトによる周波数変化が発生するため，この周波数差から流量が求まる．

送信周波数をf，送信周波数と受信周波数の差をΔf，液体音速C，管軸と超音波の交差角θとすると，測定される流速vは式(6.2-14)で表すことができる．

$$v = \frac{C}{2 \cdot \cos\theta \cdot ft} \cdot \Delta f \tag{6.2-14}$$

ドップラ法は，液体の流量を直接測定しているのではなく，液体とともに流れる気泡などの超音波反射体の移動速度から間接的に流速を測定し，これに管断面積と補正係数を乗じて流量を求めている．従来は管中心部を通過する超音波反射体からの反射波から流速を計測するのが一般的であったが，最近では図 6.2-15 のようなパルスドップラ法が主流になりつつある．これは連続波ではなくパルス波を用いて配管内各部のから反射波を得ることにより，超音波伝搬測線上の各位置における流速を得ることができるため，配管内の流速分布の影響を軽減し流量測定精度を向上することができる．

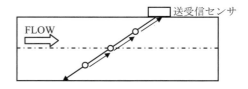

図 6.2-15 パルスドップラ概要

(4) 選定方法および使用上の注意事項

a) 選定方法

測定原理や取り付け方法，使用する流体の種類，圧力，温度，流量，必要な精度のほか，以下に述べる注意事項を勘案して選定する．

b) 使用上の注意事項

表 6.2-9 液体計測における注意事項

項目	注意事項
液種	音速が既知であるか音速測定が可能な均一液体であること
使用条件	温度，圧力，流量範囲が製造業者の指定する範囲内であること．特に温度が経時的に変化する場合は，温度変化による影響の有無を事前に確認しておくこと．
不純物	製造業者の指定によるが一般的に伝搬時間逆数差法の場合は濁度10000 mg/L以下かつ気泡を含まないことが望ましい．ドップラ法の場合は濁度50000 mg/L以下が望ましいが，極端に液中夾雑物が少ないと逆に測定できないので注意すること．
配管	配管の材質，外径，板厚が既知であること．また，配管内面に汚れや錆などがなく，流量測定部が液で満たされた状態（満管状態）を維持できること．
必要直管長	流量計の前後にJIS規格や製造業者が指定した直管部を確保すること．
精度	使用する流量計が所望の精度を満足できるかを事前に確認しておくこと．
測定環境	過大な振動や電気的ノイズ源から隔離すること．
保守	保守点検しやすい位置に設置すること

超音波流量計を正しく使用するため，液体計測においては**表 6.2-9**，気体計測においては**表 6.2-10**に示された内容に最低限留意し，事前に十分な検討を行うことが望ましい．

表 6.2-10　気体計測における注意事項

項目	注意事項
ガス種	超音波を伝搬することができ，均一なガスであること．二酸化炭素は超音波を吸収する性質があるため，二酸化炭素を含むガスの場合は，その濃度に注意する．
標準状態	気体の体積は圧力や温度により変化するため，流量とともに圧力と温度を測定し，体積補正演算装置を用いて標準状態流量（大気圧，0℃，乾燥状態）の流量に換算することが望ましい．
使用条件	温度，圧力，流量範囲が製造業者の指定する範囲内であること．
圧力変動	急激な圧力変動は断熱膨張や断熱圧縮により温度も急激に変動し，正常な測定を妨げる恐れがあるため，緩やかに変化させるよう配慮すること．
不純物	ダストやミストを含まないこと．
音響ノイズ	減圧弁や流量調整弁など，音響ノイズを発生させる機器が流量計の近傍にないこと．
必要直管長	流量計の前後にJIS規格や製造業者が指定した直管部を確保すること．
精度	使用する流量計が所望の精度を満足できるかを事前に確認しておくこと．
測定環境	過大な振動や電気的ノイズ源から隔離すること．
保守	保守点検しやすい位置に設置すること

参 考 文 献

*1)　会社案内: 東京計器株式会社, (2013).

（小澤　貴浩）

6.2.7　タービン流量計
(1)　概要

容積流量計が流体の圧力差（静圧）で作動するのに対し，タービン流量計は流体の運動エネルギー（動圧）で作動する．タービン流量計と同じ原理で作動するものとしては，水車や風車が例に挙げられ，いずれも回転速度が流量にほぼ比例することから，一種の流速計と見なすこともできる．

タービン流量計は1900年前後から実用化への研究が始まり，1950年前後には産業用として使用が開始された．当初は水や蒸気の計量に使用されていたが，産業の発展に伴い，石油類やガス，薬品などの広い用途で使用されるようになった．動作原理が水車と同じである接線流式は，安価且つ信頼性が高いため，家庭用水道メータとして使用されている．また，動作原理が風車と同じである軸流式は，特に低粘度の流体を精度良く計量することができるため，石油類やガスの取引証明用途に使用されている．大流量を高精度で計量する必要がある場合，容積流量計よりも小型且つ安価であるため，軸流式のタービン流量計が選択される場合が多い．

主なエネルギー源が石炭から石油に置き換わった頃より重要な用途で使用されていることから，他の原理の流量計と比較して早い段階から規格化が進められており，日本ではJIS Z 8765，海外ではAPI MPMS Chapter 5.3などの規格が策定されている．

近年ではランニングコスト削減の観点から，可動部を持たない原理の流量計が好まれる傾向にあるが，家庭用水道メータのように安価で信頼性が高く，電源が不要な流量計は他に存在せず，また軸流式は大流量を高精度で計量する流量計として最も安価な選択支であることから，タービン流量計は今後も広く使用されていくものと考えられる．

ここでは，タービン流量計の特徴と原理，選定方法と使用に際して注意すべき事項について述べる．

(2)　特徴
a)　高精度で信頼性の高い計量が可能．
b)　小型且つ安価である．
c)　圧力損失が小さい．
d)　騒音や振動が少ない．
e)　純機械式の場合，電気工事が不要．
f)　長年重要な用途に使用されてきた実績がある．

(3)　原理
a)　軸流式

軸流式タービン流量計の構造図を**図 6.2-16**に示す．流入した流体はサポートを通過し，ロータを回転させる．このロータの角速度は，摩擦を考慮しない理想状態の場合，次のようにして求められる．

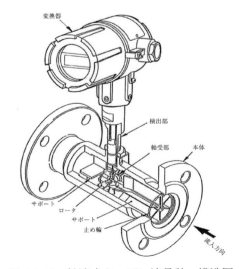

図 6.2-16　軸流式タービン流量計　構造図

図 **6.2-17** は半径 r の位置のロータ断面図であり，流体が流速 V でロータに達した状態を示している．この状態において，ロータの角速度 ω は，式(6.2-15)により示される．

$$\omega = V\tan\beta / r = Q\tan\beta / (rA) \tag{6.2-15}$$

ここで，β：迎え角
　　　　Q：流量
　　　　A：ロータ部の流路断面積

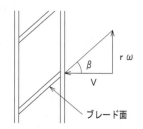

図 6.2-17　ロータ断面図

ここで，ロータのあらゆる断面で $\tan\beta/r$ の値が一定になるように設計した場合，ω は Q に比例する．この場合のブレード面はいわゆるねじ面となる．ロータが1回転する間の流体の移動距離を示すリード L（図 **6.2-18**）は流体の流速 Q/A をロータの回転数 $\omega/(2\pi)$ で割れば，式(6.2-16)により示される．

$$L = 2\pi Q / (A\omega) = 2\pi C / A \tag{6.2-16}$$

ここで，$C = Q/\omega = Const.$

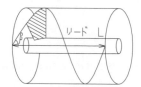

図 6.2-18　リード説明図

ロータの角速度は流量に比例することから，ロータの回転数を検出することで，流量計を通過した流体の量を算出することができる．流量の指示は，永久磁石を接液外部に設置して，磁性金属製のブレードが通過する際の磁束密度変化をコイルによって検出し，演算，表示する電子式が一般的であるが，機械的に回転を取り出して指針を回転させる機械式もある．

　b)　接線流式

接線流式の構造は単箱式と複箱式の2種類に大別される．ここでは，接線流式として最も普及している家庭用水道メータに多く採用されている，複箱式について説明する．

複箱式の構造を図 **6.2-19** に示す．接線流式では，ロータの回転軸が流れ方向に対して垂直に設置されている点が軸流式と異なる．

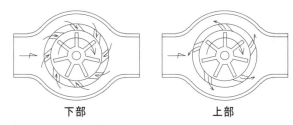

図 6.2-19　複箱式タービン流量計　原理図

流入口から流れ込んだ流体は計量室の下部に設けられた噴流口から流入し，羽根車を回転させ，計量室上部に設けられた出口から流出する．複箱式は流体の流れを効率的に利用できるため精度が良く，またロータ全周から均一な回転力が加わるため偏摩耗が生じにくく，耐久性が高い．ロータの回転数は流量に比例するため，ロータの回転数を検出することで，流量計を通過した流体の量を算出することができる．流量の指示は，機械的に回転を取り出してドラム式積算計と指針を回転させる機械式が一般的である．

(4)　選定方法および使用上の注意事項
　a)　選定方法

測定原理や取り付け方法，使用する流体の種類，圧力，温度，流量，必要な精度のほか，以下に述べる注意事項を勘案して選定する．

　b)　使用上の注意事項

タービン流量計を正しく使用するため，**表 6.2-11**，気体計測においては**表 6.2-12** に示された内容に最低限留意し，事前に十分な検討を行うことが望ましい．

表 6.2-11　液体計測における注意事項

項目	注意事項
液種	腐食性，毒性のある液体や，極端に潤滑性の悪い流体，重合する恐れのある液体については，製造業者に適応可否を確認すること．
使用条件	温度，圧力，流量範囲が製造業者の指定する範囲内であること． 急激な温度変化は故障を引き起こす恐れがあるため，注意すること． 蒸気圧の低い流体はキャビテーションを起こしやすく，流量計を損傷する恐れがあるため，十分に加圧すること．
不純物	不純物は軸受を早期摩耗させる恐れがあるめ，極力除去すること．
混相流	液体中に気体がある場合，液体と同様に計量してしまうことから正確に計量できない．また，運動子を暴走させる可能性もあるため，気体は極力除去すること．
精度	使用する流量計が所望の精度を満足できるかを事前に確認しておくこと．
測定環境	過大な振動や電気的ノイズ源から隔離すること．流量検出に磁気を利用しているタイプの場合，周囲に磁界を発生させる機器（モータやバンドヒータなど）を設置しないこと．
保守	保守点検しやすい位置に設置すること

表 6.2-12　気体計測における注意事項

項目	注意事項
ガス種	腐食性や毒性のあるガスについては，製造業者に適応可否を確認すること．
標準状態	気体の体積は圧力や温度により変化するため，流量とともに圧力と温度を測定し，体積補正演算装置を用いて標準状態流量（大気圧，0℃，乾燥状態）の流量に換算することが望ましい．
使用条件	温度，圧力，流量範囲が製造業者の指定する範囲内であること．急激な圧力上昇は内部の運動子を暴走させる可能性があるため，注意すること．
不純物	不純物は軸受を早期摩耗させる恐れがあるめ，極力除去すること．
混相流	気体中に液体がある場合，気体と同様に計量してしまうことから正確に計量できないので，液体は除去すること．
精度	使用する流量計が所望の精度を満足できるかを事前に確認しておくこと．
測定環境	過大な振動や電気的ノイズ源から隔離すること．流量検出に磁気を利用しているタイプの場合，周囲に磁界を発生させる機器（モータやバンドヒータなど）を設置しないこと．
保守	保守点検しやすい位置に設置すること

（若松　武史）

6.2.8　コリオリ流量計
(1)　概要
　コリオリ力は，回転運動系の中で起こる慣性力である．速度 V で回転振動系の回転中心に向かう（または中心から離れる）質量 m の質点に働くコリオリ力 F_C が，質量と速度の積に比例することから，コリオリ力を測定して質量流量を求める方式の流量計をコリオリ式質量流量計という．工業用コリオリ流量計は1974年に米国人のジェームス・E・スミスにより開発された．コリオリ流量計は数ある流量測定方法の中でも，最も歴史が浅いが，物理現象や化学反応に影響するのは質量であることから，あらゆる業種において製造プロセスを確実に改善しうる流量計として求められ，その技術は大幅な進歩を遂げている．ここではコリオリ流量計の特徴と原理，選定方法と使用に際して注意すべき事項について述べる．

(2)　特徴
　コリオリ流量計の最大の優位点は直接的に質量流量が測定できることである．以下に特筆すべき特徴を列記する．
　a)　流体の物性に影響されず，質量流量を高精度（一般に指示値の±0.1%）に測定できる．
　b)　一般に1：100もの広いレンジアビリティをもつ．
　c)　高粘度，スラリ，エマルジョン，気泡混合液，高密度気体など多種の流体に適合．
　d)　流量計前後の直管部が不要，整流器も不要なので配管設計の自由度が大きい．
　e)　密度計測可能（容積流量出力可能），温度計測可能．
　f)　構造がシンプルで摺動部が無く，定期的な整備が不要，器差の経年変化が少なく保守性に優れる．
　g)　高い応答性を持ち，脈動流に追従可能，温圧補正システム不要なのでガスの充填用途に適する．

(3)　原理
　コリオリ流量計の振動管の形状や構成は各社から用途に応じ様々な形態のものが実用化されている．形状は直管または曲管（ベンディング形），構成は一本または複数本の分岐やループ形がある．振動管の駆動による振動漏洩はゼロ点安定性を悪化させるので複数本の振動管を音叉状に対向振動させたり，カウンタバランスを用いるものが殆どである．ここでは基本となるU字形の振動管を基に測定原理を解説する．

　図 **6.2-20** に示すように，一本のU字形の振動管の流入口から流出口へ流体が流速 V で流れ，この振動管を O-O 軸回りに計測管の固有曲げ角振動数 ω で曲げ振動させる．

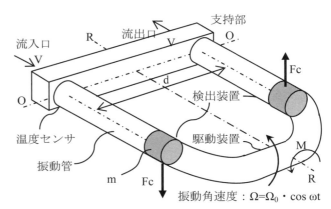

図 6.2-20　コリオリ流量計の測定原理

　振動管は中央の振動の腹位置に設けた電磁オシレータで駆動する．振動管が下から上に向かう時，流体は入口側では加速し出口側で減速，即ち加速度を受け，振動管は回転運動系の中で式(6.2-17)に示すコリオリの力 F_C を受ける．

$$F_C = 2 \; m \; \Omega \; V \tag{6.2-17}$$

　ここで m は流体の質量，Ω は振動角速度（$\Omega = \Omega_0 \cdot \cos\omega t$）である．入口側と出口側では反対方向の力になるので R-R 軸回りに計測管は捩れる．捩じりトルクは単純には $M = F_C \cdot d$ で，$m \cdot V$ は質量流量 Q_m の関数なので $M = 2 \cdot \Omega \cdot d \cdot Q_m$ となり質量流量に比例する．このモーメントはねじればね定数とつり合う．途中の式は省略するが結局，質量流量 Q_m は式(6.2-18)のような比例の関数として求められる[1]．

$$Q_m = \frac{K_s \cdot \tau \left(1 - \omega^2/\omega_s^2\right)}{2K \cdot d^2} \quad (6.2\text{-}18)$$

ここで，ω_s はねじれの固有振動数，K_s は振動管のばね定数，τ は上下流方向の対称位置に設けた検出装置により検出される時間位相差，K は定数である．

振動管に流体が流れると中央部の振動の位相に対し上流側は遅れ，下流側は進み，その時間位相差は質量流量に比例する．

二本の振動管を音叉状に対向振動させるタイプの流量計の検出装置は一対のコイルと磁石で構成された電磁ピックオフが用いられ，対向する管の相対速度のみを検出する仕組みとなっている．したがって計測管の温度，圧力，振動などの外乱に影響されにくい．振動管には温度センサが取り付けられ，振動管の熱変化による弾性係数を補正している．

コリオリ流量計は，一般的に振動管の固有振動数から流体密度も計測できる．コリオリ流量計はこの密度計測を利用して気液混相流を検知して流量出力を停止またはホールドさせるスラグフロ警報機能を持っているものが有る．

コリオリ流量計は高精度な質量流量計測に加え密度や温度も計測できる複合計器として活用されているが，近年は粘度計測も可能な機種が出現している．また取引用途としても注目され，既に ISO 規格や JIS 規格も発行されている．

(4) 選定方法および使用上の注意事項

選定における注意事項を**表 6.2-13** に，使用上における注意事項を**表 6.2-14** に示す[*1)]．記載内容は一般論であることに留意されたい．基本はメーカ推奨の設置方法や禁止事項に従うこと．

参 考 文 献

*1) 流量計の実用ナビ：一般社団法人　日本計量機器工業連合会，(2012)．

（中尾　雄一）

表 6.2-13　選定における注意事項

項目	注意事項
計測原理	コリオリ流量計は基本的に振動管の捩れを検出するアナログ信号検出器なので小流の精度はゼロ点の安定性に影響を受けやすい．また大きな外乱振動や大きな気相通過などが有ると誤動作し信号出力が異常になる場合が有る．
精度	流量計が所望の精度を満足できるかを確認する．校正方法とその頻度の検討．
設置	設置スペース，配管接続や材質の等級，危険場所の種別，流量計への環境影響（湿度，腐食性大気，脈動，振動，衝撃，電磁界）．
流体の適合性	流量範囲，連続運転，間欠運転，変動流の別．粘度，密度，蒸気圧，二相流，腐食性，摩耗粒子の量と大きさ．温度と圧力範囲および，その条件がキャビテーションやフラッシングを防ぐのに適当か，ガス計測においてチョーキングを防げるか．圧力損失とその許容値．
洗浄性	機械的手段（ピグや超音波），水圧手段，殺菌，化学的もしくは生物学的手段．
振動管の形状や滞留部の有無	耐振性重視は二本対向振動タイプ，精度を向上させたい場合はベンディング形を選択する．セルフドレイン性が必要であればループ形は避け，洗浄性重視は直管タイプを選択．
閉塞の問題	ベンディング形の分岐タイプは，片方に気泡や沈殿物が溜まるとバランスが崩れ，計測誤差を生じる（例：スラリの沈殿，固形物の結晶化，分離性流体の内壁付着）．
変換器	電気的，電子的，安全上の適合性．必要な出力．プログラミングの簡便性と安全性．適切な安定性と応答時間．システムエラーを示す出力．
法規	防爆要件，高圧ガスなど，各種法規に対応しているか．

表 6.2-14　使用上における注意事項

項目	注意事項
設置	保守点検しやすい位置に設置．必要に応じ，計測誤差を生じさせる固形物や気体を除去する為に，ストレーナ，フィルタ，気液分離器を上流側に設ける．スラリ液計測の場合はスラリなどのたまりになるポケット部には設置しないこと．
姿勢	ゼロ点設定や計量時に振動管内に流体が完全に充満する姿勢に設置する．
バルブ	ゼロ点の設定をする為に下流側に密閉可能なバルブを設置すること．メンテナンスの為に上流側にもバルブを設置することが望ましい．流量調整弁は流量計の下流側に設置し，キャビテーションを起こす可能性がある場合は離して設置する．
脈動および振動	メーカが明らかにした共振周波数範囲に留意すること，また脈動減衰器，振動減衰器，フレキシブル継手の必要性をメーカに問い合わせること．配管や後施工の保温カバーの板金などの固有振動数が流量計の駆動周波数と一致した場合，共振して計測誤差を生じる場合がある．配管の固定を増したり，板金に制振対策を施すこと．
保温	保温を必要とする流体を計測する場合は流量計に保温トレースを施工することが望ましい，温度はメーカ指示に従うこと．一般に密度計測（体積流量出力）の場合は保温を行うことが望ましい．
配管ストレスの変化	プロセスの圧力や温度の変化によって流量計回りの配管の振動条件が変化するとゼロ点に影響することが有る．配管固定の要否は，流量計へのストレスを考慮し決定のこと．
複数台の流量計の干渉	駆動周波数の近いメータを近接して配置すると互いに干渉することがある．メーカの指示に従うこと．
ゼロ点調整	ゼロ点調整は計測流体を満管にした状態で行う．一般にプロセス条件が大きく変化した場合はゼロ点調整が必要．ゼロ点調整時に配管中に空気溜りがあると正しくゼロ点が取れないことがある．
応答性と流量カットオフの調整	充填用途などで数秒程度の間欠計量をする場合は，必要に応じダンピングと流量カットオフの最適化を行う．
未使用時	流体の凍結膨張による振動管の損傷．振動管内壁への残留液の固着．

6.2.9　熱式質量流量計
(1)　概要

熱式質量流量計は，その名の通り熱を用いて質量流量を直接計測する流量計を指す．古くから，加熱した熱線による風速測定およびその理論解析は行われてきたが，実験用途の域を出ていなかった．しかし，1975年以降，長期間安定した流量測定が可能な工業用熱式質量流量計の開発が本格的に進んだ[1]．近年ではマイクロマシン技術（Micro-Electro Mechanical System: MEMS）の登場により小型のセンサが続々と実用化されている．これによって，現在では微少流量から，大口径の流量測定まで多種多様なアプリケーションに適用できるようになった．

原理的に熱式質量流量計は液体，気体のどちらも測定できるが，液体用は他原理の流量計がたくさん存在することや，熱式を利用する利点が少ないことから一般的ではない．このため，ここでは気体用の熱式質量流量計について述べる．

(2)　特徴

熱式質量流量計は，他原理の流量計にはない優れた特徴を有している．以下に特筆すべき特徴について列記する．

a)　直接質量流量が測定できる，圧力や温度の補正が必要ない．
b)　測定できる流量範囲が広い．
c)　少流量の感度に優れる．
d)　気体の密度が小さく，他原理の流量計では計測が困難な水素やヘリウムなども測定できる．

(3)　原理

熱式質量流量計は，大別すると定電力法と定温度差法の二種類の計測原理が存在する．それぞれの原理により，流量計の構造も大きく異なるため，構造も含め解説する．

a)　定電力法

定電力法は，分流方式の細管（キャピラリ）構造や，MEMSセンサによく用いられる原理である．分流方式は，図 **6.2-21** に示す通り，主流を一定比率で細管に分流し，細管内の流量から全体の流量を測定する．

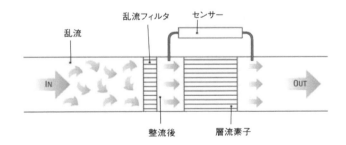

図 6.2-21　分流方式構造図[1]

細管には，中心部に加熱用のヒータ，その両脇に温度センサが取り付けられており，加熱用のヒータは一定の電力で加熱されている．図 **6.2-22**で示す通り，流れがない状態であれば，ヒータの両脇にある温度センサへ等しく伝熱す

るが，流れが生じるとそのバランスが崩れ，下流側の温度が上昇する．この温度差が，細管内を流れる気体の質量流量と相関があることから，温度差に比例した質量流量出力を得ることができる．

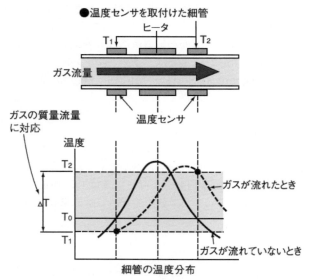

図 6.2-22　定温度差法の原理図[1]

b)　定温度差法

定温度差法は，測定管内に感熱素子を挿入する，いわゆる「挿入形」の構造をしているものが多い．その構造図を**図 6.2-23** に示す．

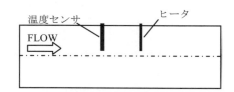

図 6.2-23　定温度差法構造図

定温度差法では，気体の温度を測定する温度センサと，測定した気体温度から一定温度高くなるように加熱制御されたヒータの二本のセンサを用いる．それぞれのセンサは**図 6.2-24** のように金属製のさや管（シースパイプ）に覆われており，センサが測定する気体に直接触れないよう配慮されている．

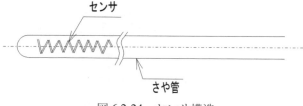

図 6.2-24　センサ構造

このセンサを流路内の適切な位置に挿入しておく．流れのない状態では，ヒータ周辺に生成される温度境界層により伝熱が妨げられ，流れに伴う強制的な伝熱に発生しないためヒータの加熱電力は一定となる．一方，流れが生じる

とヒータの熱が持ち去られることで温度が低下するが，ヒータは気体との温度差を一定に保つよう制御されているため，奪われた熱量に相当する電力がヒータに供給される．流量が増加するほど，ヒータから奪われる熱量およびヒータの加熱電力は増大する．このように，気体の温度と一定の温度差になるようヒータ温度を制御すると，ヒータの加熱電力と管内を流れる質量流量との相関から，容易に質量流量を求めることができる．ヒータは，流れにより奪われる熱量と外部からの加熱量が流量変動に応じて即座に平衡状態になる必要があるため，熱容量が小さくなるよう工夫されている．また，温度センサおよびヒータには一般的に白金測温抵抗体が用いられることが多い．

(4)　選定方法および使用上の注意事項
a)　選定方法

熱式質量流量計は，その計測原理から熱の移動を基本としているため，測定する気体の物性値，特に熱伝導率や比熱，粘性係数の影響を受ける．したがって，まずは対象となる気体が測定できるかを確認する必要がある．

次に，測定する流量が微少な場合，一般的には分流方式を第一選択とするのが一般的である．その他，測定原理や取り付け方法，使用する流体の種類，圧力，温度，流量，必要な精度のほか，以下に述べる注意事項を勘案して選定する．

b)　使用上の注意事項

熱式質量流量計を正しく使用するため，**表 6.2-15** に示された内容に最低限留意し，事前に十分な検討を行うことが望ましい．

表 6.2-15　注意事項

項目	注意事項
ガス種	液化しやすい気体は，圧力や温度により物性値が変化しやすいので注意が必要．また，流量計の購入時に必ず測定する気体が明確になっていること．
組成変動	複数成分からなる混合気体の場合は，組成変動がないこと．
清浄度	特に分流方式の場合は，気体中に不純物が含まれていると故障などの原因となるため，使用前に配管の洗浄など十分留意する．
使用条件	温度，圧力，流量範囲が製造業者の指定する範囲内であること．
ノイズ	ブロアの脈動や，減圧弁，流量調整弁などから発生する音響ノイズの影響を受けにくいよう設置場所を配慮すること．
必要直管長	流量計の前後にJIS規格や製造業者が指定した直管部を確保すること．
精度	使用する流量計が所望の精度を満足できるかを事前に確認しておくこと．
測定環境	過大な振動や電気的ノイズ源から隔離すること．
保守	保守点検しやすい位置に設置すること

6.2.10 フロースイッチ

(1) 概要

フロースイッチは，任意の設定流量を超えた場合，もしくは下回った場合に接点信号を外部に出力する機能のみを有した機器である．厳密にいうと，フロースイッチは流量計ではないが，流量計に類する機器であること，流量計にフロースイッチの機能を有する場合もあることから，ここではその概要を紹介する．

フロースイッチは，所定の流量範囲から逸脱したことを検知することを目的として使用される．例えばある装置の過熱防止のため，冷却水を循環させていたとする．ここで何らかの不具合が生じ冷却水の流量が0となってしまうと装置が十分に冷却されず，装置が故障してしまうような恐れがある．このような場合，装置の安全を期し，冷却水の流量が定められた閾値を下回ったら，それを検知して警報として外部出力する機器が必要となる．このように，流量が所定の範囲外となったことを通知する機能を有する機器をフロースイッチと呼び，流量計とは区別して扱うのが一般的である．

(2) 原理

フロースイッチは，一般的にフラップやパドル，フロートなどの受圧板を用いる．受圧板は，図 **6.2-25** に示すように，内蔵されたばねや磁石などにより反力を受けるため，流体から受ける力と反力が釣り合った位置で静止する．この位置変化が流量と相関があることから，接点が機能する位置を調整することで，検知する流量閾値を可変させることができる．

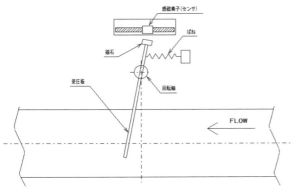

図 6.2-25　フロースイッチ構造図

その他，渦流量計や電磁流量計などを用い，電気的に流量閾値を設定し，フロースイッチとして使用できるものもある．

(3) 選定方法および使用上の注意事項

a) 選定方法

フロースイッチは，簡易な機構かつ単機能化されていることから，流量閾値の設定精度が10～15%程度と，かなりおおまかな検知となる．したがって，上述した受圧板を用いた方式の場合，その閾値の設定精度が仕様を満足するかどうかをまず検討しなければならない．受圧板式で精度が満足できない場合は，フロースイッチ機能を内蔵した流量計を代用することになる．

b) 使用上の注意事項

フロースイッチを正しく使用するため，表 **6.2-16** に示された内容に最低限留意し，事前に十分な検討を行うことが望ましい．

表 6.2-16　注意事項

項目	注意事項
流体	機種によって適用できる流体に制限がある場合が多いので注意すること．
使用条件	温度，圧力が製造業者の指定する範囲内であること．
精度	使用するフロースイッチの検出設定閾値が所望の精度を満足できるかを事前に確認しておくこと．
経年特性	受圧板式の場合，反力を得る方式によっては経年的な劣化により設定値が意図せず変化してしまうことがあるため，定期的な動作確認を行うこと．
保守	保守点検しやすい位置に設置すること

引用文献

1) 熱式質量流量計/コントローラ：株式会社オーバル，(2005)

参考文献

*1) 小川胖：「流れわざのシルクロード」，pp.184-186，日本工業出版，東京(2006)．

(小澤　貴浩)

6.3 流量計の校正と関連法規

6.3.1 校正とトレーサビリティ

校正の定義とは計量用語集などで調べると「流量計の指示値にどの様な差が生じているのかを見つけるため，流量標準と比較を行う行為」とある．したがってもし仮に上位となる流量標準の示す値が正しくなければ，当然校正結果の方もずれてしまうことになる．実際に校正機関で流量計の検定を受検する場合は，校正機関が所有する流量標準との比較により被検定流量計の器差が求められ，校正証が発行されることもあるかと思うが，ここで気をつけなければならないのは，もしも校正証の記載内容が器差値のみであった場合，その上位となった流量標準の信憑性については何も述べられていないままになってしまう点である．現代では校正された値自体の根拠が無ければ"正しい校正"とは言い難いため，依頼者が居る場合「器差値だけポンと出

されても困る，この器差値自体がどの位正しいのか」と根拠を求められることを覚悟しなければならない．それでは校正値の根拠には何が必要なのかというと，不確かさによるトレーサビリティの確保となる．不確かさとは真の値（完璧な測定によって得られると考えられる値）から対象となった測定結果がどの位正しいか（どの位のずれ幅があるか）を数値として表したものであるので，校正不確かさの値がきちんと明記された校正証であれば国際的にも十分な校正の根拠となるものである．

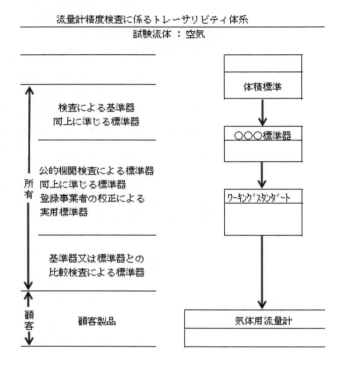

図 6.3-1　流量計のトレーサビリティチェーン図例

校正の管理体制を説明するものとして図 **6.3-1** の様なトレーサビリティチェーンの図をよく目にすると思うが，これら図中の各流量標準を結んでいる"線"について，その上位と下位の流量標準間を結ぶ具体的根拠となるものは，各流量標準が校正された際の不確かさの値に他ならない．

6.3.2　総合精度の考え方

測定対象が静止することがない流れの計測には必ず何らかの変動要素が含まれている．皆さんが流量計を用いて得た計測値とは，計測時における圧力や温度や流速などの流量値を決定する複数のパラメータ値の換算結果なのである．一方で流量計には前項で述べた"校正"が事前に施されており，流量計を使用する方はその校正結果を元に流量計の指示値が正しい値を示すように器差補正を行う訳だが，その補正元となった校正機関における圧力や温度や流速の条件と，皆さんが実際に流量計をお使いになる条件とが常に同一である保証はどこにもないのである．そのため流量計メーカでは流量計が使用される条件の相違により流量指示値が校正値とある程度ずれてしまうことを予め想定し，そのずれる幅をカタログ仕様（精度）として謳っている次第

である．それでは実際に流量計を用いて測定された流量値の精度は＝（イコール）メーカのカタログ仕様に記された精度と考えて良いかと言えばそう簡単なものでもなく，前項で述べた流量計自体が校正を受検した際の校正機関における"校正不確かさ"も実際の測定精度に考慮する必要がある．

たとえば，どんなに精巧な時計でも，正しく時報に合わさなければ常に表示時間がずれてしまうことと同じである．つまりどんなにカタログ仕様（繰り返し性や直線性など）に優れた流量計でも，基となる校正された不確かさが悪ければその測定精度も悪くなるのが道理なのである．それに加えて流量計に施された校正証明書の発行日時から，現在の流量測定に使用するまでに流量計に生じる経年変化量も精度に影響を与えることとなる．

実際の使用環境における流量計の精度とは，ここまで挙げてきた様な測定精度に影響を与える各種要因を全て合わせた総合精度として表されるが，流量計測の特徴として冒頭でも述べたとおり測定対象である流量自体が絶えず変動するものであるため，この"流れの変動"も総合精度に大きな影響を及ぼすことになる．この流れの変動とは流量値に影響を及ぼすパラメータである圧力や温度や流速の各変動によって起こる複合的なものであることから，流量計を使用する流れの環境の圧力や温度の動きを安定させることができる環境であれば流れの変動幅を随分少なくすることは可能である．

しかし，それでも流速の方は絶えず変動しているのが通常なのではないだろうか．「それは当たり前で，そもそも流れの変化量を調べたいから流量計を使っている」と皆さんおっしゃることと思う．校正機関ではこの流れの変動を極力起こさない様にして流量計の校正を行うものだが，流量計の使用環境は流量計の校正を目的としている訳ではないため，ことによっては盛大に起きていることであろう流れの変動が流量計の応答性に及ぼす影響も総合精度に含めることがどうしても必要となってくる．

以上をまとめると流量計を用いて測定を行い，他者よりその測定結果に対する精度の根拠を求められた際には，流量計のカタログ仕様の精度と校正証明書に記された流量計の校正値の不確かさ，これに加えて自分達の使用条件である校正周期（何年毎に流量計の再校正を行うか）と測定時における流れの変動幅など，流量測定値に影響をおよぼす全てのパラメータを合成した総合的な不確かさを提示することが最適となる．なお，実際に考慮するべきパラメータや不確かさの計算方法については流量計の校正方法について記された JIS（例：JIS B 7556 気体用流量計の校正方法および試験方法）などで使用流量計の種類毎に解説がされているので，こちらの参照をお勧めする．

(片橋　明石)

6.3.3　関連法規・規格
(1)　法規
　a)　計量法[*1, *2]
計量法は 1951 年に公布され，この法律は「計量の基準

を定め，適正な計量の実施を確保し，もって経済の発展および文化の向上に寄与すること」を目的としている．計量というものは我々の日常生活から社会全体における経済活動まで様々な事に関連している．即ち，計量は，経済や社会においての基本的事項の一つであり，これを取り決める計量制度を統一的で且つ合理的なものにすることによって，経済・社会活動における利便と安全の確保と共に，経済の発展と文化の向上に資するものである．

i) 特定計量器

計量器は様々な経済活動に使用される他，人間の健康や安全に関わる部分でも使用されている．これら全ての計量器のうち，取引若しくは証明においての計量に使用されるものと主として一般消費者の生活の用に供される計量器を特定計量器として政令で定められている．特定計量器は適正な計量の実施を確保するためにその構造または器差に係る基準が政令で定められており，また，その製造と修理には届出が必要となる．構造または器差に係る基準の適合性は型式承認という形で経済産業大臣または日本電気計器検定所から承認が与えられる．（型式承認を受けられる者は製造の届出を行った届出製造事業者に限る）型式承認取得後，その届出製造事業者がその承認に係る型式に属する特定計量器を製造したときは，一定の表示を付することができ，当該表示の付されている特定計量器については，検定に際して構造の検査を省略出来ます．省略できるのは構造の検査だけであり，器差検定に関しては型式承認を取得していても全品必要となる．尚，型式承認の有効期限は10年間である．特定計量器に定められている流量計類は大きく8種類がある．現在，計量法では具体的内容をJISから参照するように進められており，一部の特定計量器の検査規則ではJISを引用するように条文が変更されている．JISの規格番号と合わせ，流量計関連の特定計量器を示す．

- 水道メータ（口径が350㎜以下）　JIS　B 8570：2013
- 温水メータ（口径が40㎜以下）　JIS　B 8570：2013
- 燃料油メータ（口径が50㎜以下）
- 自動車など給油メータ　　　JIS B 8572-1：2008
- 小型車載燃料油メータ　　　JIS B 8572-2：2011
- 大型車載燃料油メータ
- 簡易燃料油メーター
- 微流量燃料油メータ　　　JIS B 8572-3：2011
- 定置燃料油メータ　　　JIS B 8572-4：2011
- 液化石油メータ（口径：40㎜以下）JIS B 8574：2013
- ガスメータ（口径：250㎜以下）　JIS B 8571：2011
- 積算熱量計　（口径：40㎜以下）　JIS B 7550：2010
- 排ガス積算体積計，排ガス流量計
- 排水積算体積計，排水流量計

ii) 基準器

基準器とは計量法における基準器検査に合格した計量器であり，特定計量器の検定や定期検査の際の標準器として使われている．過去においては誰でも基準器検査を受けることが出来たが，計量法改正により，現在においては計量法施行に関係する分野で用いる場合のみに限定されている．即ち，基準器の用途は限定され，基準器検査を受けられる者も限定されている．過去においては，計量法の施行に関係する分野以外でも，広い意味での計量標準として使用されてきた．計量法の中で機能するだけでなく，日本国内における計量標準供給の分野でも，ある程度充足する役割は果たしてきた．即ち，実質的に基準器が計量トレーサビリティの一旦を担ってき歴史もある．このような歴史背景からも，計量法における基準器は現在でも一般社会において信頼性のある計量器として広く認知されている．

ただ，最新の計量トレーサビリティの概念には適合しない部分も発生してきている．下記に流量関係の基準器の代表的なものを示す．

- 基準ガスメータ
- 基準水道メータ
- 基準燃料油メータ
- 基準タンク
- 基準体積管

b) その他の関連法規

流量計は石油化学プラントや電力・ガス事業といった重工業から食品や環境市場といった様々な分野で使用されている．その為，用途に応じ規制を受ける法規は多数あり，ここでは代表的なものを以下に示す．

- 高圧ガス保安法
- ガス事業法
- 電気事業法
- 労働安全衛生法（電気機械器具防爆構造規格）

など．

(2) 規格

a) JIS規格

流量計関連のJISを下記に示す．

- B 7551：1999　フロート型面積流量計
- B 7552：2011　液体用流量計の校正方法および試験方法
- B 7553：1993　パーシャルフリューム式流量計
- B 7554：1997　電磁流量計
- B 7555：2003　コリオリメータによる流量計測方法
- B 7556：2008　気体用流量計の校正方法および試験方法
- M 8010：1993　天然ガス計量方法
- Z 8762：2007　円形管路の絞り機構による流量測定方法
- Z 8765：1983　タービン流量計による流量測定方法
- Z 8766：2002　渦流量計－流量測定方法
- Z 8767：2006　臨界ベンチュリノズル
　　　　　　　(CFVN)による気体流量の測定方法

b) その他の規格

i) 一般社団法人日本計量機器工業連合会規格(JMIF)

一般社団法人日本計量機器工業連合会は，日本の代表的な計量計測機器関係企業および団体を会員とする計量計測機器の全国的な総合団体である．JMIFの流

量計関連の規格を以下に示す．
- JMIF 010：1999　標準オイルメータ試験
- JMIF 013：2010　流量計用語
- JMIF 014：2004　圧縮天然ガス自動車用燃料計量システム

ii) 一般社団法人日本電気計測器工業会規格（JEMIS）

一般社団法人日本電気計測器工業会は，電気計測器業界を代表する法人団体である．JEMISの流量計関連の規格を以下に示す．
- JEMIS 028-1998　渦流量計による流量測定方法
- JEMIS 032-1987　超音波流量計による流量測定方法
- JEMIS 041-2002　電磁式水道メータの面間寸法
- JEMIS 042-2003　電磁流量計の長期安定性

iii) OIML規格

OIML(Internatinal Organization of Legal Metrology, 国際法定計量機関)は，加盟政府間にて結ばれたOIML条約の条約組織として成立した国際的な法定計量機関である．代表的な流量計に関する国際勧告(R)と国際文書(D)を以下に示す．
- R49　冷温水用水道メータ(2006)
- R117　水以外の液体用動的計量システム(2007)
- R118　自動車用燃料油メータの型式承認試験手順および試験報告書の様式(1995)
- R119　水以外の液体用計量システムを試験するための基準体積管(1996)
- R120　水以外の液体用基準タンクの性能および計量システムの試験方法(2010)
- R137　ガスメータ(2013)
- D25　流体の計量装置に用いる渦式メータ(2010)

iv) ISO規格

ISOは国際標準化機構(International Organization for Standardization) の略称であり，電気分野を除く工業分野の国際的な標準である国際規格を策定するための民間の非政府組織である．多数の専門委員会(TC)や分科委員会(SC)などで構成され，世界的な標準化活動の促進を目標としている．流量測定に関連する専門委員会はTC30(管路における流量測定)などがある．ここではTC30で作成された代表的な規格を紹介する．
- ISO/TR3313：1998　オリフィス，ノズルまたはベンチュリ管による管内脈動流の流量測定
- ISO4006：1991　管路における流量測定-用語および記号
- ISO4064：2005　管路における水流量測定-水道メータ
- ISO5167：2003　満水の円形断面管路に挿入された差圧装置による流体流量の計測
- ISO/TR5168：2005　流量測定-不確かさの評価
- ISO/TR6817：1992　管路における誘導性流体の流量測定-電磁流量計による方法
- ISO/TR7066：1998　流量測定装置の校正および使用における不確かさ
- ISO9104：1991　暗きょにおける流体の流れの測定-液体用電磁流量計の性能を評価するための方法
- ISO9300：2005　定容量採取ノズルによるガス流量の測定
- ISO9951：1993　暗きょにおけるガス流量の測定-タービン流量計
- ISO10790：1999　暗きょにおける流量の測定-コリオリメータの選択，設置および使用に関する指針(質量流量，密度および体積流量の測定)

参　考　文　献

*1) 一般社団法人日本計量機器工業連合会：「流量計実用ナビ」，pp.240-244　工業技術社　東京(2012)
*2) 穂坂光司：「わかりやすい計量制度の実務知識」，pp54　オーム社出版局　東京(1995)

（糸　康）

第7章. 応力

7.1 はじめに

　機械構造要素の破壊条件は，部材に作用する負荷荷重が構成材料の強度を超えるかどうかで決定される．この時，評価パラメータとして用いられるのが，単位面積当たりの荷重として定義される応力である．材料の強度には，塑性変形が生じる限界である降伏応力，材料が耐えうる最大の値である引張強さ，さらには繰返し荷重に対する疲労強度などが用いられ，安全裕度を確保するために適用箇所に応じた安全係数が設定される．

　部材中に作用する応力は，外部から部材要素に作用する応力と，最初から部材中に内在する応力（残留応力あるいは初期応力と称される）の和である．部材に作用する外荷重は比較的推定可能な場合が多く，複雑な形状の部材であっても，数値計算技術の進歩によって高精度な評価が可能になってきた．これに対して残留応力は，構成要素の締結（ボルト締めや溶接など）時や，塑性変形や相変態を伴う処理（塑性加工，熱処理，表面処理など）によって発生し，一般的に予測が困難であるために実測されることが多い．

　部材に作用する応力に直接関係する物理量の変化に注目することで応力が求められるが，測定原理によっては，注目する物理量から一旦ひずみを求め，弾性範囲内でのフックの法則を利用して応力に変換する方法が用いられる．このとき測定する領域の大きさによって，注目する領域（ゲージ領域）内の平均的な応力値を1点測定する点測定と，比較的広い領域内の二次元的な応力分布を一度に測定する全視野測定に大別することができる．ただし点測定でも，測定点を複数設定して測定を繰り返すことによって二次元分布を得ることは可能である．機械構造物の長期健全性を確保する目的では，危険個所に着目した点測定によるモニタリングによる監視が有効である．**表 7.1-1** に代表的な測定方法を簡単にまとめた．それぞれの測定法によって注目する物理量が異なっており，長所および短所に応じた使い分けが必要となる．

　本稿では，応力とひずみの定義から，それぞれの基本的な性質を説明し，両者を結び付けるフックの法則について言及する．次いで，代表的な測定法を取り上げて測定原理について説明する．

7.2 応力の成分と主応力

　部材に何らかの力が外部から作用すると，部材が変形する．**図 7.2-1** に示すように，外部から作用する力には集中力や分布力のような物体の表面に作用する表面力や，重力，遠心力，電磁力のような体積に比例した物体の内部に作用する体積力があり，これらを総称して外力という．また，外力によって支持点に誘起される力を反力という．外力が作用した状態で物体が静止しているとき，外力と反力はつり合い状態にある．

表 7.1-1　測定方法とその特徴

	測定法	注目物理量	特徴
点測定	ひずみゲージ法	ゲージ材の寸法変化に伴う電気抵抗の変化	・安価に高精度な測定が可能 ・種々の材料に適用可能
	X線法	回折面間隔の変化	・表面近傍の測定が可能 ・結晶材料に適用可能
	中性子法	回折面間隔の変化	・材料内部の測定が可能 ・結晶材料に適用可能
	超音波法 音弾性法	超音波の伝ぱ速度変化	・材料内部の測定が可能 ・組織効果の分離が必要
	磁気ひずみ法	透磁率変化	・強磁性体に適用可能 ・組織効果の分離が必要
	ラマン分光法	ラマン散乱光の波数変化	・局所領域測定が可能 ・ラマン活性材料に適用可能
全視野測定	熱弾性法	弾性変形に伴う温度変化	・種々の材料に適用可能 ・動的変化に適用可能
	モアレ法	変形前後の格子模様を重ね合わせで生じるモアレ縞の変化	・種々の材料に適用可能 ・格子模様の描写が必要
	光弾性法	照射された偏光の複屈折による干渉縞変化	・材料内部の測定が可能 ・透明材料によるモデル作製が必要
	スペックル法	レーザ反射光の干渉によるスペックル模様の移動量	・種々の材料に適用可能 ・材料表面の測定が可能
	ホログラフィ法	変形前後のホログラムの重ね合わせで生じる縞変化	・種々の材料に適用可能 ・材料表面の測定が可能

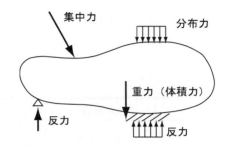

(a)各種外力

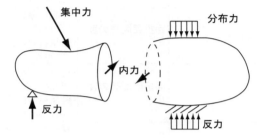

(b)仮想断面における内力

図 7.2-1　外力と内力

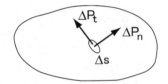

図 7.2-2　微小要素と内力

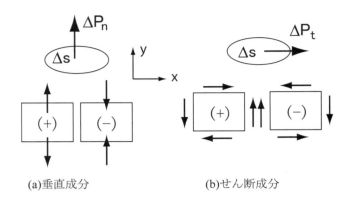

(a)垂直成分　　　　　(b)せん断成分

図 7.2-3　応力の符号

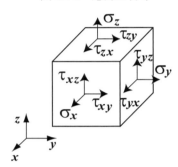

図 7.2-4　三次元応力成分

つり合い状態にある物体を適当な仮想断面で2つに分断した場合を考えると，左右のそれぞれの物体も静止状態である必要があるため，外力と反力の他に仮想断面に作用する力とつり合う必要がある．このように，仮想断面に作用するのが内力である．物体の形状や外力の形式が複雑な場合には，内力は物体内部の位置や方向に依存する．

外力が小さい場合，物体は外力に比例した弾性変形を生じ，外力を除荷すればもとの形状に戻る．しかしながら，材料が耐え得るある限界を超えた外力が作用すると，もとの形状には戻らず，塑性変形（永久変形）が生じる．この限界値を規定するパラメータが応力であり，単位面積当たりの内力で定義される．図 **7.2-2** のように物体中に仮想断面をとり，その中の微小面積Δsを考える．この微小面積に作用する内力について，仮想微小断面の法線方向成分をΔP_nとするとき，垂直応力は次式で定義される．

$$\sigma = \lim_{\Delta s \to 0} \frac{\Delta P_n}{\Delta s} \qquad (7.2\text{-}1)$$

また，内力の接線方向成分をΔP_tとすると，せん断応力は次式で定義される．

$$\tau = \lim_{\Delta s \to 0} \frac{\Delta P_t}{\Delta s} \qquad (7.2\text{-}2)$$

応力の符号は，図 **7.2-3**(a) のように垂直応力の作用面の外向き法線と内力の向きが同じときに正である．また，せん断応力は，図 **7.2-3**(b) のような四角形微小要素に対して，それぞれの辺に大きさが同じせん断力が作用してつり合っており，左側の図のせん断力の組み合わせが正で，右側を負と定義する．

このように応力には，大きさとともに方向も重要であり，三次元状態では図 **7.2-4** のように微小6面体要素の各面での9個の応力成分を考えなければならない．垂直応力はσで表わし，添え字は作用する方向を意味する．またせん断応力はτで表わし，最初の添え字は作用面，2番目の添え字は作用方向を意味する．ただし，前述のように微小要素が回転に対してつり合う必要があるために，2つの添え字を入れ替えたせん断応力同士(例えばτ_{xy}とτ_{yx})は等しい．このことをせん断応力の共役性または対称性という．以上のように，二次元では，垂直応力が2成分とせん断応力が1成分の合計3成分が存在し，三次元では，垂直応力が3成分，せん断応力が3成分の合計6個の独立な応力成分が存在することとなる．

一般に，材料の破壊は部材表面近傍を起点にする場合が多く，表面の応力評価が重要である．このとき，自由表面の存在によって，外向き法線方向の垂直応力および添え字が法線方向を含むせん断応力はゼロになり，応力状態が2次元的になるため平面応力と称され，3成分のみを考えればよい．ただし，このときの座標軸の取り方は，測定者が任意に設定し得るため，実際の強度解析においては，特定の方向に着目して応力を評価する必要がある．

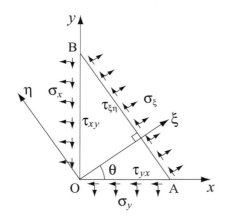

図 7.2-5 応力変換

図 **7.2-5** のように x-y 座標系と，それぞれの軸から角度 θ だけ回転した ξ-η 座標系を考える．微小三角形要素 OAB の辺 OA および OB は x 軸と y 軸に平行で，斜辺 AB は η 軸に平行である．それぞれの辺に作用する応力成分に対して，微小三角形要素の力のつり合いを考えると次式が得られる．

$$\left.\begin{array}{l}\sigma_\xi = \sigma_x \cos^2\theta + \sigma_y \sin^2\theta + \tau_{xy}\sin 2\theta \\ \sigma_\eta = \sigma_x \sin^2\theta + \sigma_y \cos^2\theta - \tau_{xy}\sin 2\theta \\ \tau_{\xi\eta} = \frac{1}{2}(\sigma_y - \sigma_x)\sin 2\theta + \tau_{xy}\cos 2\theta\end{array}\right\} \quad (7.2\text{-}3)$$

上式より，斜辺に作用する垂直応力 σ_ξ は θ の関数で表され，特定の角度 θ で最大値 σ_1 をとる．またもう一つの垂直応力 σ_η は最小値の σ_2 をとり，両者の方向は直行する．

$$\left.\begin{array}{l}\sigma_1 \\ \sigma_2\end{array}\right\} = \frac{\sigma_x + \sigma_y}{2} \pm \sqrt{\left(\frac{\sigma_x - \sigma_y}{2}\right)^2 + \tau_{xy}^2} \quad (7.2\text{-}4)$$

σ_1 が最大値をとるときの角度 θ は，せん断応力 $\tau_{\xi\eta}$ がゼロになる角度である．

$$\tan 2\theta = \frac{2\tau_{xy}}{\sigma_x - \sigma_y} \quad (7.2\text{-}5)$$

すなわち，このとき応力成分は垂直応力 σ_1 と σ_2 の 2 つのみで表すことができ，主応力と呼ばれる．また，その方向を主応力方向もしくは主軸という．材料の強度評価には，主応力が重要である．

また，せん断応力は次の角度で極大値をとり，その作用面は主応力が作用する面と ± 45 度で交わる．

$$\tan 2\theta = \frac{\sigma_y - \sigma_x}{2\tau_{xy}} \quad (7.2\text{-}6)$$

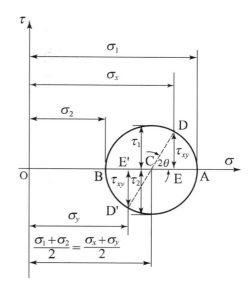

図 7.2-6 モールの応力円

その時の値は次式となり，主せん断応力と称される．

$$\left.\begin{array}{l}\tau_1 \\ \tau_2\end{array}\right\} = \pm \frac{\sigma_1 - \sigma_2}{2} \quad (7.2\text{-}7)$$

部材の材料特性によっては，このせん断応力が破損を規定する場合もあるため，これらも重要な値である．

以上は平面応力状態での議論であるが，三次元でも全く同様であり，適当な座標軸をとることによってせん断応力が消失し，3 つの主応力成分で表わすことができる．このときの 3 つの主軸も互いに直交する．

式(7.2-3)の σ_ξ と $\tau_{\xi\eta}$ の式から θ を消去し，σ_ξ と $\tau_{\xi\eta}$ を改めて σ と τ とおくと次式が得られる．

$$\left(\sigma - \frac{\sigma_x + \sigma_y}{2}\right)^2 + \tau^2 = \frac{1}{4}(\sigma_x - \sigma_y)^2 + \tau_{xy}^2 \quad (7.2\text{-}8)$$

これは，横軸に σ，縦軸に τ を取った時，図 **7.2-6** のように中心座標が $\{(\sigma_x+\sigma_y)/2, 0\}$ で半径が $\{(\sigma_x-\sigma_y)^2/4+\tau_{xy}^2\}^{1/2}$ の円を表しており，これをモールの応力円という．測定者が任意に定めた x-y 座標系に対する応力成分 σ_x，σ_y，τ_{xy} が得られると，図中の点 D (σ_x, τ_{xy}) および点 D' $(\sigma_y, -\tau_{xy})$ を定めることができる．DD' を直径とする円を描くと，σ 軸と円の交点として点 A の主応力 σ_1，点 B の σ_2，また x 軸に対する σ_1 の主軸の角度 θ が $\angle$DCA=2θ として幾何学的に定めることができる．このように，モールの応力円は図式によって直感的に主応力および主軸を求めることができるため有用である．

応力成分の組合せによっては，座標の取り方によらずに一定の値になる応力不変量が存在し，応力解析にあたって重要な性質である．応力不変量には第一不変量の J_1 から第三不変量の J_3 まで三つ存在する．

$$\left.\begin{aligned}J_1 &= \sigma_1+\sigma_2+\sigma_3 = \sigma_x+\sigma_y+\sigma_z \\ J_2 &= -(\sigma_1\sigma_2+\sigma_2\sigma_3+\sigma_3\sigma_1) \\ &= -(\sigma_x\sigma_y+\sigma_y\sigma_z+\sigma_z\sigma_x-\tau_{xy}^2-\tau_{yz}^2-\tau_{zx}^2) \\ J_3 &= \sigma_1\sigma_2\sigma_3 \\ &= \sigma_x\sigma_y\sigma_z-\sigma_x\tau_{yz}^2-\sigma_y\tau_{zx}^2-\sigma_z\tau_{xy}^2+2\tau_{xy}\tau_{yz}\tau_{zx}\end{aligned}\right\}$$
(7.2-9)

7.3 ひずみの成分と主ひずみ

断面積が一様な，長さℓ_0，半径r_0の丸棒に軸荷重が作用し，長さが$\ell=\ell_0+\delta\ell$，半径が$r=r_0+\delta r$に変化する場合，変形の割合を次式で表し，これを縦ひずみεと称する．

$$\varepsilon = \frac{\ell-\ell_0}{\ell_0} = \frac{\delta\ell}{\ell_0}$$
(7.3-1)

このとき，荷重負荷方向に垂直な半径方向にも変形が生じる．この変形量は横ひずみと称され，次式で与えられる．

$$\varepsilon' = \frac{r-r_0}{r_0} = \frac{\delta r}{r_0}$$
(7.3-1)

弾性範囲内においては，横ひずみは縦ひずみに比例し，両者の比をポアソン比νと称する．

$$\nu = -\frac{\varepsilon'}{\varepsilon}$$
(7.3-3)

以上の縦ひずみおよび横ひずみは，垂直応力に対応して生じるものであり，垂直ひずみと称される．これに対して，図7.3-1のように，せん断応力τによって高さℓの部材が横方向にλだけ変位する場合の変形の割合はせん断ひずみγと称される．

$$\gamma \cong \tan\gamma = \frac{\lambda}{\ell}$$
(7.3-4)

より一般的には，ひずみが部材の変位量に直接的に関係するため，x, y, z方向の変位をそれぞれu, v, wとすると，垂直ひずみおよびせん断ひずみは次式のように定義され，応力と同様に垂直ひずみが3成分，せん断ひずみが3成分の合計6個の独立なひずみ成分が存在する．

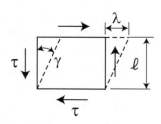

図7.3-1 せん断ひずみ

$$\left.\begin{aligned}\varepsilon_x &= \frac{\partial u}{\partial x}, \varepsilon_y = \frac{\partial v}{\partial y}, \varepsilon_z = \frac{\partial w}{\partial z} \\ \gamma_{yz} &= \frac{\partial v}{\partial z}+\frac{\partial w}{\partial y}, \gamma_{zx} = \frac{\partial w}{\partial x}+\frac{\partial u}{\partial z} \\ \gamma_{xy} &= \frac{\partial u}{\partial y}+\frac{\partial v}{\partial x}\end{aligned}\right\}$$
(7.3-5)

また，例えばz方向の変位wが拘束されている場合には，上式においてzの添え字がつくひずみ成分がゼロになるため，2次元的なひずみ状態になり，これを平面ひずみ状態という．

$$\varepsilon_z = \gamma_{yz} = \gamma_{zx} = 0$$
(7.3-6)

応力と同様に，ひずみについても任意方向の座標系への変換が重要であり，x-y座標系から反時計方向にθだけ回転したξ-η座標系への変換は，微小変位成分の座標変換をもとに次式が導出される．

$$\left.\begin{aligned}\varepsilon_\xi &= \varepsilon_x\cos^2\theta+\varepsilon_y\sin^2\theta+\frac{\gamma_{xy}}{2}\sin 2\theta \\ \varepsilon_\eta &= \varepsilon_x\sin^2\theta+\varepsilon_y\cos^2\theta-\frac{\gamma_{xy}}{2}\sin 2\theta \\ \gamma_{\xi\eta} &= (\varepsilon_y-\varepsilon_x)\sin 2\theta+\gamma_{xy}\cos 2\theta\end{aligned}\right\}$$
(7.3-7)

応力の場合と同様に，ひずみにおいても$\gamma_{\xi\eta}$がゼロになるようなθが存在する．

$$\tan 2\theta = \frac{\gamma_{xy}}{\varepsilon_x-\varepsilon_y}$$
(7.3-8)

このとき垂直ひずみは最大もしくは最小になり，主ひずみと称される．

$$\left.\begin{aligned}\varepsilon_1 \\ \varepsilon_2\end{aligned}\right\} = \frac{\varepsilon_x+\varepsilon_y}{2} \pm \frac{1}{2}\sqrt{(\varepsilon_x-\varepsilon_y)^2+\gamma_{xy}^2}$$
(7.3-9)

せん断ひずみの最大値は次式で与えられ，主せん断ひずみと称される．

$$\left.\begin{aligned}\gamma_1 \\ \gamma_2\end{aligned}\right\} = \pm(\varepsilon_1-\varepsilon_2)$$
(7.3-10)

この時の角度θは次式で与えられる．

$$\tan 2\theta = \frac{\varepsilon_y-\varepsilon_x}{\gamma_{xy}}$$
(7.3-11)

また，応力と同様にひずみの不変量が存在し，以下のようになる．

$$\left.\begin{array}{l} I_1 = \varepsilon_1 + \varepsilon_2 + \varepsilon_3 = \varepsilon_x + \varepsilon_y + \varepsilon_z \\ I_2 = -(\varepsilon_1\varepsilon_2 + \varepsilon_2\varepsilon_3 + \varepsilon_3\varepsilon_1) \\ \quad = -\left(\varepsilon_x\varepsilon_y + \varepsilon_y\varepsilon_z + \varepsilon_z\varepsilon_x - \dfrac{\gamma_{xy}^2 + \gamma_{yz}^2 + \gamma_{zx}^2}{4}\right) \\ I_3 = \varepsilon_1\varepsilon_2\varepsilon_3 \\ \quad = \varepsilon_x\varepsilon_y\varepsilon_z - \dfrac{\varepsilon_x\gamma_{yz}^2 + \varepsilon_y\gamma_{zx}^2 + \varepsilon_z\gamma_{xy}^2}{4} + \dfrac{\gamma_{xy}\gamma_{yz}\gamma_{zx}}{4} \end{array}\right\} \quad (7.3\text{-}12)$$

7.4 フックの法則

一般に 6 個の応力成分はそれぞれ 6 個のひずみの一次関数として与えられ，行列表記すると次式のようになる．

$$\begin{bmatrix} \sigma_x \\ \sigma_y \\ \sigma_z \\ \tau_{xy} \\ \tau_{yz} \\ \tau_{zx} \end{bmatrix} = \begin{bmatrix} c_{11} & c_{12} & c_{13} & c_{14} & c_{15} & c_{16} \\ c_{21} & c_{22} & c_{23} & c_{24} & c_{25} & c_{26} \\ c_{31} & c_{32} & c_{33} & c_{34} & c_{35} & c_{36} \\ c_{41} & c_{42} & c_{43} & c_{44} & c_{45} & c_{46} \\ c_{51} & c_{52} & c_{53} & c_{54} & c_{55} & c_{56} \\ c_{61} & c_{62} & c_{63} & c_{64} & c_{65} & c_{66} \end{bmatrix} \begin{bmatrix} \varepsilon_x \\ \varepsilon_y \\ \varepsilon_z \\ \gamma_{xy} \\ \gamma_{yz} \\ \gamma_{zx} \end{bmatrix}$$

(7.4-1)

これが一般化されたフックの法則であり，c_{ij} は弾性スティッフネスと称される弾性定数で合計 36 個ある．

一般の異方性材料では対角成分は等しく $c_{ij}=c_{ji}$ であるため，独立な弾性定数は 21 個となり，さらに 3 軸の直交異方性材料の場合には次式のように 9 個で表わされる．

$$\begin{bmatrix} \sigma_x \\ \sigma_y \\ \sigma_z \\ \tau_{xy} \\ \tau_{yz} \\ \tau_{zx} \end{bmatrix} = \begin{bmatrix} c_{11} & c_{12} & c_{13} & 0 & 0 & 0 \\ c_{12} & c_{22} & c_{23} & 0 & 0 & 0 \\ c_{13} & c_{23} & c_{33} & 0 & 0 & 0 \\ 0 & 0 & 0 & c_{44} & 0 & 0 \\ 0 & 0 & 0 & 0 & c_{55} & 0 \\ 0 & 0 & 0 & 0 & 0 & c_{66} \end{bmatrix} \begin{bmatrix} \varepsilon_x \\ \varepsilon_y \\ \varepsilon_z \\ \gamma_{xy} \\ \gamma_{yz} \\ \gamma_{zx} \end{bmatrix}$$

(7.4-2)

また，均質等方性体では，$c_{11}=c_{22}=c_{33}$，$c_{12}=c_{13}=c_{23}$，$c_{44}=c_{55}=c_{66}=(c_{11}-c_{12})/2$ の関係より，独立な弾性定数は 2 個になる．工学的定数であるヤング率 E およびポアソン比 ν を用いてフックの法則を書き下すと以下のようになる．

$$\left.\begin{array}{l} \sigma_x = \dfrac{E}{1+\nu}\left\{\varepsilon_x + \dfrac{\nu}{1-2\nu}(\varepsilon_x + \varepsilon_y + \varepsilon_z)\right\} \\ \sigma_y = \dfrac{E}{1+\nu}\left\{\varepsilon_y + \dfrac{\nu}{1-2\nu}(\varepsilon_x + \varepsilon_y + \varepsilon_z)\right\} \\ \sigma_z = \dfrac{E}{1+\nu}\left\{\varepsilon_z + \dfrac{\nu}{1-2\nu}(\varepsilon_x + \varepsilon_y + \varepsilon_z)\right\} \\ \tau_{xy} = \dfrac{E}{2(1+\nu)}\gamma_{xy}, \quad \tau_{yz} = \dfrac{E}{2(1+\nu)}\gamma_{yz} \\ \tau_{zx} = \dfrac{E}{2(1+\nu)}\gamma_{zx} \end{array}\right\} \quad (7.4\text{-}3)$$

あるいは，ひずみを応力で表すと次式になる．

$$\left.\begin{array}{l} \varepsilon_x = \dfrac{1}{E}\{\sigma_x - \nu(\sigma_y + \sigma_z)\} \\ \varepsilon_y = \dfrac{1}{E}\{\sigma_y - \nu(\sigma_z + \sigma_x)\} \\ \varepsilon_z = \dfrac{1}{E}\{\sigma_z - \nu(\sigma_x + \sigma_y)\} \\ \gamma_{xy} = \dfrac{2(1+\nu)}{E}\tau_{xy}, \quad \gamma_{yz} = \dfrac{2(1+\nu)}{E}\tau_{yz} \\ \gamma_{zx} = \dfrac{2(1+\nu)}{E}\tau_{zx} \end{array}\right\} \quad (7.4\text{-}4)$$

なお，せん断弾性係数 G は E と ν に関して次式で関係する．

$$G = \dfrac{E}{2(1+\nu)} \quad (7.4\text{-}5)$$

すなわち，均質等方性体ではせん断応力 τ_{ij} はせん断ひずみ γ_{ij} のみに関係し，せん断ひずみがゼロの面ではせん断応力もゼロであることから，ひずみの主軸と応力の主軸は一致することがわかる．

7.5 残留応力

材料中で相変態，塑性変形，熱膨張などが不均一に発生すると，それらに起因する変位（ひずみ）の食い違いによって残留応力が生じる[*1]．残留応力は，外力による応力との和として部材に作用し，部材強度に大きな影響を及ぼす．一般に，引張残留応力は危険側に作用し，圧縮残留応力は部材の高強度化に寄与する．疲労や応力腐食割れの対策として，表面層に圧縮残留応力を意図的に導入する表面改質技術がしばしば利用される．このように残留応力を制御するためには，高精度な応力評価が要求される．

図 **7.5-1** には寸法の異なる部材 A と部材 B を，同じ長さで固定した時の，残留応力発生の様子を示した．(a)のように組立前には初期応力は存在しないが，(b)のように同じ高さになるように組み立てられることによって，部材 A は縮められ，部材 B は伸ばされる．結果的に部材 A には圧縮応力，B には引張応力が発生する．このように，外力が作用しない状態でも，部材要素に応力が存在するのが残

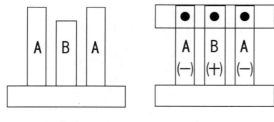

(a) 固定前　　　(b)固定後

図 7.5-1　組立による残留応力

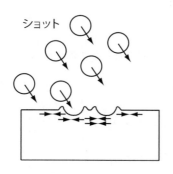

(a) 加工中

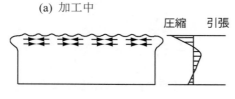

(b) 加工後

図 7.5-2　ショットピーニング

留応力（初期応力）である．この例でわかるように，系全体では力のつり合い状態にあり，部材内部に圧縮残留応力があれば，必ずどこかに引張残留応力が存在することに注意が必要である．この状態で，上下方向に引張の外力が作用すると，外力による応力と残留応力の和が部材に作用するため，Bの方が常に作用応力が高く，部材AとBが同じ材料ならBから先に破壊することになる．

図 7.5-2 は表面改質の代表的な方法の一つであるショットピーニングの模式図である．一般のショットピーニングでは，数 100μm～数 mm の比較的小さな粒子（鋳鋼，ガラス，セラミックスなど）を被加工物に投射して，部材表面に塑性変形を生じさせる[*2]．(b)のように塑性変形域が表面全面にわたると，表面近傍の塑性変形域に対して，内部の弾性域が表面の変形を抑える役割を果たすために，結果として表面近傍には圧縮残留応力が生じる．一般的には表面から数十～数百μm まで圧縮残留応力域が形成される．もちろんこのとき，内部には引張残留応力域が存在し，全体としてつり合い状態にある．

この他，例えば厚板の塑性曲げ加工をした場合には，凸側では引張塑性変形が，凹側では圧縮塑性変形が進行する．その後に除荷すると，内部の弾性域が元に戻ろうとするために，凸側では圧縮，凹側では引張の残留応力が発生する．また，熱処理過程では，表面近傍と内部で熱ひずみ変化や

相変態に時間差が生じることによって残留応力が発生する．航空宇宙分野では高比強度の材料が不可欠であり，各種複合材料の開発が活発に進められている．複合材料では，線膨張係数の異なる材料の組合せになることが多く，高温で一体成型される場合には冷却過程での残留応力の発生を避けることができない．したがって，複合材料開発においては，残留応力制御が重要なキーテクノロジとなっている．

7.6　応力・ひずみ測定

7.6.1　ひずみゲージ法

機械的にひずみを測定する際に，最もよく利用される方法である．特に箔ひずみゲージが一般的であり，**図 7.6-1**(a) に示すように，ベースの上に金属箔がパターニングされている．ベースにはポリエステル系やポリイミド系の樹脂が用いられ，金属箔にはアドバンス（銅-ニッケル合金）などが用いられる．これを被測定物の表面に直接貼付することによって，被測定物と同じ変形が金属箔に生じる．

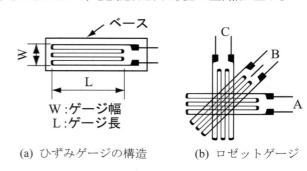

(a) ひずみゲージの構造　　(b) ロゼットゲージ

図 7.6-1　箔ひずみゲージ

このときの変形による金属箔の長さや断面積変化に対応した電気抵抗変化から，次式によってひずみを求めることができる[*3]．

$$\varepsilon = \frac{\Delta R / R}{K} \tag{7.6-1}$$

ここで，R は抵抗，ΔR は抵抗変化，K はゲージ率（第9章9.4.3参照）である．パターニングされた金属箔のL がゲージ長で，0.2～30 mm 程度までのものが市販されている．得られるひずみは，ゲージ長L およびゲージ幅W の領域の平均的な値に対応する．測定原理よりわかるように，ひずみゲージで測定できるのは垂直ひずみであり，せん断ひずみを直接測定することはできない．例えば丸棒にねじりが負荷されるような純せん断の場合には，軸に対して45度の角度でひずみゲージを貼り，測定ひずみである主ひずみからせん断ひずみに変換すればよい．

ひずみゲージは材料表面のひずみを測定するが，二次元の独立なひずみ成分は，前述のように二つの垂直ひずみと一つのせん断ひずみである．したがって，異なる三方向の垂直ひずみが測定できれば，式(7.3-7)のひずみ変換式を用いることによって，せん断ひずみも含めてすべてのひずみ成分を決定することができる．図 7.6-1(b)はロゼットゲー

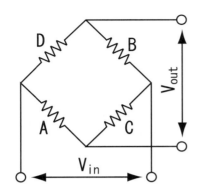

図 7.6-2 ホイートストンブリッジ

ジと称されるひずみゲージの組合せであり，45度ずつの角度で配置されたものが市販されている．このような配置で三つの垂直ひずみε_A, ε_Bおよびε_Cを測定すると，式(7.3-7)より，次式で主ひずみを決定することができる．

$$\left.\begin{array}{c}\varepsilon_1\\\varepsilon_2\end{array}\right\}=\frac{\varepsilon_A+\varepsilon_C}{2}\pm\frac{1}{2}\sqrt{2\{(\varepsilon_A-\varepsilon_B)^2+(\varepsilon_B-\varepsilon_C)^2\}} \quad (7.6\text{-}2)$$

また，このときの主ひずみの方向は，Aゲージからの角度として次式で求めることができる．

$$\tan 2\theta=\frac{2\varepsilon_B-\varepsilon_A-\varepsilon_C}{\varepsilon_A-\varepsilon_C} \quad (7.6\text{-}3)$$

以上のようにしてひずみ成分がすべて決定できれば，式(7.4-3)の一般化されたフックの法則を用いて応力を決定することができる．

ひずみゲージの抵抗変化は極めて微小であるために，**図7.6-2**のようなホイートストンブリッジ回路を利用して電圧変化を測定する．一軸の応力のみが作用する場合には，例えばAの抵抗をひずみゲージで置き換え，応力軸に平行に貼ることによって1ゲージ法の測定ができる．また，AとBにひずみゲージを配置し，応力軸に平行に2枚貼れば，2倍の出力としてひずみが得られる．

ひずみゲージの電気抵抗は温度に依存するため，測定中に温度変動がある場合にはその補償が必要である．一軸応力場合には，Aのゲージを被測定物に，Cのゲージを同一材料で無負荷のダミー試験体に貼ることによって補償する．もしくは，Aのゲージを応力軸平行に，Cのゲージをそれに垂直に貼ることによって温度補償とともに，測定ひずみも$(1+\nu)$倍で測定することができる．

その他，A，B，C，D全てをひずみゲージにして，ひずみ測定精度を向上させる方法や，一軸以外にもねじりや薄板の曲げなどに関して精度よく測定する方法が提案されている．

測定環境は，室温はもちろん，300℃程度まで測定でき，密閉型のゲージでは900℃以上での測定も可能である．また，一般によく用いられる金属箔では，ひずみ測定感度に相当するゲージ率は2程度であるが，SiやGeの半導体におけるピエゾ抵抗効果を利用した半導体ひずみゲージでは，ゲージ率が100～180程度と大きいため，高感度でのひずみ測定が可能である．

ひずみゲージ法は，比較的安価に現場環境での測定も可能であるために，長期のモニタリングにも利用されている．ひずみの経時変化から損傷やき裂の拡大を検出することができる．

このように，ひずみゲージは多用途に用いられ，高精度なひずみ測定法として有用であるが，相対的なひずみ変化しか測定できないために，一般的に機械要素の非破壊的残留応力測定には利用できない．残留応力を求める場合には，ひずみゲージを貼った後に，ドリルによる穴あけや放電加工などによる切断によって解放されるひずみ変化を測定することが必要で，いわゆる破壊法になる．

箔ひずみゲージの他，光学的ブラッグ格子を導入した光ファイバによるひずみ測定は，電磁波などの影響を受けにくく，モニタリングに有効である．また，レーザ光によるブリルアン散乱に着目したBOTDRは，数kmの範囲にわたってのひずみの分布が計測可能である．

7.6.2 熱弾性法

赤外線サーモグラフィを利用した応力評価は，全視野測定法の代表的な方法の一つであり，近年安価な装置も市販されるようになってきた．従来，赤外線サーモグラフィは比較的時間分解能が要求されないような建築物外壁の剥離や，トンネル・橋梁などのコンクリート構造物の剥離検出などに利用され[4,5]，その有効性が示されてきたが，近年の信号処理技術の進歩にともなって，温度分解能や時間分解能が向上し，動的現象が高精度に捉えられるようになってきた[6]．二次元画像として捉えるため，被測定物の大きさは任意である．非接触に遠方から測定することができ，モニタリングにも有用な方法である．

気体を断熱膨張させると温度が低下し，断熱圧縮すると温度が上昇することはよく知られている．同様の現象は弾性固体においても認められ，引張応力が作用すると温度低下が生じ，逆に圧縮すれば温度が上昇する．この現象は熱弾性効果と称され，この現象を利用して応力が評価できる．

等方均質な弾性体に応力変動が生じたとき，次式の温度変化ΔTが生じる[7,8]．

$$\Delta T=-kT\Delta J_1 \quad (7.6\text{-}4)$$

ここで，kは熱弾性係数，Tは対象部材の絶対温度，ΔJ_1は式(7.2-9)の応力の第一不変量である主応力和の変化量である．また，熱弾性係数は，定圧比熱C_p，線膨張係数αおよび密度ρを用いて次式で与えられる．

$$k=\frac{\alpha}{\rho C_p} \quad (7.6\text{-}5)$$

すなわち，応力変動が生じている物体の二次元的な温度分

布から，部材表面近傍の主応力和の変動を定量的に求めることができる．二次元的な面分布として応力変動をその場測定できるため，応力が集中する危険個所（ホットスポット）も視覚的に容易に同定することができる利点がある．

図 7.6-3 に熱弾性法応力測定システムの模式図を示す．被測定物に繰返し外荷重を負荷しながら，遠方から赤外線サーモグラフィで観察する．荷重信号に同期して温度変動を抽出するロックイン処理を行うことによって高精度化がはかられる．さらに，荷重繰返し毎に積算して平均化することによって，より高精度な測定が可能になる．近年では，ミリ秒の時間分解能で，1mK 程度の温度分解能が達成されており，鋼の応力分解能として1MPa 程度での応力評価が試みられている．

熱弾性法は視覚的に危険個所が容易に同定できることが利点であるが，対象とする応力は主応力和であり，各応力成分への分離は容易でない．近年では，数値解析手法を援用して逆問題解析によって応力成分を分離する手法が検討

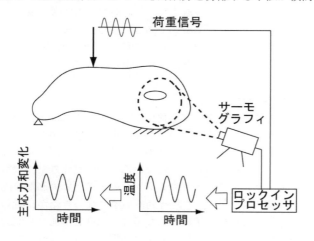

図 7.6-3 熱弾性応力測定システム

されている．ただし，主応力和の変化に対応した温度変化をもとに応力評価されるため，繰返しの外力負荷が不可欠であり，静的な応力や残留応力の検出はできない．

7.6.3 音弾性法

固体中を弾性波が伝ぱするとき，媒質の応力状態によって伝ぱ速度が変化する[*9]．音弾性法はこの音弾性効果を利用して応力を評価するもので，システムとして市販されている．

光の複屈折と同様，超音波の横波も固体中で複屈折が生じる．複屈折音弾性法では，この複屈折効果を利用する．図 7.6-4 のように主応力σ_1とσ_2が作用している物体に超音波の横波を入射すると，音弾性法則は次式のように与えられる．

$$B = \frac{V_{31} - V_{32}}{(V_{31} + V_{32})/2}$$
$$= B_0 + C_A(\sigma_1 - \sigma_2) \tag{7.6-6}$$

ここで，V_{31}とV_{32}はそれぞれ，板厚方向に伝ぱする主軸1方向の横波と主軸2方向の横波の音速であり，B はこれらの音速の差と平均音速の比で表される音響異方性である．B_0は無応力状態における組織に依存した異方性である．C_Aは複屈折音弾性定数であり，あらかじめ，同一材料について負荷試験を行って決定しておく必要がある．以上のように，本手法では材料自身の組織に起因する音響異方性の影響が大きく，これらを分離することが必要である．

斜角SH波法では組織異方性が未知な材料についても測定が可能である．図 7.6-5 のように表面に平行で，法線に対してϕだけ傾いた方向に伝ぱする斜角SH波を用いる．互いに直交する応力方向にV字形およびW字形に伝ぱするときの音速差を両者の平均値で除した音響異方性から応力差を求める．このときの音弾性法則は次式で与えられる．

$$B(\phi) = B_0 \cos^2\phi + \left\{C_A \cos^2\phi - \sin^2\phi / 2G\right\}(\sigma_1 - \sigma_2)$$
$$\tag{7.6-7}$$

二つの異なる入射角について音響異方性を求めることによって，組織異方性と主応力差をそれぞれ決定することができる．

以上のように，音弾性法では弾性波が通過する材料内部の平均的な情報が得られるという特徴があるが，測定されるのは主応力差であることに注意が必要である．

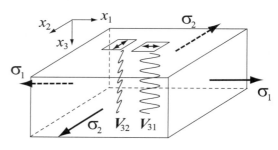

図 7.6-4 複屈折音弾性法

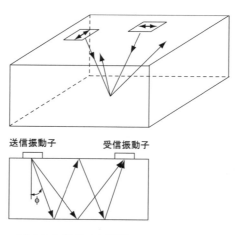

図 7.6-5 斜角 SH 波法

7.6.4 磁気ひずみ法

強磁性体を磁化すると，磁気ひずみが生じて寸法が変化する．逆に応力を負荷してひずみを与えると透磁率が変化する．被測定物に交流磁界を印加したとき，検出コイルには誘導電流に応じた電圧が生じ，この電圧が主応力差に比例することとなり，主応力差が測定できる[*10]．

交流磁化による磁束の浸透深さは周波数に依存するため，この表皮効果を積極的に利用して材料内部の応力分布を測定することも可能である．周波数を0.2～100kHzの範囲で変化させることによって，材料内部5mmまでの応力分布を評価した例が報告されている[*11]．

強磁性体が磁化される際には磁壁の移動を伴う．このとき，材料内部に存在する析出物や欠陥は，磁壁の移動の障害になるために磁壁の動きが不連続になり，磁気ノイズが生じる．この磁気ノイズは，単軸引張応力下では増加し，圧縮では減少することが知られている．この現象を利用するのがバルクハウゼン法である[*12]．これにより応力評価が可能であるが，多軸応力状態ではやはり主応力差の評価となる．測定方法が簡便であるため種々の材料の残留応力評価に利用されているが，磁気を利用する場合にも材料組織そのものの磁気異方性には注意が必要である．

7.6.5 回折法

材料が結晶性の場合，電磁波や物質波の回折現象を利用してひずみを測定することができる．X線法はその代表的な方法で，実験室に設置される装置はもとより可搬型の装置も開発されており現場技術として広範に利用されている[*13]．

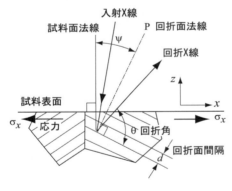

図 7.6-6 多結晶体からの回折

結晶材料に一定波長λのX線を照射すると，ブラッグの条件を満足する角度（回折角）θに回折が生じる．

$$\lambda = 2d \sin \theta \qquad (7.6\text{-}8)$$

ここでdは回折面の間隔で，鋼やアルミニウム合金などの立方晶系の材料では次式で与えられる．

$$d = \frac{a}{\sqrt{h^2 + k^2 + l^2}} \qquad (7.6\text{-}9)$$

aは格子定数で，hklは対象とする回折面である．部材に応力が作用すると回折面間隔dが変化するため，回折角が変化する．

$$\begin{aligned}\Delta\theta &= \theta - \theta_0 = -\tan\theta_0(\Delta d / d_0) \\ &= -\tan\theta_0 \varepsilon\end{aligned} \qquad (7.6\text{-}10)$$

ここでd_0およびθ_0は無ひずみ状態での回折面間隔および回折角である．すなわち，本手法で測定されるのは垂直ひずみである．実際の応力測定では，**図7.6-6**のように測定したい応力成分の方向を含む面内（図ではxz面）でψ角を種々変化させ，ψに対する回折角変化からひずみを決定する$\sin^2\psi$法が用いられる．

$$2\theta = -\frac{2(1+\nu)}{E}\tan\theta_0 \cdot \sigma_x \sin^2\psi \\ + \frac{2\nu}{E}\tan\theta_0 \cdot (\sigma_x + \sigma_y) + 2\theta_0 \qquad (7.6\text{-}11)$$

上式のように回折角θと$\sin^2\psi$は直線関係にあり，$(1+\nu)/E$が既知とすると，直線の傾きから応力σ_xが求められる．

$$\sigma_x = -\frac{E}{2(1+\nu)}\frac{\pi}{180}\cot\theta_0 \frac{\partial(2\theta)}{\partial(\sin^2\psi)} \qquad (7.6\text{-}12)$$

ここでEとνはヤング率とポアソン比であるが，厳密には機械的に求められる値とは異なり，X線的弾性定数あるいは回折弾性定数と称される．おおよその残留応力値を知るためには機械的な値で代替してもいいが，正確な値を得るためには，対象とする回折面に対する値をあらかじめ求めておく必要がある．例えば鋼でよく用いられるα-Fe211面の場合，$E/(1+\nu)$は174GPaであり，機械的な値の158 GPaより10％程度大きい．

材料内部でのX線の減衰は大きく，得られる情報は表面直下せいぜい数10μm程度までである．したがって，材料内部の応力分布を測定する場合には，電解研磨などの加工の影響がない方法で表面層を除去して逐次測定する必要がある．**表 7.6-1**は各種材料中で強度が37％に減衰する距離をまとめたものである．例えば鉄（Fe）の場合，実験室でよく用いられるCu-Kα線では4μmであるが，波長の短い70keVの放射光では1.4mm，熱中性子では85mmとなり，十分内部までの情報を非破壊で得ることができることがわかる．日本には，大型放射光施設として，高エネルギー加速器研究機構のフォトンファクトリー，播磨科学公園都市にあるSPring-8，中性子施設は日本原子力研究開発機構の研究炉JRR3とJ-PARCの物質・生命科学実験施設があり，これまで電子部品などの小さなものから，大きなものでは大型厚肉配管や自動車エンジンなど，多くの測定例が報告されている[*14]．

表 7.6-1 各種材料中への侵入深さ

材料	侵入深さ (mm)				
	Al	Ti	Fe	Ni	Cu
熱中性子	1230	50	85	40	53
放射光 70keV	15.4	3.8	1.4	1.0	1.3
放射光 40keV	6.5	1.0	0.35	0.24	0.23
Cu-Kα	0.074	0.011	0.004	0.023	0.022

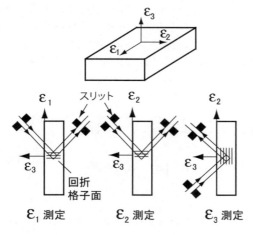

図 7.6-7 三軸ひずみ測定

放射光は実験室X線と同様の電磁波であるが，実験室X線よりも高輝度で高エネルギーのX線が得られるのが特徴である．指向性も高いために，ミクロン単位のビーム径まで集光することが可能で，微小領域の測定を短時間で行うことができる．一方，中性子法は中性子の物質波としての性質を利用した回折法である．一般に，中性子の回折強度はあまり高くないために，微小領域の測定には長時間を要するものの，材料内部の測定を非破壊で行うことができる点が魅力である．

材料内部は三軸応力状態であり，6個の独立な応力成分がある．したがって，6方向の垂直ひずみ測定より決定する必要があるが，一般には主軸が明らかな場合が多く，3方向の測定で十分である．**図7.6-7**は板材内部のひずみ測定の例で，入射ビームおよび回折ビームをスリットで制限することによって，材料内部の特定部分に照射領域を限定する．この状態で同じ照射領域を中心にして試料を回転させ，3方向のひずみを測定した後に，式(7.4-3)で応力に変換する．この状態でビームに対して相対的に試料をずらせば，材料内部の任意の位置の応力分布を求めることができる．これがひずみスキャニングによる応力測定法である．

中性子法，放射光法および実験室X線法いずれも回折現象を利用しており，その結果の比較も容易である．ショットピーニング材の応力分布に関する報告では，三者の測定結果がよく一致することが示されており，それぞれの測定法の特徴を考慮した相補的利用が推奨されている[15]．

7.6.6 その他の全視野測定法

7.6.2節では，モニタリングに適用しやすい全視野測定法の一つとして熱弾性法を取り上げたが，**表7.1-1**に示したように他にもいくつか実用化された測定法がある．現場測定が困難なものもあるがまとめて簡単に説明する．

・モアレ法：2枚の格子模様を重ねると，格子模様とは異なる縞模様が観察されることはよく知られており，モアレ縞と称される．被測定物の表面に格子模様を転写し，変形前後の格子を重ね合せて生じるモアレ縞の移動量から被測定物の表面変位を求めるのがモアレ法である[16]．2次元的な表面変位分布がわかれば，式(7.3-5)よりひずみ分布が，また式(7.4-3)によって応力に変換することができる．測定原理からわかるように，部材表面にあらかじめ格子を描写する必要があり，また得られる応力は格子描写時に存在する応力状態からの相対量であることに注意が必要である．

・光弾性法：複屈折を生じるガラスや高分子材料などに光を照射すると，光は2つの主応力軸方向に振動する平面偏光として物体中を進行する．このとき，それぞれの方向の屈折率に差が生じるために干渉縞が観察される．屈折率の差は主応力の差に比例するため，干渉縞を解析することによって主応力差および主応力方向が求められる[17]．ただし，鋼を素材にするような実要素部品には光透過性がないため直接測定することは不可能であり，高分子材料などを用いて実部品を模擬したモデルを作製し，負荷条件も考慮した測定が必要となる．

・スペックル法：被測定物にレーザを照射すると，表面の微小な凹凸によってレーザが散乱反射する．この反射光をスクリーンで受けると，ランダムな位相のレーザ同士が相互に干渉することによって斑点状のパターン（スペックルパターン）が観察される．部材に応力が作用して表面に変位が生じると，微小な凹凸が移動するためにスペックルパターンもスクリーン上を移動する．スクリーン上での斑点の移動量から部材の表面変位を決定するのがスペックル法である[18]．

・ホログラフィ法：物体からの反射光の色彩や輝度など（振幅情報）とともに，位相情報も同時に記録したものをホログラムという．すなわち，ホログラムには被測定物からの反射光と，光源からの参照光との干渉光が記録される．変形前後について二重露光で記録したホログラムを再生すると干渉縞が得られ，これを解析することによって被測定物表面の変位量を求めることができる[19]．ホログラフィ法では3次元変位が得られるとともに，動的な変位解析への適用も可能である．

7.7 おわりに

本稿では，部材の強度評価に不可欠な応力・ひずみに関する基礎的な性質について概説し，具体的な測定方法について代表的なものを取り上げて説明した．オフラインでの高精度測定を必要とする場合や，現場に設置して健全性確保のためのモニタリングに利用する場合など，それぞれの測定方法の特徴を理解したうえで，用途にあった測定法を選択する必要がある．最適な測定方法の選択とともに，測

定されたデータの意味を十分理解して，機器の設計・施工・保守管理に役立てていただきたい．

参 考 文 献

*1) 田中啓介, 鈴木賢治, 秋庭義明:「残留応力のX線評価− 基礎と応用−」, pp. 23-39, 養賢堂, 東京（2006）.
*2) 上條栄治, 鈴木義彦, 藤沢章:「無機材料の表面処理・改質技術と将来展望」, pp. 43-47, シーエムシー出版, 東京（2007）.
*3) 中川元, 盛中清和, 遠藤達雄, 光永公一:「材料試験方法」, pp. 169-183, 養賢堂, 東京（1989）.
*4) 西川 忠, 平野 彰彦, 鎌田 英治: 日本建築学会構造系論文集, **529**, 29（2000）.
*5) 早野公敏, 前川亮太, 鈴木哲雄, 橋爪秀夫: 地盤工学ジャーナル, **3**(1), 13（2008）.
*6) 阪上隆英: 溶接学会誌, **72**(6), 51 (2003).
*7) W.Thomson(Lord Kelvin): Trans. Roy. Soc., **20**, 261(1853).
*8) W.Thomson(Lord Kelvin): Phil. Mag.., **5**, 4(1878).
*9) 戸田裕己, 坂本東男: 日本機械学会論文集(A 編), **59**(559), 499 (1993).
*10) 吉永昭男: 船舶技術研究所報告, **17**(1), 1 (1980).
*11) 岩柳順二, 安福精一: 応用物理, **47**(2), 161 (1978).
*12) T. W. Krause, J. M. Makar and D. L. Atherton: Journal of Magnetism and Magnetic Materials, 137, 25 (1994).
*13) 日本材料学会, X 線応力測定法標準―鉄鋼編―, JSMS-SD-5-02, pp. 1-12 (2002).
*14) 田中啓介, 鈴木賢治, 秋庭義明, 菖蒲敬久:「放射光による応力とひずみの評価」, pp. 62-211, 養賢堂, 東京（2010）.
*15) 秋庭義明, 鈴木賢治: 日本機械学会論文集(A編), **74**(739), 302 (2008).
*16) D. Post, Handbook on Experimental Mechanics, Edited by A. S. Kobayashi, pp.314-387, Society for Experimental Mecanics, Inc., Bethel (1987).
*17) J. W. Dally and W. F. Riley, Experimental Stress Analysis, 2nd ed., McGraw-Hill, New York (1978).
*18) 山口一郎, 溶接学会誌, 73(7), 502 (2004)
*19) U. Schnars and W. Jueptner, Applied Optics, 33(2), 179 (1994)

(秋庭　義明)

第8章. 電気

8.1 電力計

8.1.1 電力用語と電力測定

(1) 電力

電力は負荷で消費されるエネルギーで，電熱器の熱，モータの回転力，蛍光灯の光などの各エネルギーに変換される．ある電圧のもとで電流が流れて電気的な仕事がなされている場合，単位時間あたりの仕事量を電力といい，電圧と電流の積で表される．電力の単位はWである．

(2) 直流電力

図 **8.1-1** のような直流回路の場合，電圧 U を負荷 R に加えたときに電流 I が流れるとすると，電力 P は以下の式で求められる．

$$P = UI \quad (8.1\text{-}1)$$

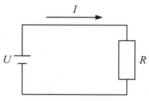

図 8.1-1　直流回路

(3) 交流電力

交流の場合，電圧と電流は大きさと方向が周期的に変化するので，電圧と電流の積で求められる交流電力も時間とともに変化する．電圧波形を u，電流波形を i とすると，瞬時電力 p は以下のように表される．

$$u = \sqrt{2}U \sin \omega t \quad (8.1\text{-}2)$$

$$i = \sqrt{2}I \sin(\omega t - \theta) \quad (8.1\text{-}3)$$

$$\begin{aligned} p &= ui \\ &= 2UI \sin \omega t \sin(\omega t - \theta) \\ &= UI \cos \theta - UI \cos(2\omega t - \theta) \end{aligned} \quad (8.1\text{-}4)$$

ただし，ω：角周波数，t：時間，θ：電圧と電流の位相差，U：電圧の実効値，I：電流の実効値である．

負荷で消費される単位時間あたりの電力を有効電力 P と呼ぶ．有効電力 P は瞬時電力 p の平均値であり，以下の式で表される．

$$P = \frac{1}{T}\int_0^T p\,dt = UI \cos \theta \quad (8.1\text{-}5)$$

U と I の積を皮相電力 S と呼び，単位はVAで表す．電気機器の容量を表すのによく用いられる．また，負荷で消費されない電力を無効電力 Q と呼び，単位はvarで表す．

$$S = UI \quad (8.1\text{-}6)$$

$$Q = UI \sin \theta \quad (8.1\text{-}7)$$

有効電力，皮相電力，無効電力の関係は以下の式で表され，図 **8.1-2** のようになる．

$$S^2 = P^2 + Q^2 \quad (8.1\text{-}8)$$

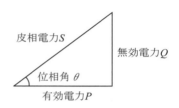

図 8.1-2　P，S，Q の関係

有効電力の式(8.1-5)における $\cos\theta$ は，皮相電力に対して実際に負荷で消費された電力の割合を示すもので，力率 λ と呼ばれ，以下の式で表される．

$$\lambda = \cos \theta = P/S \quad (8.1\text{-}9)$$

白熱電球や電熱器のような抵抗負荷では，電圧と電流の位相差が0°であり $\cos \theta = 1$ となる．モータや蛍光灯のような誘導負荷，または容量負荷では電圧と電流の位相差が生じるため，力率は1より小さい値となる．

(4) 結線ごとの電力測定

a) 単相2線

図 **8.1-3** のように単相2線の電力を測定する場合には，1台の単相電力計を接続して測定する．電力計1の指示値を $P1$，電力計内部の測定電圧を U_1，電流を I_1 とする．

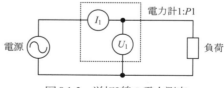

図 8.1-3　単相2線の電力測定

b) 単相3線

図 **8.1-4** のように単相3線の電力を測定する場合には，2台の単相電力計を接続して測定する．

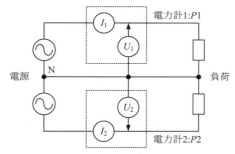

図 8.1-4 単相3線の電力測定

c) 三相3線

一般に「多相n線式回路の電力は，負荷の平衡，不平衡にかかわらず(n-1)台の単相電力計を用いて測定でき，各電力計の指示値の和で与えられる」というブロンデルの定理により，三相3線の電力は，単相電力計2台で測定することができる．この測定方法は，2電力計法と呼ばれており，実際にはこの2電力計法に基づいて設計された三相電力計が使用される．三相3線の2電力計法を図 **8.1-5** に示す．

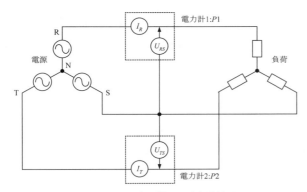

図 8.1-5 三相3線の2電力計法

図 **8.1-6** に三相電力のベクトル図を示す．2電力計法によれば，三相電力 P は $P1$ と $P2$ の和で求められるので，

$$P = P1 + P2 \tag{8.1-10}$$

$$= U_{RS}I_R + U_{TS}I_T$$

$$= (U_R - U_S)I_R + (U_T - U_S)I_T$$

$$= U_R I_R + U_S(-I_R - I_T) + U_T I_T$$

ここで，$I_R + I_S + I_T = 0$ の閉回路の場合，

$$P = U_R I_R + U_S I_S + U_T I_T \tag{8.1-11}$$

となり，各相電力の和が求められる．よって，2電力計法により三相電力 P を測定できることがわかる．

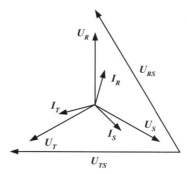

U_R, U_S, U_T ：相電圧のベクトル
I_R, I_S, I_T ：線(相)電流のベクトル
U_{RS}, U_{ST} ：線間電圧のベクトル

図 8.1-6 三相電力のベクトル図

d) 三相4線

図 **8.1-7** のように三相4線の電力を測定する場合には，3台の単相電力計を各相に接続して，それぞれの指示値の和をとれば測定できる．

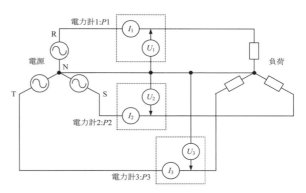

図 8.1-7 三相4線の電力測定

複数台の単相電力計を使用する単相3線，三相3線，三相4線の電力測定は，各結線方式に対応した電力計であれば1台で測定できる．

8.1.2 電力計の測定原理

(1) 概要

一般に電力計では，入力された電圧波形と電流波形を乗算することで瞬時電力波形をつくり，そこから有効電力を求めている．これらの演算処理には，アナログ演算処理による方法とデジタル演算処理による方法がある．

(2) アナログ演算処理

電圧入力部，電流入力部からの信号波形はアナログ乗算集積回路（Integrated Circuit: IC）に入力され，瞬時電力波形に演算される．その後，瞬時電力波形をローパスフィルタ（Low-pass filter: LPF）で平滑して，有効電力に比例した直流（DC）電圧に変換する．このDC電圧を取り込み，電力値として表示する．図 **8.1-8** にアナログ演算処理のブロック図を示す．

性能は，電圧検出部および電流検出部，使用する乗算ICの周波数特性や直線性に依存する．

図8.1-8　アナログ演算処理のブロック図

(3) デジタル演算処理

電圧入力部，電流入力部からのアナログ信号波形をデジタル信号に変換（A/D変換）し，デジタルデータを中央演算処理装置（Central Processing Unit: CPU）または演算処理専用ICにより演算する．デジタル演算処理の場合，電圧波形と電流波形のサンプリングは正確に一致している必要がある．図8.1-9にデジタル演算処理のブロック図を示す．

性能は，電圧検出部および電流検出部の周波数特性や位相特性，使用するA/Dコンバータの性能とサンプリング速度に依存する．測定可能な信号周波数とA/Dコンバータのサンプリング速度は密接に関係しており，原理的にはサンプリング周波数の1/2以下が測定可能な周波数帯域となる．

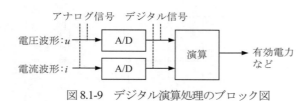

図8.1-9　デジタル演算処理のブロック図

8.1.3　電力計の種類と注意事項
(1) 電流入力方式

電力計の電流入力部には，直接入力方式と外部センサ入力方式がある．

a) 直接入力方式

直接入力方式では，電流を測定するときに回路を切断し，電力計の電流入力端子を電路に直列に接続する．電力計に入力された電流は，電力計内部のシャント抵抗を介して電圧に変換され，演算処理される．この方式は高精度に測定できる一方，大電流を測定する場合は，シャント抵抗の自己発熱により測定精度が悪くなることがある．約50A以上の大電流を測定する場合は，外部センサ入力方式の電力計を推奨する．

直接入力方式の電力計を使用する場合，回路の切断や電力計を結線する際の感電，短絡事故の可能性がある．電力計の入力端子に結線する前に必ず測定ラインの電源を遮断するように注意する．

また，直接入力方式では電力計の計器損失が問題となる．電圧および電流の入力レベルによっては，計器損失が測定値に影響する可能性がある．単相2線の場合の結線例を図8.1-10に示す．

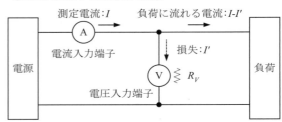

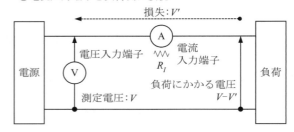

図8.1-10　単相2線の結線方法

単相2線では，①電圧入力端子を負荷側に接続する場合と，②電流入力端子を負荷側に接続する場合の2通りの結線方法がある．①の場合，電圧入力端子の入力抵抗R_Vに電流が流れ，測定電流と実際に負荷に流れる電流に差が出てしまう．入力電圧をVとすると，計器損失は，

$$損失 = V^2/R_V \tag{8.1-12}$$

となる．②の場合，電流入力端子の入力抵抗R_Iと負荷で入力電圧が分圧され，測定電圧と実際に負荷にかかる電圧に差が出てしまう．入力電流をIとすると，計器損失は，

$$損失 = I^2 R_I \tag{8.1-13}$$

となる．直接入力方式の結線は電力計の計器損失が小さくなる方法を選択する必要がある．

直接入力方式の電力計では，上述のようにシャント抵抗の自己発熱や計器損失などが問題となる．しかし近年，電力計内部の電流検出方法として，シャント抵抗ではなくAC/DC電流に対応した高精度の電流トランスを使用した電力計がある．この場合，大電流入力時にも自己発熱による測定精度の悪化がない．また，シャント抵抗方式よりも電流入力端子の入力抵抗が小さくなるため，電流入力部の計器損失を抑えることができる．

b) 外部センサ入力方式

外部センサ入力方式の電力計は，電流入力部に電流センサを接続して測定する．電流センサにはクランプ式と貫通型の2種類がある．クランプ式のセンサでは，回路を切断することなく活線状態の配線をクランプして設置できるため，直接入力方式よりも簡単に結線することができる．使用できる電流センサは電力計ごとに選択する必要があるが，漏れ電流測定用から5000A程度の負荷電流測定用まで，用途に応じた定格電流のセンサ

がある．また，センサを選ぶ際には，測定対象とする信号の周波数帯域や要求される測定精度も考慮する必要がある．クランプ式電流センサの例を**図8.1-11**に示す．

図8.1-11　クランプ式電流センサの例

電力計で使用する最も高精度，広帯域の外部センサは貫通型の電流センサである．温度安定性，長期安定性にも優れるため，より正確な測定に使用される．貫通型電流センサの例を**図 8.1-12**に示す．

図8.1-12　貫通型電流センサの例

(2)　入力部の構造

電力計は入力チャネル（電圧，電流）数により測定できる結線方式が異なる．1チャネル入力の場合は単相測定用，2チャネルまたは3チャネル入力の場合は単相，三相測定用である．入力チャネル同士が絶縁されている場合は，インバータの1次側と2次側のような電源系統の違う箇所を同時に測定できる．4チャネル以上の入力を持つ電力計は各チャネルが絶縁されていることが多く，この場合は複数系統を1台で測定できる．

また，電圧入力部はN（ニュートラル）端子が共通のものと，各チャネルが独立しているものがある．N端子が共通の電力計は，N端子1つと，チャネル数に応じたU端子があり，測定できるのは1系統である．一方，電圧入力部の各チャネルが独立している電力計では，一般的にチャネルごとにU+端子（またはU端子）とU-端子（または±端子）があり，各チャネル同士が絶縁されている場合は複数系統を1台で測定できる．

(3)　測定周波数帯域と要求精度

測定対象が交流（AC）か，交流および直流（AC/DC）であるかにより，電力計と電流センサを選択する必要がある．また，測定対象とする信号の周波数帯域や要求される測定精度も，電力計を選択する際に考慮する必要がある．

8.1.4　電力計の使用例
(1)　直接入力方式の電力計

直接入力方式の電力計の主な用途は，生産ラインにおける出荷検査，冷蔵庫やエアコンなどで要求される消費電力量の測定，インバータで動作する機器の電力測定などの機器単体の消費電力測定や，太陽光発電用パワーコンディショナなどの効率測定である．

冷蔵庫やエアコンなどの機器単体の電力測定では，JIS 0.5級以上の測定精度を要求されることがあり，直接入力方式の電力計を使用するケースが多い．直接入力方式の電力計の例を**図 8.1-13**に示す．

図8.1-13　直接入力方式の電力計の例

具体的な使用例としては，冷蔵庫やエアコンなどのある一定期間の積算電力を測定することで年間の電力量を換算し，省エネ効果を確認する用途である．また，直接入力方式の電力計は一般的に，電圧入力部の各チャネルが独立で絶縁されており，入力チャネルが複数あるタイプでは，複数系統を測定することができる．太陽光発電用パワーコンディショナの測定では，1次側のDC電力と2次側の三相電力を1台で測定することができる．さらに，効率演算機能を搭載したモデルでは，変換効率をその場で得ることができる．

(2)　広帯域電力計

広帯域電力計の主な用途は，ハイブリッド自動車や電気自動車で使われるインバータ・モータ，太陽光発電や風力発電の系統連系で使われるパワーコンディショナなどの研究開発における電力の測定，電力変換効率の測定である．このような用途では，広帯域，高精度，大電流測定が要求されるため，電力計の中では最も高機能なモデルであり，機器の総合評価や解析にも使用される．例を**図 8.1-14**に示す．

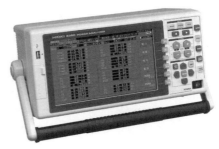

図8.1-14　広帯域電力計の例

このような高機能モデルでは，電圧入力部の各チャネルは独立で絶縁されており，1台で同時に複数系統を測定できる．また，電流入力部は電力計により，直接入力方式，外部センサ入力方式がある．近年，電力変換装置は高電圧，大電流化，高効率化が進んでいるため，測定精度は直接入力方式と外部センサ入力方式で一長一短である．

使用例として，広帯域電力計を使用した三相-三相インバータの測定例を図 **8.1-15** に示す．基本波周波数50 Hz，キャリア周波数6kHzのインバータ2次側の波形を図 **8.1-16** に示す．

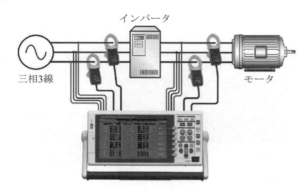

図8.1-15　インバータの測定例

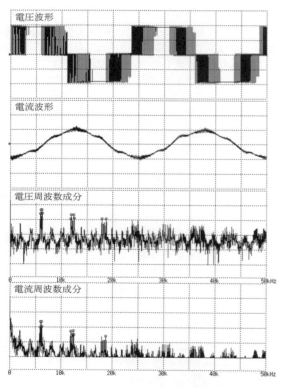

図8.1-16　インバータ2次側の波形

インバータ2次側の電圧波形（パルス幅変調波形）は，基本波周波数，キャリア周波数とその高調波成分からなり，非常に広帯域な周波数成分を持つ．このため，電圧測定回路部には十分に広い周波数帯域が必要である．なお，整流方式は平均値整流実効値換算値（MEAN値）方式が使用される．これは，インバータ2次側のパルス幅変調波形の面積が基本波実効値に近似できるためであり，MEAN測定により基本波実効値を測定する．また，インバータ2次側の電流波形は，基本波周波数成分が支配的であり，キャリア周波数成分は非常に小さくなる．これは，モータ内部のRL回路により電圧波形のキャリア周波数成分の電流が流れにくくなるためである．しかし，容量結合などによるキャリア周波数成分の損失はゼロでないため，電流測定回路部にも十分広い周波数帯域が必要である．整流方式には実効値（Root Mean Square: RMS）方式が使用される．

有効電力は原理上，電圧波形と電流波形の両方に存在する周波数成分によって発生する．電圧波形の周波数成分は非常に多くの周波数成分で構成されるが，電流波形の周波数成分は基本波周波数が支配的となるため，有効電力は基本波周波数成分が支配的になる．ただし，モータ内部の容量結合などによる損失を考慮すると，電圧測定および電流測定と同様に，十分に広い周波数帯域を有していることが必要である．

インバータ2次側のラインには，接地に対して，基本波周波数成分，キャリア周波数成分とその高調波からなる同相電圧が発生している．このため電力計を接続した場合，電圧入力部，電流入力部に測定対象以外の同相電圧が印加され，測定誤差が大きくなることがある．外部センサ入力方式の電力計では電流入力部が絶縁されるため，同相ノイズの影響を軽減することができる．また，インバータの2次側は，とくにキャリア周波数成分による影響がある．配線の引き回しにより，線間の容量結合による影響や周辺機器の誤動作を引き起こす可能性があるため，注意が必要である．配線を太く短くすることが予防となる．

（3）　商用電源用のクランプ式電力計

商用電源用の電力計の用途は，配電保守や電力管理，省エネ市場などであり，デマンド測定や時系列測定により電力使用状況を把握することが目的となる．主に工場などの建物全体の電力測定に使用される．

このタイプの電力計は小型軽量で持ち運びしやすいものが多い．簡単に設置できることから，電流入力部はクランプ式の電流センサが使用される．また，電圧入力部はN端子が共通となっていることが多く，この場合，複数系統の電力測定はできない．商用電源用のクランプ式電力計の例を図 **8.1-17** に示す．

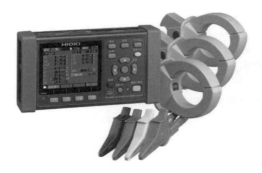

図8.1-17　商用電源用のクランプ式電力計の例

電圧コードの先端はワニロクリップになっていることが多く，ブレーカの2次側などの金属部に接続する．このとき，測定ライン間の短絡事故や，感電に注意する必要がある．

また，電力計によっては，電圧および電流の相順間違いや，電流センサ方向の接続間違いなど，測定を開始する前に結線ミスを確認できる機能がある．

具体的な使用例としては，省エネ対策の前後で対策効果を確認する用途である．省エネ対策は，まず電力の使用状況を把握することが必要である．分電盤などに電力計を設置して，1日，1週間，1か月の単位で電力を測定する．この結果から電力使用状況の傾向を把握し，最大電力の削減や効率的な運用方法を検討して対策を行う．対策後に再度電力使用状況を測定し，対策前後の省エネ効果を確認する．

(4) 電源品質アナライザ

電源品質アナライザ (Power Quality Analyzer: PQA) は電源品質測定ができる電力計である．

近年，省エネルギー化やエネルギービジネスの再編により電源品質に起因するトラブルが増えており，電源品質の監視が必要になっている．PQAの主な用途は，電源ラインの異常やトラブルなどの問題を解決するために，電源品質の指標となるパラメータ（高調波，電圧上昇，電圧下降，瞬時電圧低下など）を測定することである．PQAの例を図 8.1-18 に示す．

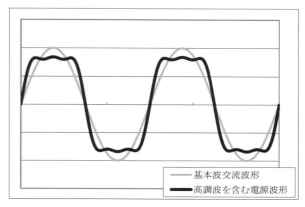

図 8.1-19　高調波を含む電源波形の例

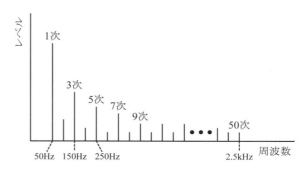

図 8.1-20　高調波バーグラフの例

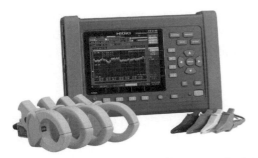

図 8.1-18　電源品質アナライザの例

PQAは前述の商用電源用のクランプ式電力計と同様，電圧コードの先端は主にワニロクリップであり，測定対象となるブレーカの2次側などの金属部に接続して測定する．また，電流入力部は主に設置が容易なクランプ式の電流センサである．

電源品質の測定として，高調波の測定例を紹介する．PQAはすべての電源品質パラメータを測定することができるが，高調波のみであれば前述の電力計など他の電力計でも測定できる．

高調波は電圧，電流の波形がひずむ現象であり，電源ラインの商用周波数（50/60 Hz）に対して整数倍の周波数成分を持つものである．商用周波数（基本波）のn倍の周波数成分を持つ高調波を第n次高調波と呼び，通常は40～50次までを高調波として扱う．高調波を含む電源波形の例を図 8.1-19 に示す．また，高調波バーグラフの例を図 8.1-20 に示す．

高調波の影響として，電気設備の誤動作，電子機器の誤動作や停止，電力損失の増大，電力設備寿命の低下などが挙げられる．これらの原因となるのは，多くの場合が高調波電流であり，高調波の発生状況を調査するためには，高調波電流各次数のレベルを測定する．それと同時に，高調波電圧，高調波電力を測定して発生原因を特定する．

高調波の発生原因を特定するために重要なことは，高調波を長期間測定して発生パターン（時刻，期間など）を把握することである．そして機器の稼働状況などと照らし合わせて，高調波の発生原因を推定する．また，複数箇所で同時に測定を行うことで，高調波の伝搬状況を確認しながら発生原因を絞り込んでいくことも有用である．

（青山　有加）

8.2　電気安全測定器

8.2.1　絶縁耐圧試験
(1)　目的と用途

耐圧試験，絶縁抵抗試験は電気機器の安全性の評価項目として義務付けられている．その試験が適用されるものは情報処理機器をはじめ，家電用電化製品，医用電気機器，電源，計測器など様々である．試験の主たる目的は人が触れる恐れのある部分と電源部が電気的に絶縁されていることを評価するところにある．つまり，電気部品や電気製品の感電や火災からの保護という位置付けにある絶縁物が十分な絶縁性能を有するか確認するための試験である．

(2) 規格で決まっている感電対策

耐圧試験，絶縁抵抗試験は規格で要求される電気機器の安全性が保たれているかを確認する試験である．ここに規格で決まっている感電対策を示す．大きく分けて二つある．

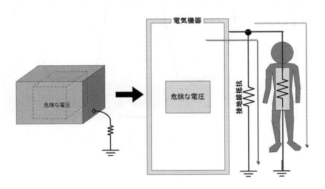

図 8.2-1　対策 1　逃がす/接地する

一つ目の対策として危険な電圧を逃がす（接地する）方法がある．危険な電圧を逃がすには電気機器の外装を抵抗値が小さい導線で接地する必要がある．これを接地線抵抗と呼ぶ．図 8.2-1 のように人が電気機器の外装に触れた時，人は接地線抵抗と並列に接続されることになる．電流は抵抗の小さい方に流れるため，人には危険な電流が流れない．よって，安全性を確保していることになる．この安全性を確認する試験が 8.2.3 で紹介する保護導通試験である．

二つ目の対策として危険な電圧を閉じ込める（絶縁する）方法がある．図 8.2-2 のように人が電気機器の外装に触れた時，人は絶縁抵抗と直列に接続されることになる．人の抵抗が約 1kΩ であるのに対し，絶縁抵抗は非常に大きな抵抗値であるため，人に危険な電流は流れず，安全性を確保することができる．電気機器は二つ以上の対策を施すことで安全性を確保することになっている．この安全性を確認するのが耐圧試験，絶縁抵抗試験である．

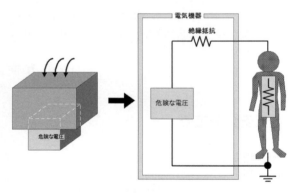

図 8.2-2　対策 2　閉じ込める/絶縁する

(3) 測定方法と注意点

a) 試験方法

耐圧試験，絶縁抵抗試験は各安全規格により試験電圧，試験時間，電圧計の精度，変圧器の容量，試験電圧の上昇下降方法など試験条件が規定されている．まずは参照している規格を確認し，試験に求められる要求事項を確認する必要がある．次に被測定物の絶縁構造を確認する必要がある．被測定物に必要な絶縁構造が基礎絶縁であれば基礎絶縁に必要な電圧をその箇所に印加し，規定の電流が流れないことを確認する．よくある測定方法として電源部の耐圧試験がある．被測定物にもよるが基礎絶縁が要求される箇所である．一般的に電源構造は L（ライブ），N（ニュートラル），G（接地）から構成されている．その L と N を短絡し，G との間に電圧を印加する方法である．

b) 安全性（感電対策）

参照する規格によっては数 kV，数十 mA で試験をする必要がある．感電した場合，身体に危険を及ぼす可能性があるため，試験を実施する試験者の安全も十分に考慮する必要がある．試験電圧を印加する際は印加している箇所に近づかないこと，試験時には高圧用ゴム手袋などを使用することが望ましい．

c) 試験の信頼性

試験の信頼性として重要なのが被測定物に確実に接触された状態で試験を実施することである．特に耐圧試験では試験電圧を印加する時間が規定されている．そのため，印加する時間中において接触していなければ，規定された試験が無意味なものとなる．そのためには，コンタクトチェック機能と呼ばれる接触を確認する機能などが搭載された絶縁耐圧試験器を使用することが望ましい．

(4) 絶縁耐圧試験における接触の重要性

a) 耐圧試験

耐圧試験は試験電圧を印加した際に規定される許容値（電流）よりも電流が流れないことを確認する試験である．その試験結果から被測定物の安全性について良品と判断する，いわば判定器である．もし，被測定物に接触していなかった場合どうなるか．接触していないということは抵抗値が無限となり，電流が流れない．つまり十分な絶縁性能があると判断し，不良品を良品として判断（誤判定）してしまう可能性がある．これを防ぐ方法の一つとして電流許容値の上下限値を設定して挟み込む方法がある．被測定物の良品における電流値が把握できていれば，全く流れない（接触していない）との違いにより擬似的にコンタクトチェックするという方法である．ただし，十分な絶縁性能があり，電流値が小さい場合はコンタクトチェックができないという欠点もあるので，正規の確実に接触不良を見分けるコンタクトチェック機能が必要である．

b) 絶縁抵抗試験

絶縁抵抗試験も耐圧試験と同じことが言える．絶縁抵抗試験は試験電圧を印加した際に規定される許容値（抵抗）よりも抵抗値が大きいことを確認する試験である．耐圧試験同様に接触していなければ，抵抗値は大きくなり，十分な絶縁性能があると判断し，不良品を良品として判断（誤判定）してしまう可能性がある．また，これを防ぐ解決方法は耐圧試験と同じ方法でも確認できる場合もあるが，絶縁抵抗試験の場合はほとんどの場合が許容値よりも十分に大きい抵抗値であるため，許容値で挟み込むという方法が使えない場合が多い．よって，確実に接触不良を見分けるためにはコンタクトチェック機能が必要になる．

(5) 絶縁耐圧試験器の選び方

絶縁耐圧試験は各安全規格に試験条件が規定されている．まずは参照している規格を確認し，耐圧試験に求められる要求事項と絶縁耐圧試験器の仕様を照らし合わせる必要がある．
また，より試験の信頼性を高めるためには 8.2.1(4)に述べたように試験時の接触が重要になるため，コンタクトチェック機能を搭載した絶縁耐圧試験器を選定することが望ましい．

図 8.2-3　コンタクトチェック機能を搭載した
耐圧試験器の例

8.2.2　漏れ電流試験

(1) 目的と用途

一般電気機器あるいは病院設備の医用電気機器は，人が直接触れる機会が多く，内部電源からの漏れ電流による感電事故の可能性が常に存在している．機器の安全性は各種規格・法律によりその検査方法・保守点検方法が規定されており，保護機能が正常に動作していること，あるいは確保されていることが求められている．漏れ電流試験は耐圧試験，絶縁抵抗試験と同じく電気機器の安全性の評価項目とされており，特に医用電気機器においては，それらの許容される漏れ電流レベルは厳しく，人身事故につながらないように定期点検も義務付けられている．

(2) 漏れ電流について

一般に電気機器の内部に高電圧が存在する場合，絶縁などの保護により操作者に対して危険が生じない構造とされている．そうした絶縁構造で本来電流が流れないはずの場所・経路で漏れ出す電流を一般に漏れ電流と呼んでいる．ここで計測する漏れ電流試験は一般的な漏れ電流ではなく，模擬的に人体に流れる電流を漏れ電流としている．

(3) 漏れ電流測定を要求する規格

電気機器は分野ごとに規格や法律が定められている．規格においては，漏れ電流を測定するための人体を模擬した回路網（測定ネットワーク），測定器の性能，測定箇所，測定する電流の種類，許容値を定めている．例として IEC60601-1（医用電気機器），IEC60990（接触電流），各 UL 規格，電気用品安全法などがある．

(4) 漏れ電流試験の種類

漏れ電流には接地漏れ電流・接触電流または外装漏れ電流・患者漏れ電流と大別される．

a) 接地漏れ電流

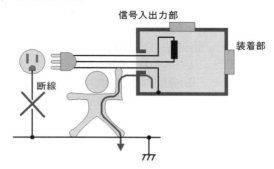

図 8.2-4　接地漏れ電流

接地漏れ電流とは保護接地線を通り，人を介して大地に流れる電流として計測する．接地漏れ電流が大きいと保護接地線が断線した場合，危険となる．（**図 8.2-4**）

b) 接触電流・外装漏れ電流

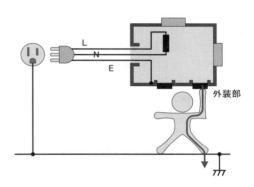

図 8.2-5　接触電流（外装－大地間漏れ電流）

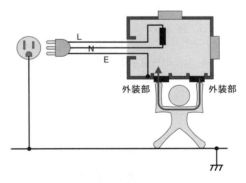

図 8.2-6　接触電流（外装－外装間漏れ電流）

接触電流・外装漏れ電流とは電気機器の保護接地していない外装に人が触れた時に流れる電流を指す．（**図 8.2-5，図 8.2-6**）CLASS I 機器は接地漏れ電流で測定されているため測定する必要がなく，保護接地されていない外装が対象となる．CLASS II 機器は保護接地されていないため全ての外装が測定対象となる．測定対象例として，プラスチック，ABS などの絶縁材料部分があたる．規格によっては接触させる部分に手のひらを模擬したプローブを使用する場合がある．

c) 患者漏れ電流

患者漏れ電流は，患者接続部から大地への患者漏れ電流，患

者接続部へ外部電圧を印加したことによる一つの F 形装着部の患者接続部を経て大地へ流れる患者漏れ電流，信号入出力部へ外部電圧を印加したことによる患者接続部から大地へ流れる患者漏れ電流，保護接地していない金属の接触可能部へ外部電圧を印加したことによる患者接続部から大地へ流れる患者漏れ電流と4種類ある．基本的には患者接続部から人に流れる電流を測定する．名称からもわかるように医用電気機器特有の漏れ電流測定項目である．

(5) 試験条件について

漏れ電流を測定する際には規格により試験条件が決められている．

a) 正常状態・単一故障状態について

正常状態とは測定する被測定機器が故障していない状態，もしくは外部に故障状態が存在しない状態で試験することである．単一故障状態とは被測定機器に備えられた保護手段の一つが故障するか，外部に一つの異常状態が存在する状態で試験することである．漏れ電流試験における故障状態は，保護接地線切れ，電源線の方線切れ，外部に接続された機器の故障などがある．

b) 電源の極性切り替えについて

電源の極性切り替えとは電気機器の L（ライブ）側と N（ニュートラル）側の絶縁性能をそれぞれ確認することである．電気機器により電源の構成や構造に違いがあるため，極性を切り替えることにより計測される漏れ電流値も変わる．

c) 測定ネットワーク

漏れ電流試験における漏れ電流は人を介して流れる電流を測定するため，人体と同じ特性をもったインピーダンスを製作し測定する必要がある．人を模擬したインピーダンスを測定ネットワークと呼ぶ．測定ネットワークは規格により異なり，抵抗一本によるものから，抵抗とコンデンサを複雑に組み合わした構成のものがある．図 8.2-7 は IEC60601-1:2005 に規定されているものである．コンデンサ間の電圧を測定し，基本抵抗素子 1kΩ で割った値を漏れ電流値として換算する．規格上は MD（Measuring Device）と呼ばれている．

また，規格によっては漏れ電流試験の種類，複雑な測定条件の組み合わせにより漏れ電流試験を実施する必要があるため，それらを簡単に試験できるという点も重要な選定項目になると考えられる．

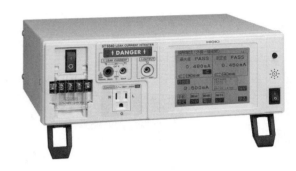

図 8.2-8　漏れ電流試験器の例

8.2.3 保護導通試験

(1) 目的と用途

電気機器の接触可能な導電部（金属外装など）が確実に接地されているのか，保護接地端子に対して十分に低い抵抗で確実に接続されているかを確認するための試験である．つまり絶縁不良が発生した際に人が触っても危険になり得ないかを確認する試験である．保護導通試験は絶縁不良を想定し，大電流を流して試験する．

(2) 試験方法

具体的に IEC61010-1:2010 で規定されている内容について紹介する．

a) 試験箇所

保護接地端子と保護接続が規定されている各接触可能部分との間の抵抗値を測定する．各接触可能部分とは電気的に接地されており，接触できる箇所．例えば金属ねじなども該当する．

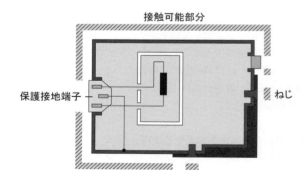

図 8.2-9　試験箇所例

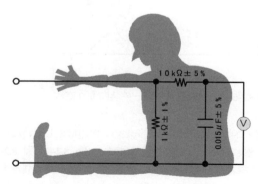

図 8.2-7　測定ネットワーク

(6) 漏れ電流試験器の選び方

本項で述べたように漏れ電流試験は規格により測定ネットワーク，漏れ電流の種類が異なる．よって，選ぶ漏れ電流試験器に被試験物が適合している規格（適合させたい規格）に沿った測定ネットワークが搭載されているかが選定条件の一つになる．

b) 試験電流

定格電源周波数における交流実効値 25A または被測定物の定格電流の2倍に等しい電流．

c) 許容値

0.1Ω （電源ソケットを持つ機器）

0.2Ω （固定電源コードを持つ機器）

上記のように規格では 25A という大電流での試験が規定されている．その理由は，大電流が流れても接地するという保護が簡単に破壊されないことを確認するためである．

(3) 保護導通試験器の選び方

保護導通試験は規格により試験条件が決められている．よって，選ぶ保護導通試験器が被試験物の参照する規格に沿った試験ができることが選定条件の一つになる．

図 8.2-10　保護導通試験器の例

（佐藤　雄亮）

8.3　記録計，ロガー

8.3.1　データロガー
(1)　概要

データロガーは，電圧，電流，温度，湿度，歪みなどの各種データを計測・保存する測定器である．一般的には，波形記録計に比べ，変化の遅い信号を計測する測定器を指すことが多い．

環境やエネルギー分野での温湿度計測や，電気設備の電圧監視に，データロガーはかかせないものである．

(2)　データロガーの種類と特徴

データロガーは，専用センサと一体化された小型単チャネルのロガーと，電圧ケーブルや熱電対を自由に外付けできる多チャネルのロガーに大別される．

図 8.3-1 に，専用センサと一体化された小型単チャネルロガーの例を示す．

図 8.3-1　センサー体型ロガーの例

小型単チャネルのロガーは，屋外や電源の取れないところでも使えるよう，数ヶ月～数年の電池駆動が可能なものが多い．

計測したデータは，数値表示画面で確認したり，専用の収集器などでデータを回収しパソコンで解析する．

測定点数が増えると，多チャネルロガーに比べてコストが割高になるので，チャネル数や電池駆動時間などを考えて選択するとよい．

図 8.3-2 に，電圧ケーブルや熱電対を自由に外付けできる多チャネルロガーの例を示す．

多チャネルロガーは，各チャネルごとに測定する対象を自由に設定できる．例えば，あるときは全チャネルで熱電対を使用して温度測定，またあるときはCH1で電圧を測定しながらCH2で温度測定するといったような設定が自在にできる．

液晶ディスプレイを搭載した機種も多く，その場合はディスプレイで各データのトレンド変化を，同じ時間軸上で観測することができる．

また，USB通信やLAN通信機能を搭載したモデルでは，パソコンへリアルタイムにデータを転送したり，ネットワークを構築して遠隔地のデータを観測することもできる．

図 8.3-2　多チャネルロガーの例

最近では，測定部と本体が分離されて無線で通信できる多チャネルロガーも登場してきている．

図 8.3-3 に，例を示す．

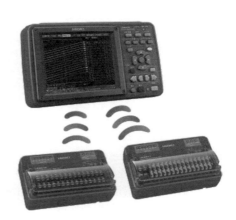

図 8.3-3　測定部と本体が分離されて無線で通信できる多チャネルロガーの例

このタイプは，複数の測定部（測定ユニット）を測定対象の近くにおき，離れたところにおいた1台の本体でリアルタイムにデータを観測できる．

多チャネルロガーに熱電対をつないで部屋の温度分布を測定するには，手元のロガーから天井や床下に何本もの線を這わせる必要があり，配線が邪魔であったり，配線が長く乱雑であるがゆえに断線したり，測定場所と入力チャネルが把握しづらいという問題があるが，測定部と本体が分離されて無線で通信できるタイプでは配線をすっきりでき，このような問題が解決される．

(3) 使用方法と使用上の注意

記録間隔や記録期間などの測定条件，測定対象やレンジなどの各チャネルの設定条件を設定した上で測定を開始する．

記録間隔が数百ミリ秒から設定できる多チャネルのロガーでは，記録間隔により除去できるノイズの周波数も変わるので，取扱説明書をよく確認するとよい．多チャネルのロガーは，1つの測定回路に対して，入力をリレーで切り替えてデータを取り込む構成のものが多く，50／60Hzの電源ノイズを除去するには，1チャネルあたり約20msの間の平均を取る必要があるため，少なくとも20ms×チャネル数分の時間が必要となる．記録間隔が長い方が平均する時間を長く取れ，低い周波数からノイズを除去できるので，不必要に速い記録間隔を設定せず，できるだけ長い記録間隔で測定すると安定した測定ができる．

また，多チャネルロガーでは違う電位の電圧や温度を測定することも多いので，測定器のチャネル間最大電圧および対地間最大電圧を確認した上で使用することが重要である．

例えば，AC100Vラインの活線部の温度を，熱電対を直接貼り付けて測定する場合，チャネル間最大電圧および対地間最大電圧がAC100VもしくはDC141V以上ある測定器を使用しないと測定器を破損し，最悪の場合には測定対象を破壊する恐れがある．

8.3.2 波形記録計
(1) 概要

波形記録計は，商用電源の波形から数百kHzの波形まで，速い信号の波形を計測・保存する測定器である．

(2) 波形記録計の種類と特徴

大枠ではオシロスコープも波形記録計に含むが，入力電圧や絶縁性能など工業用に適した波形記録計と区別されることも多い．

工業用に適した波形記録計は，オシロスコープに対し分解能が高い，入力可能電圧が数百Vと高い，チャネル間および本体-入力間が絶縁されているなどの特徴がある．

数MHz以上の高速な波形を観測するにはオシロスコープを選択する，入力電圧が高い場合や異なる電位の波形を同時に観測するには工業用に適した波形記録計を選択するなどを，用途に応じて使い分けるとよいだろう．

冷凍機などインバータ制御される機器においてインバータの出力電圧を測定する場合，出力電圧が高く，基本波の低速領域（50／60Hz）とスイッチングの高速領域（約20kHz）が混在しているため，オシロスコープでは測定が難しい．基本波と高周波を同時に観測したり，スイッチング素子の温度を同時に測定したりする必要があるインバータの評価・検査・測定には，絶縁電圧が高くメモリ長が大きい波形記録計が適している．

図 8.3-4 に，波形記録計の例を示す．

この製品のように，測定対象に応じて，電圧測定用・温度測定用・振動測定用といったユニットを自在に差し替えできるようにした製品や，記録紙に波形を描画したり印字できる製品もある．

カーソル機能により波形から数値を読み取ったり，最大値や平均値などを演算することもできる．また，FFT機能が搭載されていれば，記録した振動波形から何Hzの振動が乗っているかなども解析することもできる．

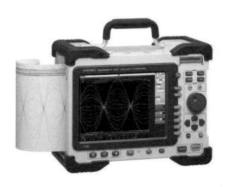

図 8.3-4　波形記録計の例

(3) 使用方法と使用上の注意

現在の波形記録計のほとんどは，入力波形をA/Dコンバータでデジタル値に変換して波形を表示している．デジタル値に変換することをサンプリングという．

このサンプリング速度に対して，測定する信号の変化が速くなると，ある周波数を境に実在しない遅い信号が記録されてしまう．この現象をエイリアシングという（**図 8.3-5**）．

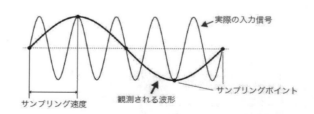

図 8.3-5　エイリアシングの例

エイリアシングをおこさないためには，波形の周波数を考え，1周期あたり2サンプル以上となる時間軸レンジを選択す

る必要がある．なるべく高速レンジから測定するよう心がけるとよい．波形のピークを捉えるためには1周期あたり25サンプル以上となる時間軸レンジを選択するとよい．

横軸方向の設定が時間軸なら，縦軸方向の設定が電圧軸である．

電圧軸が高感度になるほど，測定値の分解能は上がるので，波形の最大・最小が設定レンジの測定範囲をオーバーしない範囲で，できるだけ高感度のレンジに設定するとよい．繰り返し波形の場合には，オートレンジ機能により，自動的に最適なレンジに設定できる．

波形記録計には，定常と違う信号が発生したときに自動的に測定を開始するようトリガ機能が搭載されている．トリガには，レベルトリガ，ウインドウトリガ，電圧降下トリガ，ロジックパターントリガなどがあり，例えばレベルトリガは入力信号が設定したトリガレベルを横切ったときに自動で測定を開始する．

プリトリガ機能が搭載されていれば，トリガ時刻以前の波形も記録できる．（**図 8.3-6**）

トリガをどう使いこなすかが，異常現象の波形を捉えるキーとなる．

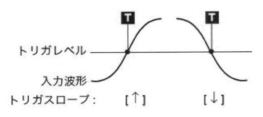

図 8.3-6　レベルトリガ

波形記録計を選択，使用する際，安全上最も注意しなければいけないのが，最大入力電圧および対地間最大電圧である．最大入力電圧および対地間最大電圧を越えると，測定器を破損したり感電事故につながる恐れがあるので注意が必要である．

普段DMM（Digital Multi Meter）などで数値を測定している方も，波形を測定することで，波形の歪みや突発的なノイズなどが起きていることに気づくことも多い．波形記録計を有効に活用していきたい．

(倉島　孝行)

8.4　工事用測定器

8.4.1　絶縁抵抗計

(1)　概要

絶縁抵抗計は，直流の高電圧を出力し，このとき測定対象の絶縁物（ケーブルの被覆など）に流れる微小な電流を測定することで，抵抗値を測定するための測定器であり，主な用途は，電路間，電路と大地間の絶縁抵抗，機器の配線と外装間の絶縁抵抗の測定などである．

絶縁抵抗計の出力電圧のことを定格測定電圧といい，例えば5種類の定格測定電圧を出力できる絶縁抵抗計を5レンジ絶縁抵抗計と呼んでいる．**図 8.4-1**にその例を示す．

図 8.4-1　5レンジ 絶縁抵抗計の例

絶縁物の中には，高い電圧で測定するほどその抵抗値が小さくなるものがある．このため，絶縁測定するときには，その絶縁物が使用されている電圧よりも高い電圧を印加して測定する必要がある．しかし，印加する電圧が高すぎると測定対象の電気設備などを故障させてしまうことがある．このため，絶縁測定には，最適な電圧を選択しなければならない．**表 8.4-1**に主な使用例を示す．

一般的なテスタ（回路計）の出力電圧は10 V以下であるので，絶縁測定に使用することはできない．

(2)　絶縁抵抗計の種類

昔は低圧機器の試験には，機器の定格電圧にかかわらず500 Vが使われていたが，OA機器の普及にともない，絶縁試験時に故障してしまう事例が報告されたため，近年は電路や設備の使用電圧によって，125 Vや250 Vを選択して使用するようになっている．このため，複数の定格測定電圧を搭載した絶縁抵抗計が多く使われるようになった．

表 8.4-1　絶縁抵抗計の主な使用例

定格測定電圧	使用例
25 V，50 V	電話回線用機器，防爆機器の絶縁測定
100 V，125 V	100 V系の低電圧配電路および機器，制御機器の絶縁測定
250 V	200 V系の低圧配電路および機器の絶縁測定
500 V	600 V以下の低電圧配電路および機器の絶縁測定
1000 V	600 Vを超える回路および機器，高圧ケーブル，高電圧機器，高電圧を用いる通信機器などの絶縁測定

絶縁抵抗計には，指針形とデジタル形がある．

指針形は，**図8.4-2**に示すように対数目盛になっており，1つの定格測定電圧につき1本の目盛が対応するのが一般的であるが，複数の定格測定電圧を1本の目盛にまとめたものもあり，読み取りミスを防ぐのに効果的である．図8.4-2は，4レンジ絶縁抵抗計の目盛であるが，125V，250V，500Vが1本にまとめられている．

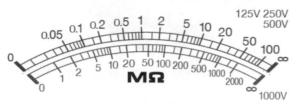

図8.4-2　指針形の目盛

指針形を使うメリットは，指針の動きで良否を瞬時に判断できることである．測定値の記録の必要がなく，多くの回路を点検する場合に適している．

デジタル形のメリットは，高精度の測定ができること，コンパレータ機能（ユーザがあらかじめ設定した値以下のときにブザーが鳴る）が使えることである．近年は，指針形と同程度の応答特性をもち，かつ，弱点であった表示値のふらつきを解消したデジタル形も登場している．

また，テストリードの改良も進んでおり，手持ち部分にリモートスイッチがついたもの，先端にペンライトがついたものもある．

絶縁抵抗計の選定にあたっては，適切な定格測定電圧を搭載した製品を選択することが重要である．特に500V，1000Vの高い定格測定電圧が搭載されていると，誤って低圧機器に高電圧を印加して故障させてしまうリスクが発生する．よって，必要最低限の定格測定電圧が搭載されている製品を選ぶようにして，500V，1000Vが必要な場合は，誤印加を防止する機構を搭載した製品を選択するとよい．また，日本工業規格のJIS C 1302の最新版に適合していることも重要なポイントである．特に官公庁関係からは，JIS適合製品の使用を要求されることが多い．

(3)　使用方法と使用上の注意

絶縁抵抗計の測定端子は，EARTH端子およびLINE端子であり，EARTH端子に黒色のテストリードを，LINE端子に赤いテストリードを接続して使用する．

絶縁測定する前には，テストリードが断線していないことを点検するため，テストリード先端を短絡した状態で測定し，測定値が0Ωになることを確認する．また，電池の電圧が十分なこともバッテリチェック機能によって確認しなければならない．電池の電圧が低下すると，規定の電圧を出力することができなくなる．一般的に指針形の場合は，使用中に電池電圧が低下してもわからないので，十分な電池残量の電池で測定を始めることを推奨する．

絶縁抵抗計の故障が疑われる場合は，DMM（8.4-5）を使って，簡易的にチェックすることができる．絶縁抵抗計の出力電圧は，定格測定電圧の1倍～1.3倍であるので，チェックには，定格測定電圧の1.3倍以上を入力可能なDMMを使用する．チェックの方法であるが，DMMを直流電圧ファンクションにセットして，絶縁抵抗計と接続し，絶縁抵抗計の測定スイッチをONにする．一般的なDMMの入力抵抗は10MΩであるので，絶縁抵抗計が10MΩ付近を表示し，DMMが絶縁抵抗計の定格測定電圧以上の電圧を表示することを確認する．

測定に際しては，まず，電圧測定ファンクションにセットして，測定対象が通電状態ではないことを確認する．屋内配線を測定する場合は，必ず主幹ブレーカをOFFにしてから，テストリードをブレーカの2次側に接続する．それから適切な定格測定電圧を選択し，測定スイッチをONにして絶縁抵抗を測定する．特に低圧機器に500Vや1000Vを誤印加することがないように注意しなければならない．低圧電路の判定基準は，電気設備技術基準や内線規程において**表8.4-2**のように決められている．

表8.4-2　低圧電路の電圧区分による規制値

電路の使用電圧の区分		絶縁抵抗値
300V以下	対地電圧が150V以下	0.1MΩ
	その他	0.2MΩ
300Vを超えるもの		0.4MΩ

測定値を読み取った後は，測定対象にチャージされた電荷を放電するために，テストリードを測定対象に接続したままの状態で測定スイッチをOFFにする．一般的な絶縁抵抗計には放電機能が搭載されており，指針形の場合は，指針が無限大位置に戻るまで待ち，デジタル形の場合は，バーグラフや活線警告表示が消えるまで待つ．その後，テストリードを測定対象からはずす．測定対象が容量成分（静電容量）を持っている場合，このような手順で放電をしないと，印加した電圧がチャージされたままになってしまうので注意が必要である．

アース（大地）と電路の間の絶縁測定するときは，EARTH端子を大地に接続しなければならない．絶縁抵抗計の出力電圧の極性はEARTH端子が＋極，LINE端子が－極になっている（赤いケーブル側が－極であることに注意）．これは，ケーブルなどと大地の間の絶縁測定をする場合，大地側を＋極に接続した方が，－極に接続した場合に比べて抵抗値が低くなることが一般的であるとされているためである．

絶縁測定をしていると，測定値がふらつくことがある．この原因の1つは測定対象が容量性（コンデンサ）の場合である．一般的な絶縁抵抗計は，2μF程度までの容量に耐えられるようになっているが，それ以上の容量を測定すると測定値がふらつくので，測定対象にコンデンサが接続されている場合は外して測定する．

近くに通電状態の電路があると，容量結合などによって測定対象の電路に誘導ノイズが発生し，ふらつく場合もある．この場合は，近くの電路のブレーカもOFFにする．ノイズに強い絶縁抵抗計を選定しておくことも大切である．

また，絶縁物の絶縁抵抗は，安定したものではなく，温度や湿度の影響を大きく受けるため，測定値がふらつくが，これを防ぐ手段はない．長年使用しているテストリードのケーブルが劣化してきた場合も，測定値がふらつくので，テストリードは定期的に交換することを推奨する．

8.4.2 クランプ電流計
(1) 概要

一般的に，電路に流れている電流を測定するためには一旦電路を切断し，電路に直列に電流計を挿入した後に再度通電する必要があるため，冷凍設備など電路を遮断することが困難な箇所の電流測定を行うことは難しかった．

クランプ電流計は電路を切断することなく，電流の流れている配線をクランプするだけで電流測定が可能な測定器である．これは設備を止めることなく通電状態のまま着脱可能なことを意味し，電流計を恒久的に設置することが難しい箇所の電流を一時的に測定する場合に有用である．図8.4-3にクランプ電流計を用いた電流測定の様子を示す．

負荷を接続した後の電路では，設備の稼動状態における負荷電流が定格内であるかを確認するために，主にブレーカ2次側で負荷につながる活線の1本をクランプ電流計でクランプして電流を測定する．定格を超えて電流が流れると電路や機器は発熱し，火災の原因ともなるために重要な確認項目のひとつである．

図8.4-3　電流測定の様子

測定原理としては，配線を流れる電流に比例した磁界がアンペールの右ねじの法則にしたがって発生し，この磁界をクランプセンサで捉え，電流値に換算する処理を内部で行っている．発生する磁界を式(8.4-1)に示す．ここで，Hは磁界，Iは電流，rは電流からの距離である．

$$H = \frac{I}{2\pi r} \qquad (8.4\text{-}1)$$

距離によって磁界が変化するにもかかわらず，クランプセンサ内のどの位置で測定してもほぼ同じ値で測定できる理由は，磁気コアに磁界が集められるためであるが，測定確度を規定しているのは一般的にクランプセンサの中心であり，その他の位置における測定確度は導体位置の影響分が加算されることに注意が必要である．このため，より正確な測定を行うためには可能な限りクランプセンサの中心で測定する．

(2) クランプ電流計の種類

クランプ電流計には，回路計のように電圧や抵抗測定機能を併せ持つ機種もある．

また，前述の負荷電流測定用の他に，漏れ電流の測定に特化した機種も存在する．このような漏れ電流用クランプ電流計は，負荷電流用と比べ構造に大差は無いが，微小電流を測定するために感度が数百倍から数千倍程度高くなるように設計されている．漏れ電流用クランプ電流計を用いて電路の往復線または接地線をクランプして，電流の不均衡を検出することで，漏れ電流値を測定する．この漏れ電流値から電路の絶縁状態を把握することができる．絶縁抵抗計のように停電することなく絶縁管理ができ，厳密な測定値よりも良否判定のみをすばやく行うことが求められる日常点検に用いられることが多い．

さらに近年では，漏れ電流でも絶縁劣化と関係のない容量成分の漏れ電流（Ioc）を除去し，絶縁管理に必要な有効漏れ電流成分（Ior）のみを抽出できる機種も注目を集めている．図8.4-4にクランプ電流計の例を示す．

図8.4-4　クランプ電流計の例

クランプ電流計には，さらに交流電流（AC）専用機種と，交流および直流（AC/DC）を測定できる機種が存在し，用途に応じて使い分ける．

AC専用クランプ電流計は，主に50/60 Hzの商用電源の電路測定に用いられ，磁気コアに対して巻線を行うことで電流トランスを構成している．直流磁界に対する感度が無いが構造がシンプルであり，負荷電流用クランプ電流計は比較的安価である．一方，漏れ電流用クランプ電流計は，一般家庭やビル，工場などの商用ラインの絶縁管理用途に使われているためAC専用であることが多いが，高感度にする必要があるため，磁気コアに高透磁率のパーマロイが使用されることが多く，比較的高価である．

AC/DCクランプ電流計は，磁気コアの先端部にホール素子を備え，交流だけでなく直流磁界に対しても感度をもっていることが特徴である．商用電源ラインはもちろん，太陽光パネルやバッテリー駆動負荷，直流溶接電流など，AC専用クランプ

電流計では対応できない直流電流も1台で対応できる．直流を測定する場合には，極性があるのでクランプの向きに注意する．

(3) 使用方法と使用上の注意

　前述した負荷電流測定と漏れ電流測定は測定方法が大きく異なる．負荷電流は電路の1本だけをクランプするのに対し，漏れ電流は往復線を同時にクランプすることで測定する．往復線を測定すると行きと帰りの電流で相殺されるため通常は0 mA表示となるが，絶縁不良によって漏電が発生している場合は完全に相殺されず，差分が漏れ電流として表示される．一方，負荷電流を測定したい場合において誤って往復線をクランプしてしまうと，電流が流れているにもかかわらず0 A表示となるので，注意が必要である．図 **8.4-5** に測定方法の違いを示す．

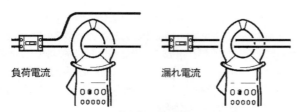

図8.4-5　負荷電流と漏れ電流の測定方法

　クランプ電流計の交流電流測定方式には，平均値整流実効値指示方式（平均値方式）と真の実効値指示方式（真の実効値方式）の2種類が存在する．実効値とは，直流と同じ仕事をする交流の値のことである（図 **8.4-6**）．正弦波であれば100 V$_{rms}$（実効値）の最大振幅は約±141 Vとなる．

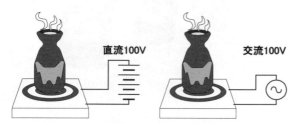

図8.4-6　直流と同じ仕事をする交流（実効値）

　平均値方式は，測定対象が"正弦波である場合に限って"正しい実効値を示す測定方式である．一方，真の実効値方式は，"波形によらず"正しい実効値を示す測定方式である．
　平均値方式は電気回路の構造がシンプルであるため安価であり，主に簡易的な点検用に使用される．
　真の実効値方式は歪んだ波形でも正確な実効値を求められるような工夫がされており比較的高価である．
　近年インバータ制御の機器が増加してきたことで，50/60 Hzの商用電源の電流波形は電圧波形に比べて歪んで正弦波とみなせないことが多くなっており，より正確な測定値を必要とする場合は真の実効値方式のクランプ電流計を選択する（図 **8.4-7**）．

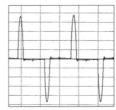

インバータ等のひずんだ電流値を，従来からの平均値方式と真の実効値方式で比べてみると・・・

インバータ（1次側）の電流波形

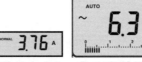

平均値方式の　　真の実効値方式
クランプ電流計　クランプ電流計

図8.4-7　真の実効値方式

8.4.3　接地抵抗計
(1)　接地工事と接地抵抗

　接地工事とは，電気器具の金属製外箱や柱上変圧器の中性点を大地に接続するための工事のことで，具体的には，銅製の棒や板を地中に埋め込み，機器などと電線で接続する工事のことである．接地工事をすることにより電気設備が故障したときの感電事故や漏電による火災，変圧器内部の混触事故による低圧電路への高電圧の侵入を防止することができる．接地工事は，その接地抵抗が適正な値以下でないと，その機能を果たさない．
　接地抵抗とは，接地端子と大地の間の抵抗のことであり，接地導体の抵抗，接地導体と大地の接触抵抗，大地の抵抗がある．我が国では，これらの総和を接地抵抗と呼んでいる．
　接地工事を適用する対象によって，その接地抵抗の値が表 **8.4-3** のように決められている．

表8.4-3　接地工事の種類

接地工事の種類	接地抵抗	接地工事の対象
A種	10 Ω以下	高圧または特別高圧用の機器の外箱など
B種	150／（変圧器の高圧側または特別高圧側の電路の1線地絡電流[A]）Ω以下*	特高および高圧電路と低圧電路を結合する変圧器の中性点など
C種	10 Ω以下**	300 Vを超える低圧の機器の外箱など
D種	100 Ω以下**	300 V以下の機器の外箱など

*　遮断装置を設けることによる緩和措置がある
**　地絡保護をおこなう場合は500 Ω

(2)　接地抵抗計の概要

　指針形の接地抵抗計を図 **8.4-8**，測定原理を図 **8.4-9** に示す．接地抵抗計には，E，P，Cの3つの測定端子がある．E端子は

測定する接地電極（E電極）に接続する．P端子およびC端子は，測定するために大地に打ち込む補助接地電極（P電極およびC電極）に接続する．E電極－C電極間に測定信号を出力し，E電極－P電極間に発生する電圧を測定することで，E電極の接地抵抗を測定する．

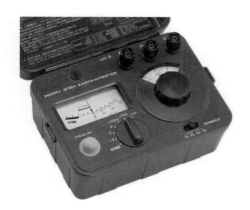

図 8.4-8　接地抵抗計（電位差計式）

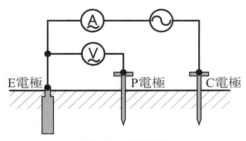

図 8.4-9　測定原理

また，接地抵抗計は，交流信号で接地抵抗を測定する．交流信号を用いるのは，大地は電解質のような性質をもっているため，分極作用と呼ばれる作用があり，直流電流を流すとその電流と反対向きの起電力が発生して正確な測定ができなくなるためである．そのため，接地抵抗の測定には一般的に数十Hz～1 kHzの矩形波や正弦波が用いられる．

（3）接地抵抗計の種類

測定方式により，電位差計式と電圧降下式の2種類がある．電位差計式には，指針形しかないが，電圧降下式には，指針形とデジタル形がある．

電位差計式は，検流計を使って測定する方式で，一定ではない電流を出力し，電流信号と電圧信号の両方を検出し，検流計の指針の振れがゼロになるように抵抗ダイヤルを回して測定する方式である．それに対して，電圧降下式は一定の電流を出力して，電圧信号を測定する方式であり，こちらは抵抗ダイヤルの調整はなく，測定値を直読することができる．

（4）3電極法による測定方法

接地抵抗の測定方法には，3電極法（精密測定），2電極法（簡易測定）と呼ばれる2種類の方法がある．

3電極法で接地抵抗の測定のためには，図 8.4-10 のような補助接地棒と呼ばれる金属製の棒を地面に打ち込む必要がある．

図 8.4-10　補助接地棒

補助接地棒を図 8.4-11 のようにそれぞれ10 m離れた地面に打ち込み，測定コードでつなぐ．距離を離して補助接地電極と打ち込む理由は，大地の抵抗率は比較的大きいため，E電極，C電極から比較的離れた位置でも電圧降下が生じ，この電圧降下が生じる範囲にP電極を打ってしまうと正確な測定ができないためである．

また，補助接地棒は，小石の多いところや砂地を避け，できるだけ湿った地面に打ち込むのがよい．乾いた土は抵抗値が高いので，土が湿っている深さまで打ち込むとよい．

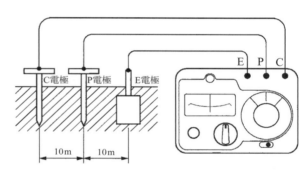

図 8.4-11　接続方法（3電極法）

測定コードを接続したら，地電圧が許容範囲に入っていることを確認する．接地電極に電気設備がつながっていると，接地電極に漏洩電流が流れ込み，地電圧が発生する場合がある．許容範囲以上の地電圧が発生している場合には，つながっている電気設備を切り離す．

次に，P電極，C電極の接地抵抗が許容範囲内に入っているかどうかを確認する．許容範囲の上限は一般的に5 kΩ程度である．

P電極，C電極の接地抵抗が許容範囲に入らないときは，補助接地棒に水をかけるのが効果的である．水をかけても下がらないときには，打ち込む場所を変更する．場所を変えてもまったく効果がないときは，測定コードが断線していないか確認する．P電極，C電極の両方が許容範囲に入っていることが確認できたら，接地電極の測定をする．

都市部において，補助接地棒を打ち込む地面がない場合がある．この場合は，コンクリート上に補助接地電極を設けることもできる．コンクリートの上に補助接地棒を寝かせて置き，水をかけることで補助接地電極にすることができる．この方法で補助接地電極の接地抵抗が下がらない場合には，図 8.4-12 の

補助接地網を使用する．アスファルトは絶縁物であるため，アスファルト上に補助接地電極を設けることはできない．

図 8.4-12　補助接地網

メッシュ接地，環状接地，構造体接地などの大規模な接地電極は，接地抵抗が低く，また，補助接地極を数百メートル離れたところに打ち込まなければならない．正確に測定するためには大電流を流す必要があり，図 8.4-8 のようなハンディータイプの接地抵抗計で測定することは難しい．

(5)　2電極法による測定方法

2電極法は，主にD種接地工事の簡易チェックに使用される方法で，商用電源の柱上変圧器などの低圧側のB種接地工事を利用して測定する方法である．

測定前に，接地抵抗計の測定方法を切り替えるスイッチによって，2電極モードに設定する．一般的に2電極モードでは，商用電源に設置されている漏電ブレーカがトリップしないように，3電極モードに比べて測定電流が低くなるように設計されている．

つづいて，商用電源のアース側（N側）に電圧がないことを検電器などで確認する．

図 8.4-13 のように，E 端子を接地電極に，C 端子を商用電源のアース側（N側）に接続する．絶対に商用電源のL 側に接続してはならない．3電極法の場合と同様に地電圧の確認を行ってから接地抵抗を測定する．

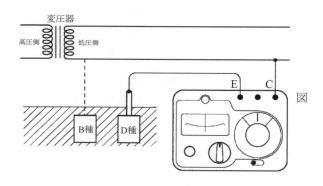

8.4-13　接続方法（2電極法）の例

この接続で測定すると，測定値は，D種接地工事とB種接地工事の接地抵抗の和となる．D種接地工事は，接地抵抗が100 Ω以下ならば合格であるので，測定した接地抵抗の和が100 Ω以下ならば，少なくともD種接地工事は100 Ω以下であることが確実であるので，合格と判断できる．B種接地工事は，通常数十 Ω以下に管理されている．

8.4.4　検相器
(1)　概要

電気工事における通電確認では，絶縁抵抗測定による絶縁性能の確認，所定の電圧確認とともに重要となる検査が検相で，検相は三相電路（三相3線，三相4線）における必須検査項目である．三相電路には位相の異なる交流電圧が印加されており，各相の電圧には相順が存在する．この相順を確認することを検相という．

もし三相電路の結線を間違えてしまえば，機器の破損や事故につながる危険がある．このため，検相器と呼ばれる相順確認ツールを使用する．三相電源が必要となる動力系設備やトランスの設置・移設，三相モータの設置工事には，検相器が欠かせない存在である．

(2)　検相器の種類

三相電路には高圧・低圧が存在し，それぞれの場面で検相器は必要である．ここでは低圧電路向け検相器を紹介する．

低圧電路向け検相器には，直接電路の金属露出部にケーブルを接続して円盤の回転方向で相順を確認する基本的な機種と，電線の被覆上で相順確認できる金属非接触式（**図 8.4-14**）がある．検相器を使用するとき，危険な電流の流れる電路の金属露出部分に検相器の3本のケーブルを接続して使用する．そのため，電気工事業者では，安全確保のために複数名の作業者によって検相確認作業を実施するように定めている．

また，金属非接触式検相器は作業者の安全と作業効率を格段に向上させている．金属非接触式検相器とは，電気理論における静電誘導や静電結合の原理を用いた検相器のことで，電線の被覆上から検相作業が可能となっている．電路の金属露出部分を探すことなく，検相器のケーブル先端に配置された電圧クリップを被覆線に挟むだけの接続作業で済む．この簡単な作業は検相作業の効率を向上させ，一人でも検相ができるだけでなく，危険な金属露出部分に近づく必要がない分，安全確保が容易であるといったメリットが挙げられる．

図8.4-14　金属非接触式検相器

(3)　三相回路の配色と呼称

検相器には，相の識別に色や呼称が付けられている．しかし，すべての電路と一致するわけではないことに注意する必要がある．日本国内で販売されている国内メーカの検相器のほとんどは，第1相，第2相，第3相の順に赤，白，青を配したケーブルやクリップを用意している．これは日本電機工業会規格 JEM 1134に示された相配色を適用しているが，実際の現場で

はこの通りではない.

表 8.4-4 に,日本国内で使用されている低圧三相回路の相の配色で代表的なものを一覧表にまとめた.このように管轄や組織で相の配色が異なっている.さらに,色だけでなく各相の呼称についても多種多様であり,R/S/T,U/V/W,B/W/R,A/B/C などがある.

このような事情から,現場で電路の配色を暗に信用することは危険で,検相器を用いて正しく相順を把握する重要性がおわかりいただけると思う.

表8.4-4 低圧三相回路の相配色例

規格,管轄	第1相	第2相	第3相
JEM 1134	赤	白	青
北海道電力	青	赤	白
東北電力	赤	白	黒
東京電力	黒	赤	白
中部電力	青	白	赤
北陸電力	赤	白	黒
関西電力	黒	白	赤
中国電力	赤	白	青
四国電力	赤	白	黒
九州電力	白	赤	青
沖縄電力	赤	白	黒
電源開発	赤	白	黒
官庁・三相3線	赤	白	青
官庁・三相4線	赤	黒	青

8.4.5 DMM
(1) 概要

デジタルマルチメータ(Digital Multi Meter:DMM)は,電圧・電流・抵抗などの複数の測定機能を持つ測定器であり,一般的にはマルチメータや,テスタ,回路計などと呼ばれる.アナログのものと比べて確度に優れ,数字を直読することができるため読み取り誤差もなく正確に測定できる.また電圧レンジの入力インピーダンスが高いため他の回路への影響も小さい.

DMMの用途は電気設備の施工,保守点検から研究開発に至るまで多種多様で,各用途に合わせて多くの製品が開発され市場で販売されている.図8.4-15にDMMの例を示す.

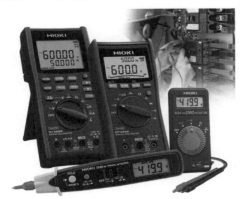

図8.4-15 一般的なDMMの例

(2) DMMの種類

DMMには様々な形状のものがあり,カード型,ペンシル型,ハンディー型,ベンチ型などに分類される.

カード型は携帯性にすぐれ,胸ポケットにいれておけるサイズで常に持ち歩くことが容易である.ペンシル型は本体からV端子側のプローブピンが出ているため,本体を置くことなく両手で測定することができ,操作性に優れている.ハンディー型は一般的にカード型やペンシル型よりも確度や安全性,耐ノイズ性といった面で優れている.ベンチ型は持ち運びには向かないが高精度での測定が可能である.

最近では新たな付加機能の提案もなされている.測定値が安定したら自動的に表示値をホールドする機能,静電誘導電圧を検出しないように低入力インピーダンスで測定する機能,自動で交流電圧と直流電圧を判別して測定する機能.最大値,最小値,平均値を記録する機能,パソコンと通信する機能などがある.これらは測定を効率よく行うための付加機能であるので上手く利用するのがよい.

(3) 測定カテゴリ

DMMで最も使う機能である電圧測定は,電気回路の数V程度の電圧測定から,商用電源などの電力ラインの測定など様々である.ここでは危険が伴う電力ラインの測定についての留意点を説明する.

特に電力ラインの測定では,測定カテゴリについて十分理解した上で,DMMを正しく使う必要がある.測定カテゴリとは,測定器の国際安全規格IEC 61010で定めた測定器の使用場所を安全のレベルを基準に分類したものである.

図8.4-16に示すようにCAT II～CAT IVに分類される.工場などの電力ラインでは電磁弁や負荷の開閉,また落雷などにより電源電圧の数倍の過渡的な高電圧(インパルス電圧)が発生する可能性があり,安全規格に適合した測定器は,想定されるインパルス電圧に耐え得る設計となっている.

DMMを選ぶ際は,形状や機能を見るよりも先に測定カテゴリが適合しているかを確認することが重要である.また,測定に使用するテストリードにも測定カテゴリがあるため,テストリードの測定カテゴリも適合しているか確認しなければならない.適合しているかどうかは,テストリードの測定カテゴリの表記で確認することができる.

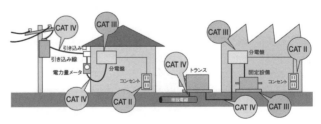

図8.4-16 測定カテゴリの分類

(4) 使用方法と使用上の注意

DMMは電圧・電流・抵抗など複数の測定機能を1台にまとめた便利な汎用測定器である.その反面,測定対象との接続方法やDMMの設定を誤ると感電事故や短絡事故につながる

ため注意が必要である．ここではDMMの一般的な機能である電圧・電流・抵抗の測定について説明する．

DMMの測定端子はV端子とCOM端子とA端子である．電流以外の測定を行う場合，V端子には赤色のテストリードを，COM端子には黒色のテストリードを接続する．テストリードを接続する際にはテストリードの被覆が破れていないか目視で確認する．またテストリードが断線していないか導通チェックの機能を使用して，テストリードの先端を短絡して表示が0Ωになることを確認する．

次に電池残量を確認する．電池残量が減っていると測定確度を保証しないものもあるため，電池が消耗している場合は電池を交換する．ここまでが測定を開始するまでの点検である．

電流の測定を行う場合は赤色のテストリードをA端子に接続する．A端子の入力インピーダンスは低く誤った接続をすると測定対象を短絡させることになるため注意が必要である．誤接続防止のためにA端子にシャッタがついた製品や，A端子自体がなくクランプセンサで電流の測定をする製品もある．短絡事故防止のためには，このような製品を選ぶことが有効である．図8.4-17にテストリードの誤接続防止を考慮した製品の一例としてシャッタ付DMMの端子部分を示す．設定したファンクションにおいて使用しない端子がシャッタで塞がれるため，電圧測定時にテストリードをA端子に誤接続することを防止できる．

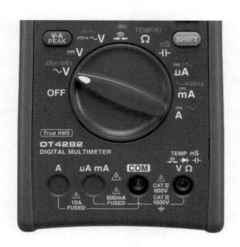

図8.4-17　シャッタ付DMMの端子部

測定をする場合，DMM本体のファンクションを設定してからテストリードを測定対象に接続する．これは選択するファンクションによって入力インピーダンスが変わるからで，測定対象に接続した状態でファンクションを切替えた場合，入力インピーダンスの低いファンクションに切り替わることで測定対象の機器に損傷を与えたり，操作者が危険な状態に陥る可能性があるためである．

電圧測定は測定対象と並列に接続，抵抗測定は測定対象の両端に接続し，電流測定は負荷と直列に接続する．抵抗の測定を行うときは測定対象に電位が出ていないか確認する．電位が出ていると正しい値が表示されない．

測定後は逆の手順で，測定対象からテストリードを外してからファンクションをOFFの位置に切替えることで安全に測定を終えることができる．

測定に適したDMMを選び，正しい方法で安全に測定をしていただきたい．

(斎藤　竜太)

第9章. 振動・騒音・変位

本章では振動・騒音・変位レベルの測定方法について述べる．振動・騒音測定の原理，各種ピックアップ，信号波形の周波数分析と振動データの表示について説明する．騒音の基本量である音響パワーの測定方法，音の評価方法とデシベルの計算および騒音と振動の測定規格について解説する．

9.1 振動測定

9.1.1 はじめに

冷凍機器に不具合が現れる現象は，振動が多いといわれている．振動測定は冷凍機器の状態監視と診断の中で最も有用な技術であり，その概要と応用例を概説する．振動が発生したら危ないものと誤解を与える可能性があるために，振動には安定した振動や冷凍機器を運転する上で安全且つ避けられない振動が多々ある．それを理解しないでやたら振動を小さくしようとする行為は多大な費用を要することにつながりかねないからである．振動測定は，冷凍機器から発生する振動を測定・分析・診断することで冷凍機器に発生する多くの異常が診断できることを示している．

9.1.2 振動測定の方法

(1) 各種の振動ピックアップ

最近の振動測定は，機械的振動を電気的信号に変換する方法がとられている．機械的振動を電気的信号に変換する変換器を機械的電気式ピックアップと呼んでいる．

現在，振動測定に使用される代表的な振動ピックアップについて述べる．

a) 圧電形ピックアップ

チタン酸バリウムやチタソン酸バリウム等に機械的ひずみを加えると，電位差を発生する．この圧電現象を利用するピックアップが圧電形ピックアップで図 9.1-1 のような構造である．

ピックアップのケースが振動を受けると，質量は振動する力を圧電素子に与える．この力は質量の加速度に比例するから，ピエゾ効果によって質量の加速度に比例した電圧が発生する．振動計の原理で固有振動数ω_0を高くし，周波数ωとして$\lambda=1$ $\omega/\omega_0 \ll 1$になる様な条件の場合は，質量の加速度はピックアップ全体の加速度に正比例することから，結局，ピックアップに作用する振動加速度に比例した電圧が得られる．

このようなピックアップの一般的特徴は，

i) 測定周波数の上限が高く，固有振動数は 15～50 kHz 程度である．

ii) 電圧感度は 10～100mV/g 位のものが多い．

iii) 寸法は比較的小形で 15φ×25mm～8φ×8mm 程度，重さ 1～35g 程度である．

iv) 非常に多くの種類のピックアップが市販されており，目的にかなったピックアップを選択する．

b) ひずみゲージ形ピックアップ

ひずみゲージでブリッジ回路を構成して，ブリッジ辺の抵抗がピックアップに加わる加速度に比例して変化する時の不平衡電圧をとり出すもので，このタイプの特徴は，

i) 測定振動数範囲は 0Hz から 1kHz 程度が普通であるが 5kHz 程度まで測定可能なものもある．

ii) 測定容量範囲は±0.25～±1000g 位である．

iii) 比較的小形で軽量である．

c) 動電形ピックアップ

このタイプは電磁誘導現象を利用したもので，図 9.1-2 のような構成になっている．

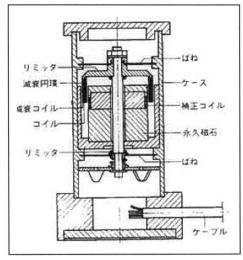

図 9.1-2 動電型ピックアップ

コイルを有する質量がばねによって吊られておりフレームが振動すると，コイルは永久磁石による磁束を横切り，その速度に比例した電圧が誘導される．通常系の固有振動数の上で使用されるのがほとんどである．この形の特徴は次の通りである．

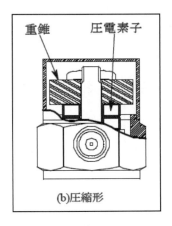 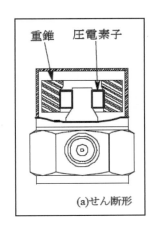

(a) 収縮形　　　　　　　(b) せん断形

図 9.1-1　圧電形ピックアップ

i) 外部電源を必要としない.
ii) 内部インピーダンスが低く外部雑音に強い.
iii) 感度の低下なしに長いケーブルが使用できる.
iv) 測定振動数範囲が狭く,数 Hz から数百 Hz の範囲である.
v) 非常に使いやすく,振動速度および振動変位の測定にはこの種のピックアップが使用されている.
vi) 比較的大型で重い.

(2) 振動測定の方法選択

振動を表現・評価するには,表 9.1-1 に示すような変位・速度・加速度の三種類の振動値がある.振動評価に最も一般的に使用されているのは速度であるが,大型冷凍機器では変位が,高速冷凍機器では加速度が使用されており,それぞれの機械に適した振動値が使い分けられている.また,それらの振動値に対して振動センサーの種類や相対振動あるいは絶対振動の測定方法を決定しなければならない.

(3) 振動測定上の留意点

各種ピックアップの特徴について述べたが,ピックアップ選定において留意すべき事項をまとめると次のようになる.

a) ピックアップが大きすぎたりして被測定系の重量に変化を与えないこと.
b) 測定するべき振動の振動数を満足していること.
c) 測定しようとする振動に対して十分な感度を有していること.
d) 測定しようとする振動に対して十分耐えること.
e) 使用する周囲の雰囲気(たとえば温度,湿度,磁界等)に影響されない特性を有すること.

9.1.3 周波数分析

振動波形の処理方法は種々あり,目的に応じて処理方法が選択される.中でも周波数分析は,振動の特徴を知る上で重要であり,簡単に分析できるようになってきている.ここでは,周波数分析について述べる.

周波数分析は振動波形の中に,どのような周波数成分をどの程度含んでいるかを分析するもので,成分の表示方法として,信号の振幅の自乗平均で表わす場合をパワースペクトル分析,rms 値あるいは絶対平均値で表わす場合を単にスペクトル分析あるいは周波数分析と呼ぶ.分析しようとする振動が振動振幅,振動加速度などによって,それぞれ振動振幅スペクトル,振動加速度スペクトルという.時間関数 $x(t)$ を周波数分析する原理図は,図 9.1-3 に示すように,中心周波数 fc,バンド幅 Δf の理想的なバンドパスフィルタを考え,$x(t)$ のフィルタされた波形を自乗し,時間平均するものであるが,この後平方根をとればスペクトルが得られ,パワースペクトルをバンド幅 Δf でわると単位周波数(1Hz)当りのパワーを示す量となり,パワースペクトル密度,略称 P.S.D と呼ばれる.ランダムノイズのような広帯域信号では,パワースペクトルの絶対レベルが分析バンド幅によって変化するので,パワースペクトル密度を使用するのがよい.

表 9.1-1 振動測定量と選択条件およびセンサの種類

振動値	選択条件	振動センサの種類	計測仕様	
変位	低周波振動 振幅自体が問題となる振動(隙間監視など) 応力が問題となる振動	渦電型 反射光型変位 レーザ干渉縞計型	非接触	絶対値
速度	中帯域波振動 騒音も問題となる振動 ISO の振動評価値(ISO2372 など)を適用する場合	動電型	接触	相対値
		レーザドップラ型	非接触	絶対値
加速度	高周波振動 力・荷重などを問題とする場合 測定場所が限られる場合 測定対象物が非常に小さい	圧電型	接触	相対値
		歪ゲージ型振動加速 サーボ型		絶対値

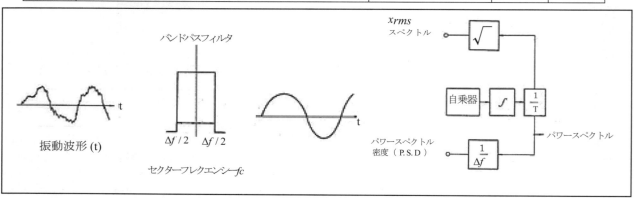

図 9.1-3 周波数分析の原理

9.2 騒音測定

9.2.1 はじめに

近年，騒音・振動の計測・解析技術は急速な進歩をとげている．そのきっかけは，ディジタル信号処理の進歩であり，それを助長する高速フーリエ変換（FFT）アルゴリズムもその一つである．騒音測定解析は，FFT アナライザによるものが多い．また，ディジタルフィルタ技術を使った測定解析も一般化されつつある．このような測定解析手法の性質を知り，正確かつ効率よく運用することが重要である．本節の騒音測定技術では，まず騒音の基本量である音響パワーの測定方法について述べる．これを測定する一手法でもある音響インテンシティ法を紹介する．音響インテンシティ法は，音響パワー測定のみならず，音源の同定，指向性，寄与率などを測定できる非常に便利な手法であるので詳細に述べた．音の評価の概念と使用にあたり注意すべき問題について述べる．

9.2.2 騒音レベルの定義と評価・分析法

(1) デシベル

通常我々が耳にする騒音は非常にダイナミックレンジが広いので，対数化して表示している．単位は dB（デシベル）で，表示された数値を「レベル」と呼んでいる．まず音圧レベル（Sound Pressure Level）L は次のように定義される．

$$L = 10 \log_{10}\left(\frac{P_e^2}{P_0^2}\right) \tag{9.2-1}$$

ここで P_e：音圧実効値，P_0：基準音圧実効値（$2 \times 10^{-5} P_a$）

次に音の強さ（Sound Intensity）のレベル（Intensity Level）IL は

$$IL = 10 \log_{10}\left(\frac{I_e}{I_0}\right) \tag{9.2-2}$$

となる．ただし I_e：音の強さの実効値，I_0：音の強さの基準値（$10^{-12} W/m^2$）である．

また音響パワーレベル Lw は次のようにあらわされる．

$$Lw = 10 \log_{10}\left(\frac{W}{W_0}\right) \tag{9.2-3}$$

である．ここで W：音響パワー，W_0：音響パワーの基準値（$10^{-12} W$）

9.2.3 A特性補正と騒音レベル

音圧レベルは物理的な振幅から算出されたものである．しかし，人間の耳の感度は音の周波数や音の大きさによって異なる．

同じ大きさに聞こえる純音を色々な周波数について調べていくと，図 **9.2-1** のような曲線群が得られる．これを等聴感曲線（等ラウドネスレベル曲線）と呼んでいる．

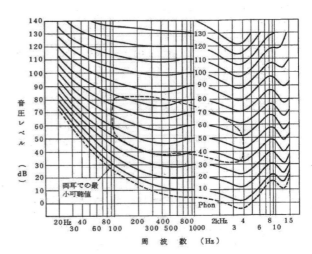

図の中央部の破線で囲んだ範囲は人間の音声に使われている範囲です．

図9.2-1　等聴感曲線（ISO-226, Robhson&Dadson）

人が聞く騒音の大きさをあらわすには測定された各周波数の音圧レベルに対し，等聴感特性を考慮した重みづけをする必要がある．

はじめは，図 **9.2-2** に示すように音の大きさに応じて A 特性，B 特性，C 特性を使いわけることが考えられたが，種々の実験の結果，A 特性だけの方が感覚に最も近いとされ，現在では A 特性だけを用いるようになっている．C 特性は平坦に近いので音圧レベルのかわりに用いられることがある．また D 特性は航空機の騒音評価用に用いられている．騒音計にはこの A 特性補正回路が必ずついている．音圧レベルを A 特性で補正した量を騒音レベル（A－Weighted Sound Pressure Level）といい，次のようにあらわされる．

$$L_A = 10 \log_{10}\left(\frac{P_A^2}{P_0^2}\right) \tag{9.2-4}$$

A 特性で補正したかどうかによって，レベルが異なるので，測定データなどではその有無を必ず明記しなければならない．

なお，インテンシティレベルや音響パワーレベルも A 特性で補正した場合は A 特性（補正）インテンシティレベルや A 特性（補正）パワーレベルという．

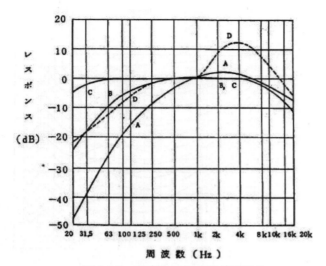

図 9.2-2 騒音計の周波数補正特性

9.2.4 騒音のデシベルの計算

例えば，何台かのモータ音源がそれぞれ騒音を発生しているとき，それらの合成音のレベルを求めたいことなどがある．それぞれの音源からの音が互いに無相関であるとすると以下に述べるようなデシベルの合成ができる．

今二つの音の騒音レベルを L_{A1}，L_{A2} とし，それらの A 特性補正の音圧実効値を P_{A1}，P_{A2} とすると式(9.2-4)から

$$L_{A1}=10\log_{10}\left(\frac{P_{A1}^2}{P_0^2}\right)\ ,\quad L_{A2}=10\log_{10}\left(\frac{P_{A2}^2}{P_0^2}\right)$$
(9.2-5)

式(9.2-5)から

$$P_{A1}^2=P_0^2\cdot 10^{\frac{L_{A1}}{10}}\ ,\quad P_{A2}^2=P_0^2\cdot 10^{\frac{L_{A2}}{10}}$$
(9.2-6)

合成音の騒音レベルを L_A，その A 特性補正の音圧実効値を P_A とする．

$$P_A^2=P_{A1}^2+P_{A2}^2$$
(9.2-7)

が成り立つとすると

$$L_A=10\log_{10}\left(\frac{P_A^2}{P_0^2}\right)=10\log_{10}\left(10^{\frac{L_{A1}}{10}}+10^{\frac{L_{A2}}{10}}\right)$$
(9.2-8)

となる．式(9.2-8)が成り立つのは，2 つの音源の音の周波数が異なるとき 周波数が同じでも両者の位相差がランダムに変動して無相関とみなせるときである．

一般に L_1，L_2，……，L_n のレベルを合成したときのレベル L は

$$L=10\log_{10}\left(10^{\frac{L_{A1}}{10}}+10^{\frac{L_{A2}}{10}}+\cdots\cdots +10^{\frac{L_n}{10}}\right)\mathrm{dB}$$
(9.2-9)

また L_1，L_2，……，L_n のレベルの平均値 $\overline{L}$ は次のようになる．

$$\overline{L}=10\log_{10}\left[\frac{1}{n}\left(10^{\frac{L_{A1}}{10}}+10^{\frac{L_{A2}}{10}}+\cdots\cdots +10^{\frac{L_n}{10}}\right)\right]\mathrm{dB}$$
(9.2-10)

もし L_1，L_2，……，L_n の最大と最小の差が 5 dB 以下であれば単に算術平均をとってもあまり差がない．即ち

$$\overline{L}=\frac{1}{n}(L_1+L_2+\cdots\cdots L_n)\ \mathrm{dB}$$
(9.2-11)

としてもよい．式(9.3-2)と式(9.3-3)の差は 0.7 dB 以下である．

また L_1 と L_2 の差 L' は

$$L'=10\log_{10}\left\{10^{\frac{L_1}{10}}-10^{\frac{L_2}{10}}\right\}\mathrm{dB}$$
(9.2-12)

として計算できる．

9.3 音響インテンシティ法による測定

9.3.1 はじめに

音響インテンシティとは，単位面積を単位時間あたりに通過するエネルギー量のことである．音圧法の測定で精度の高い測定を行うためには，無響室のような特別の部屋が必要となる．音圧法では外部騒音が大きいと精度の高い測定は困難であるが，音響インテンシティ法は，定常な外部騒音であればある程度精度の高い測定が可能となる．

測定方法は，**図 9.3-1** に示すように対象音源を取り囲む閉曲面の法線方向の音響インテンシティを測定し，音響パワーレベルを計算する．

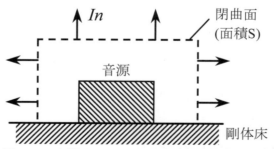

図 9.3-1 音響インテンシティを用いた音響パワーの測定

本方法は，一般の音場において次の 3 つの条件を満たす環境で適用することができる．

・音源の時間的変動が少ない．

- 気流の影響が少ない．
- 外部騒音が大きくない．

9.3.2　音響インテンシティ法の規定

音響インテンシティ法は，ISO 9614（JIS Z 8736）に規定されており，その測定法を図 **9.3-2** に示すように，下記2種類の方法に分けている．
- 閉曲面内に代表点を設け，その点に測定中は測定プローブを固定する離散法（ISO 9614-1：1993）
- 閉曲面を幾つかの部分面に分け，その部分面内で測定プローブを移動させながら測定するスキャニング法（ISO 9614-2：1996）

プローブは ISO 61043 で規定された 2 マイクロホンプローブを使用する．

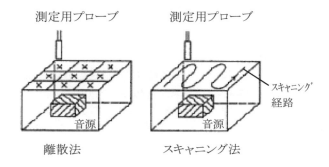

図 9.3-2　音響インテンシティによる音響パワーの測定

部分音響パワーは次式から計算できる．

$$P_i = I_{ni} \times S_i \tag{9.3-1}$$

ここで，I_{ni}：測定面上の i 番目の測定点で測定されるノーマル音響インテンシティ，S_i：i 番目の測定点が代表する面要素の面積

面要素数が N の場合，音響パワーは次式で算出する．

$$P = \sum_{i=1}^{N} P_i \tag{9.3-2}$$

音響パワーレベル L_w は次式で算出される．

$$L_w = 10\log_{10}\left[\frac{|P|}{P_0}\right] \tag{9.3-3}$$

ここで，$|P|$：音源の音響パワーレベルの絶対値，P_0：基準の音響パワー（10^{-12}W）である．

9.3.3　音響インテンシティと音響パワーの測定方法

音響インテンシティ（音の強さ；サウンド・インテンシティとも呼ぶ）とは音の進行方向に垂直な単位面積を1秒間に通過するエネルギーのことである．これは音圧 P と粒子速度 u の積の時間平均値として定義される．音が r 方向に進行しており，その方向の粒子速度を u_r とすると音響インテンシティ I_r は次のように定義される．

$$I_r = \frac{1}{T}\int_0^T P u_r dt \tag{9.3-4}$$

平面波の場合，音圧と粒子速度の間には，静止状態の密度を ρ_0，音速を c とすれば，$P=\rho_0 c u_r$ の関係があるから

$$I_r = \frac{1}{T}\int_0^T \frac{P^2}{\rho_0 c}dt = \frac{1}{T}\int_0^T \rho_0 c u_r^2 dt \tag{9.3-5}$$

ここで音圧，粒子速度の実効値を P_e，u_{re} とすると，次のようになる．

$$I_r = \frac{P_e^2}{\rho_0 c} = \rho_0 c u_{re}^2 \tag{9.3-6}$$

一般には音圧と粒子速度の位相はずれているが，音響インテンシティではその同相となる成分を取り出すわけである．このことは電気における電流，電圧と有効電力の関係に似ている．

また，音圧がスカラ量であるのに対し，音響インテンシティはベクトル量であり，大きさとともに方向性も有している．そこで音源近傍で音響インテンシティを測定すれば音の放射方向がわかり，音源探査に役立つ．最近は音響インテンシティ測定が盛んになり，専用の測定器も各種市販されている．

音響インテンシティが単位面積を通過するエネルギーとして定義されるのに対し，音源から放射される音のエネルギーの総和をとったものが音源の音響パワー（または音響出力）である．これは図 **9.3-3** に示すように音源を囲む閉曲面 S を考え，この面に垂直に放射する音響インテンシティ I_r を全表面積 S で積分することで得られる．即ち音響パワーを W とすると

$$W = \int_S I_r dS \tag{9.3-7}$$

となる．なお，音響パワーの単位は W（ワット）である．

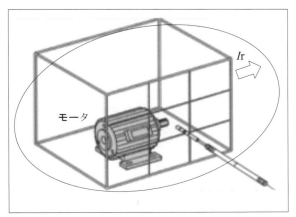

図 9.3-3　音響インテンシティと音響パワー

音源が無指向性の点音源の場合は音源から r m 離れたところで

$$W = 4\pi r^2 I_r \tag{9.3-8}$$

である．

　従来，機器の騒音評価では騒音レベル値を主に使用していたが，機器固有の騒音を評価する方が妥当なため，国際的には音響パワーレベルを使用する傾向にある．

　我が国でも音響パワーレベル測定法の規格化が進められ，1986～1988 にかけて JIS Z 8732～8734 が順次制定された．

JIS Z 8732　無響室または半無響室における音響パワーレベル測定方法
JIS Z 8733　一般の音場における音響パワーレベル測定方法
JIS Z 8734　残響室における音響パワーレベル測定方法

　これらの規格は音圧から音響パワーレベルを求める方法である．式(9.3-6) からも明らかなように音響インテンシティから音響パワーレベルを求めることもできる．この音響インテンシティを用いる方法は現在規格化の作業が進められている．

9.4　ひずみゲージによる応力測定

9.4.1　はじめに

　ひずみゲージはひずみ量を電気量に変換する素子である．ひずみゲージを利用すると自動車，航空機，船，橋，建物などの身の回りの構造物の強度や安全性を知ることができる．したがってひずみゲージは構造物の設計を支える有効な手段である．
　ひずみゲージの特徴は簡単かつ小型な構造にある．そのため取り付けに際して構造物を破壊せず，応力分布を乱さない．またひずみゲージを利用できる環境は多岐にわたり，高温，低温，水中，高圧，真空中，回転，高周波数で振動している場所でも測定が可能である．

9.4.2　ひずみの物理量

　構造物の強度や安全性を知るためには応力を測定する必要がある．しかし構造物に加わっている応力を直接知ることは不可能である．応力を測定するためには，まずひずみを測定する必要がある．
　図 **9.4-1** を用いてひずみ量の発生について説明する．長さ L を持つ材料の両端に引張力 P を付加すると，材料は変形して図 **9.4-1** の様に引張方向に伸びる．この時の材料の伸びを ΔL とすると，引張方向のひずみ ε は式 (9.4-1) で定義される．

$$\varepsilon = \frac{\Delta L}{L} \tag{9.4-1}$$

　弾性限度内ではひずみと応力 σ の間には式 (9.4-2) で表される比例関係が成立する．

$$\sigma = E\varepsilon \tag{9.4-2}$$

σ は応力，E はヤング率を表す．応力は測定したひずみにヤング率を乗じた値として求まる．

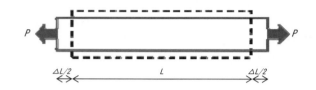

図 9.4-1　ひずみの発生方法　材料
（変形前を破線，変形後を実線で示した）

9.4.3　ひずみゲージの原理

(1)　抵抗の変化

　ひずみゲージに使われる金属材料には固有の抵抗 R がある．抵抗 R は金属材料に加わる引張力や圧縮力によって変化する．この時の抵抗の変化を ΔR とすると，金属材料に発生したひずみと抵抗の関係は式 (9.4-3) で表される．

$$\frac{\Delta R}{R} = K_s \varepsilon \tag{9.4-3}$$

K_s はゲージ率とよばれ，ひずみゲージの感度を表す係数である．一般用のひずみゲージでは金属材料として銅・ニッケル系やニッケル・クロム系合金を使用しており，それらの K_s はおよそ 2 である．

(2)　ホイートストンブリッジ回路

　ひずみゲージの抵抗の変化は非常に小さい．したがって抵抗の変化は，図 **9.4-2** に示すホイートストンブリッジ回路を組み，電圧の変化として測定する．図 **9.4-2** においてひずみゲージの抵抗を R_1，ほかの抵抗をそれぞれ R_2, R_3, R_4 とすると，出力電圧 e_o とブリッジ電圧 E_B の間には式 (9.4-4) で表される関係が成り立つ．

$$e_o = \frac{R_1 R_3 - R_2 R_4}{(R_1 + R_2)(R_3 + R_4)} = E_B \tag{9.4-4}$$

ひずみが発生して R_1 が ΔR だけ変化したとすると，式 (9.4-4) は式 (9.4-5) の様になる．

$$e_o = \frac{(R_1 + \Delta R)R_3 - R_2 R_4}{(R_1 + \Delta R + R_2)(R_3 + R_4)} = E_B \tag{9.4-5}$$

$R_1 = R_2 = R_3 = R_4 = R$ とすると式 (9.4-5) は式 (9.4-6) の様になる.

$$e_o = \frac{\Delta R}{4R + 2\Delta R} = E_B \tag{9.4-6}$$

$R \gg \Delta R$ とみなせるので式(9.4-6)は式 (9.4-7) の様になる.

$$e_o \approx \frac{\Delta R}{4R} E_B = \frac{1}{4} K_s \varepsilon E_B \tag{9.4-7}$$

式 (9.4-7) によってひずみに比例した e_o が測定可能になった. e_o は増幅器で増大させて読み取る.

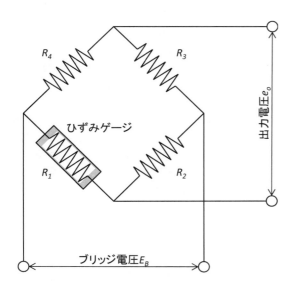

図 9.4-2　ホイートストンブリッジ回路

参 考 文 献

*1) 豊田利夫：「回転機械診断の進め方」, 日本プラントメンテナンス協会 (1996)
*2) J.P.Den Hartog（谷口, 藤井訳）："Mechanical Vibrations"（「機械振動論」）, コロナ社
*3) S.Timoshenko:Vibration problems in Engineering（谷下, 渡辺訳）：「工業振動学」, 東京図書
*4) 亘理厚：「機械力学」, 共立出版
*5) 振動工学ハンドブック：養賢堂
*6) 野田伸一：「モータの騒音とその低減対策」, NTS (2012)

（野田　伸一）

第10章. 水質

10.1 冷凍空調回路の運転における水の役割

冷凍空調機器，回路の運転においては，熱搬送媒体として水が使用される．これらに使用される水は，回路により大きく二つに分けられる．

一つは，冷凍機で発生，回収した熱を冷却塔を介して外部へ放出する冷却水回路で，そこを流れる水は一般に冷却水と呼ばれる．

もう一つは，冷凍機で生成した冷熱を，冷却が必要な対象物まで搬送する冷水回路で，そこを流れる水は一般に冷水と呼ばれる．またこの回路は冬場の暖房などのためにボイラなどで暖められた水が流れる場合もあり，その場合は温水と呼ばれ，双方を併せて冷温水（回路）と呼ばれる場合もある．また，冷却対象物を氷点（0℃）以下にする必要がある場合，冷凍機より直接フロン冷媒が搬送される場合もあるが，通常は不凍効果を持った水溶液が冷熱搬送媒体として使用され，一般にブラインと呼ばれている．
図10.1-1 に空調回路の概要図を示す．

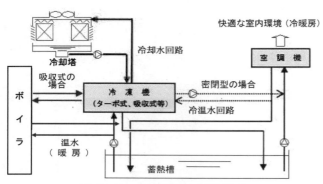

図 10.1-1 空調用水の回路概要

これらの水回路の運転においては，腐食，スケール，スライム（微生物由来の泥）に起因する障害が生じる場合があり，これらの障害を抑制するために，各回路の水質の把握と管理が重要である．以下に各回路に流れる水の特徴と水質管理について述べる．

10.1.1 冷却水

冷却水は冷凍機で発生した熱を回収し，冷却塔へ搬送して大気へ放出する．大気に熱を放出する際一部が蒸発し，冷却水はその蒸発潜熱で冷やされ再び冷凍機へ戻り，熱の回収を繰り返す．

冷却水の基となる水は補給水と呼ばれ，水源は上水，地下水，工業用水などで，水中には塩類など微量の溶存物質が含まれ，その水質は地域や水源により様々である．また，冷却水は冷却塔で蒸発，冷却を繰り返すことにより溶存物質が濃縮される．この濃縮により，冷却水回路においては腐食，スケール付着，スライム発生などの障害が生じる．

これを防ぐには，水の濃縮状況などの水質を把握し，それに応じた対策を講じばならない．

10.1.2 冷温水（ブライン）

冷温水は，冷凍機で作られた冷熱あるいはボイラなどで作られた温熱を，エアハンドリングユニットなどの空調機器へ搬送して冷暖房に使用され，空調以外にも冷却・加熱対象物の温調に使用される．先に述べた冷却水と異なり，水の濃縮は起きないので水質の変動は小さく，その水質は当初供給される水に左右される．濃縮による水質変動が小さくても，温度などの環境条件により腐食やスライム障害が生じ，元の水質や回路条件によってはスケール障害も起きる場合がある．これらを防止する為にも，水質の把握は重要である．

また，冷却対象温度を氷点（0℃）以下とする回路においては，不凍効果を持つブラインが使用される．ブラインは塩化カルシウムなどの高濃度の塩類や，グリコール類を主成分とした水溶液であり，対象温度によりその必要濃度が決められる．濃度が不足するとブラインは凍結し，回路の循環運転は出来なくなる．またブラインには，回路の腐食を防止する為防食剤が添加されており，この防食性能維持の為にも濃度管理が必要となる．

10.1.3 水質管理

冷却水および冷温水回路の円滑な運転のためには，一定の水質を維持することが必要であり，JRAIA（日本冷凍空調工業会）ではその水質基準を設定している．表 10.1-1 にその基準を示す．

水質項目は基準8項目と参考7項目が設定されており，通常，冷凍機の水質管理にて分析測定されるのは，基準項目と参考項目中の鉄，銅である．これらの項目は，回路の腐食やスケール付着に関わる水質項目であり，定期的な分析測定による水質把握が不可欠である．

第10章. 水質

表 10.1-1 冷却水・冷水・温水・補給水の水質基準値 1)

項　目 ※1,※6	冷却水系 ※4 循環式 循環水	冷却水系 ※4 循環式 補給水 ※5	冷却水系 ※4 一過式 一過水	冷水系 循環水 [20℃以下]	冷水系 補給水 ※5	温水系 ※3 低位中温水系 循環水 [20℃を越え60℃以下]	温水系 ※3 低位中温水系 補給水 ※5	温水系 ※3 高位中温水系 循環水 [60℃を越え90℃以下]	温水系 ※3 高位中温水系 補給水 ※5	傾向 ※2 腐食	傾向 ※2 スケール生成
pH (25℃)	6.5〜8.2	6.0〜8.0	6.8〜8.0	6.8〜8.0	6.8〜8.0	7.0〜8.0	7.0〜8.0	7.0〜8.0	7.0〜8.0	○	○
電気伝導率 (ms/m)(25℃)	80 以下	30 以下	40 以下	40 以下	30 以下	30 以下	30 以下	30 以下	30 以下	○	
塩化物イオン (mgCl⁻/ℓ)	200 以下	50 以下	50 以下	50 以下	50 以下	50 以下	50 以下	30 以下	30 以下	○	
硫酸イオン (mgSO₄²⁻/ℓ)	200 以下	50 以下	50 以下	50 以下	50 以下	50 以下	50 以下	30 以下	30 以下	○	
酸消費量 pH4.8 (mgCaCO₃/ℓ)	100 以下	50 以下	50 以下	50 以下	50 以下	50 以下	50 以下	50 以下	50 以下		○
全硬度 (mgCaCO₃/ℓ)	200 以下	70 以下	70 以下	70 以下	70 以下	70 以下	70 以下	70 以下	70 以下		○
カルシウム硬度 (mgCaCO₃/ℓ)	150 以下	50 以下	50 以下	50 以下	50 以下	50 以下	50 以下	50 以下	50 以下		○
イオン状シリカ (mgSiO₂/ℓ)	50 以下	30 以下	30 以下	30 以下	30 以下	30 以下	30 以下	30 以下	30 以下		○
鉄 (mgFe/ℓ)	1.0 以下	0.3 以下	1.0 以下	1.0 以下	0.3 以下	1.0 以下	0.3 以下	1.0 以下	0.3 以下	○	○
銅 (mgCu/ℓ)	0.3 以下	0.1 以下	1.0 以下	1.0 以下	0.1 以下	1.0 以下	0.1 以下	1.0 以下	0.1 以下	○	
硫化物イオン (mgS²⁻/ℓ)	検出されないこと	検出されないこと	検出されないこと	検出されないこと	検出されないこと	検出されないこと	検出されないこと	検出されないこと	検出されないこと	○	
アンモニウムイオン (mgNH₄⁺/ℓ)	1.0 以下	1.0 以下	1.0 以下	1.0 以下	0.1 以下	0.3 以下	0.1 以下	0.1 以下	0.1 以下	○	
残留塩素 (mgCl/ℓ)	0.3 以下	0.3 以下	0.3 以下	0.3 以下	0.3 以下	0.25 以下	0.3 以下	0.1 以下	0.3 以下	○	
遊離炭酸 (mgCO₂/ℓ)	4.0 以下	4.0 以下	4.0 以下	4.0 以下	4.0 以下	0.4 以下	4.0 以下	0.4 以下	4.0 以下	○	
安定度指数：R.S.I.	6.0〜7.0	—	—	—	—	—	—	—	—		○

注) ※1 項目の名称とその定義及び単位は JIS K 0101 による。
※2 欄内の○印は腐食又はスケール生成傾向に関係する因子であることを示す。
※3 温度が高い場合(40℃以上)には、一般に腐食性が著しく、特に鉄鋼材料が何の保護皮膜もなしに水と直接触れるようになっている時は、防食剤の添加、脱気処理など有効な防食対策を施すことが望ましい。
※4 密閉式冷却塔を使用する冷却水系において、閉回路循環水は、散布水及びその補給水は温水系の、それぞれの水質基準による。
※5 供給・補給される源水は、水道水(上水)、工業用水及び地下水とし、純水、中水、軟化処理水などは除く。
※6 上記 15 項目は腐食及びスケール障害の代表的な因子を示したものである。

基準項目（上段）／参考項目（下段）

10.2 水質管理に必要な測定機器

各水質項目の測定方法および測定機器については，項目の名称，用語の定義とともに「工業用水試験方法 JIS K 0101」に示されており，表 10.2-1 に各々の測定方法を示す．

表 10.2-1 水質項目の測定方法 [1]

水質項目	測定方法・機器
pH	ガラス電極法
電気伝導率	電気伝導度計
塩化物イオン	吸光光度法、滴定法、イオン電極法、イオンクロマトグラフ法
硫酸イオン	吸光光度法、イオンクロマトグラフ法
酸消費量 pH=4.8	滴定法
全硬度 カルシウム硬度	キレート滴定法、原子吸光法、ICP 発光分光分析法
イオン状シリカ	吸光光度法
鉄 銅	吸光光度法、原子吸光法、ICP 発光分光分析法

測定には，正確な測定操作と専用の機器，装置が必要であり，通常はサンプル水を必要量採水して分析機関に持ち帰り，分析に供する．得られた各水質項目の結果を基に，運転管理者は水質状況を判定し，必要に応じ冷温水では水の入替え，冷却水においてはブロー排水（冷却水の一部を排水し濃縮を緩和）するなどの対応を実施する．冷却水の水質は，運転中は蒸発，濃縮により常に変化しており，各水質項目についてその場で正確な数値が得られるのが理想であるが，各水質項目の分析結果が出るまでには数日かかる．現地で即時に測定できる分析キットもあるが，正確な数値を得るのは難しい．また，冷凍機の水質管理は各水質項目の結果と共に，機器の運転状況などを含めて総合的に判断する必要があり，さらに薬剤を使用した水処理管理を実施している場合には，薬剤濃度も考慮した水質判断が求められるため，的確な対応は分析機関での正確な水質分析結果を待って実施することとなる．

その中で，pHおよび電気伝導率（導電率）は測定機器が軽量，取り扱いが簡便で，現地で比較的簡単に正確な測定が可能である．また両者は水質項目として，冷却水回路の腐食およびスケールの双方に関与しており，水質の判断において重要である．このことから電気伝導度計（以下導電率計という）とpHメータは，現地における水質判断と水質管理に広く使用されている．

また pHは採水直後と持ち帰り後で時間経過すると数値が変化する場合がある．例えば地下水には遊離炭酸が多く含まれることがあり，時間経過につれて炭酸ガスが抜けることにより pHは上昇する．pHの現地分析値と持ち帰り分析値の比較によりこれが推測されることもあり，その意味でも現地での測定は有意義である．

冷温水においては，水質の変動は冷却水ほど大きくはなく，通常は採水，持ち帰り分析の結果を待っての対応で充分であり，分析間隔も半年から一年に1回が標準的である．ブラインの管理においても基本的には同様であるが，ブラインの濃度管理は不凍効果および回路の腐食防止にとって重要であり，定期的な濃度チェックが望まれる．一般に広く使用されているグリコール系ブラインについては簡単に濃度を測定できる機器があり，導電率やpHと同じく現地で容易に測定，管理が可能である．

以下にそれらの測定機器における原理および取扱方法について解説する．

10.3 導電率計

10.3.1 導電率とは[2],[3]

物質の電気の通し易さは物質により様々であり，金属やカーボンは一般に電気を通しやすく，ガラスやプラスチック，ゴムなどは電気を通しにくい．水の電気の通しやすさは，水中に溶け込んでいる塩分などの電解質の量に左右され，たとえば海水は河川水に比べて電気を通しやすい．電気を通す性質を電気伝導性あるいは導電性と言い，その電気の通しやすさの指標を電気伝導率あるいは導電率という．導電率は抵抗率（Ω・m）の逆数で表される量であり，単位は S/m で表される．ここでΩの逆数である S は，ジーメンスと呼ぶ．

電解質に左右される水の導電性を分かり易く説明するために，図 10.3-1 に示すような電気回路を設けて実験をおこなった．左には純水を，右には食塩水を入れ，各々に豆電球と電池を組み込んだ回路を組み込み，配線の両端を水中に離して水没させる．このとき豆電球は，純水では点灯せず食塩水では点灯する．また，食塩水の濃度が濃い方が，薄い方よりも明るく点灯する．これは水中の電解質（溶存イオン）の量が多い方が導電性が高くなるからである．日本各地の上水（水道水）や地下水および飲み物などの導電率の値を，表 10.3-1 に示す．電解質を多く含む水は導電率の値が大きくなっている．

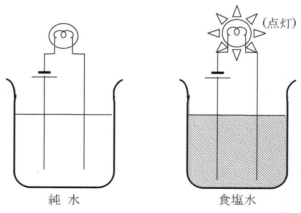

図 10.3-1 水の導電性の実験回路

表 10.3-1　主な水や飲み物の導電率 [2],[4]

種類	採水場所	導電率（mS／m）
上水	札幌市	18.2
	仙台市	14.6
	東京都大田区	31.6
	〃 港区	23.7
	名古屋市	9.6
	岐阜市	8.8
	大阪市	24.1
	広島市	9.0
	高松市	11.7
	福岡市	12.5
	那覇市	25.8
地下水	東京都大田区	32.0
	名古屋市中区	29.8
	大阪府豊中市	66.2
蒸留水		0.1
海水		約 5000
清涼飲料水		約 300
清酒		約 70
ビール		約 150

2枚の極板をセルと呼び，極板の面積と距離の比をセル定数という．セル定数 $K=L/A$ はセルの形状によって値が決まるが，一般には $K≒1×100$ としている．抵抗率 r は電流の流れにくさを示す指標であり，溶液によって決まる値である．r の逆数 $1/r$ は比導電率，一般に導電率と呼ばれ，電流の流れやすさを示す指標となり，単位は S/m であるが，冷凍機の冷却水回路に使われる水は，上水を始めとする淡水であり導電率の値は小さいので，通常 1/1000 である mS（ミリジーメンス）を用いて mS/m で表される．

導電率は温度によっても変化する．溶液の種類や濃度および温度によりその変化率は異なるが，おおむね 2%/℃ 前後の導電率変化（温度係数）を有している．したがって測定された導電率値は，式(10.3-2)より温度係数を 2%/℃ として 25℃ での導電率値に換算して表される．

$$C_{25} = C_t / \{1+0.02×(t-25)\} \qquad (10.3-2)$$

C_{25}	25℃の導電率	mS/m
C_t	t ℃の導電率	mS/m
t	測定時の液温	℃

具体的には，15℃ で導電率 8.0 mS/m の溶液は，25℃ に換算すると 10.0 mS/m と算出される．

現在使用される導電率計は，現場測定用のハンディタイプの導電率計も含めて，ほとんどが自動温度換算機能を内蔵しており，測定値は自動的に 25℃ での値が表示される．代表的な現場測定用導電率計を図 10.3-3 に示す．

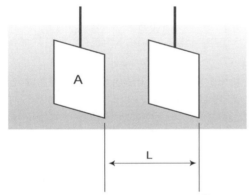

図 10.3-2　導電率測定原理図 [2]

10.3.2　導電率測定の原理 [2],[3]

水を溶媒とした電解質溶液の導電率測定原理について記述する．図 10.3-2 に示すように，面積 A（m²）の同じ大きさの極板（一般に白金黒極板）2枚を，距離 L（m）を隔てて並行に設置し，この間を溶液で満たし電流を流す．溶液中の陽イオンと陰イオンが，それぞれ陰極および陽極に泳動することにより電流が流れる．この時の両極間の抵抗 R（Ω）は，金属などの導体の場合と同じ様に極板の面積 A（m²）に反比例し，両極間の距離 L（m）に比例する．すなわち，この関係は次式(10.3-1)で表される．

$$R = r×L/A = rK \qquad (10.3-1)$$

R	抵抗	Ω
r	抵抗率	Ω·m
L	極板間の距離	m
A	極板の面積	m²
K	セル定数	m⁻¹

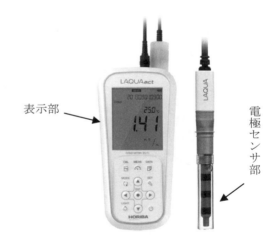

図 10.3-3　導電率計（ハンディタイプ：現場測定用）[3]

10.3.3　導電率計の操作方法および注意事項 [2],[3]

導電率計の操作方法および注意事項は次の通りである．

(1) 測定

電極センサ部を検査対象の溶液（検水）で 2～3 回洗ったのちセンサ部を検水に浸漬するか，あるいは充分な量の検水に直接浸漬してセンサ部を検水中で動かし，検水に良くなじませたのち，数値を読む．

(2) 保管

測定後は電極センサ部を純水でよく洗い純水に浸漬して保管する．ハンディタイプの場合は，付属の保護キャップなどを使用して，純水に密封浸漬する．長期間使用しない場合は，電極を計器から取り外し，センサ部を純水で洗ったのち，純水を満たした保護キャップに密封して保管する．

(3) 保守：セル定数の校正

電極のセル定数は使用しているうちに変化するため年1回程度塩化カリウム標準液を使用し校正を行う．操作方法やメンテナンス方法の詳細は，機器の取扱説明書に従う．

(4) 導電率自動ブロー装置の導電率センサの保守

導電率センサは冷却塔下部水槽や冷却水回路配管内に浸漬されており，期間の経過によりセンサ表面が汚れてくる．センサが汚れると導電率が正確に測定されず，過剰濃縮によりスケールトラブルが発生する．定期的センサ部分の清掃手入れが必要である．

10.3.4 導電率と水質管理

水中の溶存塩類濃度が高くなると，導電率の数値は上昇する．図10.3-4にNaClとKClの濃度と導電率の関係を示す．いずれもある濃度まで，ほぼ一定の比例関係にある．このことは，導電率を測定してその数値が高い程，溶存塩類が多く含まれていることを表している．

水中の溶存塩類の中には，塩化物イオンや硫酸イオンなどの腐食性イオンや，カルシウムやシリカなどのスケール成分が含まれる．したがって，導電率の値と腐食あるいはスケール生成は，一般的に比例関係にあると考えて良い．

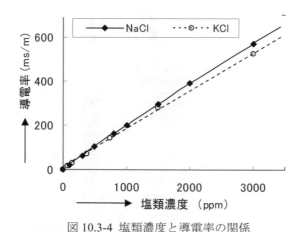

図10.3-4 塩類濃度と導電率の関係

図10.3-5にコンデンサーパンク（腐食による冷媒漏れ，機器損傷）および高圧カット（スケール付着による熱交換不良，運転停止）を起こした冷却水の，導電率と事故発生件数の関係を示す．導電率が高い程，コンデンサーパンクや高圧カット事故が増加する傾向が伺える．従い，補給水や冷却水の導電率を測定し，その数値を把握しておくことは，これらの事故を予防する上で重要である．

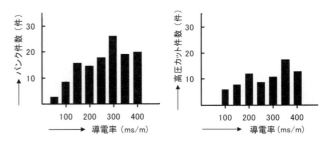

図10.3-5 導電率とコンデンサーパンク事故
および高圧カット事故件数の関係 *5)

冷却水は冷却塔で一部蒸発することにより，運転とともに水が濃縮し，その経時変化は次式(10.3-3)により計算される．

$$n = 1+E\{1-e^{-(B+W)t/V}\}/B+W \qquad (10.3\text{-}3)$$

n	濃縮倍数	-
E	蒸発水量	m^3/h
B	ブロー水量	m^3/h
W	飛散水量	m^3/h
e	自然対数	-
V	保有水量	m^3
t	運転時間	h

ブロー排水を実施せずに冷却水回路の運転を継続すると，冷却水の濃縮は図10.3-6のようにかなりのレベルにまで上昇する．

現在一般的な角型の冷却塔の場合は，飛散水量（運転時散水の水撥ねにより外部へ飛び散る水の量）が丸型の冷却塔より少ないため，立地条件にもよるが冷却水の濃縮倍数は30～50倍を越える高濃縮となり，腐食やスケール障害が生じやすくなる．この冷却水の濃縮上昇を抑えるには，一定量の冷却水をブロー排水すればよい．濃縮倍数とブロー量の関係は次式(10.3-4)で計算される．

$$n = \{E+(B+W)\}/(B+W) \qquad (10.3\text{-}4)$$

$$n = (E+B)/B \qquad (10.3\text{-}5)$$

ここでnは濃縮倍数を表す．また現在主流の角型冷却塔は飛散水量が少ないため，飛散水量を省略した式(10.3-5)で計算する場合が多い．冷却水が濃縮すると，比例して導電率も上昇するので濃縮の度合いは導電率で計算される．例えば，導電率20 mS/mの補給水が濃縮し，冷却水の導電率が80 mS/mとなった場合，4倍に濃縮したとみなされる．

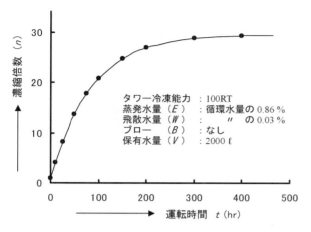

図 10.3-6 冷却水の濃縮経時変化

この 4 倍濃縮で冷却水の濃縮を制限したい場合には，式(10.3-5)を変換した式(10.3-6)より，蒸発水量の 1/3 の量の冷却水をブロー排水すればよい．

$$B = E/(n-1) \qquad (10.3\text{-}6)$$

冷却水の水質管理においては，冷却水の導電率を検知し，設定した導電率以上になったら冷却水をブロー排水するような自動ブロー装置が，導電率計の応用例として以前から実用化されている．現在ではそれとともに水処理薬剤を使用し，腐食やスケール障害の防止と高濃縮運転による節水も含めた冷却水管理が，多くの冷却水回路で実施されている．**図 10.3-7** に導電率自動ブロー装置を，**図 10.3-8** に水処理薬剤注入とブロー管理を同時に行なう冷却水管理装置を示す．

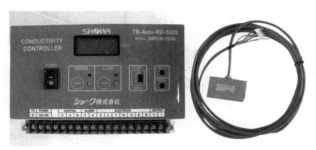

図 10.3-7 導電率自動ブロー装置

図 10.3-8 冷却水管理装置

10.4 pHメータ

10.4.1 pHとは [*6]

pHとは水の液性即ち「酸性」「中性」「アルカリ性」を表す尺度として用いられている．そしてこれは水溶液中にどれだけの水素イオン「H^+」が含まれているかによってきまる．水は H_2O という分子式で表されるが，ごく一部は水素イオン「H^+」と水酸イオン「OH^-」というイオンの形で存在している．

$$H_2O \rightleftarrows H^+ + OH^-$$

この水素イオンと水酸イオンのバランスがpH（酸性,中性,アルカリ性）で，水素イオンの方が多い場合は酸性，水酸イオンの方が多い場合はアルカリ性となる．

そして水溶液中においては，水素イオン濃度[H^+]と水酸イオン濃度[OH^-]との間には次の関係がみられる．

$$[H^+] \times [OH^-] = 10^{-14} \qquad (10.4\text{-}1)$$

したがって，[H^+]あるいは[OH^-]のどちらかの値を知れば，他方の値もわかる．そこで実際には水素イオンの濃度を測定してpHの値としている．

pHは次式(11.4-2)で表され，算出される．

$$pH = -\log_{10}[H^+] \qquad (10.4\text{-}2)$$

これより，純水や中性水溶液の場合は水素イオンと水酸イオンの濃度が等しいことから

$$[H^+] = [OH^-] = 10^{-7} \quad \Rightarrow \quad pH = 7$$

酸性水溶液では

$$[H^+] > [OH^-] \rightarrow [H^+] > 10^{-7} \Rightarrow pH < 7$$

アルカリ水溶液では

$$[H^+] < [OH^-] \rightarrow [H^+] < 10^{-7} \Rightarrow pH > 7$$

となる．たとえば水素イオン濃度が 10^{-7} より多い 10^{-4} mol/ℓ の酸性水溶液のpHは 4，水素イオン濃度が 10^{-7} より少ない 10^{-10} mol/ℓ（水酸イオン濃度は 10^{-4} mol/ℓ）のアルカリ性水溶液のpHは 10 と表される．**図 10.4-1** に日常生活で関係ある物質（水溶液）のpHを表した図を示す．

pHの測定方法には，指示薬を使用した比色法と電極を使用した電位差測定法がある．比色法には，種々のpHに対応した標準色と被検液に指示薬を入れて発色した色を比べる方法と，あらかじめ指示薬を浸み込ませたpH試験紙を被検液に浸して発生した色を標準色と比べる方法がある．どちらも簡便で安価であるが，誤差があり精度は劣る．

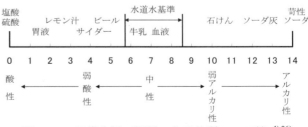

図 10.4-1 日常生活で関係のある物質のpH値 [4),*6]

正確な pH値を得るには電位差測定法が有効である．電位差測定法の中で，ガラス電極を使用したガラス電極法は，測定時間が早く再現性が良いことなどから広く使用されている．このガラス電極法を用いたpHメータの測定原理について次項で述べる．

10.4.2 pHメータの原理 *6)

ガラス薄膜の内側と外側にpHの異なる溶液があると，薄膜部にpHの差に比例した起電力が生じる．溶液が30℃の場合，2つの溶液のpHの差が1違えば約60 mVの起電力が生じる．通常ガラス電極の内部液にはpH＝7の液が用いられ，ガラス薄膜に生じた起電力が測られる．この起電力の測定にはもう一方の電極が必要であり，比較電極と呼ばれる．比較電極は電位が極めて安定した電極で，水溶液のpHと無関係に一定の電位を示す必要があり，現在では内部液として塩化カリウム溶液を用いた銀/塩化銀電極が使われる．ガラス電極と比較電極を用いたpH測定の原理図を**図10.4-2**に示す．

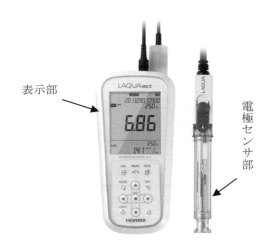

図 10.4-3 pHメータ（ハンディタイプ：現場測定用）6)

10.4.3 pHメータの操作方法および注意事項 *7)

pHメータの操作方法および注意事項は次の通りである．

- pH標準液による校正
  測定の前にはpH標準液による校正を行なう．校正方法は機器の取扱説明書に従う．
- 測定
  電極センサ部を純水でよく洗い，ろ紙などでよくふき取る．検水に電極を浸け，軽く振って検水に良くなじませたのち，数値を読む．
- 保管
  測定後は電極センサ部を純水でよく洗い純水に浸漬して保管する．ハンディタイプの場合は，付属の保護キャップなどを使用して，純水に密封浸漬する．
- 保守：比較電極内部液の交換
  電極の性能維持のため，2～3ヶ月に1回比較電極の内部液を交換する．

操作方法やメンテナンス方法の詳細は，機器の取扱説明書に従う．

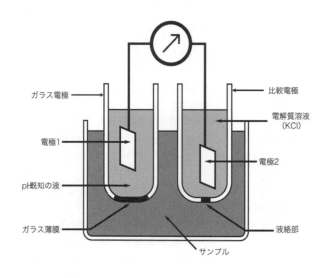

図 10.4-2 pH測定原理図 5)

サンプル溶液にガラス電極と比較電極を浸し，pH既知のガラス電極内部液とサンプル溶液との間のpHの差によりガラス薄膜に生じた起電力を，比較電極にて測定しサンプル溶液のpH値を算出する．比較電極は電位が極めて安定した電極でなければならず，ピンホールあるいはセラミックの液絡部が施してある．現在ではこのガラス電極と比較電極を一本化した複合電極が使われ，測定および電極の洗浄や標準液校正が容易で取扱が簡単となっている．代表的な現場測定用pHメータを**図10.4-3**に示す．

10.4.4 pHと水質管理

水はpHが低くなると金属が腐食しやすくなり，pHが高くなると硬度成分の溶解度が低下し，冷凍機の伝熱管などにスケール付着するようになる．**図10.4-4**に，主要な硬度成分である炭酸カルシウム（$CaCO_3$）のpHと温度と溶解度の関係を示す．温度やpHの上昇と共に溶解度が低下することが分かる．

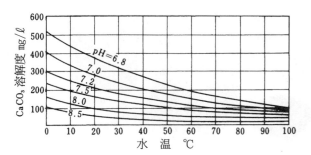

図 10.4-4 $CaCO_3$のpHと温度と溶解度の関係 7)

以上のことからｐＨの低下は腐食によるコンデンサーパンク事故につながり，一方ｐＨの上昇は硬度成分などのスケール付着による高圧カット（熱交換不良）事故が起きやすくなる．図10.4-5にコンデンサーパンク（腐食事故）および高圧カット（スケール事故）を起こした冷却水のｐＨと事故発生件数の関係を示す．ｐＨが6を下回るとコンデンサーパンク事故の発生が多くなり，ｐＨ8を越えると高圧カット事故が発生しやすくなる．このことから，冷凍機の安定した運転にとって，冷却水や冷温水のｐＨ値の把握は，前節の導電率とともに重要な管理項目である．

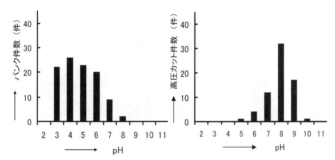

図10.4-5　ｐＨとコンデンサーパンク事故およびる高圧カット事故件数の関係 [*8]

引　用　文　献

1) 「冷凍空調機器用水質ガイドライン JRA-GL02-1994」，pp.9, 社団法人日本冷凍空調工業会, 東京(1994).
2) 導電率測定原理図, 株式会社堀場製作所
3) ハンディ導電率計 ES-71, 株式会社堀場製作所
4) 水谷増美：「冷凍空調機の水処理」, pp.12, 日本冷凍冷房新聞社, 東京(2001).
5) ｐＨ測定原理図, 株式会社堀場製作所
6) ハンディｐＨ計 D-74S, 提供：株式会社堀場製作所
7) 水谷増美：「冷凍空調機の水処理」, pp.16, 日本冷凍冷房新聞社, 東京(2001).

参　考　文　献

*1) 「工業用水試験方法 JIS K 0101」, pp.27-272, 日本規格協会, 東京(1998).
*2) やさしい導電率の話, 株式会社堀場製作所(1989)
*3) 導電率メータ DS-51 取扱説明書, 株式会社堀場製作所(2004)
*4) 水谷増美：「冷凍空調機の水処理」, pp.284-334, 日本冷凍冷房新聞社, 東京(2001).
*5) 水谷増美：「冷凍空調機の水処理」, pp.45, 日本冷凍冷房新聞社, 東京(2001).
*6) やさしいｐＨの話, 株式会社堀場製作所(2007)
*7) ｐＨメータ D-52 取扱説明書, 株式会社堀場製作所(2004)

*8) 水谷増美：「冷凍空調機の水処理」, pp.52-55, 日本冷凍冷房新聞社, 東京(2001).

（三田村　安晃）

10.5　ブラインテスタ

10.5.1　ブラインとは

　ブライン（不凍液）とは，本来製氷や冷蔵で熱媒体として使用される，塩化カルシウムや塩化ナトリウムの水溶液などの「塩水」という意であるが，現在では間接方式の低温用または高温用二次伝熱媒体として用いられる不凍効果をもつ液体の総称である．その語源である塩化カルシウムや塩化ナトリウムは安価ではあるが，金属に対する腐食性が高く，維持管理の繁雑さなど根本的に問題がある．
　現在，空調設備や床暖房設備などにはエチレングリコールやプロピレングリコールなどを主成分としたブラインが多く用いられている．特に，エチレングリコールは自動車用不凍液としても使用されているが，人体への影響が指摘されており，ドイツをはじめ欧州ではブラインへの使用が制限されている．一方，プロピレングリコールは食品添加物にも認可される安全性の高い物質であることから，日本国内においては安全性を考慮して，床暖房設備や給水給湯設備のブラインにも多用されつつある．
　ブライン濃度の測定にはブラインテスタを用いる．ブラインテスタの外観を図10.5-1に示す．

図10.5-1　ブラインテスタ

10.5.2　ブラインテスタの原理 [*1]

　光が空気中から液体中のような異なる媒質へ進むとき，伝播速度が変わるためにその境界面で進む方向を変え屈折する．屈折は媒質1および媒質2の光の速度（光速）の変化で生じ，媒質1の光速と媒質2の光速の比が屈折率である．図10.5-2にその様子を示す．

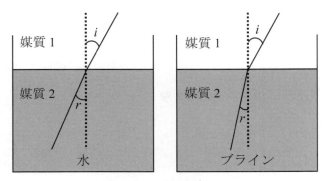

図 10.5-2　光の屈折

媒質 1 および 2 における光速をそれぞれ v_1, v_2, 光の入射角を i, 屈折角を r とすると次の関係式（10.5-1）が成立する．これを屈折の法則（スネルの法則）といい，n は媒質 2 の媒質 1 に対する屈折率である．

$$v_1/v_2 = (\sin i / \sin r) = n \quad (10.5\text{-}1)$$

屈折率には絶対屈折率と相対屈折率があり，媒質 1 が真空の場合は絶対屈折率という．

ブラインテスタとはプリズムとサンプルとの界面で起こる光の屈折を利用してブライン濃度を測る屈折率計である（**図 10.5-3**）．ブライン濃度と屈折率はほぼ比例関係にあり，屈折率からブライン濃度を測定することができる．ブラインテスタは屈折率をもとにブライン濃度の目盛が刻まれている．

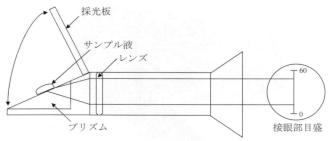

図 10.5-3　ブラインテスタの原理

10.5.3　ブラインテスタの操作方法および注意事項

ブラインテスタの操作方法および注意事項は次の通りである．

(1)　校正（0 点調整）

a)　採光板を開いてプリズム面に蒸留水または水道水を 1, 2 滴滴下し，採光板を閉じる．

b)　ブラインテスタの先端を明るい方向に向け，接眼鏡をのぞき，青色と白色の境界線がハッキリ見えるように接眼鏡ダイヤルを回してピントを調節する（**図 10.5-4**）．

c)　0％目盛付近の境界線を付属のドライバーで目盛調整ネジをまわして 0％ の目盛線と境界線を一致させる（**図 10.5-5**）．

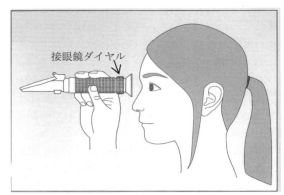

図 10.5-4　ブラインテスタ測定方法

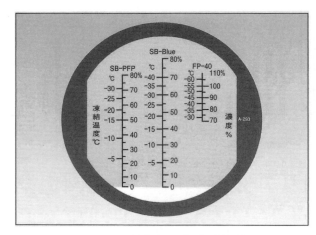

図 10.5-5　接眼部目盛（0 点調整）

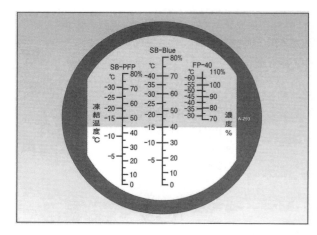

図 10.5-6　接眼部目盛（ブライン濃度測定）

(2)　測定

a)　採光板を開き，プリズム面と採光板の蒸留水または水道水をきれいに拭き取ってから，測定したい液を 1, 2 滴プリズム面に滴下し，採光板を閉じる．接眼鏡をのぞいて，境界線の示す目盛の濃度および凍結温度を読み取る（**図 10.5-6**）．

b)　測定後はサンプル液を蒸留水または水道水で洗い流し，ティシュペーパなどできれいに拭き取る．

(3) 保守，その他注意事項
　　a) ブラインテスタの目盛に記載されているブライン銘柄以外のブラインは測定できない．
　　b) 測定精度は濃度において±2%，凍結温度において±2℃以内である．
　　c) 携帯の際は，落下などによって強い衝撃や大きな力が加わらないように注意が必要である．
　　d) 故障の原因となるため絶対にブライン中に漬けたり，水をかけたりしない．

10.5.4 ブラインの濃度管理

ブラインを使用する場合，適正な使用濃度範囲にて濃度管理をおこなう必要がある．それは次のような理由からである．

(1) 各ブラインは濃度により凍結温度が決まり，各回路に必要な凍結温度から算出される濃度以上で管理する必要がある．
(2) 各ブラインは適正な使用濃度において十分な防食性能を持つように配合されている．
(3) グリコール系ブラインの濃度が薄い場合には，必要な不凍効果や十分な防食性能が得られないばかりか，カビや細菌といった微生物の発生が起きる．それらが発生すると，悪臭やシステム内に詰まりが生じて大きなトラブルを生じることになる．
(4) 逆に濃度が高すぎる場合には，比熱の低下により所定の熱搬送性能が得られない．また，粘度上昇によりシステムの動力源に負荷がかかる．さらに，防食性能への影響も懸念される．
(5) グリコール系ブラインは，通常主成分のグリコール濃度範囲がおおよそ 20〜60%，推奨濃度として 25〜50% で使用することが一般的である．

ブラインの濃度管理は定期的にブラインテスタにて行い，適正濃度以下の場合にはブラインの追加，適正濃度以上の場合は清水を補充して希釈する．また，年1回以上液を採取して防食剤濃度や金属濃度の分析を実施する．分析結果により，防食剤の追加添加あるいはブラインの全量交換などの適切な処置を講ずる．

参 考 文 献

*1)「化学大辞典」，pp.617，東京化学同人，東京（1989）

（伊藤　知美）

10.6 排水

冷却水は濃縮管理のために一部をブロー排水する必要がある．冷温水も場合によっては水質の悪化による水の入替えなど，排水の必要が生じる．排水に際しては排水先により法規制があり，下水道においては下水道法により各地方自治体毎に排水基準値が定められている．用水路を通じて河川などに排水する場合には，公共用水域の水質汚濁を防止するため，特定施設を有する工場や事業所の排水に対しては，水質汚濁防止法により排水基準が定められている．基準は有害物質（重金属など）に係わる基準と，生活環境項目（pH，生物化学的酸素要求量（BOD），化学的酸素要求量（COD）など）に係わる基準に分かれており，有害物質に係わる排水基準は全国一律であるが，生活環境項目に係わる排水基準は，国の定めた基準に加え各地方自治体において水域と項目を限定して，より厳しい上乗せ基準を定めている地域（水域）もある．これら下水道や公共用水域の排水基準については，各地方自治体の担当部署に問い合わせて詳細を把握し，それにしたがって排水しなければならない．

ブラインにおいては，入替えなどで廃棄する場合には勝手に廃棄してはならず，必ず専門の廃棄物処理業者に処分を委託する必要がある．

10.7 おわりに

水質管理においては，多くの水質項目を総合的にみて判断することが重要で，それには分析機関へ水を持ち帰っての精密分析が必要である．また空調回路の状態や運転状況と併せて判断すべきであり，さらに薬剤処理を実施している場合は，薬剤の性能や特徴も考慮せねばならず，熟練した水質管理者による判断が必要である．しかし今回紹介した導電率計，pHメータおよびブラインテスタは，取り扱いが簡便であると共に，現場毎にあらかじめ定められた管理基準値と照らし合わせれば，数値の判断は比較的容易であり，迅速な水質判定によりブロー排水や，水またはブラインの追加投入による濃度調整などその場で対応することも可能である．また測定を繰り返すことにより水質への関心も高まり，水質判断の習熟向上にもつながる．これらの機器を大いに利用し，定期的な精密分析結果と共に適切な水質管理を実施されたい．

（三田村　安晃）

第11章. ガス

11.1 冷媒漏洩検知器の種類と活用

11.1.1 はじめに

冷凍・空調設備の存在は今日の我々の日常生活および企業活動においても欠かすことができない極めて重要な存在となっている.

しかし,その冷却効果をもたらす冷媒として多く用いられているフロン類は,地球温暖化効果があり環境に多大な影響を及ぼすものとしても知られている.よって,フロン類をむやみに大気放出してはならないという観点において,フロンガスの漏洩を早期に発見するための検知器が果たす役割は非常に大きい.

また,フロン類以外の自然冷媒においても保安管理という別の観点からガス漏洩検知器は不可欠である.

この節はフロンおよび各種冷媒ガスの漏洩検知器の種類と活用方法について記述したものである.

11.1.2 冷媒ガス用漏洩検知器の種類

フロンガスをはじめ,冷媒の漏洩検知として用いられるガス検知器は,以下の2種類に大別される.

(1) ポータブル型ガス検知器
(2) 定置型ガス検知器

ポータブル型のガス検知器は,主に設備の漏洩点検時に使用され,漏洩箇所を特定するための手段として用いられる.

一方,定置型のガス検知器は,漏洩の可能性が考えられる箇所の近傍に設置し,設置個所における冷媒ガスを常時検知することで漏洩監視を行うものである.多くの冷媒ガスは無色・無臭である場合が多く,また,冷凍機が設置される部屋は,通常無人である場合がほとんどである.万が一漏洩した場合にも発見が遅れる可能性が高いため,このような場所に設置し,漏洩を連続的に監視するために用いられる.

11.1.3 半導体式センサ

ここでは,ガス検知器に用いるセンサについて紹介する.

金属酸化物半導体(SnO_2)をガスとの反応素材として用いることからその名がついている半導体式センサは,ガス漏洩検知用のセンサとして最も一般的なものである.

ヒータコイルとアルミナチューブを金属酸化物半導体で覆う形で形成される検知素子は,ヒータにより350〜400℃程度に加熱され,表面には大気中の酸素がO^-やO^{2-}といったイオン状で吸着し,半導体は一定の抵抗値で保たれている.

半導体表面上にフロンガスなどの還元性ガスが接触したり,化学吸着したりすると元々吸着していたO^-やO^{2-}により酸化する.酸化により,半導体表面に吸着していた酸素が離脱する,すなわちフロンガスなどが半導体表面に吸着している酸素を奪うこととなる.これにより相対的に半導体部分の自由電子が増加し,抵抗値が低下する.抵抗値は表面に吸着した酸素が奪われる量により変化するため,ガス分子の量が増えるとその分だけ抵抗値が低下することとなる.

この抵抗値の変化をガス濃度として読み取るのが半導体式センサの原理である.

半導体式センサの特徴として第一に挙げられるのが低濃度ガスの検知に適している点である.半導体式センサは,ガスが低濃度の状態にあってもセンサから大きな出力を得ることができるため,微量であっても漏洩を把握しなければならない場所でのガス検知に多く用いられている.

本原理はフロンガス検知用として一般的な検知原理であるため,多くのフロン検知器において採用されている.また,アンモニア(NH_3)や炭化水素系ガス(HC)にも感度を有するので自然冷媒用のセンサとしても使用する事ができる.

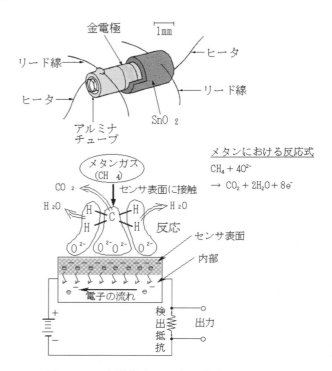

図 11.1-1 半導体式センサの構造図と原理図

11.1.4 ポータブル型検知器と定置型検知器の活用

ここでは,実際に半導体式センサを搭載したポータブル型ガス検知器(図 11.1-2)および定置型ガス検知器(図 11.1-3)について一例を紹介する.

第11章. ガス

図 11.1-2 ポータブル型検知器

図 11.1-3 定置型検知器
(スマートタイプ)

ポータブル型検知器には先端に半導体式センサが装着されたプローブがあり，その部分で特に漏洩の可能性が高い箇所を中心に満遍なく検査して，設備からの漏洩有無を確認する．

一方，定置型ガス検知器は，前述の通り，無人となる場所での漏洩の早期発見を目的として用いられるため，測定性能と共に中央監視室など常に人がいる場所で遠隔監視が出来るよう，通信性能も重要となる．

スマートタイプの定置型ガス検知器の中には，一般的なアナログ信号(DC4-20mA)による通信のほか，Ethernet 方式を用いた通信方式にも対応しているものもある．

冷凍機類のコントロールなどを含めた施設内設備の管理を LAN 環境を利用して一括で行っているようなところでは，このような通信機能を有するガス検知器を使用することで，他の設備と同一システム(一括管理)にて，冷媒ガスの漏洩監視が可能となる(**図 11.1-4**).

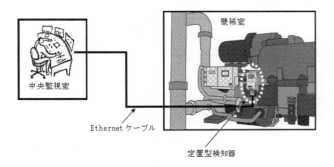

図 11.1-4 スマートタイプガス検知器を用いた
冷媒ガス漏洩監視のイメージ

ここで，ポータブル型と定置型について簡単にまとめる．

表 11.1-1 ポータブル型と定置型

種類	ポータブル型	定置型
用途	漏洩箇所の特定	漏洩の連続監視
特徴	点検時に限るが，漏洩箇所をスポット的に特定できる．	スポット的に特定はできないが，連続監視により早期発見ができる．

それぞれ検査機器(測定器)としては非常に重要であり，冷凍・空調設備の保守管理をする上では欠かせないものである．

この2種類を使い分けて(または組合わせて)使用することが重要となるが，特に冷凍・空調設備が大規模になるほど，定置型による連続監視を行い，大きな事故に至らぬよう十分な対策をとりたい．何れにしてもポータブル型においては点検時において必須である．

11.1.5 自然冷媒の漏洩検知について

自然冷媒には水や空気，アンモニア，炭化水素系ガス，二酸化炭素(CO_2)があるが，前述の通りこれら冷媒においては，フロン類に求められる漏洩検知とは異なる対策が求められる．

アンモニアは冷媒としての効率が良く，古くから冷媒として多くの技術的，実績的な蓄積のあるガスである．オゾン層破壊係数がゼロで，温暖化係数も低く，環境影響の少ない冷媒ではあるが，一方でアンモニアは毒性を持つがゆえに中毒事故防止のための安全対策として漏洩監視が必要となる．(前述の半導体式センサ搭載ガス検知器で検知可)

炭化水素系ガスは，家庭用冷蔵庫などで使用されているが，その可燃性のため，ガス漏洩に対して爆発事故などへ発展しないよう十分な安全対策が必要となる．その手段の一つとして可燃性ガス検知器を用いた漏洩監視は不可欠といえよう．(前述の半導体式センサ搭載ガス検知器で検知可)

二酸化炭素はオゾン層破壊係数がゼロで，温暖化係数も低いが，漏出時には酸素欠乏状態を作り出すことになるため，酸素欠乏事故を防ぐため冷凍設備周辺の酸素濃度を常に監視する手立てを講じなければならない．尚，酸素濃度測定においては漏洩検知用(半導体式)とは検知原理の異なる酸素の測定器(隔膜ガルバニ電池式など)を別途準備しなければならないが，前述のスマートタイプの定置型ガス検知器の中には，センサ部を酸素用のものに変更するだけで，フロン類やアンモニアから酸素濃度の測定を行うことが出来る機種もある(多原理対応機種).

(岩村　大介)

11.2 高濃度ガス検知器

前節においては，主に「冷却装置の冷却性能の低下をもたらす冷媒の微少漏れ検知」を機器の使用目的とする冷媒漏洩検知器ついて記述している．これ以外にもガス検知器は幾つか種類があり，**表 11.2-1** に示すように使用目的による分類ができると考えられる．この節においては，微少漏れ検知以外の高濃度領域のガス検知器についての記述を行う．

表 11.2-1　ガス検知器の目的別分類の一例

目的（大分類）	目的（小分類）	ガス検知器の例
冷却装置の冷却性能維持	フロンの微少漏れ箇所の探知	ガス探知器
環境汚染の防止	フロン濃度の定点監視	フロンガス警報器
環境汚染の防止	アンモニア濃度の定点監視	アンモニア冷凍設備用ガス検知警報器
酸素欠乏の防止	作業前の酸素濃度測定	デジタル酸素濃度計
酸素欠乏の防止	作業者周辺の酸素濃度測定	装着型酸素計
冷媒ガスの置換確認	フロンの極高濃度測定	高濃度ガス検知器(Vol.%)
爆発防止	イソブタン濃度の定点監視	可燃性ガス検知警報装置

11.2.1 フロンガス警報器

対人空調を目的としたマルチ形パッケージエアコンの空調設備において，一定の大きさ以下の居室内の室内ユニットでフロンなどの不活性ガス冷媒が漏洩した場合には，室内ユニットから冷媒が漏洩して冷媒濃度が限界濃度を超える恐れがある．

これにより発生しうる酸欠状態は図 11.2-1 に示すような人命に関わる重大災害に繋がる可能性もあり，システムに充填された冷媒量と居室容積の関係により安全対策のガイドラインが定められている．

ここで示す安全対策のガイドラインとは，「日本冷凍空調工業会ガイドライン　JRA GL-13:2012　マルチ形パッケージエアコンの冷媒漏洩時の安全確保のための施設ガイドライン」を指す．1998年6月に制定され，2010年12月にR410Aなどの限界濃度や冷媒量などによる特定システムの追加設定など，設置に関する具体的な内容を国際規格に合わせて追加する改訂が行われたものである．

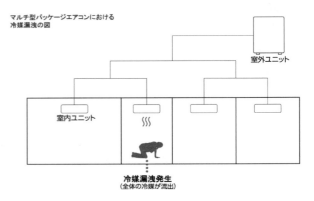

図 11.2-1　マルチ型パッケージエアコンにおける冷媒漏洩

ガイドラインに記載されている具体的内容としては，冷媒R22，R134a，R407C，R410Aにおいて，全冷媒充填量/居室容積≦RCLを満たせない場合，条件により「換気」「遮断」「警報」の安全対策のうち一つないしは二つを必要とするものである．そして，そのほとんどがガス検出器の作動信号により動作することとなっている．

ここで前述のRCLとは，ISO/DIS 817で定められた冷媒の許容濃度であり，冷媒による危険リスクを低減するために規定されている空気中の冷媒の最大濃度を示し，その値は表 11.2-2 に示す通りである．

表 11.2-2　冷媒の許容濃度値（RCL）

R22	0.21 kg/m^3
R134a	0.21 kg/m^3
R407C	0.27 kg/m^3
R410A	0.39 kg/m^3

居室内に設置されたフロンガス警報器は常時雰囲気を監視することができ，フロンガス警報器が冷媒漏洩を検出した際には清浄大気で冷媒を希釈したり（換気），冷媒回路を断つこと（遮断）という手段をとることで，冷媒濃度の上昇を抑えることができる．また漏洩場所から退避を促すこと（警報）も可能であり，これらにより人身事故を防ぐことができる．

GL-13ガイドラインは，フロンガス警報器の仕様として「冷媒濃度のRCL/2以下」もしくは「酸素濃度19.5 Vol.%以上」で検出可能とし30秒以内に信号を発するものと要求しており，冷媒を半導体式原理で検出するものが一般的である．またセンサ表面に触媒層を設けることにより，その触媒反応により雑ガス（水素，一酸化炭素，アルコールなど）の感度を抑制し，フロンガスを選択的に検知する工夫が施されているものがある．フロンガス警報器の外観を図 11.2-2 に示す．

第11章. ガス

図 11.2-2　フロンガス警報器の外観[*1)]

　ホテルやオフィスなどの不特定多数の人が出入りする多数の居室がフロンガス警報器の設置対象となる．また建築工事や空調工事によりフロン警報器が設置された後は，建物の管理者や使用者により運用されることになる．よって「小型，軽量であることや意匠性」「安価であること」「取扱いが簡単であること」に加え，「定期的な点検，取替えも容易であること」などが求められる．
　また設置の際には**図11.2-3**に示すように，床面から30cm以内の高さに設置することが重要となる．

図 11.2-3　フロンガス警報器の取付位置

11.2.2　アンモニア冷凍設備用ガス検知警報器

　アンモニアを冷媒として使用する冷凍設備においては，高圧ガス保安法に関連する冷凍保安規則と例示基準によって，アンモニア用ガス検知警報器の設置について規定がなされている．
　アンモニアは毒性が強く刺激臭のある物質であることが知られており，高濃度ガスの吸引は喉や肺へ害を及ぼす危険性がある．また可燃性の性質を持っていることにも注意が必要である．
　保安規則ではユニット型のアンモニア冷凍設備には，例えば除害設備と連動するアンモニア冷凍設備用ガス検知警報器を設けることとが定められている．例示基準では，屋外におけるアンモニア警報濃度を50 ppm以下，アンモニアに関わる指示計の目盛を400 ppm（ただし50 ppmで警告音を発する場合は150 ppm），アンモニアに関わる警報はランプの点灯または点滅および警報音とすることが定められている．
　アンモニア冷凍設備用ガス検知警報器の外観を**図11.2-4**に示す．(a)の指示警報部は警報ランプと警報音を発するスピーカが備えられており，(b)のガス検知部は高感度で長期安定のアンモニア用センサが備えられている．

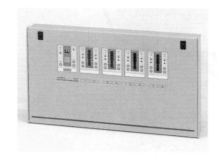 

　　(a)指示警報部　　　　　　　(b)ガス検知部

図 11.2-4　アンモニア冷凍設備用ガス検知警報器の外観[*1)]

　過去の事故からアンモニアに関わる事例は，冷凍設備の本体やフランジの締結部などが劣化により損傷，破損した件が多く見られる．法的な要求によるアンモニア濃度の定点監視だけでなく，こまめな点検による異常の早期発見が重要であると思われる．

11.2.3　デジタル酸素濃度計

　酸素欠乏事故の防止には，冷媒ガスの濃度を測定する以外に酸素濃度を測定することが防止に有効であることが多い．
　例えば，冷凍設備の熱交換器が設置されている付近の地下ピットなどでは，熱交換器から冷媒であるR 22が漏洩し地下ピットに滞留していることがある．このような場合に何かの作業のために作業員が地下ピットへ入る必要があった場合を想定すると，進入前にデジタル酸素濃度計を用いてピット内の酸素濃度を測定することが安全確保の一つとなる．
　清浄大気中には，おおよそ21 Vol.%の酸素が含まれており，この環境下で人間は正常な活動を行えている．しかしながら酸素濃度が18 Vol.%を下回ると，めまい，吐き気，筋力低下，意識不明，昏睡，呼吸停止など低濃度になるにつれ人体に与える影響が大きくなる．
　地下ピットなどでの酸素欠乏事故を未然に防ぐためには，作業前安全確認としてセンサ部のみをピットに投げ込んで手元で酸素濃度値を確認できるデジタル酸素濃度計が適している．デジタル酸素濃度計の外観を**図11.2-5**に示す．この機器でピットの酸素濃度が正常であることを確認してから作業を実施することが望ましい．
　またデジタル酸素濃度計の電源投入は必ず清浄大気中で行い，21 Vol.%を調整してから使用することが重要となる．

図 11.2-5　デジタル酸素濃度計の外観[*1)]

11.2.4　装着型酸素計

前項のデジタル酸素濃度計は作業前安全確認として一つの作業グループで管理者が一台保有し使用することを想定しているが，より安全性を高めるためには作業者全員に装着型酸素計を携帯させたい．

比較的多くの作業者がいる企業では既に導入が進んでいる．

通常一つの作業グループで人員は個別に分かれて作業を実施することが多い．この場合作業前確認によって安全な酸素濃度を確認していても状況の変化によっては常に安全な環境であるとは言い難く，作業者全員に装着型酸素計を携帯してもらうことが安全確保につながることは言うまでもない．

装着型酸素計の外観を**図 11.2-6** に示す．ポケットサイズで薄型軽量，作業着だけでなくヘルメットにも取り付けることが可能で，呼吸器である口元の近くに取り付けることでより確実に作業者の安全確保が期待できる．この装着型酸素計もデジタル酸素濃度計と同様で，電源投入は必ず清浄大気中で行い，21 Vol.%を調整してから使用することが重要となる．

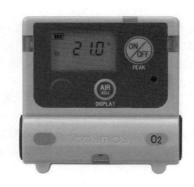

図 11.2-6　装着型酸素計の外観[*1)]

11.2.5　高濃度ガス検知器（Vol.%）

冷却設備の配管における冷媒ガス置換の作業確認には 100 Vol.%の濃度まで測定可能な高濃度ガス検知器（Vol.%）が使用される．

高濃度ガス検知器（Vol.%）の外観を**図 11.2-7** に示す．この高濃度ガス検知器（Vol.%）は，デジタルバーグラフとデジタル数字の2パターンで測定濃度を表示可能で，冷媒ガス置換の作業進捗はバーグラフで感覚的に掴みやすく，正確なガス濃度はデジタル数字で把握できる．また測定対象のガスとして現行主流のフロンだけでなく，代替冷媒の一つとして考えられている二酸化炭素（CO_2）も測定可能である．

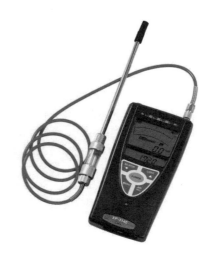

図 11.2-7　高濃度ガス検知器（Vol.%）の外観[*1)]

11.2.6　可燃性ガス検知警報装置

家庭用冷蔵庫の冷媒として使用されるイソブタンは可燃性ガスであり，冷却装置部分の製造現場などではイソブタンガスの検知警報装置が有用になる場合がある．

可燃性ガス検知警報装置の外観を**図 11.2-8** に示す．

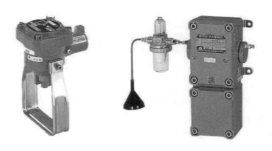

(a) 拡散式ガス検知部　　(b) 吸引式ガス検知部

図 11.2-8　可燃性ガス検知警報装置の外観[*1)]

11.2.7　共通事項

冷凍空調業界は，現在主流のフロンから地球温暖化係数の低い代替冷媒ガスが模索されている状況である．しかしながら，毒性が強かったり，可燃性があったり，どのガスも一長一短である．よって使用するガス検知器も，使用目的，対象ガス種，ガス濃度，使用環境に合わせて様々なタイプを使い

分けていくことが必要になってくると思われる.

そして冷媒排出抑制のために, 冷媒貯蔵管理や冷媒漏洩管理が今よりも要望され, 最適なガス測定の選択が冷凍空調業界には求められてくると思われる.

最後に, 全てのガス検知器と警報器は, その性能を維持して安全を確保するために, 取扱説明書などに記載されている定められた日常点検と定期点検を実施することが重要であることを伝えたい.

参 考 文 献

*1) 新コスモス電機株式会社 カタログ

(仲谷　行雄)

11.3 冷媒漏れ検知の最新技術

11.3.1 はじめに

1997年に採択された京都議定書で, HFCは排出削減対象物質の一つに指定された. HFCが全温室効果ガスに占める割合は少ない. しかし, 冷媒転換やHFCを用いた市中ストックの増加により, 冷凍空調機器からの排出量は年々増え, 2011年度にCO_2換算で1940万トン (内, 業務用冷凍空調機器は1310万トン) だったのが, 2020年には4000万トンに増加すると予想されている.

冷凍空調機器で用いられるHFCの排出量を抑制するためには, 製造, 使用, 廃棄の各段階で対策をすることが必要である. 製造時の排出を防止するために, 日本冷凍空調工業会は, 2002年を基準年として, 2010年に生産工場における漏洩率を10%減することを自主行動計画に掲げ, 前倒しで達成した. また, 廃棄時は, フロン回収・破壊法や家電リサイクル法があり, 回収義務が課せられている. 一方, 使用時の排出は, 従来大きな排出源と認識されていなかった. しかし, 経済産業省が2008年から2009年にかけて約26万件の調査を行った結果, 使用時の排出量が多いことが明らかになった. 排出量の訂正と機器の排出係数が改められるとともに, 政府の審議会で冷媒の低GWP化や機器の適正管理などが議論され, フロン回収・破壊法が改正された.

2013年6月12日に公布された改正フロン類法では, 業務用冷凍空調機器の使用時漏洩を防止するために,
・機器を適正に管理するための判断基準
・機器を使用するユーザが一定量以上の使用時漏洩をした場合の国への報告制度
・充填回収業者が自治体に充填量を報告する制度

が導入される. このような背景を受けて, 新エネルギー・産業技術総合開発機構 (NEDO) が実施した, 平成21年度代替フロンなど3ガスの排出抑制設備の開発・実用化支援事業にて, 既存の空調機用遠隔監視システムを利用したビル用マルチエアコン (以下ビル用マルチ) の高感度冷媒漏洩検知システムが開発された. 本節では, その概要と運用実績および今後の課題を述べる.

11.3.2 遠隔監視による冷媒漏洩検知システム
(1) 空調機用遠隔監視システムの概要

ビル用マルチは, 1台の室外機に複数の室内機が接続され一つの系統を構成する複雑な機器である. 大型ビルでは何十もの系統が納入される場合もある. このように, 複雑, 大規模なビル用マルチ群に対して, ユーザの経済的負担を軽減し, 合理的な保守管理を実施するため, 1993年より遠隔監視による保守管理サービスが提供されている. 図11.3-1に遠隔監視システムの概要を示す. 遠隔監視による故障診断の手順は以下のようになる.

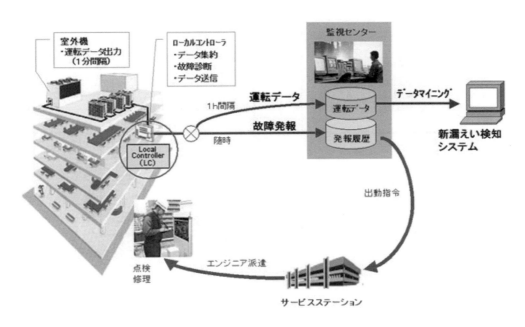

図 11.3-1　ビル用マルチの遠隔監視システムの概要

a) 現地に設置したローカルコントローラ（LC）が，1分毎に室外機から運転データ（温度，圧力，電流値，制御パラメータなど）を取得する．

b) LCに組み込まれた故障予知ロジックが，取得されたデータを診断する．故障の兆候を検知すると，電話回線を介して直ちに監視センタに予知発報を送信する．

c) 監視センタは，故障発報を受信するとサービスエンジニアに出動指令を送る．サービスエンジニアは365日24時間体制で待機しており，2時間以内に現場に到着する．

d) LCは，予知発報の以外に1時間毎の運転データ代表値も監視センタに送信する．受信された運転データは，専用データサーバに蓄積される．

遠隔監視システムは，故障項目のひとつとして「ガス欠」による運転の不具合状態を検知し，圧縮機の故障を未然に防止する機能を備えている．ただし，「ガス欠」による運転不調の兆候が現れる時点での冷媒漏洩量は相当多い．しかしながら，使用時の排出抑制対策としては，運転不調が発現する前のスローリークの段階での検知が求められており，従来の「ガス欠」検知機能では，この要求を満足することができなかった．そこで，運転データを利用した新しい高感度漏洩検知方式を開発した．

(2) 新検知方法の特徴

現行検知方式と新検知方式の相違を図 11.3-2 に示す．現行検知方式は，LC内部の検知ロジックが室外機から取得した1分間隔の運転データに対して都度ガス欠判定を行っている．具体的には，ガス欠状態になると著しく変化する特定の温度や圧力データの変動量で判定している．したがって，能力制御や保護運転（油戻し運転，デフロスト運転など）で発生する過渡的な変動の影響で誤発報が発生するおそれがある．誤発報を防止するため，判定用閾値の安全率を高く設定する必要があり，高感度化に限界があった．

一方，新検知方式は，監視センタのデータベース上に蓄積した1時間毎の運転データを使用する．検知ロジックは，データベース上に蓄積した大量のデータから有益な情報を抽出するデータマイニングの考え方を導入し，新たに設置した専用のサーバ上に構築されている．検知の手順は以下のとおりである．

a) 監視センタのデータベースから必要なデータのみを選択し計算用サーバーに転送する．過渡変動の影響を排除するため，定常運転時のデータを抽出する．

b) 選択した温度，圧力データから冷凍サイクルの各過程のエクセルギ損失を求める．次に各エクセルギ損失を状態量とし，その関数として定義した冷媒漏洩判定指標RLI（Refrigerant Leak Index）を計算する．

c) 運転開始から数年に及ぶ過去データに対してRLIを計算し，適切な周期（週，月）で平均化し冷媒量変動の長期トレンドを算出する．過去からのトレンド変化やRLI値の特徴，同機種で運転条件が類似した別物件のトレンドとの比較を通じて，特徴的なパターンを抽出しグループ分類を行う．

d) 分類したグループに対して，過去の修理記録や漏洩以外の故障発報情報を用いて，各々のパターン変動を解釈し，正常，冷媒漏洩，その他の結果判定の評価基準を確立する．

データベース上に蓄積された全監視対象物件の過去データに対して，実際に上記手法を適用して分析を行った後，フィールド試験を実施して検証を行った．その結果，新方式は，従来方式では検知不能なスローリークも検知可能であることが判明した．詳細については次項で述べる．

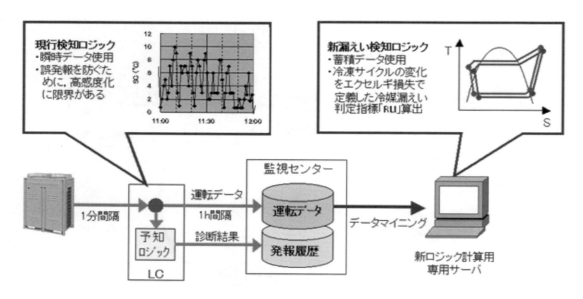

図 11.3-2　漏洩検知方式の比較

11.3.3 市場データによる検証
(1) 冷媒保有量の分布

約4000系統のビル用マルチの2008年と2009年の蓄積データに対してRLIの計算を行った．ここでは，冷房定格能力8馬力（22.4kW）の機種の冷房運転時での事例を紹介する．計算時点での8馬力機のサンプル数は231系統であった．全サンプルに対して，運転期間中の平均RLIの分布を求め，上位，中位，下位のグループに分類した．冷媒充填量が多いほどRLIは大きくなるので，上位は過充填，中位は適正充填，下位は充填量不足のグループと考えられる．

図11.3-3は，各グループから抽出した代表的なサンプルの月平均外気温と月平均RLIの相関を示す．いずれのサンプルも，外気温の影響を受けているが，2008年と2009年のRLIのトレンドに良好な再現性が認められる．過去データの蓄積がある場合は，RLIの現在値を過去データのトレンドと比較することで冷媒量変動を判定できる．

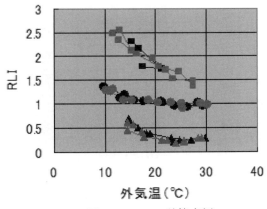

図 11.3-3　RLI計算事例

過去データが利用できない場合，RLIの現在値で冷媒量変化を判定しなければならない．RLIは，冷凍サイクルのバランス変化を表す指標ともいえるので，外気温などの冷媒量以外の因子で値が変動する．現在値だけで判定するためには，影響度が大きい因子による変動を補正する必要がある．補正対象として，外気温と運転負荷率に相当する因子として圧縮機回転数を選定した．外気温と圧縮機回転数から予測されるRLI予測値とRLI実測値との差で冷媒量変動を判定する．蓄積データから，過去に出現した外気温と圧縮機回転数の組合せ毎のRLI平均値を基準データとし，更に調整を加えてRLI予測値を定めた．このRLI予測値を用いて△RLIを以下のように定義する．

$$\triangle RLI = RLI実測値 - RLI予測値 \qquad (11.3\text{-}1)$$

図11.3-4は，図11.3-3のRLIトレンドを蓄積データから計算した予測値を使用して△RLIに変換したものである．冷媒が適正量充填されている場合，外気温の影響が補正され，△RLIのトレンドが外気温にかかわらずほぼ0になっている．冷媒が過充填または不足の場合は，外気温と負の相関が残っているが，大幅な改善が認められた．また，圧縮機回転数により負荷率の影響も補正されているので，各サンプル間の△RLIの差は，図11.3-3のRLIの差よりも正確に充填量の差を反映していると考えられる．ただし，予測値の調整不足や他の因子の影響と思われるばらつきが見られる．検知精度向上のため，予測値の見直しや他の要因の補正について検討していく必要がある．

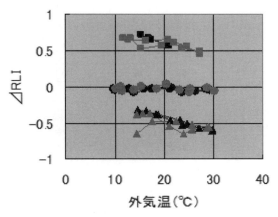

図 11.3-4　△RLI計算事例

(2) 検知感度の評価

冷媒量変化に対するRLI応答を定量的に評価するため，遠隔監視中のビル用マルチの冷媒量を現地で調整し，その前後のRLIトレンド変化を観察した．

図11.3-5は，現地で冷媒を追加充填した8馬力機の月平均RLIのトレンド変化を示す．この物件は，2009年の7月30日に1kgの冷媒が追加充填された．2009年のRLIは，冷媒が追加充填される前の4月から7月までは2008年とほぼ同じトレンドであった．7月30日の追加充填により，8月以降は前年のトレンドから乖離してRLIが増加していることが容易に判定できる．

図11.3-6は，現地で冷媒を一部回収した12馬力機の月平均RLIのトレンド変化を示す．この物件は，2009年の11月28日に冷媒を2kg回収した．2009年のRLIは，冷媒が回収される前の1月から11月までは2008年とほぼ同じトレンドであった．11月28日の冷媒回収により，12月以降は前年のトレンドから乖離してRLIが減少し，2010年も同様の挙動を見せている．この場合も冷媒回収によるRLI低下のトレンドが容易に判定可能である．

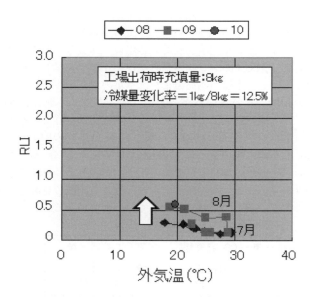

図 11.3-5 冷媒を追加充填した物件のRLI変動
(8馬力, 東京Aビル)

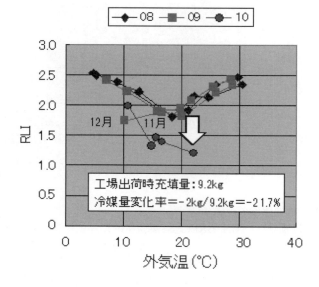

図 11.3-6 冷媒を一部回収した物件のRLI変動
(12馬力, 大阪Bビル)

次に冷媒変化量に対する検知感度を検討する．ビル用マルチは，工場出荷時に冷媒が予め充填されているが，連絡配管長が設置物件毎に異なるため，現地で据付の際に，連絡配管長に相応する量が追加充填される．運転中の連絡配管に分布する冷媒量は一定となるので，冷媒量に過不足が生じた場合，その影響は，室外機や室内機の熱交換器に分布する冷媒量の変化として表れる．したがって，検知感度は，式(11.3-2)の工場出荷時冷媒量に対する冷媒変動量で評価できる．

冷媒量変化率＝冷媒変動量／工場出荷時充填量 (11.3-2)

8馬力機の工場出荷時充填量は8kgなので，1kgの冷媒を追加充填した場合，冷媒量変化率は12.5％となる．同様に12馬力機の工場出荷時充填量は9.2kgなので，2kgの冷媒を回収した場合，冷媒量変化率は21.7％となる．現行の漏洩検知ロジックより高感度であることが確認できた．

(3) 実際の冷媒漏洩事例

新漏洩検知ロジックが，冷媒漏洩を発見した8馬力機の事例を紹介する．**図 11.3-7** は，冷媒漏洩が発見された物件の2009年と2010年のRLIと⊿RLIの月平均データである．この物件は，2007年10月に運用開始，2009年4月から遠隔監視が開始された．2009年4月から11月の冷房期間中，現行検知ロジックで正常判定であった．2009年10月に新検知ロジックで解析した結果，漏洩懸念物件と判定した．根拠は，以下の通りである．

・2009年8月以降のRLIトレンドが4月から8月までのトレンドと乖離している．
・⊿RLIの4月から8月までのトレンドが単調に減少している．
・特に2009年8月以降のRLIの値が平均RLI分布では下位グループに相当し，明らかにガス欠気味である．
・同ビルの別系統に8馬力機が4台あるが，本物件とはRLIと⊿RLIのトレンドが全く異なる．

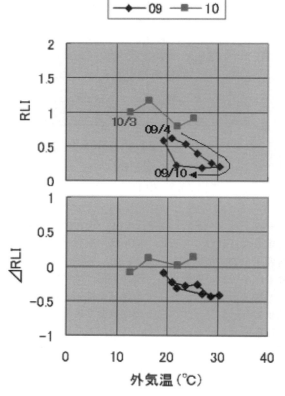

図 11.3-7 実際の冷媒漏洩物件

ユーザの了承を得て，2010年2月に半導体式リークディテクタを使用して室内機の点検を実施したところ，ある室内機の膨張弁からスローリークを発見した．3月に冷媒を全量回収して膨張弁を交換した後，2007年の据付時に記録された初期充填量まで冷媒を再充填した．図11.3-7の

2010年のトレンドに，RLIおよび⊿RLI値が上昇し，冷媒量が原状回復した結果が表れている．

11.3.4　実運用での課題

本稿において，新検知ロジックによる高感度冷媒漏洩検知システムの効果について紹介した．しかし，その実用化に向けては運用面でのいくつかの課題がある．

(1)　冷媒漏洩でない事例（1）－膨張弁故障による見かけの冷媒量低下－

新検知システム運用前の過去データの検証で，膨張弁故障により冷媒が滞留し，RLIと⊿RLIが低下した物件の一例を図11.3-8に示す．この物件は2008年の1月から5月までは⊿RLIが負の値をとっており，冷媒漏洩検知を実施していれば漏洩判定となる．ところが6月に⊿RLIは正常値に復帰し，それ以後は正常値のままで安定している．故障発報データを調査すると，2008年5月までの冷媒不足に見える時期は，室内機の膨張弁不良の予知発報が発生していた．また修理記録を調査すると，5月29日にある室内機の膨張弁駆動コイルが交換されていた．これは，⊿RLIが正常値に戻った時期と合致している．よってこの物件は，2008年5月29日以前は，膨張弁駆動コイルの不良により膨張弁を閉じることができず，停止時の室内機に大量の液冷媒が滞留したため，見かけ上，冷媒不足に見えたと推察される．駆動コイル交換以降は室内機での冷媒滞留が解消されたため⊿RLIの値も正常値に復帰したと考えられる．このような事例に対して正しく故障原因を判定するためには，部品故障や他の要因でRLIと⊿RLI変動する場合を特定しておく必要がある．

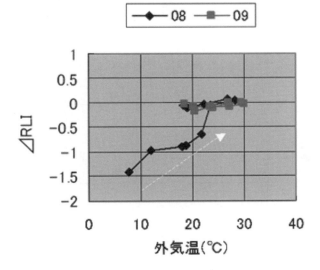

図11.3-8　膨張弁故障による見かけの冷媒量低下

(2)　冷媒漏洩でない事例（2）－修理後の冷媒量変化－

故障した圧縮機の交換により冷媒量が変化したため，⊿RLIが変化した事例を図11.3-9に示す．この物件は，2010年の⊿RLI値が2009年の値に対して低下している．修理記録を調査すると2009年の冷房運転終了後に圧縮機が交換されていた．圧縮機交換前に冷媒回収して交換後に再充填する際，充填量が交換前よりわずかに減少したためと考えられる．運転に支障を来すレベルの減少量でないため，従来では全く問題にならない事象である．しかしながら，この事例でも，冷媒漏洩と誤判定がなされてしまう懸念がある．ただ，部品交換時に冷媒回収と再充填を行う場合，修理前後の冷媒量を正確に一致させるのは困難であると思われる．そこで，このような誤報を防止するためには，冷媒漏洩検知システムと修理記録データをリンクさせて，冷媒量の変化が修理によるものかをチェックする機能が必要になる．

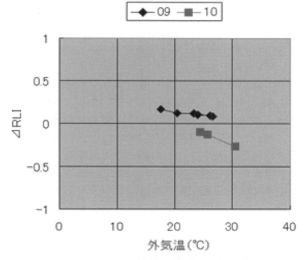

図11.3-9　圧縮機交換後の⊿RLI変化

(3)　漏洩箇所の特定

漏洩検知システムの高感度化により，従来は検知することのなかったレベルの微量な冷媒漏洩が検知可能となる．ところが，大規模な冷媒配管系統をもつ冷凍空調機器においては，漏洩箇所の特定に対する作業工数が多く，限られた作業時間では，漏洩が見過ごされてしまう懸念がある．このような見過ごしによる冷媒漏洩を防ぐためには，冷媒漏洩箇所を短時間で高感度に探索できるツールが望まれる．

(4)　漏洩点検・修理作業を想定した施工

現状では，漏洩点検や修理作業のしやすさを想定して冷媒配管が施工されているとは限らない．例えば，作業者が冷媒漏洩の疑いのある継手をリーク検査しようとしても，容易にアクセスできない場合があり，機器の漏洩点検や修理に配慮した施行の標準化が必要であろう．

11.3.5　おわりに

本節では，ビル用マルチ向けの高感度冷媒漏洩検知システムについて紹介した．本システムは現在も稼働しており，将来の本格運用に備え，更なる検知精度の向上と運用面でのノウハウの蓄積を図っている．

（渡辺　丈）

基礎編

第12章. 微粒子

12.1 はじめに
~光散乱式気中粒子計数器の解説にあたって~

粒子という言葉の意味はとても曖昧である．科学的には物質を構成している細かな粒であり，原子・分子も粒子に分類される．更に原子の構成要素も粒子とみなされる．また，気体から凝縮して生成したものや，液体および固体の物理的な破砕過程で生じた粒は，粒子の集合体であるがこれも粒子と称される．時に粒子は汚染のもととなる．産業分野では粒子を汚染の分類として，浮遊粉じん汚染，微粒子汚染，原子・分子状汚染，微生物汚染などに分けることがある．本章では主に微粒子汚染と微生物汚染の原因となるおおよそナノメートルからマイクロメートルの大きさの微粒子を測定対象とする．

微粒子汚染が歩留りに影響する半導体や精密機器など微細加工技術が急速に進む先端産業や，食品，医療，製薬，宇宙，原子力など，安全や健康影響上で環境管理が重要な分野において，微粒子の発生や汚染の制御と共に，微粒子の計測の必要性はとても高い．浮遊微粒子の性質は，組成などの化学的性質と，粒子濃度，粒径，形状，密度などの物理的性質で表される．この中で粒子濃度と粒径は粒子による影響を知る上で重要な情報である．粒子濃度と粒径の計測方法には，顕微鏡法，重量法，沈降法，電気移動度法，光散乱法，凝縮核法，慣性法，拡散法などがある[1]．その中で個数濃度が測定可能な光散乱式の粒子計数器（以下「パーティクルカウンタ」という）は，測定の簡便性などから多く利用されている．パーティクルカウンタには，気中の浮遊微粒子を検出するものと，液中のそれがある．本章では気中パーティクルカウンタについて，基本原理と仕様，規格，測定および取扱上の注意，保守管理などを説明する．

12.2 原理と仕様

12.2.1 粒子による光散乱

図 **12.2-1** に示す光と粒子の相互作用の内，パーティクルカウンタは散乱を捉えることによって粒子を検出する．光の散乱理論は，1871 年 Rayleigh によって波長より十分小さい粒子による光散乱を表す式が発表され，その後 1908 年 Mie [2] によって球形粒子による光散乱の厳密な理論式が導かれた[3]．散乱光強度は，入射光強度に比例し，散乱方向，粒径，粒子の屈折率と空気など媒質の屈折率の比，および媒質中の光の波長の関数として求められる．粒径が光の波長より十分小さい範囲において，散乱光強度は粒径の 6 乗に比例し，光の波長の 4 乗に逆比例する．

パーティクルカウンタによる測定では，透過型電子顕微鏡法や計数ミリカン法[4]にて粒径が値付けされた球状の標準粒子[5]の散乱光強度と比較することによって，相対的な大きさが求められる．

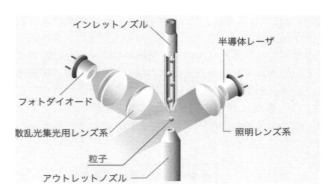

図 12.2-2 センサ部の概略図

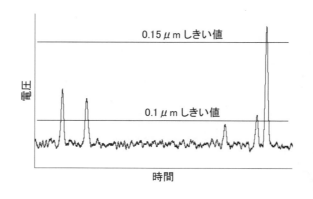

図 12.2-3 粒子信号の例

12.2.2 光学系

空気中の浮遊微粒子を検出するセンサ構造の例を図 **12.2-2** に示す．試料空気は一定流量でインレットノズルに吸引され，センサ内のレーザが照射されている空間に導かれる．液体用のパーティクルカウンタの場合は，空間では

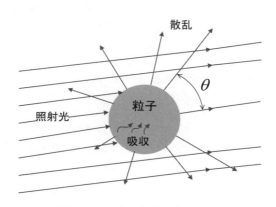

図 12.2-1 粒子と光の相互作用

なく透明なフローセル内を試料液が流れる．試料中の粒子がレーザを通過する際に光を散乱し，その散乱光をレンズなどによってフォトダイオードへ集光して電気信号に変換する．その結果，図 **12.2-3** のようなパルス状の信号を得る．パルスの波高値は散乱光強度に比例し，これから粒子の大きさの情報が得られる．また，パルスの数から粒子の数を知ることができる．このようにパーティクルカウンタは1個1個の粒子を計数するため，他の計測方法と比較して低濃度の試料を測定することが可能である．反面，可測粒径の微小化には技術的な困難が伴う．粒子1個からの散乱光を検知しなければならないことと，波長より十分小さい粒子による散乱光強度は粒径の6乗に比例するからである．例えば，0.2 μm の粒子に対して 0.1 μm の粒子の散乱光強度は凡そ 60 分の 1 に減少する．粒径と相対散乱光強度の関係について，Mie の理論式から求めた曲線と，センサを用いて校正用の標準粒子を実測した結果を図 **12.2-4** に示す．

光源には半導体レーザ，ガスレーザ，固体レーザなどを用い，波長も様々な物がある．0.1 μm 以下のような微小粒子が検出可能なセンサには，エネルギー密度を高めるため高出力で高品質空間モードのレーザを用いる．散乱光の集光にはレンズやミラーを用いる．光電変換素子にはフォトダイオードやイメージセンサを用いる．

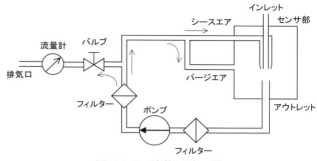

図12.2-5　流体回路の例

12.2.3　流体系

流体回路の例を図 **12.2-5** に示す．ポンプによってセンサ内を減圧し，インレットより試料空気を吸引する．試料空気はセンサ内の空間（インレット管とアウトレット管の間）を流れる．この図中では光学系を省略しているが，図 12.2-2 に示すように照明レーザと散乱光集光用レンズ系の視野が交わる空間を検出領域と呼ぶ．検出領域を試料空気が整って流れることが望ましい．流れが乱れると，検出領域を試料空気中の粒子が通過しないことがある．また，粒子がセンサのアウトレットに入らずにセンサ内を舞って検出領域を複数回通過することがある．前者の場合は粒子を数え落すことになり，後者は重複計数することになる．この防止策として，試料空気を同軸のさや状に包む清浄空気流（図 12.2-5 のシースエア）を設けて試料の流れを整えたり，センサ内を清浄に保つパージエアを設けたパーティクルカウンタがある．ポンプからの排出空気はフィルターでろ過された後に排気口から排出される．シースエア，パージエアを持つ方式ではろ過した一部が循環する．

インレットと排気口の他に外部との開口が無いものは，試料空気の吸引流量と排気口の吐き出し流量が一致する．よって，排気口付近に流量計を備えるものが多い．流量調整は，排気口付近のバルブによって行うもの，または，ポンプの回転数などを可変して行うものなどがある．

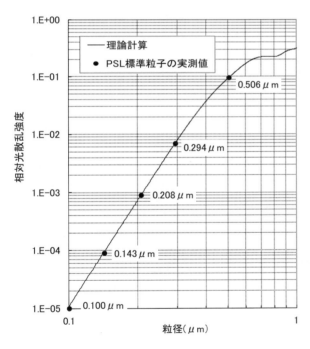

（レーザ波長 1064 nm，光軸交角 90°，集光角 80°）
図 12.2-4　粒径に対する相対散乱強度の例

測定時間または試料空気量

Measurement time / Sample volume:		60s
μm	CUMU.	DIFF. Counts
0.3	3816	2497
0.5	1319	1007
1	312	239
2	73	62
5	11	11

粒径　　　計数値(累積)　　計数値(差分)

図 12.2-6　測定結果の表示・印字の例

12.2.4 表示および出力端子

検出した粒子信号は，粒径毎の粒子数へ変換処理される．結果は，表示やプリンタ，コンピュータへのインタフェースなどへ出力される．一般的なパーティクルカウンタでは，粒子を1個検出する度，測定中にリアルタイムで計数表示がカウントアップする．プリンタとインタフェースは1回の測定が終了する度に出力する．

測定結果の表示またはプリンタ印字の例を図 12.2-6 に示す．この例の 0.3 μm レンジの累積の計数値 3816 個は，60 秒間試料を吸引して測定したときの 0.3 μm 以上全粒径の累積個数であり，5 μm 以上の個数までを含む．差分の計数値は該当する粒径区間の個数であり，例えば 0.5 μm レンジの 1007 個は 0.5 μm から 1 μm の間の個数となる．濃度に換算する場合は，測定時間（この場合は 60 秒間）に吸引した体積で割る．機器によっては「個/リットル」や「個/立方メートル」の単位に換算して表示する機能を持つ．

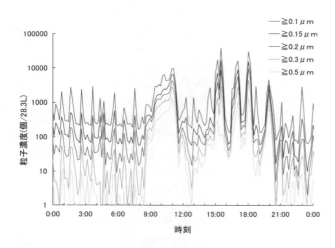

図 12.2-7 常時モニタリングの測定例[*6]

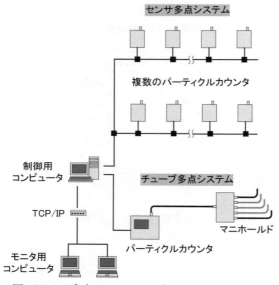

図 12.2-8 多点モニタリングシステムの構成例

(1) 常時モニタリング

コンピュータとのインタフェースは，測定回毎に計数を出力する．また，コンピュータによって，パーティクルカウンタの制御と自動運転や，表示，警報出力，ファイリングなどが可能になる．図 12.2-7 にコンピュータで連続してモニタリングした例を示す．夜間・昼休みの作業が無い時間と稼働時間の大きな変動や，空調による細かな変動など，粒径毎の時間的変化が読み取れる．短時間の異常を見逃さないために常時モニタリングがとても有効である．

(2) 多点モニタリングシステム

複数台のパーティクルカウンタを同時に制御・管理可能なインタフェースを持つものもある（図 12.2-8 参照）．この多点モニタリングシステムの利点は，集中監視によって広範囲を一括管理し，粒子汚染による異常を早期発見できることである．また，測定点の傾向分析や，過去の傾向分析が可能なこと．更に，他の測定器（温度・湿度計，圧力計など）と一括測定や分析が可能など，利点が格段に広がる．

表 12.2-1 主な性能仕様と代表的な範囲

項　目	代表的な仕様範囲
粒径	0.08 ～ 100 μm
試料空気流量	0.3 ～ 100 L/min
最大粒子個数濃度	10^7 ～ 10^9 個/m^3
偽計数	2 ～ 100 個/m^3

12.2.5 性能仕様

現在市販されているパーティクルカウンタの性能仕様の代表的な範囲を表 12.2-1 に示す．粒径の下限を最小可測粒径といい，測定対象に合わせてパーティクルカウンタを選択する上で最も重要な仕様である．測定対象となる粒径より最小可測粒径が過剰に小さいパーティクルカウンタを採用すると，一般的な粒径分布の空気中浮遊粒子では最小可測粒径の計数が多くなり過ぎ，場合によっては同時通過損失（12.4.1 (2) 項参照）の影響が大きくなる．パーティクルカウンタの最小可測粒径は測定対象の粒径の 1/2 から同等程度が適当であろう．次に，対象粒径の濃度（清浄度）によって，試料空気流量，最大粒子個数濃度，偽計数の仕様を選択する．試料の濃度が低い（清浄度が高い）場合は計数値過少による誤差（12.4.2 (3) 項参照）の影響を小さくするため，試料空気流量は多いものが適当である．また，偽計数は試料濃度より十分に少ない必要がある．

12.3 規格

12.3.1 パーティクルカウンタの規格

計測器の性能および測定結果の信頼性を確保する上で，規格は重要な役割を果たす．パーティクルカウンタに関わる規格として，ISO21501-4 [*7] と JIS B 9921：2010「光散

乱式気中粒子計数器－校正方法および検証方法」があり，両者はほぼ整合が図られている．ここでは JIS B 9921 の代表的な項目について解説する．なお，利用にあたっては規格原本を確認いただきたい．

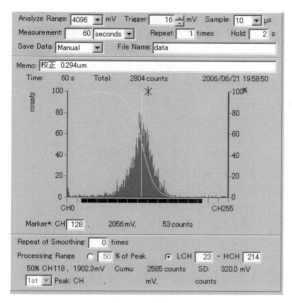

図 12.3-1　校正用粒子の信号の波高値分布

(1) 粒径区分のしきい値設定方法

ここでは粒径区分の校正について示されている．使用する校正用粒子は，粒径が国際単位系にトレーサビリティがあり標準不確かさは 2.5 %以下，屈折率は 1.59 付近と定められており，通常はポリスチレンラテックス（PSL）標準粒子を用いる．校正用粒子を含んだ試験用空気をパーティクルカウンタで吸引し，得られたパルス信号の波高値を分析する．**図 12.3-1** に波高値を分析した例を示す．メジアン電圧がこの粒径に対する応答値となる．パーティクルカウンタの粒径区分に対応するしきい値電圧は，製造業者が定める応答曲線または Mie の理論式から求める．

粒径区分値のしきい値の誤差は，パーティクルカウンタに設定されているしきい値と，試験で求めた応答電圧から，応答曲線を用いて粒径の誤差として求める．相対的な粒径の誤差は±10 %以内と規定されている．

(2) 計数効率

計数効率は，最小可測粒径に近い校正用粒子と，最小可測粒径の 1.5 倍から 2 倍の大きさの校正用粒子，2 種類を用いて試験する．被試験器の最小可測粒径に近い校正用粒子において全て計数する凝縮粒子計数器（CPC），またはパーティクルカウンタを参照器とする．校正用粒子を含む試験用空気を被試験器と参照器で同時に粒子個数濃度を測定する．計数効率 η は次式により求める．

$$\eta = \frac{C_1}{C_0} \quad (12.3\text{-}1)$$

ここで，C_0 は参照器によって得られた粒子個数濃度，C_1 は被試験器によって得られた粒子個数濃度．

最小可測粒径付近の校正用粒子においては（50±20）%，最小可測粒径の 1.5 倍から 2 倍の校正用粒子においては（100±10）%と規定されている．

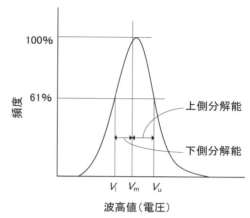

図 12.3-2　粒径分解能を求める際の波高値分布

(3) 粒径分解能

図 12.3-2 に示すように，校正用粒子の信号の波高値分布からメジアン電圧 V_m と，頻度が最大値に対して 61％になる下側電圧 V_l および上側電圧 V_u を求める．応答曲線を用いて V_l および V_u に対応する粒径を決定し，校正用粒子の粒径との差の絶対値を算出する．このうち大きい方の値を標準偏差 σ とする．粒径分解能 R は次式により求める．

$$R = \frac{\sqrt{\sigma^2 - \sigma_P^2}}{x_P} \quad (12.3\text{-}2)$$

ここで，σ_P は校正用粒子の標準偏差，x_P は校正用粒子の粒径である．

メーカーが定めた粒径において，粒径分解能は 15 %以下と規定されている．

(4) 偽計数

偽計数とは，清浄空気を測定したとき，その空気中に可測粒径範囲の粒子が存在しないにもかかわらず，計数する値と定義されている．偽計数の出現確率をポアソン分布に従うと仮定し，上限信頼限界が 95 %となる値を求めて，1 m³ 当りに換算する．

メーカは最小可測粒径におけるこの値を仕様書などに記載しなければならない．

(5) 最大粒子個数濃度

最大粒子個数濃度における同時通過損失 L は次式で計算する．同時通過損失の説明は 12.4.1 (2) 項に記す．

$$L = 1 - \exp(-q \times t \times c) \quad (12.3\text{-}3)$$

ここで，q は試料空気流量，t は粒子が検出領域を通過

する時間 + 信号処理時間，c は試料粒子濃度である．

最大粒子個数濃度における同時通過損失は 10 % 以内でなければならない．

(6) 試料空気流量

流量は圧力損失の少ない流量計で測定する．質量流量計を用いた場合は体積流量に換算する．

規定流量からのずれは ±5 % の範囲内であることが規定されている．

(7) 測定時間

測定時間は設定された値に対して ±1 % の範囲内であることが規定されている．

(8) 応答性

粒子は最小可測粒径に近い校正用粒子を用いて試験する．最大粒子個数濃度に近い試験用空気を 10 分間測定する．引き続き T 秒間測定した後，清浄空気に切り替える．切替え 10 秒後から再び T 秒間測定する．測定時間 T は 60 秒以下とし，切替え前 T 秒間の計数が 1000 個以上となる時間にする．

応答性（= 切替え後の計数 ÷ 切替え前の計数）は 0.5 % 以下であることが規定されている．

表 12.3-1　清浄度クラス

清浄度 クラス(N)	上限濃度(個/m³) 測定粒径					
	0.1 μm	0.2 μm	0.3 μm	0.5 μm	1 μm	5 μm
クラス1	10	2				
クラス2	100	24	10	4		
クラス3	1000	237	102	35	8	
クラス4	10000	2370	1020	352	83	
クラス5	100000	23700	10200	3520	832	29
クラス6		237000	102000	35200	8320	293
クラス7				352000	83200	2930
クラス8				3520000	832000	29300
クラス9				35200000	8320000	293000

12.3.2　クリーンルームの規格

JIS B 9920 : 2002「クリーンルームの空気清浄度の評価方法」を簡単に紹介する．この規格は，クリーンルームにおける空気清浄度の浮遊微粒子濃度によるクラス分類およびその評価方法について規定されていて，ISO14644-1 [*8] とほぼ整合が図られている．

クラスは 1〜9 の等級で表し，対象となる粒径に対する上限濃度（空気 1 m³ 当りの粒子数）を示す．**表 12.3-1** に清浄度クラスと測定粒径毎の上限濃度を示す．

原則として JIS B 9921 に規定する光散乱式気中粒子計数器を用いると記されている．測定点の数と位置，最小サンプリング空気量，サンプリング手順などの試験方法が規定されている．

また，測定結果から 95 % 上側信頼限界を算出する統計的処理や，対象粒径範囲外にある粒子濃度の表示法，クラス 4 より清浄なクラスに適用できる逐次サンプリングによる評価法が示されている．詳細は JIS B 9920 を参照されたい．

12.4　測定および取扱上の注意

パーティクルカウンタによる測定は，試料の採取や計算処理など面倒な作業が不要な点や結果が簡単に得られる点から，誤差要因を見過ごされることが多々ある．また，結果を扱う上で一般的な測定器と異なり難しい点がある．例えば，パーティクルカウンタの光学条件の違いや測定対象の違いなどにより，校正結果と実際の試料の測定結果において，単純な関係が成り立たないことがある．

次に主な誤差要因の項目を記す．
◆測定器に起因する要因
　□原理的に不可避なもの
　　・粒子形状の影響
　　・粒子の持つ光学的性質の影響
　　・同時通過損失の発生
　□設計・調整によるもの
　　・粒径分解能の影響
　　・迷走粒子による重複計数の発生
　　・光ノイズや電気回路ノイズによる偽計数の発生
　　・校正の不備
◆使用方法による要因
　　・サンプリング管内の粒子沈着
　　・サンプリング量の計量ミス
　　・等速吸引を行わないことによる影響
　　・計数値過少による統計的な誤差

上記の内，パーティクルカウンタ特有の要因や見過ごされ易い点について以下に解説する．

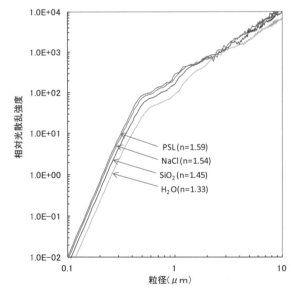

（レーザ波長 780nm，光軸交角 70°，集光角 54°）
図 12.4-1　種々物質の相対散乱強度の例

12.4.1　原理上の誤差要因

(1) 粒子の持つ光学的性質の影響

パーティクルカウンタは，粒子の形状や光学的性質の違いが測定に影響することがある．**図 12.4-1** は種々の物質

の球形粒子における相対散乱光強度を Mie の理論式から求めたものである．粒子の幾何学的直径（図 12.4-1 の横軸）が等しくても粒子の屈折率の違いにより散乱光量は異なり，パーティクルカウンタでは異なった粒径と判別される．パーティクルカウンタは屈折率が約 1.6 の PSL 標準粒子を用いて粒径校正を行っているので，試料粒子の粒径判別は PSL 標準粒子の光散乱相当径となる．

図 12.4-1 の応答曲線はセンサの光学条件（光源波長，光軸交角，集光角）によって異なる．パーティクルカウンタの機種のよって光学条件は様々である．このことから，PSL 標準粒子の計数差は比較的少ないが，他の粒子を測定した場合に機種間の計数差は大きくなることがある．

図 12.4-2　同時通過損失のイメージ

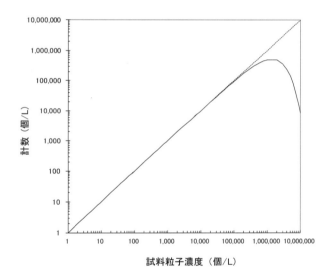

（試料流量 2.83L/min，検出時間 15μsec）
図 12.4-3　同時通過損失の計算例

(2) 同時通過損失

　パーティクルカウンタでは，センサの検出領域（図 12.4-2 では試料の流れとレーザが交わる領域）に在る粒子 1 個の信号を検知できるように設計されている．これにより個数濃度を測定することが可能である．しかし，検出領域に複数個の粒子が同時に流れてきた場合，信号が重なって 1 つのパルスとなり，1 個の粒子として計数することがある．このときの数え落しを同時通過損失と呼んでいる．

　一般に浮遊微粒子の空間分布はランダムであり，サンプリング確率はポアソン分布に従うのが自然である．その場合，同時通過損失は式（12.3-3）により求まる．

図 12.4-3 の例のように，試料粒子濃度が高くなると同時通過損失は徐々に増し，ある計数以上は示さなくなる．それを超えると計数値が減少することがある．高濃度を測定する場合は，清浄空気で試料を希釈するなどを行い上記のようなことが起きていないか確認が必要である．

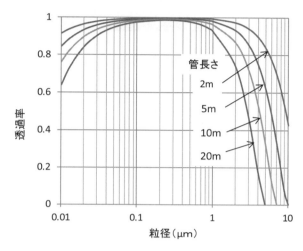

（試料流量 2.83L/min，管内径 5mm の場合）
図 12.4-4　サンプリング管内の粒子損失
拡散沈着と重力沈降による粒子損失の計算例

12.4.2　使用方法による要因
(1) サンプリング管の粒子沈着

　サンプリング管を用いて試料空気を吸引する場合，管内の粒子損失を把握する必要がある．図 12.4-4 に拡散沈着と重力沈降による粒子損失の計算例を示す．サンプリング管は重力に対して水平に配置した場合で，静電気沈着と慣性衝突の影響は無視した．小さい粒径では拡散により管壁へ衝突する割合が高くなる．大粒径では重力沈降により管壁に着く割合が高くなる．パーティクルカウンタの試料流量，およびサンプリング管の径と長さにより，サンプリング管内の滞在時間が変わるが，滞在時間が短いほど粒子損失は軽減する．

　粒子の荷電が影響する場合がある．特にテフロン系チューブなど樹脂製のチューブには静電気沈着による損失の大きいものがあるので注意が必要．サンプリング管には帯電し難い物，または導電性の物を用いるのが好ましい．

　また，サンプリング管の途中に継手やバルブなどを挿入すると，流れが乱れて粒子損失や付着した粒子の剥離，可動部からの発塵などが発生する恐れがある．できるだけサンプリング管の途中に配管部品を入れない方が良い．

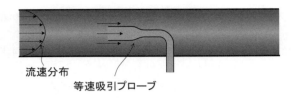
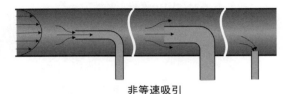

図 12.4-5 等速吸引と非等速吸引の例

(2) 等速吸引の必要性

ダクト内などの流れの場から試料をサンプリングするとき，場の速度に合わせたサンプリングが必要な場合がある．**図 12.4-5**（下）に示すように場の流れに対して等速ではないサンプリングを行ったとき，サンプリング口付近の流れの方向と速さが不均一となり，粒子は慣性の影響の度合いによって流れ方が変わってしまう．つまり，サンプリング前の試料濃度とサンプリングした濃度が異なってしまう可能性がある．流線の曲がりの影響を受けないような大粒径で重い（Stokes 数の大きい）粒子を測定する場合は，図 12.4-5（上）のような等速吸引をする必要がある[9]．

(3) 計数値過少による誤差

高清浄度（低個数濃度）を測定する場合の注意として統計的誤差について説明する．

図 12.4-6 に示すような粒子濃度が 2 個/L の試料があったとして，異なる 2 通りの観測値について検討する．一方の観測値はサンプル体積が 0.1 L で粒子計数は 0 個であったとする．もう一方の観測値はサンプル体積が 1 L で粒子計数は 2 個であったとする．試料中の粒子の空間分布はランダムであり，サンプリング確率はポアソン分布に従うとし，其々の確率を求める．0.1 L をサンプリングしたとき 0 個が発生する確率は 82 % となる．一方，1 L をサンプリングしたとき 0 個が発生する確率は 13 % であり最も発生確率が高い個数は 2 個で 27 % となる．

逆に母集団を推定する展開について**図 12.4-7** を用いて説明する．サンプル体積 0.1 L で粒子計数が 0 個の観測値から信頼確率 90 %における推定濃度区間を求めると 0～30 個/L となる．一方，サンプル体積 1 L で粒子計数が 2 個の観測値から信頼確率 90 %における推定濃度区間を求めると 0.4～6.4 個/L となる．このようにサンプル体積および計数値が過少であると推定区間が広くなることに注意が必要である．

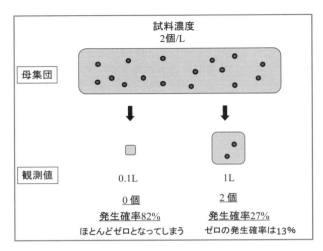

図 12.4-6 観測値に表れる差異

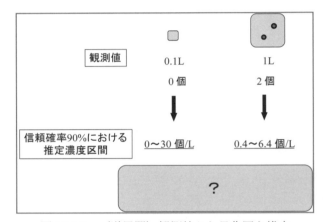

図 12.4-7 （逆展開）観測値から母集団を推定

表 12.5-1 主な消耗品

消耗品	主な劣化内容
光源	光出力低下
フィルタ	目詰まり，リーク
ポンプ	流量低下
チューブ	硬化，ひび割れ，添加物析出
O リングなどのシール部品	硬化，ひび割れ，添加物析出

12.5 保守管理

パーティクルカウンタの校正周期はメーカが定めて仕様書などに表している．12.3.1 項で解説した JIS B 9921 では，校正周期は 1 年以内を推奨している．また，校正には少なくとも粒径区分のしきい値，粒径分解能，計数効率および試料空気流量の誤差を含むと定められている．12.3 節および 12.4 節を理解いただいた上，使用上必要な校正項目を選択され，実施可能な機関に依頼されたい．

表 12.5-1 に一般的なパーティクルカウンタの消耗品について示す．定期的な点検および交換を勧める．

12.6 おわりに

パーティクルカウンタは取扱が簡便で測定結果が容易に得られることから，誤差要因を見過ごされることが多々ある．何らかのエラーを結果だけから判断できることは少ない．基本原理と特徴を理解し，設定や測定手順を正しく行うことが重要である．本章では，原理と仕様，規格，測定および取扱上の注意，保守管理に渡って気中パーティクルカウンタの一通りの解説をさせていただいた．微粒子計測の信頼性向上に役立てば幸いである．

参 考 文 献

*1) 日本空気清浄協会（編），「コンタミネーションコントロール便覧」，p.62（1996）
*2) G.Mie，Ann.der Phys. 25，377(1908)
*3) 高橋幹二，"エアロゾル学の基礎"，pp.147-164，森北出版（2003）
*4) 榎原研正，"粒径値づけ技術と測定器校正用"，空気清浄，40巻（5）（2003）
*5) JIS Z 8901 : 2006 試験用粉体及び試験用粒子
*6) リオン(株) クリーンルームの測定例
*7) ISO 21501-4:2007 Determination of particle size distribution – Single particle light interaction methods – Part 4: Light scattering airborne particle counter for clean spaces
*8) ISO14644-1:1999 Cleanrooms and associated controlled environments – Part 1: Classification of air cleanliness
*9) 早川一也（監訳），「エアロゾルテクノロジー」，井上書院，p.182（1985）

(松田　朋信)

第13章. 電磁両立性（EMC）

13.1 はじめに

電気/電子機器は，その動作に伴って意図されていない電波の放射（不要輻射）を生じ，例えばラジオやテレビの受信やその他の無線通信に悪影響を与えることがある．このような干渉問題の防止のため，多くの国で，電気/電子機器が発生する不要輻射（エミッション）を所定のレベル以下に抑えることが電気/電子機器を供給する上での義務となっている．これは主に意図されていない電波の放射の制限から始まったものの，今では後述の高調波電流エミッションのような電波以外の側面にも拡大されている．

逆に，電気/電子機器は，他の機器(例えば無線送信器)が発生した，あるいは静電気や雷のような物理現象に起因する電磁的な妨害の影響を受け，性能の低下や誤動作，場合によっては損傷を生じることもある．これは，その結果として危険を生じない限り，法的な要求というよりは品質上の話として扱われることが多い．だが，EUにおいては，欧州EMC（Electromagnetic compatibility）指令[*1]のもと，ほとんど全ての電気/電子機器について，意図された使用環境で受けることが予期される妨害に耐えること(イミュニティ)が法的な要求となっている．

法的な要求の有無を別としても，製品を販売して設置した後で実際に何らかの干渉問題が発生した場合，その解決は困難な，少なくとも相当のコストを要するものとなることが少なくない．また，発生した問題の解決を求められなかった場合でも，顧客満足度や評判の低下を，そして将来の販売への悪影響などを生じるかも知れない．したがって，たとえそれが法的な要求となっていなかったとしても，製品が実際の使用環境で干渉問題を起こしにくいように配慮しておく価値があるだろう．

このような，意図した環境において，他に電磁的に悪影響を与えることなく，また他からの悪影響を受けずに動作する能力が電磁両立性（EMC）と呼ばれるものであり，現代においては，性能や安全性などと同様，製品開発の重要な要素となっている．

EMCの評価に用いられる規格は多数あるが，ここでは，空調機などからのノイズの発生（エミッション）の評価に関係するCISPR 14-1[*2]，およびノイズへの耐性（イミュニティ）の評価に関係するCISPR 14-2[*3]を中心に，電波関連以外のものも含めて，この種の機器に関係することの多い主要なEMC試験の概要を述べさせていただく．CISPR 14-1，およびCISPR 14-2はIECが定めた国際規格であり，欧州EMC指令への適合評価で用いられることのあるEN 55014-1，およびEN 55014-2はこれらに対応する欧州規格である．日本国内ではこの種の機器は電気用品安全法の対象となることがあるが，その試験法もここで述べるものの一部と似ている．

なお，全面的なEMC試験は外部の試験所に依頼されるメーカが多いかと思われること，またEMC試験で用いられる様々な専用の試験設備についてここで網羅するのは難しいことから，本書の趣旨からは幾分外れるであろうが，測定器の取り扱いではなく，規格で定められている試験の概要を中心に述べさせていただく．但し，一部の項目については，予備試験や量産品の検査などの目的で自ら簡易的な試験を行なわれることも想定し，もう少し踏み込んだ説明を行なう．自ら正式な試験を行なおうとする場合には規格や試験についての詳細な理解が必要となり，それは本稿の範囲を超える．

ここでの記述は参考文献に示した版の規格に基づいており，他の規格や他の版では内容が異なることがある．また，規格の内容全てをカバーしているわけでもなく，意図的に細部を無視している部分もあるので，正確な情報は該当する規格等を参照していただきたい．

13.2 エミッション

13.2.1 雑音端子電圧（CISPR 14-1）

現代の電気機器ではインバータやスイッチング電源が用いられていることが多く，数10 MHz程度以下の比較的低い周波数範囲においては，それらが主要なノイズ源となっている．低い周波数範囲については，このようなノイズは，主として電源ケーブル(配電系統を含む)やその他の長いケーブルから空間に放射され，例えばラジオやその他の無線通信への妨害を与える傾向がある．このため，CISPR 14-1では，150 kHz〜30 MHzの周波数範囲について，雑音端子電圧（雑端，伝導エミッション）という形で，電源入力やその他の端子上の電圧としてノイズのレベルの制限を定めている．

CISPR 14-1で特徴的な点の1つに，電源入力以外の端子（例えば，空調機の室内機と室外機のあいだの，またコントローラへのケーブル）も，原則としてこの測定の対象となるということがある．この測定は端子1つづつに電圧プローブを当てて行なわれ，例えば通信用の端子上の信号の150 kHz〜30 MHzの範囲の周波数成分もそのままノイズとして測定されることになるため，基本設計においてその影響も考慮することが望ましい．

商用電源で直接駆動される誘導電動機や単純なヒータは通常はこのようなノイズを発生しないが，スイッチ，サーモスタット，リレーなどでのオン/オフに際して，瞬間的に高いレベルのノイズを発生することがある．CISPR 14-1では，手動でのオン/オフで発生するノイズは無視できるが，例えば温度制御やタイム・スイッチなどでの自動的なオン/オフの際の過渡的なノイズ（不連続妨害と呼ばれ，所定の条件を満たすものはクリックと呼ばれる）は評価の対象となる．頻度が低いクリックに対しては通常よりもか

なり高いレベルのノイズが許容されるものの，このようなノイズはスナバによって相当低減できることが多い（また，適切なスナバは接点の寿命も向上させ得る）ので，問題の予防のため，あらかじめそのような手段を講じておくのが良いかも知れない．

(1) 測定器

a) テスト・レシーバ

テスト・レシーバ(測定用受信器)は，ダイヤルを回すなどして周波数を手動で合わせるか，あるいは設定にしたがって周波数掃引を行ない，その周波数の高周波ノイズのレベルを測定する機能を持つ測定器であり，その特性はCISPR 16-1-1[*4]で詳細に規定されている．これは原理的にはAMラジオ受信機のようなもので，選択された周波数を中心とした所定の通過帯域幅（150 kHz～30 MHz では 9 kHz，30～1 000 MHz では 120 kHz）の帯域通過フィルタを通過した信号を所定の応答特性を持つ検波器で検出した値が測定結果として示される．

雑音端子電圧の測定では，準尖頭値検波（QP），および平均値検波（AV）と呼ばれる，応答特性の異なる 2 種類の検波器が用いられる．これらの検波器は連続的に出ているノイズに対しては同じ値を示すが散発的なノイズに対してはAVの方がかなり低い値を示すようになっており，限度値もQPよりもAVの方が低く設定されている．

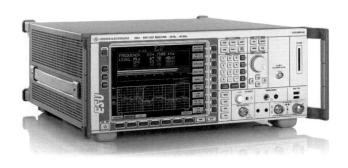

図 13.2-1　テスト・レシーバの例[*5]

スペクトラム・アナライザは，一般には CISPR 16-1-1 に適合した検波器を持たないが，指定した周波数範囲全体のノイズのスペクトラム(周波数分布)を素早く表示することができるなどの利点を持ち，予備測定などでしばしば用いられる．また，図 13.2-1 で示したもののような，レシーバとスペクトラム・アナライザの双方の機能を持つ機種もある．

スペクトラム・アナライザで得られる結果はテスト・レシーバのものとは良く一致しないが，分解能帯域幅（RBW）を 150 kHz～30 MHz では 10 kHz，30～1 000 MHz では 100 kHz よりも絞らず，またビデオ帯域幅（VBW）を RBW よりも絞らない状態で，正しく使用すれば，テスト・レシーバの QP 検波で得られるものと同程度かそれよりも高い値を得られる．VBW を若干絞った方が QP 検波に近い値が得られる場合があるが，値が低くなり過ぎる可能性もあるので，そのような使い方には注意した方が良い．AV 検波に近い値をその機能を持たないスペクトラム・アナライザで得たい場合には，VBW をかなり絞って使用する場合がある．

高周波用のレシーバやスペクトラム・アナライザの入力回路はデリケートで，過大入力や静電気によって破損させてしまうことがあるので，取り扱いには注意が必要である．機種によっては，全周波数範囲に対応した通常の信号入力端子に加えて，使用可能な周波数範囲が制限されるが入力保護が幾分強化された入力端子を備えていることもある．基本的に，それで対応できる限り，入力保護が強化された入力端子があればそちらを用い，入力のカップリングのACとDCの切り替えがあればACに設定し，入力のアッテネータ(減衰器)の設定を 10 dB 以上として使用した方が安全である．必要であれば，入力の保護のために，高周波ヒューズやパルス・リミッタを外付けすることもできる．

取り扱いに際しての機械的なストレスによる同軸コネクタや同軸ケーブルの損傷も珍しいことではないので，取り扱いに注意すべきであり，3.5 mm（APC 3.5）などの小型のコネクタが用いられている場合には特にそうである．レシーバやスペクトラム・アナライザのコネクタの故障は非常に高くつくものとなり得るし，同軸ケーブルも相当高額なものがある．基本的な注意として，同軸コネクタを強く締め付け過ぎたり異物を噛み込ませたりしないように，また同軸ケーブルを曲げ過ぎたり踏んだりしないようにすべきである．

b) 擬似電源回路網(AMN, LISN)

雑音端子電圧の測定箇所には大抵は例えば AC 100V などの低周波や直流の電圧が印加されており，そこにテスト・レシーバを直接接続することはできない．また，測定の原理上，基準接地面（後述）に対する電源のインピーダンスが測定結果に大きく影響し，インピーダンスが非常に低ければ観測される電圧も非常に低くなるため，そのインピーダンスを何らかの手段で管理することも必要となる．擬似電源回路網（AMN）は，電源系統と被試験装置（EUT）のあいだに接続され，EUT から見た電源のインピーダンスを管理するとともに電源線上の高周波成分のみをレシーバに導く機能を持つもので，その特性は CISPR 16-1-2[*4]で規定されている．

AMN は危険なほど高い漏洩電流を持つことがあるので，使用に際しては接地を確実に行なうようにする．また，この漏洩電流によって漏電遮断器が作動する場合があり，その防止のために電源系統と AMN のあいだに絶縁変圧器が必要となるかも知れない．EUT を動作させていない状態で高いレベルのノイズが観測される場合，電源系統と AMN のあいだにノイズ・フィルタを追加するか，あるいは上記の絶縁変圧器としてノイズ・カット・トランスを用いることで緩和できる．

AMN で分離された高周波成分は同軸コネクタから出力され，このコネクタから同軸ケーブルでテスト・レシーバに伝えられる．AMN とレシーバのあいだにパルス・リミ

ッタを入れておく(AMN に内蔵されているならばそれを作動させておく)と，高レベルのパルス性のノイズによるレシーバの破損のリスクを低減できる．

図 13.2-2　擬似電源回路網の例[*5)]

図 13.2-2 で示した AMN は単相 240 V 16 A までのものである．これはパルス・リミッタも内蔵しており，それを作動させるかどうかは前パネルの LIMITER と書かれたスイッチで設定できる．また，この AMN は 9 kHz〜30 MHz の測定に対応しているが，前パネルの 150 kHz と書かれたスイッチで切り替えられるハイ・パス・フィルタ(HPF)を内蔵しており，150 kHz 以上の測定に際してはこれを有効としておけば低い周波数成分によってレシーバが過負荷となって正しく測定できなくなる可能性を下げられる．
前パネルの残りの 2 つのスイッチは測定対象とする相を切り替えるものである．前パネル右下には信号が出力される同軸コネクタがある．その隣のターミナルは，通常は気にする必要はない．本体左側面には基準接地面への接続のためのバーが設けられている．

三相電源の装置，また消費電流の大きい装置の測定のためには，相応の AMN が必要となる．電源入力以外の端子の測定では，ハイ・インピーダンス・プローブと呼ばれる電圧プローブが AMN の代わりに用いられる．

(2) 測定

雑音端子電圧測定は，測定場所に設けられた基準接地面と各端子のあいだの電圧を測定する形となるが，床に敷いた充分な大きさの金属板（安全のために系統接地に接続しておく）を基準接地面とするのが簡単だろう．AMN は基準接地面に低インピーダンスで接続する必要があり，その接地端子（図 13.2-2 のように接地用のバーが設けられていることもある）を銅などの金属の板で基準接地面に接続するのが良い．その金属板を基準接地面にねじ止めすれば確実な接続を行なえるが，金属板を AMN の下に折り返して自重で接触させることもできるだろう．

EUT は，床置き機器は 10 cm，その他のものは 40 cm，床に設けられた基準接地面から離して置く．AMN は EUT から 80 cm 離して置き，EUT に電源ケーブルが付けられているならばそのケーブルで接続して余った分を束ね(長さが足りないならば延長する)，さもなくば 1 m 以下のケーブルを用いて接続する（**図 13.2-3**）．

接地線が電源線と別になっている場合は，電源ケーブルに沿わせて AMN まで引いて接地する．

正式な測定では，CISPR 16-1-1 に適合するテスト・レシーバを用い，電源電圧を定格電圧±10 %の範囲で変化させてノイズ・レベルが高くなる条件を探し，0.15〜30 MHz の周波数範囲内のノイズ・レベルが高い周波数，および規格で指定された各周波数について，QP と AV のノイズ・レベルを測定するのが基本である．この測定は，電源の各相(AMN のスイッチで切り替えられる)，および測定対象となるその他の端子(ハイ・インピーダンス・プローブで端子を 1 つずつ当たる)のそれぞれについて行なう（**図 13.2-4**）．

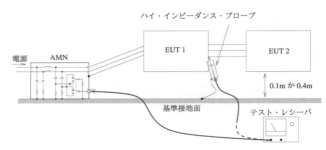

図 13.2-4　雑音端子電圧測定の原理

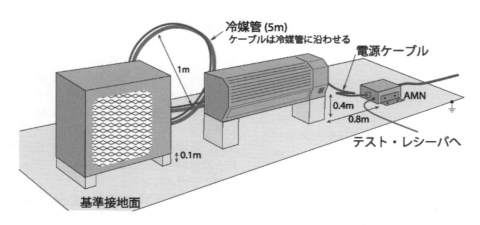

図 13.2-3　雑音端子電圧測定のセットアップの例

だが，例えば量産品の検査のような簡易的な確認が目的であれば，あらかじめ決めた電源条件で，電源の1つの相について，レシーバで測定する代わりにスペクトラム・アナライザでスペクトラムを確認することで充分かも知れない．但し，そのような方法を用いる場合，スペクトラム・アナライザとレシーバの測定結果の関係はノイズの性質やスペクトラム・アナライザの設定などによって大きく異なること，また確認する範囲を絞れば問題を見逃す可能性も上がることなどに注意が必要となる．

13.2.2 妨害電力（CISPR 14-1）

他の規格では，30 MHz 以上の周波数については後述の放射電磁界測定による評価が行なわれることが多い．だが，家電品や電動工具などを主な対象とする CISPR 14-1 では，放射電磁界測定よりも簡便な測定法へのニーズが強いこと，また 30 MHz 以上の周波数についてもケーブル上のノイズでの評価が可能な場合が多いと考えられていたことから，比較的最近の改訂で放射電磁界測定が導入されるまで，妨害電力測定が 30 MHz 以上の周波数についての唯一の評価方法となっていた．

(1) 測定器

a) 吸収クランプ

吸収クランプは電流プローブとフェライト・コアの列から成り，その中を通したケーブル上の高周波ノイズを吸収し，その電力に応じた電圧を同軸コネクタから出力する．電流プローブの側が EUT 側として明示されていることもあるが，明示されていなくても中を見れば容易に見分けられ，**図 13.2-5** のものでは右側が EUT 側となる．

図 13.2-5 吸収クランプの例[*5]

(2) 測定

EUT は，床置き機器は 10 cm，その他のものは 80 cm，床から離して置く．吸収クランプをスライドさせるための台の上に測定対象のケーブルを 6 m ほど水平に引き，吸収クランプを EUT に向けてその中に測定対象のケーブルを通し，吸収クランプの同軸コネクタに同軸ケーブルを介してテスト・レシーバを接続する（**図 13.2-6**）．

吸収クランプをケーブルに沿ってスライドさせるとノイズのレベルが変化するので，30〜300 MHz の周波数範囲内のノイズ・レベルが高い周波数，および規格で指定された各周波数について ノイズ・レベルが高くなる位置(周波数によって異なる)を探し，レシーバでそのレベルを測定する．電源ケーブル上での測定に際して電源側からの影響が問題となりそうな場合，電源ケーブルの遠端(EUT から 6 m ほど離れた位置)にフェライト・クランプを付けることで影響を緩和できる．

吸収クランプの補正係数は dBμV から dBpW への換算係数として示され，レシーバで測定された電圧（dBμV）にその係数や接続に用いた同軸ケーブルの減衰量(dB)を加えることで，規格で示されている限度値（dBpW）と比較できる値を得ることができる．

この測定は，それぞれのケーブルについて，また装置間のケーブルについては吸収クランプの方向を逆にしても繰り返される．

周囲環境による影響を避けるため，この測定は放射電磁界測定(後述)を行なうような場所で行なうことが望ましいが，規格上はそれは必須ではなく，特に，例えば量産品の検査のような目的であれば，あらかじめ決めた，必要な距離を取れる適当な場所で行なう形で充分だろう．また，簡易的な確認であれば，レシーバで測定を行なう代わりに，吸収クランプをスライドさせた時の最大のノイズをスペクトラム・アナライザで確認する（スペクトラム・アナライザの MAX HOLD 機能を使用できる）ことで充分かも知れず，場合によっては吸収クランプをスライドさせずに固定の位置でスペクトラムを確認する形でさえも充分かも知れない．このような方法で得られる結果は正規の測定法での結果とは大幅に異なったものとなるであろうが，例えば，正式な試験で規格への適合が確認されたサンプルで基準値を取り，その型式の量産品をそれと同じ条件で測定して基準値と比較するような手法を用いることもできるだろう．

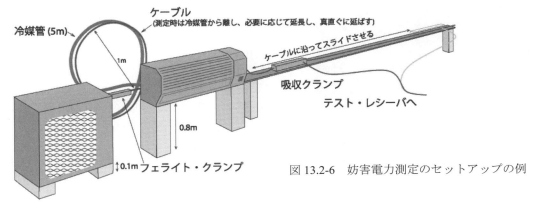

図 13.2-6 妨害電力測定のセットアップの例

13.2.3 放射電磁界（CISPR 14-1）

CISPR 14-1 は，従来は，150 kHz〜30 MHz の雑音端子電圧，および 30〜300 MHz の妨害電力の限度のみを定めていた．だが，高速なスイッチング技術やマイクロ・プロセッサの普及などに伴って高い周波数のノイズを管理する必要性が高まったこと，また従来の方法ではケーブルを持たない装置を評価できないなどの問題があったことから，今は，30〜1 000 MHz の放射電磁界の限度も定められている．

CISPR 14-1[*2)] では，30 MHz 以上のクロックが用いられている場合，あるいは妨害電力測定の結果が限度値に近い（マージンが規格で定められた値を下回っている）場合には，放射電磁界限度への適合性の確認も必要となっている．30〜300 MHz を妨害電力で，300 MHz 以上を放射電磁界で評価することも可能であるが，妨害電力測定を行なわずに 30 MHz 以上について放射電磁界測定を行なうこともできる．このいずれの方法も正当ではあるが，ノイズが主としてケーブルではなく装置本体から直接放射されている場合には妨害電力での評価は著しく甘いものとなることが予期されるので，干渉の防止の観点では，少なくともそのような状況が予期される場合には放射電磁界による評価を優先した方が安全かも知れない．

(1) 測定

放射電磁界エミッションの正式な測定のためには所定の特性を満足するオープン・サイト(覆いがない開放型のサイト，あるいは電波に影響しにくい材質で作られた覆いのみを持つサイト; OATS)か 電波暗室（図 13.2-7）のような，内面が電波吸収体で覆われたシールド・ルーム）が必要となるので，そのような設備や技術を持つ試験所に依頼する方が一般的であろう．オープン・サイトや半無響室(床面が金属で，壁と天井が電波吸収体で覆われた電波暗室)での測定は，EUT から 10 m の距離に置かれた測定用アンテナを 1〜4 m の範囲で昇降させ，また EUT を回転させてノイズ・レベルが高くなる位置を探し，測定用アンテナで受信されたノイズのレベルをテスト・レシーバで測定する形となる．

測定サイトの条件を満たさない工場の中などで，近い測定距離で，EUT の回転やアンテナの昇降も完全には行なわずに簡易的な測定を行なっているケースもあるが，そのような測定の実施や結果の解釈には相当の注意が必要となる．

図 13.2-7　電波暗室の例[*6)]

13.2.4 電源高調波電流（IEC 61000-3-2, -3-12）

商用電源電圧は理想的には 50 Hz や 60 Hz の正弦波であり，電源電流波形も正弦波となるのが理想である．だが，例えば単純な整流平滑回路は電圧波形のピークの近くでのみ電流を吸い込み，その電流波形は正弦波から著しくかけ離れた，したがって高調波を多く含むものとなる（**図 13.2-8**）．位相制御回路も，特徴的な，著しく歪んだ電流波形を持つ．装置によっては，電流波形が電源周波数の整数倍以外の周波数成分（中間高調波，あるいは次数間高調波と呼ばれる）も多く含むものとなることもある．

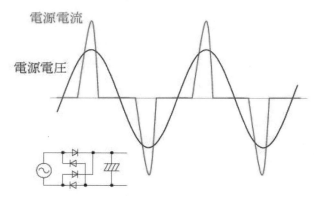

図 13.2-8　高調波を多く含む電流波形の例

電源電流が 50 Hz や 60 Hz の電源周波数以外の成分（電源周波数の整数倍以外の周波数も含め，一般に高調波電流と呼ばれる）を多く含む場合，その電流そのもの，あるいはそれによって引き起こされる電圧波形の歪みに伴って，電力系統内の巻線部品やコンデンサの異音や過熱や破損，その他の障害が引き起こされることがある．このような問題の防止のため，それぞれの機器が発生する高調波電流の抑制が求められるようになっている．高調波電流はリアクトルやアクティブ・フィルタなどを用いて低減することもできるが，いずれも後からの追加は難しいことが多いので，設計の初期段階から考慮しておくことが望ましい．

国際規格の IEC 61000-3-2[*7)] は 16 A/相までの機器を，IEC 61000-3-12[*11)] はそれを超える機器をカバーし，いずれも，定格電源電圧が 220/380 V から 240/415 V のもののみを対象とする．これらの規格では，半波整流や非対称制御(直流成分と低次の偶数次高調波を発生する)，および位相制御のような低次の高調波を発生する傾向のある制御方式は，その使用そのものに制限があるので，これも設計の初期段階からの注意が必要となる．

IEC 61000-3-2 では機器は種類に応じてクラス A から D に分類され，それぞれのクラスによって限度が一意に決まる．冷凍空調機器はクラス A に分類され，高調波限度が各次数の電流で規定される(絶対限度と呼ばれる)形となるので，消費電流が小さいものの方がこの規格の限度への適合は容易となる．

IEC 61000-3-12 の場合，機器の種類による分類はないが，電源への負荷の接続の方法などに応じて，平衡三相以外の機器（負荷が中性線とのあいだに接続された機器もこれに

第13章. 電磁両立性（EMC）

分類される），平衡三相機器，および特定の条件を満足する平衡三相機器に分類される．この限度値は電源電流の実効値に対する比率（相対限度と呼ばれる）で規定され，短絡電力の大きい電源での使用を製造業者が指定した機器では限度値が高くなる形となっている．例えば，平衡三相機器の場合，R_{sce}（短絡比；平衡三相機器の場合，電力系統の短絡電力と機器の定格電力の比率）が 33 以上の場合に 13%である THC（総高調波電流；高調波電流全体の実効値）の限度を，R_{sce} を 350 以上と指定することで 48%まで上げることができる．

日本国内では IEC 61000-3-2 をベースとした JIS C 61000-3-2[*21]が発行されており，これは，100 V のものも含めた 20 A/相までの機器をカバーする，インバータ式の冷蔵庫がクラス D に分類される，エアコンについての特別な限度値が設けられている，などの点で，IEC 61000-3-2 と異なる．IEC 61000-3-12 に相当する JIS は発行されていないが，そのような大型の機器を用いる設備の多くは「高圧または特別高圧で受電する需要家の高調波抑制対策ガイドライン」でカバーされるであろう．

(1) 測定

安定化電源のような，低歪み，低出力インピーダンスの電源から給電して動作させ，IEC 61000-4-7 に適合した高調波アナライザを用いて測定を行なう．IEC 61000-3-2 や IEC 61000-3-12 に対応している高調波アナライザであれば，規格とクラス，その他のいくつかの指定を行なえば，規格の限度との比較までが行なわれるだろう．IEC 61000-3-2 や IEC 61000-3-12 は試験で用いる電源の電圧波形の歪みに関する要求も含んでおり，IEC 61000-3-12 ではその要求は幾分緩和されているものの，要求を満足する電源の確保は容易ではないかも知れない．

特に規定されていない場合，測定は，発生する高調波電流が最大となるような動作条件で行なう．

簡易的な確認は，商用電源（容量に余裕があり，電圧波形の歪みが少ないことが望ましい）からの給電で，**図 13.2-9** のようなクランプ式の電流プローブを備えた可搬型の電源品質アナライザを用いて行なうことも可能である．この種の電源品質アナライザは，電源関連の問題の疑いがある場合の現場調査のためにも有用である．

図 13.2-9　可搬型電源品質アナライザの例[*8]

13.2.5 電圧変動・フリッカ（IEC 61000-3-3, -3-11）

機器が吸い込む電源電流が大きく変化すると，その系統の電源電圧が変動し，それに接続された照明に人が感じられるようなちらつきを生じることがある．これはフリッカと呼ばれ，単に目障りなだけではなく，眼精疲労などの健康影響を引き起こす可能性もある．また，著しい電源電圧変動は，同じ電源系統に接続された機器の誤動作を引き起こすこともある．

コンプレッサのような大きな負荷のオン/オフ制御は，電流の変化が激しく，また始動時に大きな突入電流が流れることから，一般に頻度は低いものの，著しいフリッカを引き起こす傾向がある．だが，インバータ制御の場合，定常運転時には電流があまり変化しないように，また始動/停止時を含めても電流の変化が緩やかとなるようにすることができるため，この種の問題を大幅に軽減することが可能である．

IEC 61000-3-3[*9] は 16 A/相までの，IEC 61000-3-11[*10] は 75 A/相までの機器についての評価方法と限度を定めており，いずれの規格でも評価の結果としては次のような値が得られる：

- P_{st} ― 短時間（10 分間）について評価されたフリッカの大きさの指標で，電圧変化が激しければ大きくなり，また 10 Hz 程度までは繰り返し周波数が高くなれば大きくなる．上限は 1.0.

- P_{lt} ― 長時間（2 時間）について評価されたフリッカの大きさの指標で，一連の P_{st} の値から，ある種の平均化の処理を行なって求められる．上限は 0.65.

- T_{max} ― 安定状態からの電圧変化が 3.3%を超えた時間で，上限は 500 ms.（T_{max} という表現は IEC 61000-3-3:2013 で導入されたもので，この規格の旧版や IEC 61000-3-11 では用いられていないが，要求としては同等である．）

- d_c ― 電圧変化の前後の安定状態の電圧の差で，上限は 3.3%.

- d_{max} ― 電圧変化の中の最大と最小の電圧の差で，上限は条件によって 4〜7%．モータ始動時などの突入電流が制限されていない場合，大きい値となりやすい．

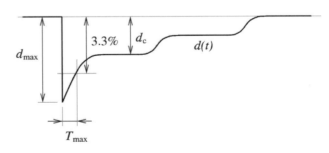

図 13.2-10　相対電圧変化の模式図

消費電流が大きい機器はこの限度を超える可能性が高いが，IEC 61000-3-11 の場合，電源系統のインピーダンスが

それ以下であれば上記の値が限度内となるであろう値（測定結果からの算出の方法が規格で述べられている）をその装置の最大許容系統インピーダンスとして取扱説明書などで宣言する，条件付き接続と呼ばれる形とし，この規格に適合させることができる．また，定格電流が 16 A 以下の，IEC 61000-3-3 に適合しない機器についても，IEC 61000-3-11 を適用して条件付き接続とすることができる．規格上は最大許容系統インピーダンスの下限はないが，その機器の使用に際しては指定されたものよりも低い系統インピーダンスの電源を用意することが必要となるので，小さ過ぎる値を指定するべきではない．

IEC 61000-3-3 や IEC 61000-3-11 に相当する JIS は発行されていない．電源品質の尺度として ΔV_{10} が用いられることがあるが，これは図 13.2-9 に示したような電源品質アナライザを用いて評価することができる．

(1) 測定

規格では評価を分析的に行なう方法も示されているものの，実測での評価を行なうことが多い．実測は，商用電源のインピーダンスを代表する規定された値のインピーダンスを介して EUT に給電し，EUT の動作によって引き起こされる電源電圧変化をフリッカ・メータで観測することによって行なわれる．この評価では，P_{st} や P_{lt} を求める際の白熱電球と人の視覚系の組み合わせの応答を反映させるための重み付け（10 Hz 前後のフリッカが最も厳しく評価される）など，やや複雑な処理が必要となるが，この規格に対応したフリッカ・メータはそれらの処理を自動的に行なう．

IEC 61000-3-3 では，空調機やヒート・ポンプなどについては，d_{max} はサーモスタットでコンプレッサをオン/オフさせて測定するか分析的に求め，P_{st} と P_{lt} は製造業者が宣言した動作サイクルを用いて分析的に求めるように述べられているが，これはインバータ式のものではあまり適切ではなさそうで，普通の方法で実測した方が実際的かも知れない．

P_{st} や P_{lt} の測定は，最も不利な電圧変化を生じそうな条件で，だが手動での始動や停止などは含めずに通常の動作状態で行なうのが基本であるが，インバータ式の冷凍空調機器の多くはこの結果はかなり良好なものとなりそうである．追加での T_{max}，d_c，d_{max} の測定は，運転の始動/停止を含め，P_{st} や P_{lt} の測定期間に含まれていなかった，大きな電圧変化を生じそうな動作について行なえば良いだろう．

13.3 イミュニティ

13.3.1 静電気放電（IEC 61000-4-2）

これは，人が触れた時に発生するような静電気放電(ESD)の影響を評価するものである．

CISPR 14-2[3]では，通常の使用に際して人が触れられるような箇所が，放電を機器に直接印加する直接放電試験の対象となる．この規格では，設置や保守に際して作業員が触れることが意図されている箇所やユーザーがフィルタ清掃などの際に触れることが予期される箇所であっても，通常の使用中に接近できないのであれば直接放電の対象から除外することも可能となっている．だが，規格で試験が要求されないとしても，実際の製品の設置や清掃を普通に行なった時に故障などを起こすのは好ましくないであろうから，実際にどの箇所までを評価対象とするかは良く検討した方が良いだろう．

試験レベルは接触放電で±4 kV，気中放電で±8 kV で，接触放電の際のピーク電流は最大 15 A 程度となる．ESD のエネルギーはそれほど大きいものではないものの，電圧が高く，またその電荷がごく短い時間に放出されるため，これによる電子機器の誤動作は珍しくない．この試験は半導体やコンデンサなどの電子部品に潜在的なダメージを与える可能性もあるため，実際に販売される製品に対する試験には注意が必要である．

近傍の他の物体への放電を模擬する，垂直結合板への印加による試験もあるが，CISPR 14-2 では，この試験は EUT が金属の筐体で覆われていれば除外とできる．卓上機器については EUT の下に敷いた水平結合板への印加による試験もあるが，本稿の範囲ではこの対象となる機器はかなり稀であろう．

(1) 試験器

この試験で使用する試験器や試験法は IEC 61000-4-2[*12]で規定されている．図 13.3-1 はこの試験に用いられる ESD 試験器の例で，これはその形状からしばしば「ESD ガン」や「ESD ピストル」とも呼ばれる．この試験器は 2 筐体のものであるが，ガンの部分だけのものもある．

図 13.3-1　ESD 試験器の例[*13]

(2) 試験法

床面には金属板を敷き，床置きの機器はその金属板から 10 cm の高さに置く．ESD 試験器の放電リターン・ケーブル（ESD ガンから出ている接地線）は，その金属板に接続する．

金属の筐体のような導電性の部分には，ガンに尖った電極を取り付け，電極の先端を試験箇所に接触させた状態で引き金を引いて放電を発生させる，接触放電試験が適用される．金属の表面に塗装やアルマイトのような非導電性の

被膜が設けられている場合，被膜は突き破るか剥離して，電極の先端を金属面に接触させる必要がある．

プラスチックの操作パネルのような非導電性の部分には，ガンに先端の丸い電極を取り付け，引き金を引いてから電極を試験箇所に当たるまで素早く接近させて放電を発生させる，気中放電試験が適用される．

放電は，それぞれの箇所に20回（正負それぞれ10回づつ）印加する．他の規格では，少なくとも気中放電については低い試験レベルの印加も要求される（試験レベルが8 kVの場合，4 kVと2 kVでも試験する）ことが多いが，CISPR 14-2[*3]の場合，気中放電を含めて，指定された試験レベルの印加のみが必須となっている．

13.3.2 放射電磁界（IEC 61000-4-3）

無線機が放射するような電波による影響を評価するもので，室外に電波が漏れないようにした電波暗室の中で，実際にEUTに電波を照射する．この試験法はIEC 61000-4-3[*14]で規定されており，CISPR 14-2[*3]の場合，照射される電波の周波数範囲は80 MHz～1 GHzとなる．この試験では強力な電波が放射されるため，簡易的な試験であっても，決して遮蔽されていない場所で行なおうとしてはならない．

この試験では，その下端が床から80 cmの，標準的には1.5×1.5 mの面（電界均一面と呼ばれる）について，あらかじめ，その面内で所望の電界強度が得られることが確認される．床置き以外のEUTは，通常は床から80 cm持ち上げて，全体がその電界均一面に入るように，またEUTの1面がその電界均一面の位置となるように配置する．床置きのEUTも同様に80 cmの台に載せても良いが，5～15 cmの絶縁性の台に載せる形でも良く，この場合は80 cmよりも低い部分は電界均一面の下端よりも下になっても良い（図13.3-2）．ケーブルは1 m以上を電界に曝すようにする．EUT（床置き機器の80 cmよりも低い部分を除く）が電界均一面に入り切らない場合，より大きな電界均一面を用いるか，あるいは何回かに分けてEUTの全面を照射する．通常，試験は，偏波(送信アンテナの縦横)を変えて，またEUTの違う面をアンテナに向けて繰り返される．

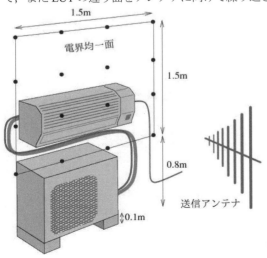

図13.3-2 放射電磁界イミュニティ試験のセットアップ例

この試験は，試験が要求されている周波数範囲について，周波数を1%ずつ変えながら電波を照射し，それぞれの周波数でのEUTの反応を確認するのが基本となる．それぞれの周波数の電波を照射する時間（デュエル・タイムと呼ばれる）は，EUTがその妨害の影響を受けた場合に検知できるだけの時間とする必要がある．

13.3.3 電気的ファスト・トランジェント/バースト（IEC 61000-4-4）

誘導性負荷への電流をスイッチやリレーなどの接点で切る際に，誘導性負荷の逆起電力によって接点での断続的な放電が発生し，それが接続されている電源ラインに相当のレベルの妨害を注入することがある．また，そのような妨害が，近傍の信号ケーブルなどに結合することもある．IEC 61000-4-4[*15]で定められた電気的ファスト・トランジェント/バースト（EFT/B）試験では，そのような現象の模擬が意図された，立ち上がりが早く振幅の大きいパルスのバーストが用いられる（図13.3-3）．

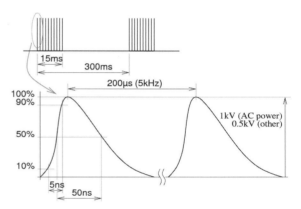

図13.3-3 IEC 61000-4-4 妨害波形

CISPR 14-2での試験レベルは，AC電源ラインで±1 kV，その他のケーブルで±0.5 kVである．

この試験で印加される妨害はかなり高い周波数まで広がる広帯域のものとなり，生産ラインでの，ノイズ・フィルタやケーブル・シールド処理などの不良の検出のためにも有用であるかも知れない．

(1) 試験器

図13.3-4は，IEC 61000-4-4 (EFT/B)の他，IEC 61000-4-5（サージ），IEC 61000-4-11 （ディップ・短時間停電）などにも対応可能な，複合型試験器の例である．これは，電源線の試験のための，単相16 Aの結合/減結合回路網（CDN）を内蔵している．外付けのCDNを用いれば，三相電源の装置，また消費電流の大きい装置の試験も可能である．信号線などの試験では，試験対象のケーブルに非接触で妨害を結合させる容量性結合クランプが用いられる．

図 13.3-4　IEC 61000-4-4 試験器の例[*17]

(2) 試験法

EUT は床などに設けた基準接地面から 10 cm の高さに置き，妨害を基準接地面と試験対象ケーブルのあいだに印加する（図 13.3-5）．

電源入力の試験では，EUT の電源ケーブルを結合/減結合回路網(CDN)に接続し，電源ケーブルにノイズを重畳させる．その他のケーブルの試験では，試験対象のケーブルを容量性結合クランプに挟んでノイズを結合させる．ノイズは，それぞれのケーブルに，正と負の極性でそれぞれ 2 分間づつ印加される．

試験器本体，CDN（試験器本体と一体のこともある），および容量性結合クランプも基準接地面上に置き，それに最短で接続する．容量性結合クランプは，基準接地面上に直接置けばその底面が直接接触するようになっている筈である．規格では，CDN や容量性結合クランプと EUT のあいだのケーブルの長さ(版によって異なる)なども規定されている．

13.3.4 サージ（IEC 61000-4-5）

電源系統の切り替えや大型の負荷の開閉，あるいは雷などに起因して，電源線やその他の長いケーブル上に，ややエネルギーの大きいサージが発生することがある．配電系統上に発生するサージは一般の電気/電子機器が耐えると期待できない非常に大きいエネルギーのものとなることがあるが，一般的な電気機器の試験では，通常の屋内配線である程度の頻度で予期されるような，若干の配慮を行なえば耐えられるであろう程度の試験レベルが用いられる．

この試験で用いる試験器や試験法は IEC 61000-4-5[*16]で規定されており，この規格では，しばしば 1.2/50 μs – 8/20 μs，あるいは単に 1.2/50 μs と表現される，開放時の電圧波形の波頭長が 1.2 μs で波尾長が 50 μs，短絡時の電流波形の波頭長が 8 μs で波尾長が 20μs の，コンビネーション・ウェーブと呼ばれる波形が用いられる．ここでは詳細な説明は省略するが，波頭長と波尾長は概ねパルスの立ち上がり時間とパルス幅のようなものと考えていただいて良い．

CISPR 14-2 では，AC 電源入力についてのみ，相–接地間で±2 kV，相間で±1 kV での試験が要求され，他のケーブルについての試験の要求はない．だが，例えば，装置間が長いケーブルで接続される場合，装置が建屋外や屋上に置かれる場合など，設置状況によっては，AC 電源入力以外のケーブルも含めて，高いレベルのサージを受けるリスクが高まることが予期される場合もあり，より高いレベルのサージでの評価や AC 電源入力以外のケーブルの評価も考える価値があるかも知れない．

サージは 1 分かそれ以下の周期で繰り返して印加される．印加周期を短くすれば試験時間を節約できるが，サージ・アブソーバなどに過大なストレスを与え，1 分周期での印加では発生しなかったであろう障害を引き起こす可能性もある．

この試験は製品に潜在的なダメージを与える可能性もあるため，実際に販売される製品に対する試験には注意が必要である．このサージは人体にとっても危険なものとなり得るので，感電に注意すべきである．

13.3.5 無線周波伝導妨害（IEC 61000-4-6）

先に述べた IEC 61000-4-3 と同様に無線機が放射するような電波による影響を評価するものであるが，この試験法は低い周波数範囲を受け持ち，実際に電波を照射する代わりに，結合/減結合回路網（CDN），あるいは非侵襲で妨害を注入できる EM クランプや電流クランプを用い，ケーブルに高周波の妨害を注入することによって試験を行なう．CISPR 14-2 の場合，この試験での妨害の周波数範囲は 150 kHz～80 MHz (機器のカテゴリによっては 150 kHz～230 MHz)で，その試験法は IEC 61000-4-6[*18]で規定されている．

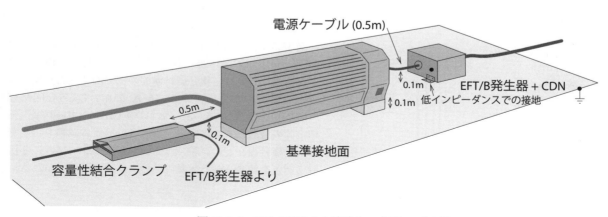

図 13.3-5　IEC 61000-4-4 試験セットアップの例

EUTの配置は先に述べたIEC 61000-4-4の場合と似ているが，若干の違いがある．EUTと注入デバイス（CDNなど）のあいだの距離は0.1〜0.3 mとし，そのあいだのケーブルの長さを最小限とするため，少なくとも電源ケーブルについては切断が必要となるであろう．相互接続線への注入にはEMクランプや電流クランプが用いられることが多いが，これらは妨害を主として電流として注入するため，そのケーブルのEUTの反対側のインピーダンスを下げることも必要となる．

13.3.6 ディップ・短時間停電（IEC 61000-4-11）

日本は例外的に電源品質が良いこともあり，忘れられ勝ちかも知れないが，国や地域によっては，様々な程度の電源電圧低下や停電が日常的に生じていることがある．また，明らかな電源電圧低下や停電がない場合でも，電源系統の切り替えや大型負荷の投入などに伴う，ごく短時間の停電や電源電圧低下（ディップ）が生じていることがある．電気/電子機器は，一般に，このような事象が発生してもある程度までは正常な動作を継続し，その限界を超えた場合でも電源が復帰した後で正常な動作を再開させられることが望まれる．

この試験では，IEC 61000-4-11[19]で規定された，このような現象を意図的に発生させられる試験器を用いて，いくつかの深さと持続時間の電源電圧低下と短時間停電を発生させ，機器への影響を評価する．

機器によっては，電源電圧低下や短時間停電の後での電源電圧の復帰が問題となることもある．例えば，突入電流の制限のためにパワー・サーミスタを用いている場合，短時間の停電ではパワー・サーミスタが冷えず，電源電圧が復帰した際の突入電流を制限できないため，過大な突入電流が流れ，ヒューズの熔断や整流素子の劣化などが生じるかも知れない．また，長い停電の後では正常に再起動する機器が，短時間の停電や電源電圧低下の後では正常に再起動しないこともある．

13.4 電力品質の考慮

現代の日本国内の商用電源の品質は高く，電力品質に関係する問題は比較的稀であろうが，海外では同様の状況であるとは限らない．また，自家発電設備や自立運転状態のマイクログリッドのような小規模な電力設備から給電される場合，電力供給能力の余裕が小さく，また平準化の効果が小さくなることから，電力品質の低下を起こしやすくなる可能性がある．

そのような環境で電力設備や他の機器に悪影響を与えず，また自らが悪影響を受けずに動作するためには，次のことが望まれる．

- ディップ・短時間停電（13.3.6 章）へのイミュニティの向上
- その他の電源品質問題，例えば電圧変動（上昇を含む），電圧不平衡，周波数変動，高調波歪みへのイミュニティの向上
- 電源高調波（13.2.4 章）と電圧変動・フリッカ（3.2.5 章）のエミッションの一層の低減

一般に，インバータ式の冷凍空調機の場合，交流電源で直接駆動される誘導電動機のように電源電圧や電源周波数の影響を直接受けるわけではなく，どの程度の電源変動に耐えられるかは回路の設計に依存するものとなる．原理的にはかなり大きな変動に耐えられるようにすることも可能であろうが，その実現はコストや大きさとのトレードオフとなるだろう．冷凍空調機の多くがそうであるかも知れないように，短時間の性能低下や停止が問題とならない場合，ある程度大きな電源変動は性能低減や動作の停止を行なって乗り切り，その後で正常な動作に復帰できれば充分であるかも知れない．

電源高調波エミッションの低減のためには，アクティブPFCや部分スイッチングのような手法が有用である．だが，回路によっては交流電源の高調波歪みによって障害を起こす場合もあるため，電源の高調波歪みに対するイミュニティの考慮も必要となり得る．そのような回路が用いられていない場合でも，電源の高調波歪みは，巻線部品やコンデンサの異音や過熱などの問題を引き起こすことがある．電圧変動・フリッカの低減のためには，始動/停止時を含めて電流を急激に変化させないように，また突入電流を確実に抑えるようにするのが良い．前者はインバータの得意とするところであり，パラメータ設定だけで相当の調整が可能かも知れない．インバータではモータの始動電流も抑えることができるが，大容量の平滑コンデンサが用いられている場合，電源投入時の平滑コンデンサの充電に伴う大きな突入電流を抑えるためには適切な突入電流制限回路が必要となるだろう．

電力供給能力の余裕が小さい場合には特に，停電からの復帰に際しての多数の機器の再始動が問題となる可能性もある．停電などによる停止の後で運転を自動的に再開させる場合，運転再開をランダムに時間遅れさせ，また電力消費を低減させることにもなり得る．

上で述べたような現象に対するイミュニティは本稿で述べた規格ではカバーされないが，それが適切であれば他の規格を参照し，試験で確認することも可能である．

今後，ダイナミックな需給調整への関与など，冷凍空調機器の電力品質維持への関与が進むことも考えられるが，それは本稿の範囲を超える．

13.5 人体の電磁界への曝露の制限

先に述べたエミッションの制限とは別に，機器が発生する電磁界の人への影響の考慮が必要となることがある．

欧州においては，家電品などが発生する400 kHz以下の低周波の磁界への人体の曝露の制限がEN 62233[20]で定

められており，これはモータやその駆動回路などが発生するかも知れないような低周波磁界の評価のために用いることができる．

図 13.5-1 は，10 Hz（1 Hz）～400 kHz の磁界の強さの規格上の限度に対する比率を表示することができる，この規格に対応した低周波磁界測定器の例である．エアコンや冷蔵庫などの評価は，機器から 30 cm の距離でプローブを動かして測定結果が高くなる位置を探して行なう．

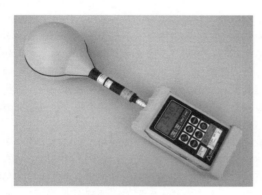

図 13.5-1　曝露評価用低周波磁界測定器の例

13.6 試験の実施

試験所に試験を依頼する場合，必要に応じて相談しながら準備を進めることが必要となるだろう．認証機関に証明書を発行してもらう場合などには，その機関との調整も必要となる．

予備試験や量産品の検査などが目的であれば，規格の全項目を試験する必要も，また必ずしも規格通りに試験する必要もないであろうが，それを効果的なものとするためには検討が必要だろう．本稿で言及しているイミュニティ試験の内容をもう少し詳しく知りたい場合には，JIS ハンドブック[*21)]にも収録されている，それらをベースとした JIS 規格を見ると良いかも知れない．

13.6.1 規格の選択

仕向け先などに合わせて，どの規格のどの版を適用するかを決定する．EU 向けの場合，その時点で EU Official Journal に掲載されている整合規格 (本稿の執筆の時点では，例えば EN 55014-2:1997+A1:2001+A2:2008)を優先的に選択するのが普通である．

その規格の中で IEC 61000-4 シリーズなどの基本規格が参照されている場合，規格上は，その参照で版(年)が指定されていればその版を，さもなくば最新版を参照するのが基本である．だが，例えば欧州規格の EN 55014-2:1997+A1:2001+A2:2008 で参照されている EN 61000-4-4:2004 の代わりにより新しい EN 61000-4-4:2012 や IEC 61000-4-4:2012 を適用しているようなケースもあるので，規格の参照で版が指定されているかどうかに関わらず，適用する規格の版を事前に明確にした方が確実である．

国内向けであれば電気用品安全法（電気用品の技術基準）の，アメリカ向けであれば FCC の要求の考慮が必要となるであろうし，その他の国ではまた別の要求の考慮が必要となる可能性がある．場合によっては，それぞれの国の要求への対応のために，似通った試験を繰り返すことが必要となるかも知れない．

13.6.2 装置のカテゴリ

CISPR 14-2[*3)] では，装置はその構成に応じてカテゴリ I から IV に分類され，イミュニティ要求はカテゴリによって変わる．カテゴリ I～III に該当しない装置はカテゴリ IV に分類され，そのイミュニティ要求は**表 13.6-1** のようになる．

電子制御回路を含まない装置はカテゴリ I に分類され，イミュニティ試験要求は適用されない．15 MHz よりも高い周波数を用いない，主電源に接続される装置はカテゴリ II に分類され，IEC 61000-4-6 の周波数範囲が 230 MHz まで拡大され，IEC 61000-4-3 の要求がなくなる．15 MHz よりも高い周波数を用いない，主電源に接続されない(バッテリ駆動の)装置は カテゴリ III に分離され，IEC 61000-4-2 と，一部の装置について IEC 61000-4-3 の要求が適用されるだけとなる．

表 13.6-1　ISPR 14-2 カテゴリ IV のイミュニティ要求

IEC 61000-4-2	筐体	8 kV (気中放電)
		4 kV (接触放電)
IEC 61000-4-3	筐体	80–1000 MHz, 3 V/m rms
IEC 61000-4-4	信号/制御	0.5 kV
	DC 電源(入出力)	0.5 kV
	AC 電源(入出力)	1 kV
IEC 61000-4-5	AC 電源(入力)	2 kV (相–接地)
		1 kV (相間)
IEC 61000-4-6	信号/制御	0.15–80 MHz, 1 V rms
	DC 電源(入出力)	0.15–80 MHz, 1 V rms
	AC 電源(入出力)	0.15–80 MHz, 3 V rms
IEC 61000-4-11	AC 電源(入力)	100%低下, 0.5 周期
		60%低下, 200 ms
		30%低下, 500 ms

13.6.3 電源電圧

例えば AC 100～240 V のように定格電源電圧に幅がある，あるいは 100/115/230 V のように多重定格となっている場合，どの電源電圧での試験を行なうかを考えることも必要となる．それぞれの仕向け地に合わせた電源電圧と電源周波数での試験を行なえばより安心であろうし，また規

制上の要求のためにそれが必要となるかも知れないが，そうではない場合，全ての試験を多数の電源条件について繰り返すのはあまり経済的ではないため，検討が必要となる．

エミッションに関しては，CISPR 14-1 の規定の一部として，定格電圧の 0.9 倍から 1.1 倍までの範囲で電源電圧を変化させ，エミッションが顕著に変化するようであれば最大となる条件で測定することが求められている．

IEC 61000-3-2, -3-3, -3-11, -3-12 は 220〜240 V しかカバーしない．JIS C 61000-3-2[*21] は 300 V までの任意の電源電圧に適用できるが，これは日本向けの試験となるので，日本で使用を意図した 100 V や 200 V での測定を行なうのが普通だろう．

イミュニティに関しては，IEC 61000-4-11 のような一部の規格は電源電圧範囲の下限と上限での試験を求めているものの，多くの規格は単に定格電圧範囲内で動作させるように求めているだけである．現状，イミュニティ試験の主目的は欧州 EMC 指令対応となっていることが多いこと，またイミュニティ試験全てを複数の電源条件について行なうのは時間を，したがってコストを要することから，規格で具体的な要求がある一部の試験を除き，欧州にも出荷される機器のイミュニティ試験は欧州で使用する際の代表的な電源電圧（230 V）で行なっているケースが多いと思われる．

だが，設計上，電源電圧や電源周波数によって EMC 上の特性が有意に変化する可能性が考えられる場合には，規格や規制でそれが要求されていなかったとしても，他の電源条件での評価も考える価値があるかも知れない．例えば，230 V で使用する際には内蔵の降圧変圧器で 100 V を作って装置内部で使用する，100 V と 230 V に対応した装置があった場合，100 V と 230 V では特性が全く異なったものとなりそうである．

13.6.4 エミッション測定時の動作

エミッション測定に際しては，基本的には，ノイズを出すかも知れない部分全てを動作させるべきである．

例えば補助ヒータのような，特定の条件でしか動かない機能があり，それがエミッションに関係する可能性が考えられる場合には，必要であれば制御プログラムの調整などを行ない，試験中にそれを動作させられるようにする必要があるかも知れない．雑音端子電圧の項で述べた不連続妨害を発生しそうな箇所があれば，これも必要であれば制御プログラムの調整などを行ない，ほどほどに高い頻度で動作させられるようにしておくと良いであろう．

インバータ式のエアコンの場合，CISPR 14-1 で，冷房の場合は温度設定を最低として 30±5℃の環境で動作させ，暖房の場合は温度設定を最大として 15±5℃の環境で動作させるように述べられている．そのような規定がない場合，結果が最も悪くなるような動作条件を選ぶことが基本となる．

13.6.5 イミュニティ試験時の動作の監視

イミュニティ試験に際しては，EUT の動作への影響を監視し，あらかじめ定めた判定基準にしたがって合否判定を行なうことが必要となる．

放射電磁界イミュニティ試験（IEC 61000-4-3）では試験中に人が近くに居ることもできないため，監視の方法に特に工夫が必要となりそうである．放射電磁界(IEC 61000-4-3)，および無線周波伝導妨害（IEC 61000-4-6）イミュニティ試験では，妨害の周波数を 1%ずつ変化させ，それぞれの周波数で妨害の影響を確認することが基本となるので，その監視は，妨害の影響を速やかに確認できるものであることが望ましい．

妨害を受けた時，センサやその周辺の回路が影響を受けることは珍しくないので，その影響の確認が必要と判断されるかも知れない．冷凍空調機器の場合，温度制御用のセンサが影響を受ければ最終的には温度制御の誤差となって現れるであろうが，それをイミュニティ試験に際して確認するのは厄介な，また時間を要し過ぎるものとなりそうである．このような場合，例えば，各センサの読みをリアルタイムで表示し，あるいはその情報を外部に送って監視することができれば，その確認を迅速かつ確実に行なえるようになるであろう．但し，実際の使用時には存在しないケーブルを信号の取り出しや通信などのために追加した場合，それによって妨害に対する EUT の反応が変化する（多くの場合は悪化する）可能性があることにも注意が必要である．

場合によっては，消費電流の変化を判定に利用することもできるかも知れない．

13.6.6 イミュニティ試験での合否判定

CISPR 14-2 では，イミュニティ試験の性能判定基準の枠組みは，おおむね次のように規定されている：

- 性能判定基準 A：試験中，装置は意図した動作を継続しなければならない．製造業者が規定した性能レベルを下回る性能の低下や機能の喪失は許容されない．
- 性能判定基準 B：試験後，装置は意図した動作を継続しなければならない．製造業者が規定した性能レベルを下回る性能の低下や機能の喪失は許容されない．だが，試験中の性能の低下は許容される．実際の動作状態や保存されたデータの変化は許容されない．
- 性能判定基準 C：機能が自己復帰するか取扱説明書で規定された操作によって回復させられるならば，機能の一時的な喪失が許容される．

規格で示されているのは性能判定基準の枠組みだけであり，それぞれの製品に対する性能判定基準はこの枠組みにしたがって製造業者が決定する必要がある．これは，可能な場合には，例えば「温度表示の変化が±1℃以下」や「回転の変動が±20%以下」のような客観的に判断できるものの方が望ましい．

CISPR 14-2 の要求として，試験の結果が性能判定基準 A〜C のいずれに適合しなければならないかは，試験項目によって異なる．放射電磁界（IEC 61000-4-3），および無線周波伝導妨害（IEC 61000-4-6）については，妨害を持続的に受ける可能性があるため，性能判定基準 A が適用される．ESD（IEC 61000-4-2），EFT/B（IEC 61000-4-4），サージ（IEC 61000-4-5）は，妨害が過渡的なものであり，妨害を受けた瞬間の性能低下は許容されるであろうということで，性能判定基準 B の適用が可能である．

この規格では，ディップ・短時間停電（IEC 61000-4-11）については，どの試験レベルについても性能判定基準 C が許容され，取り扱い説明書に記載された手順で復帰させられれば良いということになる．したがって，ごく短い停電やディップの影響で運転が停止しても，さらにその状態から復帰させるために 例えば全ての設定をやり直した後に運転開始の操作をしてもらう必要があるとしても，この規格上は適合と判断することができる．だが，例えば，無人で連続運転される冷凍空調機器が普通の使用状態で頻繁に停止し，電源が復帰しても停止したままとなるのは，好ましくないかも知れない．規格の要求事項を最低限の基準として考えることはできるであろうが，実際にどのような挙動までを許容するかは製品の用途や使用状況なども考慮して決め，明確に文書化しておくことが望ましい．

13.6.7 EUT などの準備

外部の試験所で試験する際には特に，EUT や周辺装置，ケーブルなど，試験に必要なものを事前に準備する必要がある．

少なくとも長さが明確に決まっていない電源ケーブルについては，試験によって異なる長さのケーブル（例えば，雑音端子電圧測定は 1 m，IEC 61000-4-4:2004 は 0.5 m，IEC 61000-4-6:2003 は水平面上の距離で 0.1〜0.3 m など）が要求されるが，交換用のケーブルを長めに用意しておいて現場で切断/加工するのが簡単で確実かも知れない．プラグ付きの電源ケーブルが最初から取り付けられているものについては，雑音端子電圧測定や IEC 61000-4-4 では一般にそのケーブルを用いることが許容されるが，IEC 61000-4-6 ではその場合でもケーブルを短くすることが求められる．

規格には，EUT の配置についての要求（例えば，雑音端子電圧測定に際して床置き機器は床から 10 cm，その他の機器は基準面から 40 cm の位置に置き，IEC 61000-4-4 や IEC 61000-4-6 では全ての機器を床から 10 cm の位置に置く，など）も含まれている．さらに，CISPR 14-1 の場合の，エアコンでは直径 1 m のコイルとした 5 m の冷媒管を用いるという要求のような，製品固有の追加の要求が含まれていることもある．

この種の要求は製品によって，また適用する規格の版によっても変わるので，事前に良く確認した方が良い．

このような要求全てを厳格に守ることは難しい場合もあり，妥協を考えたくなるかも知れないが，そうすることを考える場合，機器の実際の使用状況や試験の原理なども考慮して，少なくとも試験の目的を損なわないような方法を考えるべきである．認証機関などが関係する場合は，この種の事項については事前にその機関と良く協議することも必要となる．

13.7 品質保証

全面的な EMC 試験は相当の時間とコストを要するため，特に大型の製品の場合，そのような試験はごく少数の，しばしば 1 台のサンプルについてのみ行なわれることが多い．だが，少数のサンプルが試験に合格したとしても同じ型式の量産品のそれぞれが同じ試験に合格するとは限らないため，量産品の適合性をどのようにして保証するかを考えることが必要となるだろう．

エミッションについてはそのサンプルでの試験結果が限度値に対してどれだけの余裕があったかが数値として出るため，サンプルでの試験に際して限度値に対する余裕を大きく取れば，製品の特性のばらつきによって量産品が不適合となるリスクを下げられることが期待できる．だが，特に 1 台のサンプルのみの試験の場合，量産品の特性のばらつきの程度も，サンプルでの試験結果がそのばらつきの中でどのような位置にあるのかもわからないため，どれだけの余裕を取るのが適当そうかを判断することは難しい．大型の製品でこの方法が用いられるケースは稀かも知れないが，CISPR 14-1 では，大量生産品の評価の方法として，少なくとも 3 台のサンプルを測定し，その結果からその型式の製品全体の適合性を判定する方法も述べられている．

イミュニティについては，規定されたレベルの妨害を印加してその結果が合格であると判断したとしても，一般にどの程度の余裕があったかの情報は得られないため，さらに厄介である．CISPR 14-2 では，7 台以上のサンプルの試験結果からその型式の製品全体の適合性を判定する統計的評価の方法が述べられているが，この方法が用いられるケースも稀だろう．型式試験として 1 台のサンプルのみを試験する場合には，少なくとも，その試験されたサンプルが量産品を代表するものであることを，言い換えると量産品が試験されたサンプルと同等の EMC 性能を持つであろうと主張できるような根拠を持つことが望ましい．

継続的に生産される製品の場合，製品の軽微な変更の後で再試験を行なうかどうかを判断することも必要となるかも知れない．EMC においては，例えば電子部品の他社同等品への変更，板金部品の表面処理工程の変更，装置内の配線の引き回しの僅かな変更のような一見ごく軽微な変更でさえも大きな違いを生じることがあるため，一般にこの判断は容易ではなく，再試験なしで済ませるのは危険なものとなり得る．だが，殊に少量多品種生産の場合，軽微な変更の度に全面的な再試験を行なうというのもあまり実際的ではないかも知れない．

これらは非常に厄介な問題であるが，自ら部分的な確認

を行なう能力を持ち，量産品を継続的に検査することは，助けとなるであろう．量産品を継続的に検査する場合，その検査を規格通りに行なわない場合でも，全面的な試験を行なったサンプルをその方法で検査した結果を基準として量産品の検査結果と比較することで，また量産品の一連の検査結果を統計的に扱うことで，役に立つ情報を得られるであろう．そして，そのような検査の結果が量産品の適合性についての自信を与えるものでなかった時には，より詳細な検査の実施を，場合によっては全面的な再試験の実施を考えることができるだろう．勿論，このような簡易的な検査は必ずしも充分なものではなく，EMC 性能の著しい悪化を見落とす可能性もあるが，それでも不適合の製品を出荷するリスクを下げるために利用することができる筈である．

量産品から抜き取ったサンプルに対する全面的な試験を継続的に行なうことも良い考えである．CISPR 14-1 は，型式試験を 1 台のサンプルのみで行なった場合には特に，ランダムな抜き取り検査が必要であると述べている．

参 考 文 献

*1) 佐藤智典:「EMC 指令 -2004/108/EC への適合のためのガイド (第 3 版)」(2010), http://www.emc-ohtama.jp/emc/reference.html
*2) CISPR 14-1:2005+A1:2008, Electromagnetic compatibility – Requirements for household appliances, electric tools and similar apparatus – Part 1: Emission
*3) CISPR 14-2:1997+A1:2001+A2:2008, Electromagnetic compatibility – Requirements for household appliances, electric tools and similar apparatus – Part 2: Immunity
*4) CISPR 16 series, Specification for radio disturbance and immunity measuring apparatus and methods
*5) Rohde&Schwarz 社提供
*6) 株式会社 e・オータマ：10m 法半無響室
*7) IEC61000-3-2:2005+A1:2008+A2:2009, Electromagnetic compatibility (EMC) – Part 3-2: Limits – Limits for harmonic current emissions (equipment input current ≤16 A per phase)
*8) 日置電機株式会社提供
*9) IEC 61000-3-3:2013, Electromagnetic compatibility (EMC) – Part 3-3: Limits – Limitation of voltage changes, voltage fluctuations and flicker in public low-voltage supply systems, for equipment with rated current ≤16 A per phase and not subject to conditional connection
*10) IEC 61000-3-11:2000, Electromagnetic compatibility (EMC) – Part 3-11: Limits – Limitation of voltage changes, voltage fluctuations and flicker in public low-voltage supply systems – Equipment with rated current ≤ 75 A and subject to conditional connection
*11) IEC 61000-3-12:2011, Electromagnetic compatibility (EMC) – Part 3-12: Limits – Limits for harmonic currents produced by equipment connected to public low-voltage systems with input current >16 A and ≤ 75 A per phase
*12) IEC 61000-4-2:1995+A1:1998+A2:2005, Electromagnetic compatibility (EMC) – measurement techniques – Electrostatic discharge immunity test
*13) Teseq 社提供
*14) IEC 61000-4-3:2006+A1:2007, Electromagnetic compatibility (EMC) – Part 4-3: Testing and measurement techniques – Radiated, radio-frequency, electromagnetic field immunity test
*15) IEC 61000-4-4:2004, Electromagnetic compatibility (EMC) – Part 4-4: Testing and measurement techniques – Electrical fast transient/burst immunity test
*16) IEC 61000-4-5:2005, Electromagnetic compatibility (EMC) – Part 4-5: Testing and measurement techniques – Surge immunity test
*17) EMC Partner 社提供
*18) IEC 61000-4-6:2003+A1:2004+A2:2006, Electromagnetic compatibility (EMC) – Part 4-6: Testing and measurement techniques – Immunity to conducted disturbances, induced by radio-frequency fields
*19) IEC 61000-4-11:2004, Electromagnetic compatibility (EMC) – Part 4-11: Testing and measurement techniques – Voltage dips, short interruptions and voltage variations immunity tests
*20) EN 62233:2008, Measurement methods for electromagnetic fields of household appliances and similar apparatus with regard to human exposure
*21) 日本規格協会: JIS ハンドブック 70 電磁両立性(EMC) 2012

(佐藤　智典)

第14章. 放射線

14.1 放射線

放射線は，長さや質量と違い，目で見たり手のひらで重さを感じたり，五感でその存在を実感することができない．

そのため，放射線の性質を知るとともに，放射線の種類や測りたい放射線の計測量に応じて適切な放射線測定器を用いて測定を行う必要がある．ここでは，放射線量や放射能を正確に測ることに視点をおいて記述しているため，やや専門的な解説となっているが，対外的に影響を及ぼすようなことがなければ簡易な測定も有効な場合がある．

14.1.1 放射線

放射線とは，物質を直接的，間接的に電離や励起できる能力を持つ粒子や電磁波をいう．

身のまわりの物質はすべて酸素，ケイ素などの元素の組合せで構成されており，それぞれの元素は，原子核とその周りを回る電子で構成されている．原子核は陽子と中性子で構成されており，元素の名称は陽子の数で決められている．元素の化学的な性質も陽子の数に起源をもつ．陽子の数が同じでも中性子の数が異なるものを同位元素または同位体という．多くの元素は安定であるが，原子核が不安定な状態にある場合，原子核は壊変してアルファ（α）線，ベータ（β）線，ガンマ（γ）線などを出して安定な状態となる．このような原子核を持つ元素を放射性同位元素または放射性核種と呼び，元素記号と質量数で，例えば^{137}Csのようにあらわす．質量数は，陽子と中性子の合計である．

原子核が壊変して放射線を出す能力を放射能といい，放射能が半分になるまでの時間を半減期という．半減期は，放射性核種毎に固有の値をもち，放射能と半減期の関係は，次式で示される．

$$A = A_0 \cdot \exp(-t/T_{1/2}) \quad (14.1\text{-}1)$$

ここで，
- A ：t 時間経過後の放射能 (Bq)
- A_0 ：時刻 $t = 0$ における放射能 (Bq)
- t ：経過時間
- $T_{1/2}$ ：半減期

放射線の仲間には，加速器で作られる陽子線やエックス(X)線管から放出されるX線のように人工の放射線もある．

14.1.2 放射線の種類と性質

α線の正体は運動エネルギーを持ったヘリウム (He)の原子核（電荷が+2 の粒子）であり，β線の正体は運動エネルギーを持った電子（電荷が-1の粒子）である．γ線は光の仲間で，波長の短い電磁波である．

代表的な放射線の特徴を**表 14.1-1**に示す．

表 14.1-1　代表的な放射線

分類	放射線の種類	正体	電荷
電磁波（光子）	X 線	原子核外からの電磁波	±0
	γ 線	原子核からの電磁波	±0
粒子線	α 線	ヘリウムの原子核	+2
	β 線	電子	−1
	中性子	中性子	±0

α線やβ線のように電荷をもつ放射線は，物質を直接的に電離・励起することによってエネルギーを失う．一方，γ線や中性子のように電荷をもたない放射線は，物質中の電子をはじき飛ばしたり原子核との相互作用によりエネルギーを失う．これらの性質により，放射線は種類によって物質を透過する能力が異なる．

代表的な放射線の透過力を**図 14.1-1**に示す．

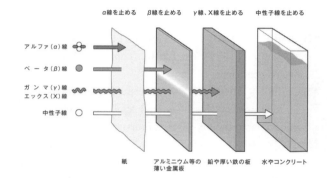

図 14.1-1　放射線の種類と透過力[1)]

α線は，空気層や着衣などで止まってしまうため，外部被ばくについては，ほとんど考慮する必要がないが，天然のラドンガスのように空気中に含まれるα線放出核種は肺に対する被ばくの要因となる．

β線は，アルミニウムなどの薄い金属板で止めることができるが，エネルギーの高いβ線の場合，制動X線が発生する．アクリル板のような低原子番号の物質で遮へいすると制動X線の発生をおさえることができる．

X線やγ線は，鉛などの高原子番号の物質を用いると薄い厚さで充分な遮蔽効果がある．

いずれの放射線についても，エネルギーと線量率を考慮して遮へい材の材質および厚さを決定する必要がある．

14.1.3 放射線の単位

放射線が物質に吸収されたエネルギーを表す単位としてグレイ（Gy）がある．吸収線量Gyは，物質1 kgあたり吸収されたエネルギー，J・kg^{-1}で示される．

放射線が人体にあたり，臓器・組織が同じエネルギーを

吸収したとしても，放射線の種類やエネルギーによって影響の度合いが異なる．

放射線量を表すシーベルト(Sv)は，放射線の種類やエネルギーの違いによるリスクなどを勘案して，放射線の種類やエネルギーが異なってもSvで表される数値で比較すると影響の度合いが類推できる単位である．SI単位で示すSvは，$J \cdot kg^{-1}$である．

通常，1時間あたりの空間線量率として測定されるµSv/hは，1 cm線量当量率をいう．1 cmという数値は，γ線や中性子のように透過力の強い放射線で被ばくする人およびその子孫が癌などにかかる確率的な影響をモニタリングする最適なポイントとして決定された体表面からの深さである．1 cm線量当量には，場所の1 cm線量当量と個人の1 cm線量当量があり，前者は空間線量の測定に，後者は個人線量の測定に用いられている．

このほかに，エネルギーの低いX線やβ線など比較的透過力の弱い放射線については，被ばくした個人が目や皮膚などに影響を受けることを考慮して，目の水晶体は3 mm，皮膚は70µmの深さにおける線量当量もある．

放射能については，ベクレル(Bq)という単位が用いられ，1秒間に壊変する原子核の数(s^{-1})をいう．

Gy，SvおよびBqは，放射線の分野で用いられる固有の記号・名称である．

14.1.4 放射線の人体への影響

放射線を一度に受けたときに発生する症状を**図 14.1-2**に示す．図中，左側は皮膚や目などに局部的に放射線をあびたとき，右側は全身に放射線をあびたときである．しかし，100 mSv以下の被ばくにおいては，臨床的な症状は確認されない[*1]．このため，国際放射線防護委員会（International Commission on Radiological Protection: ICRP）は，100 mSv以下の被ばく線量域を含め，線量とその影響の発生率に比例関係があるという安全側に立ったモデルに基づいて放射線防護を行うことを推奨している[*1]．

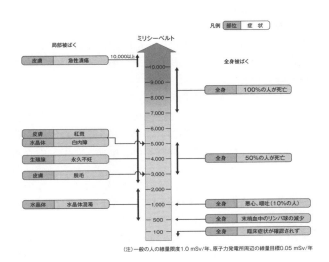

図 14.1-2 放射線を一度に受けたときの症状[1]

日常生活においては，**図 14.1-3**に示すように，大地からのγ線や宇宙線などの自然放射線，集団検診における胸部X線検査などで少なからず放射線を受けている．自然放射線（バックグラウンド）による年間の被ばく線量の世界的な平均値は2.4 mSv[*2]となっている．一方，ICRPは，コントロールされた放射線源による公衆の線量限度を，年あたり1 mSv[*1] [*3]としている．

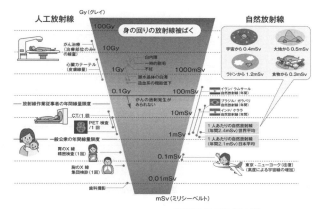

図 14.1-3 日常生活と放射線[1]

なお，図 14.1-2および図 14.1-3におけるSvは，全身については"実効線量"で，皮膚などの局部被ばくについては"等価線量"で示されている．

実効線量は，人の放射線被ばくに係わる線量限度など，放射線防護のための量として用いられる．実効線量は，体の外からの放射線を受ける外部被ばくと飲食などにより体の中に取り込んだ放射能から放出される放射線よる内部被ばくの線量を合計したもので示される．

14.2 放射線の測定[*4]

放射線の検出には，放射線の特徴である物質の電離作用や励起作用を利用し，電気信号を得る．得られた信号は，目的に応じた処理をして$µSv \cdot h^{-1}$などで表示される．

放射線測定の精度はカウント数などで決まり，少ない量の放射線を検知するには，長時間測定してカウント数を増やしたり，放射線との相互作用の確率が大きな固体検出器を用いたりする．

14.2.1 測定器の原理と特徴

放射線の検出器としては，**表 14.2-1**に示すようなものが用いられる．

使用に際しては，$µSv \cdot h^{-1}$や$Bq \cdot kg^{-1}$などの測定したい量と放射線測定器の指示値との関係を基準となる放射線・放射能であらかじめ校正しておく必要がある．表14.2-1中の◎×などの記号は測定値の信頼性を総合的に判断し，◎は使用に最適，○は目的に応じて使用可能，△は限定的な使用にとどめる，×は使用は薦められないことを示している．×と記されている測定器と測定量の組合せであっても，測

定の不確かさが評価でき，規制当局などの要求を満たすものであれば支障はない．

表 14.2-1 放射線検出器の種類と用途

検出原理	検出器の種類		β線	γ線	
			表面汚染密度 (Bq·cm^{-2})	空間線量率 (μSv·h^{-1})	放射能濃度 (Bq·kg^{-1})
気体の電離	GM計数管		◎	○	×
	比例計数管		○	×	×
	電離箱		×	○	×
固体の電離	半導体	Si	○	○	×
		Ge	×	×	◎
固体の励起発光 (シンチレーション)	NaI(Tl)		×	◎	○
	CsI(Tl)		×	○	△
	プラスチックシンチレータ		○	△	△

(1) GM計数管（Geiger-Müller counter）

GM計数管は，気体の電離を利用した放射線検出器で，計数管に放射線が入射すると計数ガスの電離がなだれ的に発生し，大きな出力を得ることができる．計数ガスには電子なだれを適切にくい止めるために，クエンチャとしてアルコールのような有機ガスまたはハロゲンガスが少量加えられている．GM計数管に入射したβ線は，ほぼ100％計数されるが，γ線は数％しか計数されず，またエネルギー情報は得られないという特徴がある．

(2) シンチレーション検出器

固体の励起発光を利用した放射線検出器は，総称してシンチレーション検出器という．微量のタリウム(Tl)を添加したNaI(Tl)やCsI(Tl)の発光のメカニズムは，まず，NaIやCsIの結晶中に吸収されたエネルギーをTl原子が受け取って励起状態になる．励起状態のTl原子は，直ちに安定な状態に戻り，このとき，励起状態と安定状態のエネルギー差に相当する光が放出される．（ ）内で示されるTlは活性化物質といい，シンチレーション検出器には不可欠な，光を電気信号に変える際の光電子増倍管やフォトダイオードを効率的に機能させるためのものである．

(3) 電離箱

気体の電離を利用した放射線検出器で，サーベイメータでは検出気体として空気が用いられるものが多い．電離箱式サーベイメータの場合，検出器には数十ボルトの電圧がかけられており，電離されたイオンと電子がそれぞれマイナスとプラスの電極に移動する過程で，電流として取り出される．検出気体の密度が小さいことなどから，バックグラウンドレベルの線量率では10^{-15}A程度の電流しか得られないため，高感度な回路設計が必要であり，また湿度や振動による影響を受けやすい．

(4) 半導体検出器

固体の電離を利用した放射線検出器で，Si半導体やGe半導体が用いられる．実際には，n型Siとp型Siを接合して逆バイアスを掛けたり，高純度Geの結晶に電極となる金属イオンを注入したものに高電圧を掛けることによって生じる空乏層（電荷を運ぶ余分なキャリア（電子と正孔）が存在しない領域）が電離箱と同じ様な振る舞いをする．この空乏層に放射線が入射すると，空乏層内の電子がたたき出され，電子・正孔ペアができる．空乏層には電圧が掛かっており，電子，正孔はそれぞれプラスとマイナスの電極に集められる．電極に集められる電荷は，空乏層内で失ったエネルギーに等しい．しかしながら，Si検出器の場合は，原子番号が小さいため^{137}Csなど比較的高いエネルギーの光子との相互作用の確率が低く，また，結晶も大きくないため50keVを越える光子のエネルギー測定には適していない．

14.2.2 空間線量率の測定

γ線の空間線量率測定器としては，シンチレーション式，半導体式，GM計数管式，電離箱式と様々なものが市販されている．これらを用途ごとにわけると，同じ場所の放射線量を連続的に監視するためのモニタ（モニタリングポストなど）と電池駆動で手軽に持ち運べるサーベイメータに大別される．前者では，環境レベルの線量率測定用にシンチレーション式検出器が，高線量率測定用に電離箱式が主に用いられている．後者では，前述した全ての方式のサーベイメータが市販されている．

バックグラウンドレベル（0.1μSv·h^{-1}前後）の線量率を測定する場合には，図 14.2-1 に示すようなエネルギー補償型のシンチレーション式サーベイメータが推奨される．また，シンチレーション式のサーベイメータには，γ線のスペクトル収集・分析機能を内蔵し，エネルギー情報から核種毎に線量率を表示する機能を有したものがある．

第14章．放射線

図 14.2-1　エネルギー補償型NaI (Tl) シンチレーション式サーベイメータの例[*5)]

サーベイメータによる空間線量率の測定は，地表面から1 m，測定対象物の表面から10 cmなど，目的によって測定位置が異なる．規制当局などによる特段の指示がない場合，検出器は測定対象物に対して，サーベイメータが校正されたときと同じ放射線入射方向（一般には検出器軸方向）に向ける．

測定の例としては，測定位置を固定して，サーベイメータの時定数を10秒にセットし，測定開始から30秒（時定数の3倍の時間）後の線量率（$\mu Sv \cdot h^{-1}$）を読む．線量率の表示値がばらつく場合には，必要に応じて30秒間隔で5回測定し平均値をその場所の線量率とする．

時定数は，指示値がその飽和値の63 %に達するまでの時間である．測定開始からの時間をt (s)，時定数をτ (s) とすると，指示値の上昇率は，$1-e^{-t/\tau}$ で計算することができる．測定器によっては，測定開始から指示値読み取りまでの指標となる時間を時定数ではなく，応答時間や移動平均で示しているものがある．応答時間は，指示値に対する飽和値の90 %に達するまでの時間で，時定数の2.3倍の時間となる．一方，移動平均は，測定時間と表示間隔の組合せで表現され，代表的な簡易型の放射線測定器CsI(Tl)では，測定時間1分で10秒毎の移動平均（現在の表示値は1分前から測定）で線量率が表示される．

測定結果を記録する際は，測定日時，測定場所（測定対象物からの距離），線量率のほか，測定者，測定器の型式，製造番号，周囲の状況（石材など，線量に寄与するものがないかなど）なども記録しておくとよい．

より正確な測定結果を得るための理想的な空間線量率測定器に求められる性能[*6)]としては，次のようなものがある．

(1)　相対指示誤差（線量率直線性）

基準線量率と指示値との差は，製造者が示す有効測定範囲において，基準値±（15 %+U%）以内．Uは，基準線量率の不確かさを示す．

通常は，目盛校正（目盛を調整して，指示値を基準値に合わせる）という行為によって指示精度が担保される．

測定レンジが複数ある場合には，レンジ毎に校正されている必要がある．有効測定範囲において基準値と同じ値を示す機種ほど線量率特性が良い．電離箱式サーベイメータがこれにあたる．

GM計数管式やシンチレーション式の場合，線量率が高くなるにつれて基準値よりも低い値を示すようになるのが一般的である．GM計数管式の場合は計数管の基本的な特性に起因する不感時間に，シンチレーション式の場合にはパルスの重畳によるものである．

(2)　エネルギー特性

60 keV ～ 1.5 MeV のエネルギー範囲において，^{137}Csのγ線の1cm線量当量率に対する相対レスポンスが0.85 ～ 1.15 である．

レスポンスとは，指示値／基準線量率で，各エネルギー毎のレスポンスを^{137}Csの662 keVのレスポンスで除したものが相対レスポンスである．

光子のエネルギーによって同じ量の放射線を当てても検出器の材質によって放射線と相互作用を起こす確率が変わるので，指示値が変化する．エネルギー特性が良く（相対レスポンスが1に近い）且つ^{137}Csで校正された測定器は，γ線が散乱してエネルギーが変化しても正しい線量率を示すことができる．エネルギー補償型NaI(Tl) シンチレーション式サーベイメータや電離箱式サーベイメータがこれにあたる．参考までに種々のサーベイメータの1 cm線量当量率に対するエネルギー特性を図 14.2-2に示す．

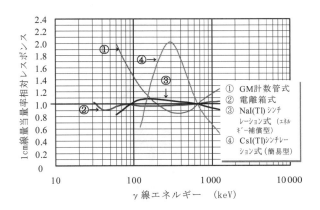

図 14.2-2　種々のサーベイメータの1cm線量当量率に対するエネルギー特性

(3)　方向特性

検出器の放射線入射軸方向（0°方向）における基準線量率に対して，±90°の角度範囲における指示値が基準値±25 %である．

放射線測定器は，検出器の材質，形状，位置および電気回路の配置などによって放射線が吸収・散乱されるため，放射線の入射する方向によって計数の割合が変化し，指示値に影響を与える．

参考までに種々のサーベイメータに対する方向特性を図14.2-3に示す．この図は，図の上部0°方向を基準として，測定器を左右に回転させて指示値を読み，0°方向における指示値と回転させて読みとった値の比率を示したものである．検出器の形状が球または立方体に近い場合には，方向特性が良く±150°の角度範囲あたりまでは基準

値との比率が±25%以内に収まっている．GM計数管式の場合には，検出器が細長い形状のため±30°を過ぎたあたりから基準値との比率が±25%を越える指示値となっている．

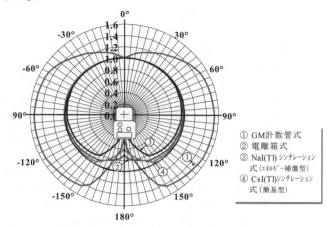

図 14.2-3 種々のサーベイメータの方向特性

14.2.3 表面汚染密度の測定

^{137}Csや^{60}Coなどのγ線を放出する核種の多くがβ線も同時に放出する．β線は端窓（はしまど）型のGM計数管式やプラスチックシンチレーション式など放射性表面汚染検査用のサーベイメータで容易に検出することができる．代表的なGM計数管を図 14.2-4 に示す．

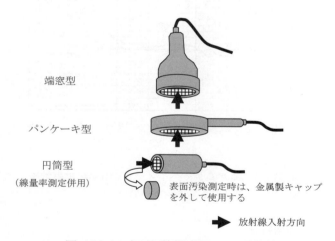

図 14.2-4 表面汚染測定用のGM計数管

表面汚染の測定は，検査対象となる箇所をサーベイメータでゆっくり走査しながら，計数率が高くなる場所を直接さがすのが一般的である．

指示値が高い箇所をろ紙などでふき取り，そのろ紙を放射性表面汚染検査用のサーベイメータまたは放射能測定装置で測定すること（間接測定法またはふき取り法）により，表面汚染密度を評価することができる．ろ紙などで表面の汚染がふき取れない場合には，表面汚染検査用のサーベイメータで直接測定を行う．

サーベイメータの計数率は，cpm (counts per minute : min^{-1})で示されるものとcps (counts per second : s^{-1})で示されるものがあり，それぞれ，1分毎，1秒毎の計数値を示している．

以下に，端窓型のサーベイメータを用いた放射性表面汚染密度の測定法を示すが，時定数や測定位置は，測定状況や機器効率の取得の実態にあわせて変更する必要がある．

(1) 直接測定法

a) 検出器の放射能汚染防止のため，検出器の窓面をラップフィルムなどで養生する．遊離性の汚染が認められる場所では，必要に応じてサーベイメータの他の部分も養生する．

b) 測定対象物からの放射線の影響を受けない場所でサーベイメータの時定数を10秒にセットし，測定開始から30秒後の計数率n_bを読む．（バックグラウンドの測定）

c) 測定対象物と検出器の窓面の高さを5 mm ～ 数cmに保ち，1秒間に1 cmから3 cmの速度で検出器を移動させながら，指示値が高くなる場所をさがす．バックグラウンドの計数率より明らかに10倍以上の計数率がある場合には時定数を3秒に設定してサーベイする．

d) 放射性同位元素による表面汚染密度を評価したいものの表面から5 mmの高さで検出器の窓面を水平に保ち，時定数を10秒にセットし測定開始から30秒後の計数率nを読む．

e) 14.3.1(2)に示す機器効率εを用いて，次式により表面汚染密度A_sを求める．

$$A_s = (n - n_b)/(\varepsilon \cdot \varepsilon_s \cdot W) \qquad (14.2\text{-}1)$$

ここで，

- A_s ： 放射性同位元素による表面汚染密度(Bq・cm^{-2})
- n ： 測定対象物の全計数率(s^{-1})
- n_b ： バックグラウンド計数率(s^{-1})
- ε ： 機器効率
- ε_s ： 線源効率
- W ： 検出器の有効窓面積(cm^2)

線源効率ε_sは，測定の対象となる物質中で発生する放射線粒子（例えばβ線）が物質表面に放出される割合いをいい，測定対象となる物質の材質や表面状態，放射線粒子のエネルギーにより異なる．放射線粒子のエネルギーが低いほど物質中で吸収される割合が多く表面から放出されにくくなるため，理想的には，測定対象物と測定したい放射性核種との組合せで線源効率を求めておくのがよいが，放射性物質の化学形や測定対象物の物理的な状態によって浸透の程度が異なる．このため，一般には，ε_sは明らかでない場合が多い．放射性物質が表面に存在し，0.4 MeV以上のβ線の場合，JIS Z 4504「放射性表面汚染の測定方法」[7]では，ε_sは0.5を用いることが推奨されている．

(2) 間接測定法（ふき取り法）

a) 図 14.2-5 に示すようなスミヤろ紙を用いて測定対象物の表面を100 cm^{2}ふき取る．

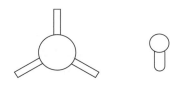

図 14.2-5 スミヤろ紙の例

b) スミヤろ紙の耳の部分を切り取り，汚染防止のため，円形の部分をラップフィルムでラミネートし，測定試料とする．

c) 測定対象物からの放射線の影響を受けない場所でサーベイメータの時定数を10秒にセットし，測定開始から30秒後の計数率n_bを読む．

d) 測定試料（スミヤろ紙）と検出器窓面の位置関係をサーベイメータの機器効率を得たときと同じ位置関係となるように固定し，測定開始から30秒後の計数率nを読む．

e) 次式により，ふき取った箇所の表面汚染密度A_sを求める．

$$A_s = (n-n_b)/(\varepsilon_f \cdot \varepsilon_s \cdot S) \qquad (14.2\text{-}2)$$

ここで，

- A_s ：放射性同位元素による表面汚染密度($Bq \cdot cm^{-2}$)
- n ：スミヤろ紙の全計数率(s^{-1})
- n_b ：バックグラウンド計数率(s^{-1})
- ε_f ：スミヤろ紙に対する機器効率
- ε_s ：線源効率
- S ：ふき取り面積($100\ cm^2$)

スミヤろ紙の機器効率ε_fは，使用するスミヤろ紙と同じ直径の表面放出率標準線源[*8]で求める．適切な線源を準備することが困難な場合には，直接法で用いる機器効率を用いることもできるが，少し高めの評価（安全側なので容認されることが多い）になる．機器効率試験を校正機関に依頼した場合には，校正条件（線源の位置関係，核種）を確認し，測定位置を校正条件と同じとする．

直接法にもいえることであるが，校正線源のβ線エネルギーと測定対象のβ線エネルギーが異なる場合には，適切な機器効率とはいえない．線源効率についても同様のことがいえる．このようなことから，表面汚染の測定は，不確かさが大きいことを充分認識して行う必要がある．

14.2.4 食品中の放射能濃度の測定

放射能濃度の測定では，まず測定試料中の放射能をはかり，その重量から測定対象物の放射能濃度が算出される．放射性の核種が1種類の場合には，γ線でもβ線でも放射線を検知できれば，基準となる核種の放射能と測定器の指示値を比較すればよいので，高価な測定器は必要ない．

ただし，複数のγ線放出核種が混在する試料中の放射能を正確に求める場合，それぞれの核種が放出する固有のエネルギーのγ線の数を正確に測定する必要がある．このような目的で，γ線の波高分析装置（γ線スペクトロメータ）が用いられる．

食品中の放射能を測定するためのγ線スペクトロメータとしては，NaI(Tl)などのシンチレーション式のものと，Ge検出器を用いた半導体式のものがある．前者は，基準値以下であるかを判定するスクリーニング用として，後者は精密測定用として用いられるのが一般的である．

Ge検出器を用いた食品の放射能測定には，環境試料中の放射能分析を目的とした文部科学省放射能測定シリーズ7「ゲルマニウム半導体検出器によるガンマ線スペクトロメトリー」[*9]（以下，「文科省マニュアル」という．）が役立つ．

Ge検出器を用いたγ線スペクトロメータの構成例を図14.2-6に示す．Ge検出器の特徴としては，γ線エネルギーに対する分解能が良く，核種毎に定量でき安定した性能が得られるが，使用時は液体窒素温度で冷却する必要があり，遮へい体やスペクトル解析装置を含めた全体の価格は高価なものとなることである．

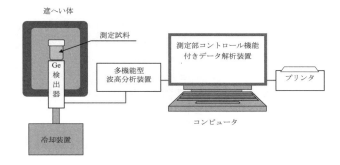

図 14.2-6 γ線スペクトロメータの構成例

シンチレーション式の場合も，検出器と冷却装置を除いては，基本的に図14.2-6に示す機器の構成と同じであるが，各部の性能はGe検出器ほど高性能なものは要求されない．

NaI(Tl)シンチレーション式とGe検出器を用いたγ線スペクトルの例を，図14.2-7に示す．NaI(Tl)シンチレーション式では，①と②のピークが分離できていない．図中①のピークは^{137}Csの662 keV，②と③は^{134}Csでそれぞれ605 keV，796 keVである．

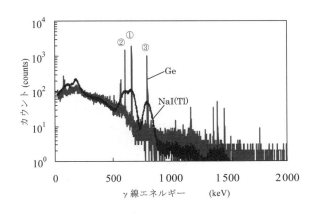

図 14.2-7 NaI(Tl)とGeのγ線スペクトル比較

Ge検出器を用いたγ線スペクトロメトリでは解析対象核種のγ線ピーク計数率から試料中の放射能濃度 A を，次式により求める．

$$A = N_s/(E_\gamma \cdot I_\gamma \cdot T \cdot V) \quad (14.2\text{-}3)$$

ここで，
- A ：解析対象核種の放射能濃度($Bq \cdot kg^{-1}$)
- N_s ：解析対象ピークの正味計数値
- E_γ ：解析対象γ線エネルギーに対する検出効率
- I_γ ：解析対象核種のγ線放出率
- T ：試料の測定時間(s)
- V ：測定試料重量(kg)

シンチレーション検出器を用いたγ線スペクトロメトリでも，解析対象核種のγ線が他の核種の影響を確実に避けることができればGe検出器と同じ解析手法を用いることができるが，シンチレーション検出器はGe検出器よりもピーク分解能が劣るため，一般には基準値以下であるかどうかを検査（スクリーニング）する目的で用いられることが多い．スクリーニングの場合，解析領域を広くとり，目的とする核種以外の影響も含めて目的核種の放射能として評価し，その結果を基準値と比較して判定するのが効果的である．たとえば，図14.2-7では，①〜③のエネルギー領域を^{137}Cs相当の放射能として評価し，放射性セシウムとして扱って基準値と比較する．

スクリーニング法の計算例として，次式により試料中の放射能濃度 A を求める方法がある．

$$A = (n\text{-}n_b) \cdot F/V \quad (14.2\text{-}4)$$

ここで，
- A ：放射能濃度($Bq \cdot kg^{-1}$)
- n ：測定試料のスペクトルにおける解析エネルギー領域の全計数率(s^{-1})
- n_b ：バックグラウンドスペクトルにおける解析エネルギー領域の全計数率(s^{-1})
- F ：放射能換算係数(Bq/s^{-1})
- V ：測定試料重量(kg)

試料の前処理から測定・評価までのながれを**図 14.2-8**に示す．

食品に限らず，環境試料中の放射能の分布は均一でないため，正確な放射能濃度を求めるには，試料の放射能濃度を代表する測定試料を調整することが一番重要なポイントとなる．食品の場合，生の試料 1 kg あたりの放射能濃度として評価するため，包丁で 5 mm 程度に細かく切ったり，ミキサーで細かく裁断した試料を均一に混ぜ，測定容器に決められた容積まで分取，秤量して測定試料が調整される．包丁，まな板などは一つの試料を調整したら洗浄して再利用するか，使い捨ての器具を使用する．

測定試料は，検出器などを汚染させないように清浄なポリ袋に封入し，決められた位置にセットして，手順に従い必要な情報を入力して測定を開始する．

測定結果は，自動的にファイル，印刷される．γ線スペクトルを見ることができる装置では，有意に検出（検出限界値以上）されている核種がある場合には，ピーク解析領域にピークが認められる．スクリーニングを目的としたシンチレーション式のスペクトロメータの場合には，解析対象エネルギーよりも高いエネルギーを放出する核種があると，濃度評価の手法によっては，ピークがないにもかかわらず有意な放射能として評価されることがあるので，測定結果には充分に注意する必要がある．放射性セシウムのスクリーニング測定では天然の放射性核種である ^{40}K，^{214}Bi，^{214}Pb などの影響を受けることがあるので注意が必要である．

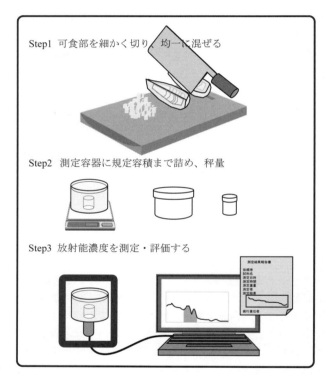

図 14.2-8 食品の前処理から測定・評価までのながれ

性能の目安となる γ線スペクトロメータの能力は，同じ測定時間でどこまで低いレベルの放射能を測定できるかという点にあり，その能力は検出限界放射能濃度($Bq \cdot kg^{-1}$)という数値で示される．

検出限界放射能濃度は，式(14.2-3)の N_s または式(14.2-4)の $(n\text{-}n_b)$ を次式に示す検出限界計数率 n_{DL} に置き換えて計算する．

$$n_{DL} = 3.29 \cdot (n_b \cdot (1/T_s + 1/T_b))^{1/2} \quad (14.2\text{-}5)$$

ここで，
- n_{DL} ：検出限界計数率 (s^{-1})
- n_b ：バックグラウンド計数率(s^{-1})
- T_s ：試料の測定時間(s)

T_b ：バックグラウンドの測定時間(s)

検出限界を左右する項目としては，γ 線の検出効率（検出器の大きさ），波高分析能力（エネルギー分解能，エネルギー直線性），バックグラウンド計数率（遮蔽効果），測定試料の量（容積，重量）などがあり，検出器は大きなものを，エネルギー分解能は小さなものを，遮蔽体は厚いものを，測定量は多くの量（通常は一定量）を選択すると検出限界放射能濃度を小さくすることができる．

γ 線スペクトロメータの構成は，測定の目的（核種の定量，スクリーニング），一日の測定試料数，要求される検出限界値などによって決定する．

参考までに，シンチレーション式および Ge 半導体式の γ 線スペクトロメータ各部の特徴を以下に示す．

(1) シンチレーション検出器を用いたγ線スペクトロメータ

a) シンチレーション検出器

検出器としては，NaI(Tl)，LaBr$_3$(Ce)，BGO（Bi$_4$Ge$_3$O$_{12}$：ゲルマニウム酸ビスマス）など無機系のシンチレータと有機系のプラスチックシンチレータがある．

シンチレータの性能を示す指標としてエネルギー分解能がある．エネルギー分解能は半値幅（Full Width at Half the Maximum:FWHM）で示し，シンチレーション検出器の場合は，ピーク最大計数値の 1/2 の計数を与える位置の広がり（エネルギーまたはチャンネル)とピーク位置(エネルギーまたはチャンネル)との比を百分率(%)で表す．解析対象エネルギーのカウントのほぼ 100 % が半値幅の 3 倍の領域に入る．

代表的なシンチレーション検出器の ^{137}Cs 662keV に対するエネルギー分解能を**表 14.2-2** に示す．エネルギー分解能は，シンチレータや光電子増倍管（またはフォトダイオード）の組合せに依存する．

表 14.2-2 シンチレーション検出器の分解能

検出器	相対発光強度	分解能
NaI(Tl)	1.00	6.5〜8.5 %
CsI(Tl)	0.45	5〜9 %
LaBr$_3$(Ce)	1.30	2.8〜4.0 %
BGO	0.12	11〜20 %

NaI(Tl)は，安定した性能が得られ，比較的安価であることなどから多用されており，食品測定用としては直径 2 インチ（1 インチ=25.4mm）×長さ 2 インチまたは直径 3 インチ×長さ 3 インチのものが用いられている．LaBr$_3$(Ce) は，NaI(Tl) よりも分解能が良いが，シンチレータ自身に含まれる ^{138}La の放射能によるスペクトルの変化に注意する必要がある．また，BGO の場合には温度変化に対する出力の変化に注意する必要がある．

プラスチックシンチレータは，低原子番号材料のためピーク形成の確率が小さく，エネルギー分析には向いていない．

b) 波高分析装置

波高分析装置には，検出器からの電圧パルスを電圧（エネルギー）ごとにデジタル信号に変えて（AD 変換）メモリする機能を持つ多重波高分析装置 MCA（Multi-Channel Analyzer）と，一定の電圧範囲に入るパルスを通過させる波高分析器 SCA（Single -Channel Analyzer）がある．シンチレーション式の γ 線分析では，512 チャンネルの MCA で 2 000 keV のエネルギー領域を効率的に測定することができる．

SCA は，計数装置（タイマ・スケーラ）との組合せで，単一核種の測定に使用される．安価であるため，多くの測定器を導入して大量の試料のスクリーニングを迅速に実施する場合などには効果的である．

c) 遮へい体

検出器を鉛などの金属で囲むとバックグラウンド計数率が下がるため，検出限界値を低くすることができる．食品測定用としては，2〜5 cm 程度の鉛を使用して，検出器および試料が入る大きさの専用遮へい体が使用される．

(2) Ge検出器を用いたガンマ線スペクトロメータ

a) Ge検出器

Ge 検出器は，液体窒素温度で冷却して使用する．液体窒素が規定量以下になることなどで，Ge 検出器の温度が使用範囲を越えた場合には，検出器に印加されている高圧を適切に落とす機能（シャットダウン回路）があるとよい．

Ge 検出器は，水試料も測定するため，上向きのものを使用する．

i) エネルギー範囲：50〜2 000 keV

対象とする核種のエネルギーなど，目的によって Ge 検出器の種類を選択することができる．

解析対象のエネルギー範囲が，50〜2 000 keV の場合には，p 型 Ge を選択する．

50 keV 以下の光子も測定する場合には n 型 Ge を選択する．n 型 Ge の入射面は，光子が吸収されにくい Be などの低原子番号の元素でできており，価格は p 型 Ge より 30 % 程度割高となる．

ii) 相対効率：15 % 以上

相対効率は，検出器表面から検出器軸上 25 cm の位置に点状の ^{60}Co を置いたときの検出効率と，同様にして測定した直径 3 インチ×長さ 3 インチの NaI(Tl) の検出効率との比の百分率で示される．相対効率 100 % の Ge 検出器は，3 インチの NaI(Tl)と同じ検出効率を持つ．

検出器の外径が 85 mm 以上の場合，マリネリ容器（容器の底に検出器が入る大きなくぼみがある構造のもの）が入らないので，予め確認しておく必要がある．

iii) エネルギー分解能：^{60}Co の 1 332 keV の γ 線に対して 2.0 keV 以下

Ge 検出器の分解能をカタログなどに掲載する場合には，^{60}Co のほか，^{57}Co の 122 keV などを併記するのが一般的である．Ge 検出器はエネルギー分解能が良く，1/10 幅（FWTM）は，FWHM の約 2 倍程度である．また，電気回路の湿気や電源ラインに混入した外部のノイズなどが分解能低下の要因となる．

b) 冷却装置
　i) 液体窒素冷却型

デュワ瓶に液体窒素を入れて使用するタイプで，30 L のデュワ瓶を使うものが多い．液体窒素は蒸発により1日1～2.5 kg 減少するため定期的に補充する必要があるが，停電の場合でも液体窒素がなくなるまでは検出器を冷却することができる．

　ii) 液体窒素循環型

基本的には，液体窒素冷却型である．このタイプは，電気冷却で液体窒素を冷やし蒸発を防ぐとともに気化した窒素をもとに戻し再利用することができ，1 年以上液体窒素の補充が不要である．ただし，電気冷却装置のフィルタ清掃・交換などは定期的に行う必要がある．

　iii) 電気冷却型

電気冷却で冷媒を冷やすため，液体窒素は不要で，液体窒素充填作業時のケガのリスクなどから開放される．ただし，停電時は検出器の冷却ができない．また，停電復帰後の冷却から測定開始までに数日を要する場合がある．

c) 多機能型波高分析装置

MCA のほか，Ge 検出器用の高圧，Ge 検出器からの信号（電圧パルス）増幅器を内蔵したものが使用され，各部の調整はコンピュータからも行えるようになっている．

また，Ge 検出器からの信号をデジタル処理 DSP（Digital Signal Processing）できるものもあり，信号の処理時間が短いため高計数率の測定に有効とされている．

MCA の性能としては，a) チャンネル数：4 096 チャンネル以上，b) 積分直線性：±0.025 %以下，c) 微分直線性：±1 %以下，d) 温度依存性（ドリフト）：0.01 %／℃のものを選択するとよい．

d) 遮へい体：検出器の周囲を厚さ10～15 cmの鉛で囲う

厚さ 10 cm の鉛では，1.5 MeV の γ 線の 99 %以上を遮へいする効果がある．遮へい体の内部は，汚染防止のためアクリル版（厚さ 2 mm 程度）などで内張りするとよい．

e) γ 線スペクトル解析ソフト（解析方法，核データなど）

γ 線スペクトルの解析では，ピーク検索，ピークエネルギーおよび検出効率の決定，ピーク正味計数率の計算，該当核種およびの γ 線放出率の決定，γ 線の自己吸収やサム効果の補正などがおこなわれ，該当核種の放射能が求められるため，これらが適切に行えることが重要である．このうち，サム効果は，1 回の壊変によって同時に複数の γ 線が放出される ^{134}Cs などの核種において，それらの γ 線が同時に検出される（サムコンシデンス）ことによって，本来のピーク計数が低くなってしまう現象をいう．

また，測定対象（対象とする施設など）によって検出される核種が異なるので，想定される核種について半減期，γ 線エネルギー，放出率などの核データを解析ソフトに登録しておくことも効率的な測定に役立つ．

14.2.5 空気中の放射能濃度の測定

空気中の放射性物質は，粒子，ガス，水蒸気の状態で存在する．原子力施設や放射線施設では必要に応じて放射性ダストモニタ，放射性ガスモニタ，放射性ヨウ素モニタなどが設置され，作業室内の空気や施設からの排気中の放射能濃度が監視されている．

空気中の放射能濃度の測定は，作業環境の管理や呼気の吸入量から内部被ばく線量を評価する場合に重要となる．

空気中の放射性物質の捕集は，その存在状態によってろ過捕集法，直接捕集法，固体捕集法，液体捕集法，冷却凝縮捕集法が用いられる[*10]．放射性セシウムはろ紙によるろ過捕集法で，放射性ヨウ素は活性炭による固体捕集法で，水蒸気中のトリチウム（^{3}H）はシリカゲルによる固体捕集法で採取される．捕集装置の例を図 14.2-9[*11)] に示す．図は放射性ヨウ素の捕集を目的に作られたものであるが，吸引部にガラス繊維フィルタなどのろ紙を装着することで粒子状の放射性物質を捕集することができる．

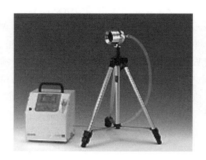

図 14.2-9 放射性ヨウ素サンプラ

種々の形態で存在する空気中の放射性核種の具体的な捕集法およびその放射能の測定法については，「作業環境測定ガイドブック2」[*10)] が参考となる．

空気中の放射能濃度を求めるには，捕集した空気の量を計測する必要がある．捕集装置には流量計がついたものを選択すると良い．また，採取開始，終了時刻を記録しておくと半減期の短い核種の評価に役立つ．

ろ紙や活性炭に捕集された放射能を核種ごとに測定する必要がある場合には，Ge 検出器などの γ 線スペクトロメータで測定する．原発事故の影響の確認など，状況によっては，端窓型のGM 計数管式サーベイメータやNaI(Tl)シンチレーション式サーベイメータが使用できることがある．

また，採取直後のろ紙をGM 計数管式サーベイメータなどで測定するとバックグラウンドよりも明らかに高い計数率を示すことがある．一般の環境においても天然の放射性同位元素であるUやThの崩変によって生じる放射性のRnガスの子孫核種（^{214}Bi，^{214}Pb，^{212}Bi，^{212}Pbなど）の影響を受けることがあるので，2～3 時間後に再度測定するとよい．Th系列の^{212}Bi，^{212}Pbが優勢な場合には3～6 時間放置する．

第14章. 放射線

14.2.6 個人線量の測定

個人の被ばく線量の測定には，線量を直読できる半導体式の電子式線量計とガラスのように読み取り装置が必要な積算線量計がある．

放射線業務に従事する作業者は関係法令で男子は胸に，女子は腹部に着けることになっている．線量計の着け方，着ける向きは線量計の取扱説明書にしたがう．胸部や腹部に着ける線量計を首から下げて使用すると小さめの評価（最大でも10％程度）となる．

電子式線量計は，電池駆動であり，スイッチを入れるとすぐに使うことができる．X線用，γ線用，中性子用，複数の線種の個人線量が同時に測定できるものがある．線量についてもmSv表示のものや0.1μSvからはかれるものなど多数あり目的に合わせて選ぶことができる．Si半導体検出器を用いた代表的な電子式個人線量計を図14.2-10[12]，[13]に示す．図に示す個人線量計は，線量率も表示することができる．

図 14.2-10 代表的な電子式個人線量計

積算線量計にはガラス線量計のほかにOSL（Optically Stimulated Luminescence：光刺激ルミネセンス）線量計，TLD（Thermo Luminescence Dosimeter：熱ルミネセンス線量計）などがある．線量計素子に蓄積された放射線量は，レーザー光の照射や加熱によって生じる発光を測定することによって読み取ることができる．読み取り装置が販売されている線量計もあるが，使用頻度が少ないようであれば個人線量測定機関のバッジサービス（個人線量計の貸出と線量評価）を利用することもできる．通常，線量の読み取りは10μSvから可能であるが，線量評価のサービスは0.1mSvからとなっている．代表的な個人線量計を図14.2-11に示す．

図 14.2-11 代表的な積算型の個人線量計
（左；ガラス線量計[14]，右：OSL線量計[15]）

14.3 放射線測定の信頼性確保

信頼性の高い放射線測定を行うには，次の点に留意する必要がある．

① 正確な値を示す測定器を使う．（測定器の校正，トレーサビリティの確保）
② 測定器の取扱方法，放射線・放射能の測定手順，測定器の維持管理方法などについて，決められた要領にしたがって測定などを行う．（適切な測定手順，マニュアルの整備）
③ 測定技術者の力量を確保するとともに測定方法・測定結果の妥当性確認を行う．（教育訓練，確認校正，測定精度管理用試料の測定）

14.3.1 測定器の校正

測定器の校正は，空間線量率や放射能濃度などの測定項目に応じて，国家標準とトレーサビリティのとれた線源を用いてJISなどの適切な手法に従い校正を行う必要がある．線源の使用にあたっては，放射能の量などによって法的な規制があるため，必要に応じて校正機関や測定器製造メーカーに校正を依頼するとよい．

(1) 空間線量率測定用サーベイメータの校正定数

線量率サーベイメータなどの実用測定器の校正は，トレーサビリティの取れた校正場で，JIS Z 4511「照射線量測定器,空気カーマ測定器,空気吸収線量測定器および線量当量測定器の校正方法」によって行われる．校正用の線源としては，通常，^{137}Csの662 keVのγ線が用いられる．

JIS Z 4511に示されている照射装置を用いた校正は，線量率が高く，関係法令により使用許可が必要なため，放射線測定器を大量に所有する事業者や校正機関などで行われている．

$1\mu Sv\cdot h^{-1}$程度の弱い線量率でも自前で校正したいという場合には，線源から1mの距離での照射線量率（$C\cdot kg^{-1}\cdot h^{-1}$）が値付けされているJCSS校正証明書付きの照射線量率基準γ線源（表示付認証機器：使用届が必要）が利用できる．ただし，JIS Z 4511に準拠した校正を行う場合，最低でも奥行き6m×幅4m×高さ3.2mの広さの部屋が必要となる．さらに，線源と検出器の実効中心との距離（校正距離）は0.5〜2.0mの範囲とされ，原則として床から線源の高さは1.2m以上，校正距離（線量率）を変える際も距離の逆二乗則が適用できる範囲を基準値±5％以内としている．なお，校正証明書に記された線量率は，散乱線のない値であるため，サーベイメータの校正時には散乱線の影響を考慮する必要がある．

校正手順は，以上のことを考慮して，線源とサーベイメータとを校正位置に固定した後，時定数を30秒にセットする．時定数の3倍以上の時間が経過した後，10秒間隔で20回表示値を読み取り，平均値を算出する．次に，線源を取り除いたときのバックグラウンドを線源と同様にして測定し，次式により校正定数Kを算出する．

$$K = Q \cdot 10^6 \cdot 33.97 \cdot 1.20/(m-m_b)/r^2 \qquad (14.3\text{-}1)$$

ここで，
- K ： 校正定数
- Q ： 校正証明書に記載されている照射線量率（$C\cdot kg^{-1}\cdot h^{-1}$）
- m ： 標準線源の平均表示値（$\mu Sv\cdot h^{-1}$）
- m_b ： バックグラウンドの平均表示値（$\mu Sv\cdot h^{-1}$）

r ：校正距離（m）
　　33.97 ：W値（J・C^{-1}）
　　1.20 ：662 keVのγ線に対する空気カーマから1 cm線量当量への換算係数

　また，JIS Z 4511では，同じ形式の測定器が複数台ある場合，基準校正された測定器を実用基準器として他の測定器を比較校正することを実用校正として認めている．この場合，用いる線源は実用基準測定器を校正した核種（^{137}Cs）と同じである必要があるが，線量率は値づけられてなくてもよい．

(2) 表面汚染密度測定用サーベイメータの機器効率

　表面汚染密度測定用サーベイメータの校正は，JIS Z 4334「放射性表面汚染モニタ校正用線源」に規定された放射線粒子表面放出率標準線源[*8]を用い，原則として表面汚染密度の評価方法（直接法，間接法）ごとにJIS Z 4504「放射性表面汚染の測定方法」に示された方法によって行う．使用する線源は，一般に，β線については^{36}Cl，α線については^{241}Amが用いられる．

　直接測定法に用いるサーベイメータの場合の機器効率は，検出器の入射窓面積より大きな表面放出率標準線源を用いて，線源表面と検出器の窓面との距離を5 mmに固定する．時定数を30秒にセットし，時定数の3倍以上の時間が経過した後，10秒間隔で20回表示値を読み取り，平均値を算出する．次に，線源を取り除いたときのバックグラウンドを線源と同様にして測定する．

　機器効率εは，次式により求める．

$$\varepsilon = (n-n_b)/(E_{sc} \cdot W) \tag{14.3-2}$$

ここで，
　　ε ：機器効率
　　n ：標準線源による全計数率(s^{-1})
　　n_b ：バックグラウンド計数率(s^{-1})
　　W ：検出器の有効窓面積(cm^2)
　　E_{sc} ：標準線源の単位面積あたりの表面放出率(s^{-1}・cm^{-2})

　この場合の校正距離を5 mmとしたのは，検出器の汚染防止，並びに使用するサーベイメータの製品規格であるJIS Z 4329「放射性表面汚染サーベイメータ」で，その性能要件としての機器効率を，特に指定がない場合には校正距離として5 mmあけるとの記述があるためである．

(3) 放射能濃度測定用γ線スペクトロメータの検出効率

　Ge検出器やNaI(Tl)検出器を用いたγ線スペクトロメータによる放射能濃度の測定においては，検出器毎に測定形状の異なる測定容器すべてについて，測定形状と同形状のγ放射能標準体積線源を用いて検出効率を測定しなければならない．Ge検出器では，検出効率をエネルギーに対する関数として数式化し，解析ソフトに登録する．NaI(Tl)などのシンチレーション式ではピーク領域＝解析対象領域とは限らないので，解析エネルギー領域に対応した放射能換算係数(Bq/s^{-1})を求めるのが一般的である．

　Ge検出器の場合には，自己吸収やサム効果によって正しい評価が行われない．このため，文科省マニュアルに準拠したγ線スペクトル解析ソフトでは，これらの補正を自動的に行える選択肢を備えている．体積線源の検出効率登録時および試料の放射能評価時には，これらの補正機能の選択を間違えないよう注意する必要がある．

　Ge検出器のピーク検出効率は，試料を測定するときと同じ位置に標準体積線源（^{57}Co，^{51}Cr，^{137}Cs，^{88}Y，^{60}Coなどを含む）を置き，解析対象となるピークの計数値が10 000カウント以上になる時間測定し，そのピークの正味計数率を求め，次式により，当該エネルギーに対する検出効率E_γを算出する．エネルギー毎に求めた検出効率は，γ線スペクトル解析ソフトを介して適切な適合関数を求め，解析ソフトに登録しておく．

$$E_\gamma = n_s/(A \cdot I_\gamma \cdot T) \tag{14.3-3}$$

ここで，
　　E_γ ：解析対象γ線エネルギーに対する検出効率
　　n_s ：解析対象ピークの正味計数率(s^{-1})
　　A ：解析対象核種の放射能(Bq)
　　I_γ ：解析対象核種の当該γ線の放出率
　　T ：標準体積線源の測定時間(s)

　一方，シンチレーション検出器の放射能換算係数の場合は，試料を測定するときと同じ位置に標準体積線源（^{134}Cs，^{137}Csなどの単一核種または複合核種を含む）を置き，解析エネルギー領域の計数値が10 000カウント以上になる時間測定し，その領域の計数率を求める．次に，線源を取り除いたときのバックグラウンドを線源と同様にして測定し解析エネルギー領域の計数率を求め，次式により放射能換算係数を算出する．

$$F = A/(n-n_b) \tag{14.3-4}$$

ここで，
　　F ：放射能換算係数(Bq/s^{-1})
　　A ：解析対象核種の放射能(Bq)
　　n ：標準体積線源の解析エネルギー領域の全計数率(s^{-1})
　　n_b：バックグラウンドスペクトルにおける解析エネルギー領域の全計数率(s^{-1})

(4) 個人線量

　電子式個人線量計の校正は，JIS Z 4331「個人線量計校正用ファントム」に規定されたファントムの中央に個人線量計をはりつけた状態で，照射装置からのトレーサビリティが確保されたγ線を一定時間照射（通常は^{137}Csのγ線で1 mSv）し，照射した線量と個人線量計の読み値から，次式により校正定数Kpを求める．

　なお，γ線用のファントムは，縦30 cm×横30 cm×厚

さ15 cmのアクリル製の容器に水を充満させたものなどが用いられる.

$$Kp = Hp/Dp \tag{14.3-5}$$

ここで,
- Kp : 電子式個人線量計の校正定数
- Hp : 個人の基準1cm線量当量(mSv)
- Dp : 電子式個人線量計の表示値(mSv)

電子式個人線量計の校正では,照射する線量が高いため,校正機関や測定器メーカーに校正を依頼するとよい.

積算型の個人線量計の校正では,線量計と読み取り装置を一体のものとして線量計の照射,読み取りを行うことになる.読み取り装置は,X線,β線,γ線に対する線量評価ができるように複雑なアルゴリズムが採用されており,個人線量測定機関が独自に校正手法を確立している.

14.3.2 トレーサビリティ

一般的なトレーサビリティとは,問題が発生したとき,物品の流通経路を生産段階から最終消費段階あるいは廃棄段階まで追跡すると問題の発生源まで辿ることが可能な状態またはしくみをいう.一方,放射線の量や放射能の量を正しく測ることを目的とする「計量・計測のトレーサビリティ」は,上位の計量標準と不確かさを付した比較を繰り返すことによって,その結果が国家標準と繋がりをもつことをいう.

また,不確かさという考え方は,測定には"測定のばらつき"がつきもので,真の値はある確率でその"ばらつき"のなかに存在するというものである.そのばらつきの範囲は,統計学的な手法を用いて不確かさとして表現される.真の値は"神のみぞ知るもの"であるが,長さや質量なども含めて計量の標準はメートル条約に基づく機関[*16)]によって合意された量が供給されている.特に,放射線計測においては,長さや質量などに比べて測定の不確かさが大きいため,トレーサビリティの確保は重要である.放射線・放射能に係るトレーサビリティの体系を図14.3-1に示す.

空間線量率・個人線量,表面汚染密度,放射能濃度に関連する国家標準は独立行政法人産業技術総合研究所によって供給されており,さらに,計量法に基づき登録された校正事業者を通じてトレーサビリティが確保された(不確かさ付き)標準が供給されている.国内では,公益社団法人日本アイソトープ協会が校正などに必要な各種の放射線源を頒布している.なお,海外の国際相互承認された校正機関が発行した校正証明書も同等に扱われる.

14.3.3 測定精度の管理

測定結果の信頼性を確保するためには,定期的な校正のほか,校正結果(校正定数,検出効率など)が継続して使用できるか,機器の動作に異常がないかなど,日常の管理も重要である.

(1) 空間線量率測定および表面汚染密度測定用のサーベイメータ

検出器や電気回路の劣化などにより正しい値を示さなくなることがあるため,少なくとも1年に1回は点検・校正をおこなう.次回の校正までの間は,定期的(使用頻度などによって,週ごと,月ごと,四半期ごと)にチェック線源などをいつも同じ位置におき,指示値が一定の範囲に入ることを確認する.

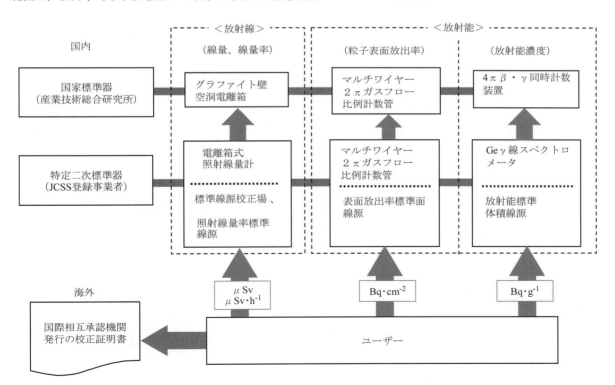

図 14.3-1 放射線・放射能に係るトレーサビリティの体系

使用前には，電池残量，高圧印加状態をインジケータなどで確認するほか，バックグラウンドの指示値，ケーブル・コネクタ・スイッチ・表示パネルに異常がないことを確認する．

(2) 食品中の放射能測定用γ線スペクトロメータ
a) 点検・校正と日常点検

検出器や電気回路の異常などにより検出効率が変化することがあるため，少なくとも1年に1回は点検・校正を行う．Ge検出器の場合，^{60}Coによる相対効率やエネルギー分解能関数に変化がないことを確認することも重要な点検項目である．また，次回の校正までの間は，定期的（使用頻度などによって，週ごと，月ごと，四半期ごと）にチェック線源（点線源でも体積線源でもよい）をいつも同じ位置におき，計数率が一定の範囲（放射能の減衰を考慮する）に入ることを確認する．

使用前には，チェック線源などで，ピーク位置がズレていないこと，ノイズの混入やカウントの欠落がないことを確認する．また，定期的に（毎晩，毎週など）長時間のバックグラウンドを測定し，放射能測定の障害となる汚染がないことを確認する．

b) 測定法の妥当性確認

γ線スペクトロメトリによる放射能測定では，ピーク検索から核種判定・放射能濃度計算までのながれが複雑であることなどから測定結果に誤差を生じさせる多くの要因が存在する．

化学分析の分野では，濃度既知の標準試料を通常の手順で分析し，その結果が不確かさの範囲内で一致することを確認することによって一連の分析手順の妥当性確認を行っている．これと同様に，トレーサビリティが明確で，目的に合致した放射能標準試料を定期的に測定し，測定法の妥当性確認を行うことで，測定精度の管理が確実なものとなる．

14.4 原子力発電所の事故に関連して

2011年3月11日に発生した東北地方太平洋沖地震に伴う東京電力福島第一原子力発電所の事故（以下，「原発事故」という．）において大量に放出された気体状（ガス状あるいは粒子状）の放射性物質[17]は，風に乗って拡散し，広大な地域が汚染された．特に，大気中に放射性物質が存在している状況で降雨があった場所の汚染度は高い．また，気体状の放射性物質は，密閉性の低い建家にも進入し，室内を汚染させた．

14.4.1 日本国の処置

原発事故の発生を受けて，2011年3月12日に原子力災害特別措置法第16条の規定に基づき「原子力災害対策本部」が設置され，緊急事態応急対策として，福島県内を中心に放射線量の測定，食品の摂取制限および出荷制限などが実施された．

その後，除染作業などにより汚染の状況が安定してきたことなどに伴い，厚生労働省は，より一層の食品の安全と安心を確保するため，食品衛生法第11条第1項に基づき，食品中の放射性物質の規格基準を定め[18]，2012年4月1日に施行した．この基準値は，食品の摂取によって受ける年間の線量が1mSvを超えないように設定された値で，食品の区分ごとに表14.4-1のような放射能濃度（主に放射性セシウムが対象）となっている．

表14.4-1 食品中の放射性物質の基準値

食品群	基準値($Bq \cdot kg^{-1}$)
飲料水	10
牛乳	50
一般食品	100
乳児用食品	50

14.4.2 海外の処置

日本から輸出される農水産品，鉱工業品および輸送（船舶・航空機など）については，事故発生直後から多くの国で輸入禁止，輸入制限，放射線量検査・放射性物質検査証明書添付の義務づけおよび輸入国での検査などの措置がとられた．

日本からの輸出品に対する諸外国の規制の状況については，外務省が在外公館などを通じて調査した結果をホームページで公開した[19]．特に，福島県およびその近隣県から輸出される食品・農産品については，長期に渡り多くの国で輸入停止となった．

放射線量検査や放射性物質検査証明書の発行については，鉱工業製品については経済産業省が，農水産品については農林水産省が，輸出貨物（船舶，航空機を含む）については国土交通省が地方自治体および関係機関と協力して対応した．

独立行政法人日本貿易振興機構（JETRO）では，各国の輸入規制の状況，各省庁の対応および測定機関などの有用な情報をとりまとめ，ホームページに掲載（特集：東日本大震災の国際ビジネスへの影響）[20]した．それによれば，原発事故発生直後の各国の輸入貨物・海上コンテナに対する規制値は，規制がきびしい国で，表面のγ線量率が$0.2\mu Sv \cdot h^{-1}$以下（バックグラウンドを含む），β(γ)表面汚染密度で$0.4 Bq \cdot cm^{-2}$以下となっている．

14.4.3 国内の放射線測定機関など

JETROのホームページでは，民間と地方自治体などの検査機関をそれぞれ，「国内の放射線検査機関（全国対応）について」[21]，「国内の放射線検査機関（地方自治体などによる対応）について」[22]というページで紹介した．

厚生労働省のホームページでは，東日本大震災関連情報の食品中の放射性物質への対応というページで「食品中の放射性物質に関する検査を実施することが可能である登録検査機関（2014年1月17日現在）」[23]を紹介した．

また，ISO/IEC17025に基づく認定試験所については，公益財団法人日本適合性認定協会（JAB）がホームページの

第14章. 放射線

「認定された試験所」[24]というページで紹介しており，キーワード：M24を入力すると検索することができる．これらの認定試験所は，輸出先国などから優良試験所規範（good laboratory practice : GLP）の状況を求められた場合の明確な証明になる．

一方，放射線・放射能の校正機関については，独立行政法人製品評価技術基盤機構（NITE）がISO/IEC17025に基づく校正事業者をホームページで紹介しており，「JCSS区分別登録事業者検索」[25]というページで区分などを選択すると検索することができる．

引用文献

1) 「原子力・エネルギー」図面集2013，日本原子力文化振興財団，(2013)．

参考文献

[1) 日本アイソトープ協会訳：ICRP Publication 103，国際放射線防護委員会の2007年勧告，(2009)．
[2) 放射線医学総合研究所訳：放射線の線源と影響-原子放射線の影響に関する国連科学委員会 UNSCEAR 2008年報告書（日本語版），第1巻 線源，(2012)．
[3) 日本アイソトープ協会訳：ICRP Publication 60，国際放射線防護委員会の1990年勧告，(1991)．
[4) 本多哲太郎：「計測技術」，Vol.40，No.10，pp.6-18，日本工業出版，東京 (2012)．
[5) http://www.hitachi-aloka.co.jp/products/data/radiation-002-TCS-171172 (2014)．
[6) JIS Z 4333 X線およびγ線用線量当量率サーベイメータ
[7) JIS Z 4504 放射性表面汚染の測定方法－β線放出核種（最大エネルギー0.15MeV 以上）およびα線放出核種
[8) JIS Z 4334 放射性表面汚染モニタ校正用線源－β線放出核種（最大エネルギー0.15MeV 以上）およびα線放出核種
[9) http://www.kankyo-hoshano.go.jp/series/lib/No7.pdf (2014)．
[10) 作業環境測定ガイドブック 2 電離放射線関係，日本作業環境測定協会，東京 (2012)．
[11) http://www.sibata.co.jp/pickup/pickup_yoso.html (2014)．
[12) http://www.hitachi-aloka.co.jp/products/radiation/h-k.html (2014)．
[13) http://www.fujielectric.co.jp/products/radiation/servy/catalog/DOSE_I.pdf (2014)．
[14) http://www.c-technol.co.jp/cms/wp-content/uploads/2014/04/441fbn.pdf (2014)．
[15) http://www.nagase-landauer.co.jp/quixel/pdf/QuIxelBadgeServiceCatalogue.pdf (2014)．
[16) 独立行政法人産業技術総合研究所計量標準総合センター，「メートル条約に基づく組織と活動のあらまし」(2009)．
[17) 経済産業省：「国際原子力機関に対する日本国政府の追加報告書-東京電力福島原子力発電所の事故について-（第2報）」，pp. II 365- II 370，原子力災害対策本部，東京 (2012)．
[18) 厚生労働省：「乳および乳製品の成分規格などに関する省令の一部を改正する省令，乳および乳製品の成分規格などに関する省令別表の二の（一）の（1）の規定に基づき厚生労働大臣が定める放射性物質を定める件および食品，添加物などの規格基準の一部を改正する件について」（平成24年3月15日 食品安全部長通知）．
[19) http://www.mofa.go.jp/mofaj/saigai/anzen.html (2014)．
[20) http://www.jetro.go.jp/world/shinsai/ (2014)．
[21) http://www.jetro.go.jp/world/shinsai/20110318_11.html (2014)．
[22) http://www.jetro.go.jp/world/shinsai/20110427_02.html (2014)．
[23) http://www.mhlw.go.jp/shinsai_jouhou/dl/shokuhin_kensa.pdf (2014)．
[24) http://www.jab.or.jp/system/service/testinglaboratories/accreditation/ (2014)．
[25) http://www.iajapan.nite.go.jp/jcss/lab/index.html (2014)．

(本多 哲太郎)

第15章. 質量

15.1 質量

15.1.1 質量の定義とトレーサビリティ

「質量」と「重さ」または「重量」はしばしば混同される．多くの人にとってもっとも関心のある質量は，自身の体重ではないかと思われるが，その言葉にも「重」が使われているくらいで，「重さ」の方が馴染みがあるのではないだろうか．しかしながらこれらは似て非なる量である．

何が違うのか？地球から月に持っていくと6分の1になるのが「重さ」であり，月に持っていこうが宇宙のどこに持っていっても変わらないものが「質量」である．

体重計やはかりは，物体に働く重力を測定する機器である．地球と月ほどの違いはないにしても，例えば沖縄における重力加速度は北海道のそれにくらべて約0.2 %小さい．北海道で100.0 kgを表示した体重計は沖縄に持っていくと，体重は変わらなくても表示は99.8 kgになるのである．

このような事情から，質量の測定を行うためには質量の基準となる分銅との比較が必須になる．質量の計測器が「質量計」ではなく「天秤」と呼ばれるのにはこのような理由があるのである．

質量の単位は「kg（キログラム）」であり，「国際キログラム原器の質量」と定義されている．

国際キログラム原器は直径と高さが約 39 mm の円柱であり，1889 年に製作された．現在もパリにある国際度量衡局で厳重に保管されている．時を同じくして 40 個の複製が作られ，メートル条約に加盟する各国に配られた．我が国には No. 6 の複製が配布され，これが日本国キログラム原器となっている．

図 15.1-1 日本国キログラム原器（No. 6）

日本国キログラム原器は茨城県つくば市にある産業技術総合研究所に保管されており，副原器とともに群管理されている．

図 **15.1-2** に，国際キログラム原器を起点とした，我が国における質量のトレーサビリティ体系図を示す．

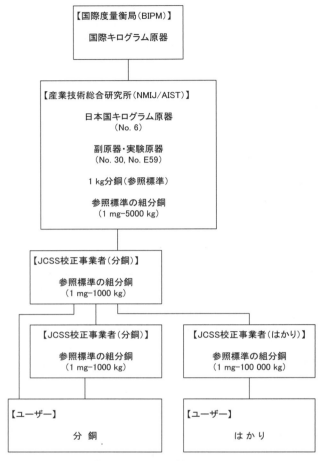

図 15.1-2 我が国における質量のトレーサビリティ体系図

参照標準である 1 kg のステンレス分銅は，これらの原器を基準として真空中で質量比較を行い値付けをする．この 1 kg 分銅との比較および分量・倍量により，1 mg から 5000 kg までの組分銅の値付けが行われ，これが計測器メーカや校正事業者の分銅を校正する際の基準となっている．

15.1.2 分銅
(1) 分銅の種類

分銅の形状は様々であるが，代表的なものに円筒型分銅，円盤型分銅，枕型分銅，板状分銅などがある．1 g〜5 kg の範囲では円筒型分銅が最も一般的であるが，複数の分銅を積み重ねる時などに円盤型分銅を併用することがある．また 1 kg 以上の質量では取り扱いやすい枕型分銅も使われる．一方，1 g 以下の質量では多角形の板上分銅または線状分銅が用いられる．

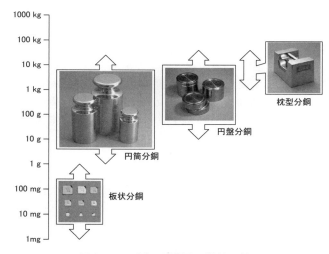

図 15.1-3 分銅の種類と質量の範囲

(2) 分銅の規格

我が国には基準分銅，実用基準分銅などの計量法上の分類があるが，これらは取引に用いる特定計量器の検定や検査のために使用するものであり，ここでは解説しない．

国際規格としては国際法定計量機関（OIML）の勧告に基づく OIML 分銅があり，OIML R 111-1[*1] によって定められる．我が国の分銅の JIS 規格[*2] もこれに準拠している．

表 15.1-1 OIML 分銅の精度等級と最大許容誤差
（単位：mg）

精度等級	E_1級	E_2級	F_1級	F_2級	M_1級	M_2級	M_3級
20kg	10	30	100	300	1000	3000	10000
10kg	5	16	50	160	500	1600	5000
5kg	2.5	8	25	80	250	800	2500
2kg	1	3	10	30	100	300	1000
1kg	0.5	1.6	5	16	50	160	500
500g	0.25	0.8	2.5	8	25	80	250
200g	0.1	0.3	1	3	10	30	100
100g	0.05	0.16	0.5	1.6	5	16	50
50g	0.03	0.1	0.3	1	3	10	30
20g	0.025	0.08	0.25	0.8	2.5	8	25
10g	0.02	0.06	0.2	0.6	2	6	20
5g	0.016	0.05	0.16	0.5	1.6	5	16
2g	0.012	0.04	0.12	0.4	1.2	4	12
1g	0.01	0.03	0.1	0.3	1	3	10
500mg	0.008	0.025	0.08	0.25	0.8	2.5	
200mg	0.006	0.02	0.06	0.2	0.6	2	
100mg	0.005	0.016	0.05	0.16	0.5	1.6	
50mg	0.004	0.012	0.04	0.12	0.4		
20mg	0.003	0.01	0.03	0.1	0.3		
10mg	0.003	0.008	0.025	0.08	0.25		
5mg	0.003	0.006	0.02	0.06	0.2		
2mg	0.003	0.006	0.02	0.06	0.2		
1mg	0.003	0.006	0.02	0.06	0.2		

OIML 規格では分銅に最大許容誤差を設け，その大きさによっていくつかの精度等級に分類している．**表 15.1-1** に OIML 分銅の精度等級と最大許容誤差を示す．

(3) 公称値，協定質量および不確かさ

100 g 分銅の「100 g」は，実は 2 つの意味で「真の質量」とは異なる．まず，「100 g」は公称値であり，分銅ごとに最大許容誤差の範囲内でばらつきがある．次に，仮にそれが 100 g ちょうどであるとしても，それは真の質量ではなく協定質量と呼ばれる値である．この場合，理想的な条件下でその分銅と釣り合う参照分銅の真の質量が 100 g なのである．

協定質量は，「20℃の温度で 1.2 kg·m^{-3} の密度の空気中において被校正分銅と釣り合う密度が 8000 kg·m^{-3} の参照分銅の質量」と定義される．

このように難解な定義の協定質量をなぜ用いるかというと，ほとんどの場合，分銅の質量比較は空気中で行われるためである．

空気中では分銅に浮力が働く．その大きさは 100 g のステンレス分銅の場合，約 0.015 g と意外に大きい．この空気浮力を正確に補正しようとすると，分銅の体積，熱膨張率，空気の密度もしくは気温・大気圧・湿度などを測定する必要があり，分銅の校正に多大な時間と手間がかかってしまう．

協定質量を用いる場合，20℃，空気密度 1.2 kg·m^{-3} の条件で比較を行う限り，分銅の体積を考慮する必要はない．例えば下の図のように，真の質量が 100 g で密度 8000 kg·m^{-3} の参照分銅を基準とし，これと釣り合うガラス製の分銅の協定質量を測定した結果が 100 g とする．

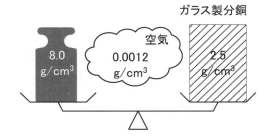

図 15.1-4 真の質量と協定質量の関係

この場合，ガラス製の分銅の真の質量は 100.033 g であるが，協定質量 100 g の分銅として機能する．このガラス分銅と釣り合う分銅の協定質量も 100 g と求められる．このように，分銅の体積の違いによる浮力の影響を心配せずに，分銅相互の比較が可能な点が協定質量を用いる利点である．

このように協定質量で表すことで，密度にばらつきがあ

る分銅を使って質量のトレーサビリティが確保できる．実際には，比較時の空気密度の条件や温度を 1.2 kg·m⁻³，20℃ぴったりに合わせることは難しいので，測定条件や分銅の密度の範囲を精度等級ごとに定めることで，最大許容誤差を超えないように管理している．

空気密度が 1.2 kg·m⁻³ から10%以上ずれる場合や，より正確な真の質量が必要な場合には以下の式により協定質量から真の質量を求めることができる．

$$m\left(1-\frac{\rho_a}{\rho}\right) = m_c\left(1-\frac{\rho_a}{\rho_{ref}}\right) \quad (15.1\text{-}1)$$

$$\rho_a = 1.2 \text{ kg/m}^3 \quad (15.1\text{-}2)$$

$$\rho_{ref} = 8000 \text{ kg/m}^3 \quad (15.1\text{-}3)$$

記号 m および m_c はそれぞれ真の質量および協定質量，ρ は分銅の密度である．ρ_a および ρ_{ref} は空気およびステンレスの基準となる密度である．

表 15.1-1 にまとめた分銅の最大許容誤差は，分銅の協定質量の正確さを表すひとつの指標であるが，不確かさとは異なる．

E_1 級および E_2 級の分銅には，校正証明書が添付される（F 級以降の分銅も，分銅メーカーなどに校正を依頼すれば校正証明書を入手することができる）．

校正証明書には，分銅の協定質量と不確かさが記載される．例えば 100 g の E_2 級分銅の校正証明書には，協定質量（例：100.000 065 g，100 g + 0.065 mg など）および拡張不確かさ（例：0.045 mg）が書かれている．

分銅の公称値（$m_0 = 100$ g），協定質量（$m_c = 100.000\ 065$ g），拡張不確かさ（$U = 0.045$ mg）および最大許容誤差（$\delta m = 0.16$ mg）の間には次のような関係がある．

$$U \leq \delta m / 3 \quad (15.1\text{-}4)$$

$$m_0 - (\delta m - U) \leq m_c \leq m_0 + (\delta m - U) \quad (15.1\text{-}5)$$

このように協定質量および不確かさが明示されている E 級分銅は，公称値と協定質量値の偏差を考慮して使用する必要がある．

F 級以降の校正証明書がない分銅の場合，その不確かさの取り扱いについて特に取り決めはない．この場合，その分銅の最大許容誤差を矩形分布として取り扱うことが適当であろう．

例えば，100 g の F_1 級分銅の場合，最大許容誤差は 0.5 mg であるから，これを矩形分布とみなし，

$$(0.5/\sqrt{3}) \text{mg} = 0.29 \text{ mg} \quad (15.1\text{-}6)$$

を標準不確かさとするのが適当である．拡張不確かさ付きで記述する場合は例えば (100.000 00 ± 0.000 29) g や 100.000 00(29) g のようになる．

(4) 分銅の取り扱い

分銅は傷や汚れ，錆びの付着などで質量が変わってしまうのを避けるため丁寧に扱う必要がある．分銅に直接触れないよう，図 15.1-5 のようなピンセットやフォークを使う．これらが使えない場合も直接手で触れるのは避け，清浄な手袋を使用するようにしたい．さらに，E_1 級の分銅を取り扱う場合は，飛沫が付かないようマスクを着用したほうが良いだろう．

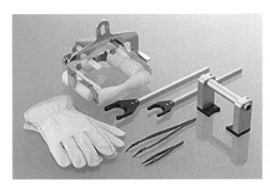

図 15.1-5　分銅取扱時に推奨される
ナイロン手袋，フォーク，ピンセットなど

15.1.3　電子天秤
(1) 電子天秤の種類

最近では，理科の授業で使ったような上皿天秤はあまり見かけなくなり，ほとんどの質量測定は電子天秤を用いて行われるようになっている．本書でも電子天秤のみを取り扱う．

表 15.1-2 のように，精度によって呼び方は異なるが，本書では電子天秤と総称する．いずれも荷重の大きさを電流や周波数として検出し質量の読みに変換しており，原理的には共通である．

表 15.1-2　電子天秤の呼称と精度

最小表示/最大秤量	呼称の例	付属機能
1 %	体重計，クッキングスケール	
0.1 %	デジタルはかり	
0.01 %	電子天秤	内蔵分銅
10^{-6}	分析天秤	風防，イオナイザ，内蔵分銅
10^{-8}	マスコンパレータ	風防（必須）

測定原理は大別してロードセル式，音叉式，および電磁式がある．ロードセル式の場合，秤量皿にかかる力によって変形する金属ブロックの変形量を歪みゲージの抵抗変化として検出する．音叉式はこの変形量を音叉式力センサによって検出する．電磁式の場合も，同じような構造の金属ブロックを使用するが，変位センサによって変形量がゼロになるようにコイルに印加する電流にフィードバックし，

釣り合った時の電流値から質量を求める．構造は複雑になるが，他のロードセル式，音叉式と比較して直線性に優れており，高精度な測定を必要とする電子天秤に向いている．測定精度に違いはあるものの，電子天秤の使用方法は同じであり，測定者が違いを知っておく必要はない．

a) 風防

より高精度な測定を行う場合，被測定物のまわりの空気の流れが質量測定に与える影響が無視できなくなるため，風防が必要となる．高性能な電子天秤には風防が付属しており，高機能な製品ではボタン操作・ジェスチャ操作（非接触）での風防の開閉ができるようになっている．

b) 内蔵分銅

測定場所の重力加速度の違いや，測定機構の経時変化を補償するため，電子天秤は頻繁に標準分銅を用いて校正する必要がある．これを省力化するために，製品内に校正用分銅を内蔵し自動校正を行ってくれる電子天秤もある．

c) イオナイザ（徐電器）

静電気が帯電したものを秤量する場合，mg オーダーの誤差を生じる場合がある．測定環境の湿度を上げることで解決する場合もあるが，そうでないときはイオナイザ（徐電器）を使用することで解決する場合がある．イオナイザを内蔵した電子天秤も製品化されている．

(2) 電子天秤の取り扱い方

デジタル表示の電子天秤では，一番小さい桁まで正確に質量を表示していると思いがちである．しかしながら実際には様々な誤差要因を含む可能性があるので注意が必要である．

図 **15.1-6** に電子天秤の測定原理を示す．電子天秤は測定物に働く重力を電気的に測定するが，測定物には空気浮力も働いている．また，磁場や静電気の力を受けることもあるので注意が必要である．地域ごとの重力加速度の差や，電子天秤のドリフトがあるため，要求する不確かさが概ね 0.2 % よりも小さい場合は，必ず電子天秤を校正して使う必要がある．

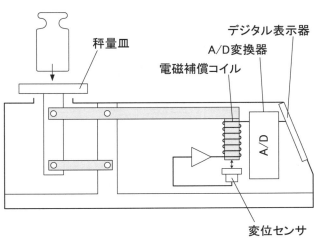

図 15.1-6 電子天秤の構造の例（電磁補償タイプ）

(3) 質量測定の実例

実例として，約 118 g のプラスチックの質量を測定する場合を考える．

測定は温度の安定した環境で行う．温度・湿度は，OIML または JIS の付属書 C に記載の，分銅校正における環境条件(**表 15.1.-3**)を参考にするといいだろう．

表 15.1-3 分銅校正時の環境条件
（JIS B 7609:2008 付属書 C）

精度等級	校正中の温度変化	相対湿度の範囲
E_1	12 時間当たり最大±0.5 ℃で，時間当たり±0.3 ℃	4 時間当たり最大±5 %で 40~60 %
E_2	12 時間当たり最大±1 ℃で，時間当たり±0.7 ℃	4 時間当たり最大±10 %で 40~60 %
F_1	12 時間当たり最大±2 ℃で，時間当たり±1.5 ℃	4 時間当たり最大±15 %で 40~60 %
F_2	12 時間当たり最大±3.5 ℃で，時間当たり±2 ℃	
M_1	12 時間当たり最大±5 ℃で，時間当たり±3 ℃	

電子天秤は電源を入れた直後はドリフトするので，充分な時間が経ってから測定を始める．

参照分銅として，必要な測定精度よりも良い分銅が必要である．今回は E_2 級の 100 g，20 g 分銅を用意する．分銅の温度安定のため，天秤の風防内に一定時間，分銅を置いておく．安定時間については**表 15.1-4** が参考になる．

表 15.1-4 質量測定前の温度安定時間の目安(その 1)
（JIS B 7609:2008 表 B.2 より抜粋）

精度等級			E_1	E_2	F_1	F_2
±20 ℃						
100	-	500 kg	-	70	33	4
10	-	50 kg	45	27	12	3
1	-	5 kg	18	12	6	2
100	-	500 g	8	5	3	1
10	-	50 g	2	2	1	1
10	未満		1	1	1	0.5
±5 ℃						
100	-	500 kg		40	2	1
10	-	50 kg	36	18	4	1
1	-	5 kg	15	8	3	1
100	-	500 g	6	4	2	0.5
10	-	50 g	2	1	1	0.5
10 g	未満		0.5	0.5	0.5	0.5

単位：時間

表 15.1-4 質量測定前の温度安定時間の目安(その 2)
(JIS B 7609:2008 表 B.2 より抜粋)

精度等級			E_1	E_2	F_1	F_2
±2 ℃						
100	-	500 kg		16	1	0.5
10	-	50 kg	27	10	1	0.5
1	-	5 kg	12	5	1	0.5
100	-	500 g	5	3	1	1
100	未満		2	1	1	1
±0.5 ℃						
100	-	500 kg		1	0.5	0.5
10	-	50 kg	11	1	0.5	0.5
1	-	5 kg	7	1	0.5	0.5
100	-	500 g	3	1	0.5	0.5
100 g	未満		1	0.5	0.5	0.5

単位：時間

測定ではまず，電子天秤の風袋ボタンを押し，0 g を表示させる．

次に 100 g 分銅と 20 g 分銅を秤量皿の中央に載せ，風防を閉める．天秤の表示値が安定したら，それを記録する．

風防を開いて分銅を取り出し，測定物を秤量皿に載せる．風防を閉め，表示値が安定したらそれを記録する．

続いて，再び 100 g 分銅と 20 g 分銅を秤量する．

以上のように，A を参照分銅，B を測定物とすると A1→B→A2 の手順で測定する ABA 法，A1→B1→B2→A2 の手順で測定する ABBA 法があり，どちらを用いても良い．

測定結果から分銅と測定物の質量値の差を求める．天秤の表示値を X とすると，

ABA 法：
$$\Delta X = \frac{(X_{B1}-X_{A1})+(X_{B1}-X_{A2})}{2} \quad (15.1\text{-}7)$$

ABBA 法：
$$\Delta X = \frac{(X_{B1}-X_{A1})+(X_{B2}-X_{A2})}{2} \quad (15.1\text{-}8)$$

より，表示値の差 ΔX を求める．

この測定を，可能なら数回繰り返す．繰り返し回数が多ければ，後に行う不確かさの算出において標準偏差を小さくできる．

表示値の差 ΔX は，協定質量の差とはイコールではない．正確な協定質量の差を求めるには天秤の感度校正を行う必要がある．

天秤の感度校正も ABA 法，または ABBA 法によって行う．

ABA 法を例にとれば，100 g 分銅と 20 g 分銅を載せた状態で天秤の表示値を記録する．($X_{120\text{-}1}$ とする)

次に，100 g 分銅のみ載せた状態で天秤の表示値を記録する．(X_{100} とする)

続いて，再び 20 g 分銅を加えて天秤の表示値を記録する．($X_{120\text{-}2}$ とする)

天秤の感度 C は以下の式により求められる．

$$C = \frac{2m_{c20}}{(X_{120\text{-}1}-X_{100})+(X_{120\text{-}2}-X_{100})} \quad (15.1\text{-}9)$$

m_{c20} は 20 g 分銅の協定質量である．

天秤の感度 C と表示値の差 ΔX の積が協定質量の差 Δm_c となる．したがって，測定物の協定質量は，

$$m_c = m_{c100} + m_{c20} + C\Delta X \quad (15.1\text{-}10)$$

さらに，これを真の質量に直すには，

$$m = \frac{m_c\left(1-\frac{1.2}{8000}\right)}{\left(1-\frac{1.2}{\rho}\right)} \quad (15.1\text{-}11)$$

とすれば良い．

(4) 質量測定の不確かさ要因

電子天秤により測定物の質量を計測する場合，その計測における不確かさ要因は大別して，a) 測定物に起因するもの，b) 電子天秤に起因するもの，の 2 つに分けられる．

a) 測定物に起因する不確かさとしては，
 ・ 測定物自体の質量変化（水分の吸脱着，摩耗，錆びなどの化学変化）
 ・ 測定物が周囲から受ける力（の変化），例えば磁気力，静電気力，重力（の変化），空気浮力，風による影響など
b) 電子天秤に起因するものとしては，
 ・ 繰返し性（ドリフト含む）
 ・ 直線性
 ・ 偏置誤差
 ・ 表示値の丸め誤差

などがある．

a) については，測定物の物理的性状をよく理解し，求める質量測定の不確かさが適切かどうか判断すべきだろう．測定を繰返し行い，質量変化の有無を調べることで，多くの要因については見積もることが可能である．

b) については，電子天秤の仕様を参照する．**表 15.1-5** に電子天秤の仕様の例を示した．

表 15.1-5 質量測定に用いる電子天秤の仕様例

最大ひょう量	81 / 220 g
最小表示	0.01 / 0.1 mg
直線性	0.2 mg
感度の温度ドリフト	1.5×10^{-6} / ℃
最大容量での再現性	0.1 mg
風袋範囲	0〜220 g
偏置荷重	0.3 mg

質量測定の不確かさを求める際は，式（15.1-10）の各項の不確かさを足し合わせることになる．この中で，参照分銅の質量の不確かさは，タイプ B の不確かさであり，分銅の校正証明書を参照する．一方，繰返し性，温度ドリフト，偏置荷重については繰返し測定のばらつきに含まれるので，タイプ A の不確かさとして実験の標準偏差を求めれば十分である．ただし，事情により複数回の測定ができない場合は，タイプ B として電子天秤の仕様を参照し，足し合わせる必要があるだろう．天秤の直線性については扱いが難しいが，参照分銅と測定物の測定値の差がほとんどゼロであれば，考慮する必要はない．しかしながら，例えば約 500 g の測定物に対し，参照分銅が 1 kg のみといった場合には天秤の直線性からのずれ（表 15.1-5 においては 0.2 mg）を不確かさの計算に含めるべきである．

15.2 密度・比重

密度は単位体積あたりの質量であり，単位は $g \cdot cm^{-3}$，$kg \cdot m^{-3}$ などを用いる．一方，比重は液体の水の密度に対する比であり無次元量である．水の密度はほぼ 1.0 $g \cdot cm^{-3}$ であることから密度（$g \cdot cm^{-3}$）と比重（単位無し）は混同しやすいが，後者は SI 単位ではないので注意が必要である．

液体の密度は水溶液などの濃度の指標としてよく用いられる．例えばお酒のアルコール濃度は，密度の測定結果からアルコール水溶液の濃度と密度の換算表を用いて算出している．そこで本書では，主に液体の密度測定方法について述べる．また，水および空気の密度については，密度測定における基準の役割や質量測定における浮力補正などで必要になるので，それぞれ項を設けて解説した．

15.2.1 浮ひょう

浮ひょうはアルキメデスの原理を利用して，沈み込んだ量を目盛で読み取ることにより液体の密度を求める計器である．図に示すような形状をしており，ガラス製のものがほとんどである．

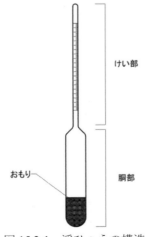

図 15.2-1　浮ひょうの構造

精度を上げるために特定の密度域に特化したものが多く，密度によって複数の浮ひょうを使い分ける．また，密度を濃度に換算した目盛を持つものとして，日本酒度浮ひょうなどがある．

浮ひょうと測定液体の熱膨張率が異なるので，測定温度は 15℃ または 20℃ に指定されている．目盛の読み取りは，指定がなければメニスカス（界面）の上縁で読み取る（上縁規定）．液体の平坦面と目盛の交差するところを読む水平面規定の浮ひょうも存在する．

15.2.2 比重瓶（ピクノメータ）

比重瓶法は，内容積一定の容器に液体を満たした時の質量増加分と内容積から密度を求める方法である．原理が単純であり，価格も手頃なので，手っ取り早く密度を測定するのに向いている．

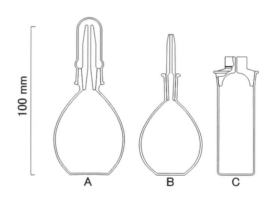

図 15.2-2　毛細管型共栓ピクノメータ（A：ワーデン形，B：ゲイ・リュサック形，C：ハバート形）

比重瓶には図に示すように，毛細管に刻まれた標線ぴったりに液体を満たす，ワーデン形，ゲイ・リュサック形，ハバード形などの毛細管共栓ピクノメータと，体積を目盛線によって測りとる目盛ピクノメータがある．

通常はゲイ・リュサック形を用いるが，揮発性試料の測定にはふた付きのワーデン形を用いた方が良い．また，高粘度試料の測定は広口型のハバード型が適している．後に述べるように固体試料の測定も可能である．

（1）　ピクノメータの校正

ピクノメータの熱膨脹の影響を避けるため，内容積の校正は測定温度と同じ温度で行う．まず洗浄して乾燥させたピクノメータを室温になるまで放置し，乾燥質量 m_0 を測定する．

ピクノメータに密度標準液（密度の基準となる液体），例えば脱気した純水を入れて栓をする．後で調節するために液体は標線よりも多めに入れておく方がよい．これを，測定温度に保った恒温槽に首部まで沈めて温度安定させる．

温度安定後に注射器やろ紙などを使って液体の界面を標線に合わせる．この時，内部に気泡が付いていないか確認する．

ピクノメータを取り出し，ワーデン形の場合はふたをし

て水分をよく拭き取る．周りを十分乾燥させてから秤量する．このときの質量を m_1 とする．水分を拭き取る際に乾いた布でこすると，秤量の際に静電気によって 1 mg 程度の誤差を生じる場合があるので注意が必要である．

純水の密度を ρ_1 とすると，ピクノメータの容積は

$$V = \frac{m_1 - m_0}{\rho_1 - \rho_{\text{air}}} \tag{15.2-1}$$

となる．純水および空気の密度については，15.2.4 項，15.2.5 項においてそれぞれ解説する．

(2) ピクノメータによる液体試料の測定

液体の測定時の手順は校正時のそれと同じであり，密度標準液のかわりに測定液体を入れて秤量する．このときの質量を m_2 とする．

密度は以下の式で求められる．

$$\rho = \frac{(m_2 - m_0)(\rho_1 - \rho_{\text{air}})}{(m_1 - m_0)} + \rho_{\text{air}} \tag{15.2-2}$$

密度の不確かさを求めるときは，上の式に含まれるパラメータに加えて，メニスカスの標線からのずれを考慮する必要がある．そのためには同様の測定を複数回繰り返して実験標準偏差を求めるのがよいだろう．不確かさを総合すると，最も良い場合で密度の相対不確かさは 10^{-4} 程度である．

15.2.3 振動密度計

振動密度計は液体の密度を短時間で高精度に測定できる装置である．密度の分解能はハンディタイプの簡易なものでも 0.1 kg·m^{-3} とおよそ 4 桁の分解能を持ち，もっとも分解能の高いベンチトップ型の機種は 0.001 kg·m^{-3} の桁まで表示可能である．このような高精度機種は食品・医薬品などの繊細な品質管理の目的にも用いられている．

振動密度計の測定原理は図 15.2-3 に示すように，ガラス管の固有振動数が内部の液体の密度によって変化することを利用する．代表的な構造としては，ガラス管は直径 3 mm 程度，長さ 10 cm 程度の U 字の形状をしていて，一端が固定されている．U 字管自体が，ガラス管の中に封入されており，外側の管の内側には熱伝導率の高いヘリウムガスが封入されている．

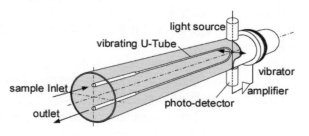

図 15.2-3 振動密度計の概要図

U 字管には永久磁石が付いていて，周囲のコイルで励磁してやることで共振する．この周波数はカウンタで正確に計測することが可能であり，非常に高い密度の測定精度を実現している．

振動管を図 15.2-4 のように，ばね定数 k のばねに固定された質量 m_0，内容積 V_0 の中空のおもりの振動モデルで考えると，固有振動周期 τ は

$$\tau = 2\pi\sqrt{\frac{m}{k}} \tag{15.2-3}$$

$$m = m_0 + \rho V_0 \tag{15.2-4}$$

$\rho = 0$，つまり真空の時の振動周期を τ_0 とすると密度は以下のようにあらわせる．

$$\rho = \left(\frac{\tau^2}{\tau_0^2} - 1\right) A \tag{15.2-5}$$

$$A = \frac{m_0}{V_0} \tag{15.2-6}$$

$$\tau_0 = 2\pi\sqrt{\frac{m_0}{k}} \tag{15.2-7}$$

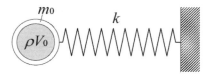

図 15.2-4 振動密度計の振動モデル

式 (15.2-5) からわかるとおり，真空時の固有振動周期 τ_0 および比例定数 A を校正すれば，振動周期 τ から密度を求めることができる．一般的には空気と水（または密度標準液）それぞれでガラス管を満たした時の振動周期を測定し，振動密度計のパラメータを校正する．

ガラス管製の振動密度計は経年変化が比較的小さいが，校正パラメータの変動はゼロではない．機器の性能を最大限発揮するには，測定前に空気と密度標準液による校正を行うようにしたい．

また，密度と振動周期の 2 乗の間にはわずかに非線形性がある．例えば，空気と水で校正した振動密度計で石油のように水と密度の大きく異なる物質を測定すると，測定値には計測器の不確かさを超える誤差を生じる可能性が高い．したがって，測定する液体と同程度の密度を密度標準液で校正することが望ましい．

15.2.4 水の密度

水はもっとも身近な液体であり，古くから密度標準物質として使われてきた．質量の単位であるキログラムも「最大密度における 1 L の水の質量」と定義されていた時代がある．その後の同位体の発見や空気の溶存の影響などもあり，密度の標準はより安定な固体の密度を用いるようにな

った．固体密度標準については後述するが，現在も水の密度は容易に手に入る密度の基準としてよく利用されている．

上に述べたように，水の密度は同位体組成によっても変化する．そこで，地球に存在する平均的な同位体組成を持つ SMOW（Standard Mean Ocean Water：標準平均海水）と等しい同位体組成を持つ水の密度に関する式が作られた[*8]．

$$\rho = a_5\left[1 - \frac{(t+a_1)^2(t+a_2)}{a_3(t+a_4)}\right] \tag{15.2-8}$$

$$a_1/°C = -3.983\,035 \pm 0.000\,67 \tag{15.2-9}$$
$$a_2/°C = 301.797 \tag{15.2-10}$$
$$a_3/°C = 522\,528.9 \tag{15.2-11}$$
$$a_4/°C = 69.348\,81 \tag{15.2-12}$$
$$a_5/(kg \cdot m^{-3}) = 999.974\,950 \pm 0.00084 \tag{15.2-13}$$

同式による計算結果を**表 15.2-1** に示す．

表 15.2-1　CIPM（国際度量衡委員会）の式による水（SMOW）の密度

$t/°C$	$\rho/(kg \cdot m^{-3})$	$t/°C$	$\rho/(kg \cdot m^{-3})$
0	999.8428(84)	-	-
1	999.9017(84)	21	997.9950(83)
2	999.9429(84)	22	997.7730(83)
3	999.9672(84)	23	997.5408(83)
4	999.9749(84)	24	997.2988(83)
5	999.9668(84)	25	997.0470(83)
6	999.9431(84)	26	996.7857(83)
7	999.9045(84)	27	996.5151(83)
8	999.8513(83)	28	996.2353(83)
9	999.7839(83)	29	995.9465(83)
10	999.7027(83)	30	995.6488(83)
11	999.6081(83)	31	995.3424(83)
12	999.5005(83)	32	995.0275(83)
13	999.3801(83)	33	994.7041(84)
14	999.2474(83)	34	994.3724(84)
15	999.1026(83)	35	994.0326(84)
16	998.9459(83)	36	993.6847(84)
17	998.7778(83)	37	993.3290(85)
18	998.5984(83)	38	992.9654(86)
19	998.4079(83)	39	992.5941(87)
20	998.2067(83)	40	992.2152(88)

※（　）内の数値は下 2 桁の拡張不確かさである

なお，水の密度は同位体組成や空気の溶解によって変化する．一般的に，水道水から蒸留などによって精製した水の密度は，SMOW のそれよりも相対的に 3×10^{-6} 小さいと言われている．また，十分に脱気した水でも空気中ではごく短時間に空気が溶解し，密度が減少する．飽和した際の密度の相対的な減少は，0 ℃において 4.6×10^{-6} 小さいとされている．0 〜 40 ℃の範囲において，式（15.2-7）の不確かさは 10^{-6} 以下であるが，上述した SMOW からのずれを状況に応じて補正するか，不確かさを拡大することも必要であろう．

15.2.5　空気の密度

空気の密度は気温，大気圧によって変化するのはもちろんだが，湿度や二酸化炭素濃度にも影響を受ける．それらすべてのパラメータを考慮した空気密度の式は温度 T，圧力 p，炭酸ガスのモル分率 x_{CO2} の関数として次のように表わされる．

$$\rho_{air} = \frac{[28.965\,46 + 12.011(x_{CO2} - 0.0004)]}{8.314472}\frac{p}{ZT}(1 - 0.3780\,x_V) \tag{15.2-14}$$

ここで，x_V は水蒸気のモル分率であり，相対湿度 h（$0 \leq h \leq 1$）から以下のように求められる．なお，p_{SV} は飽和蒸気圧（Pa），Z は圧縮係数である．

$$x_V = hf(p,t)\frac{p_{SV}(t)}{p} = f(p,t_d)\frac{p_{SV}(t_d)}{p} \tag{15.2-15}$$

$$p_{SV} = \exp(AT + BT^2 + C + D/T) \tag{15.2-16}$$

$$f = \alpha + \beta p + \gamma t^2 \tag{15.2-17}$$

$$Z = 1 - \frac{p}{T}[a_0 + a_1 t + a_2 t^2 + (b_0 + b_1 t)x_V$$
$$+ (c_0 + c_1 t)x_V^2]$$
$$+ \frac{p^2}{T^2}(d + ex_V^2) \tag{15.2-18}$$

これらの式の係数は以下の通りである．

$$A = 1.237\,884\,7 \times 10^{-5}\,K^{-2} \tag{15.2-19}$$
$$B = -1.912\,131\,6 \times 10^{-2}\,K^{-1} \tag{15.2-20}$$
$$C = 33.937\,110\,47 \tag{15.2-21}$$
$$D = -6.343\,164\,5 \times 10^{3}\,K \tag{15.2-22}$$
$$\alpha = 1.000\,62 \tag{15.2-23}$$
$$\beta = 3.14 \times 10^{-8}\,Pa^{-1} \tag{15.2-24}$$
$$\gamma = 5.6 \times 10^{-7}\,K^{-2} \tag{15.2-25}$$
$$a_0 = 1.581\,23 \times 10^{-6}\,K\,Pa^{-1} \tag{15.2-26}$$
$$a_1 = -2.933\,1 \times 10^{-8}\,Pa^{-1} \tag{15.2-27}$$

$a_2 = 1.104\ 3\times10^{-10}$ K^{-1} Pa^{-1} (15.2-28)

$b_0 = 5.707\times10^{-6}$ K Pa^{-1} (15.2-29)

$b_1 = -2.051\times10^{-8}$ Pa^{-1} (15.2-30)

$c_0 = 1.989\ 8\times10^{-4}$ K Pa^{-1} (15.2-31)

$c_1 = -2.376\times10^{-6}$ Pa^{-1} (15.2-32)

$d = 1.83\times10^{-11}$ K^{2}Pa^{-2} (15.2-33)

$e = -0.765\times10^{-8}$ K^{2}Pa^{-2} (15.2-34)

式 (15.2-14) による空気密度の計算結果の一例として，温度 0〜100 ℃，圧力 101325 Pa（標準大気圧），相対湿度 0, 30, 50, 70 %RH，CO_2 濃度 400 ppm における空気密度を表 15.2-2 に示した．

表 15.2-2　CIPM の式による空気密度 （kg m^{-3}）

t / ℃	0 %RH	30 %RH	50 %RH	70 %RH
0	1.29305	1.29217	1.29158	1.29099
5	1.26973	1.26849	1.26766	1.26684
10	1.24723	1.24552	1.24438	1.24324
15	1.22552	1.22319	1.22163	1.22008
20	1.20456	1.20141	1.19931	1.19722
25	1.18430	1.18011	1.17732	1.17453
30	1.16472	1.15919	1.15551	1.15184
35	1.14577	1.13856	1.13377	1.12899
40	1.12743	1.11813	1.11195	1.10578
45	1.10968	1.09778	1.08987	1.08199
50	1.09247	1.07739	1.06737	1.05738
55	1.07580	1.05683	1.04424	1.03170
60	1.05962	1.03598	1.02028	1.00464
65	1.04393	1.01467	0.99524	0.97587
70	1.02869	0.99274	0.96886	0.94504
75	1.01390	0.97002	0.94085	0.91174
80	0.99953	0.94631	0.91089	0.87550
85	0.98556	0.92141	0.87862	0.83582
90	0.97198	0.89507	0.84364	0.79213
95	0.95876	0.86704	0.80553	0.74380
100	0.94591	0.83705	0.76379	0.69018

※1 圧力 101325 Pa，CO_2 濃度 400 ppm における値
※2 空気密度の相対標準不確かさは 2.2×10^{-5} である

15.2.6 密度のトレーサビリティ

以前は水が密度の標準として使われていたことはすでに述べた．現在は，より密度が安定しているシリコン単結晶を用いた，固体密度標準が採用されている．

シリコン単結晶は，半導体産業の発展とともに，高純度で格子欠陥の少ない非常に高品位な単結晶が得られるようになった．このことは，異なるインゴットでも，その密度，熱膨張係数，圧縮率といった，密度の標準に関連するパラメータがほぼ等しいことを意味する．また，表面は安定な酸化膜で覆われ，経年変化がほとんどなく，傷つきにくいことも密度の標準として用いるのに適している．

このシリコン単結晶を，直径約 94 mm の球に加工すると，質量は約 1 kg になる．この質量を，日本国キログラム原器による校正に使用する真空天秤を用いて正確に測定し，直径はレーザ干渉計を用いて複数方位から測定し平均直径から体積を求めることで，このシリコン球の密度を絶対測定することができる．このようにして密度の値付けがされたシリコン球体が我が国の密度の特定標準器になっている．

シリコン球体による密度の一次標準があれば，他の形状のシリコン単結晶の密度および体積は，液中秤量法[9]や圧力浮遊法[10]（PFM）といった比較測定法により 10^{-7} の相対不確かさで校正することができる．このようにして校正されたシリコン単結晶は，液体密度を測定するための参照標準として使用できる．我が国では，リング状のシリコン単結晶を用いて浮ひょうの校正をする衡量法や，円柱状のシリコン単結晶の浮力測定により液体の密度を求める液中秤量法の装置を有する校正事業者があり，液体の密度のトレーサビリティが確保されている．これらをトレーサビリティ体系図として記載したものが図 15.2-5 である．

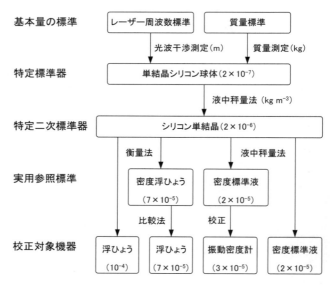

図 15.2-5　密度のトレーサビリティ体系図

浮ひょうおよび振動密度計については JCSS 校正サービスが受けられるほか，JCSS の密度標準液を購入してユーザ自ら校正に使用することも可能である．

参考文献

*1) OIML R111-1, Weights of classes E_1, E_2, F_1, F_2, M_1, M_{1-2}, M_2, M_{2-3} and M_3, Part 1: Metrological and technical requirements, International Organization of Legal Metrology (OIML), (2004).

*2) JIS B 7609, 分銅, 日本規格協会, (2008).

*3) JIS Z 8804, 液体の密度および比重の測定方法, 日本規格協会, (2012).

*4) JIS R 3503, 化学分析用ガラス器具, 日本規格協会, (2007).

*5) JIS B 7525-1, 浮ひょう-密度浮ひょう, 日本規格協会, (2013).

*6) JIS K2249-3, 原油および石油製品-密度の求め方-第3部:ピクノメータ法, 日本規格協会, (2011).

*7) JIS K 2249-1, 原油および石油製品-密度の求め方-第1部:振動法日本規格協会, (2011).

*8) M. Tanaka, G. Girard, R. Davis, A. Peuto and N. Bignell: Recommended table for the density of water between 0 °C and 40 °C based on recent experimental report, Metrologia 38(4), 301-309 (2001).

*9) K. Fujii: Precision density measurements of solid materials by hydrostatic weighing, Meas. Sci. Technol. 17(10), 2551-2559 (2006).

*10) A. Waseda and K. Fujii: Density comparison measurements of silicon cystals by a pressure-of-flotation method at NMIJ, Metrologia 41(2), S62-S67 (2004).

(粥川 洋平)

15.3 吸着

15.3.1 はじめに

デシカント空調や吸着式冷凍機などの吸着式ヒートポンプにおいて,吸着量や吸着現象の把握は非常に重要である.

吸着等温線は一定温度下における固体材料(吸着剤)とある圧力(濃度・相対圧・相対湿度)での気体もしくは液体(吸着質)のインターラクション(分子間力など)の大きさを表し,これにより,ある吸着剤がどの程度の吸着質を吸着できるか(吸着量)を判断することができる重要な基礎物性の1つである.

プロセス開発の観点において,ガス分離・回収・濃縮などが可能な圧力スイング吸着・温度スイング吸着プロセスにおける分離係数や有効吸着量の指針を得ること,デシカント空調に代表される吸着式ヒートポンプにおいてfavorableもしくはunfavorableなアンモニアや水蒸気吸着等温線からの定性的・定量的な情報を得ることができるばかりでなく,材料開発の観点において,液体窒素(LN_2:77.4K)や液体アルゴン(LAr:87.3K)温度下での窒素やアルゴンの吸着等温線により材料の比表面積や細孔分布(マイクロポアからマクロポア)の情報,クラウジウス-クラペイロン式を用いた等量微分吸着熱,またこれら吸着熱から得られる表面特性の把握,さらには,水蒸気吸着等温線による親水性・疎水性の把握,アンモニア吸着やCO吸着などによる触媒評価方法の一つである金属分散度などの情報を得ることができる.

15.3.2 吸着剤

デシカント空調や吸着式冷凍機に用いられる吸着剤(シリカゲル(メソポーラスシリカ),ゼオライト)はその処理量が大量になる為に高比表面積,高容量の材料がよく用いられる.また脱臭においてはその臭気分子サイズに等しい細孔を持つ多孔性物質や,吸着剤表面に官能基をつけ選択性を持つ吸着剤が用いられる.またこれらの吸着剤はその吸着平衡にて用いられることは少なく,飽和する直前まで使用し,脱着再生させると効率上好ましく,その形状はプロセス上圧力損失がおきにくいハニカム状やペレット状に加工されることが多い.近年多孔質材料に白金や光触媒である酸化チタンを担持し,長期間の臭い成分の吸着分解処理が可能な複合材料も製造されている.吸着剤とその代表的なアプリケーションを表15.3-1に示す.

表 15.3-1 吸着剤とアプリケーション

吸着剤	比表面積 (m^2/g)	平均細孔 (nm)	アプリケーション
活性炭/活性炭素繊維	400〜4000	0.7〜2	VOC吸着除去,吸着式冷凍機
活性アルミナ	100〜350	4〜15	塩基性物質除去,除湿
シリカゲル	150〜600	2〜12	除湿,デシカント空調
ゼオライト	400〜750	0.3〜1.2	脱水,空気分離,触媒
親水性高分子	-	-	燃料電池電解質,イオン交換

15.3.3 吸着等温線

温度一定の下,吸着材などの材料を吸着質流体雰囲気中に置くと,吸着,脱着する分子数の数が等しくなり閉鎖系吸着装置では圧力変化や重量変化が観測されなくなる.これを吸着平衡と呼ぶ.

一定温度における圧力と吸着平衡量の変化を測定したグラフを吸着等温線と呼び,一般的に横軸を相対圧(P/P_0)とし0〜1の値を取る.$P/P_0 = 1$では吸着ガスは試料管内で凝縮することを意味する.

すなわち吸着等温線は飽和蒸気圧よりも低い圧力で固体と吸着分子の相互作用力が働き凝縮が始まり,気相よりも高い吸着質密度を測定したものである.

また定容量法ではよく吸着量を V/ml (STP)g^{-1} と標準状態(0℃,1atm)における気体の体積で表す.これらの吸着等温線を用い,各解析理論を用いて,比表面積やマイク

ロ孔・メソ・マクロ孔などの細孔分布や細孔容量を求めることができる．

近年，吸着等温線を極低圧領域（$P/P_0=10^{-8}$～）から取得することが可能となり，ＮＬＤＦＴ法やＧＣＭＣ法などよりマイクロ孔からメソ孔まで連続した細孔情報を得ることも可能になってきた．

図 **15.3-1** に IUPAC で定義されている典型的な等温線を示す[*1)]．それぞれ等温線の形はその細孔構造や材料表面特性により異なる．

Ⅰ型：マイクロ孔を持つサンプル．ゼオライトや活性炭/吸着質：N_2
Ⅱ型：無孔性材料．無孔性アルミナやシリカ/吸着質：N_2
Ⅲ型：無孔性材料で吸着分子と固体との相互作用力が低い．無孔性カーボン/吸着質：H_2O
Ⅳ型：メソ孔を持つサンプル．メソポーラスシリカやアルミナ/吸着質：N_2
Ⅴ型：細孔を持つサンプルで吸着分子と固体の相互作用力が低い．活性炭/吸着質：H_2O
Ⅵ型：グラファイトなど，表面エネルギーが均一なサンプル．吸着質：Kr

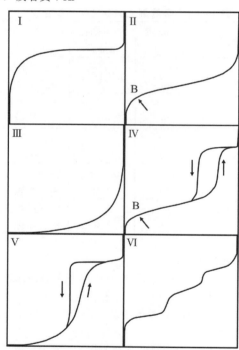

図 15.3-1　IUPAC による吸着等温線の分類[*3)]

またプロセス開発における吸着等温線の表現として Henry 型，Langmuir 型，Freundlich 型，BET 型などと表現する場合もある(**図 15.3-2**)．

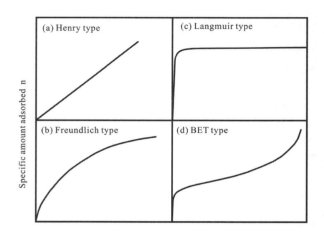

図 15.3-2　吸着等温線の分類

これら吸着等温線の近似式としては，下記にあげる平衡式がある．

単成分系[*2)]

(1)　ヘンリー式（Henry）

$$q = a \cdot p \tag{15.3-1}$$

ここで q は吸着量，p は平衡圧力(濃度)を表す．

(2)　フロインドリッヒ式（Freundlich）

$$q = k \cdot p^{1/n} \tag{15.3-2}$$

$$\ln q = \ln k + \frac{1}{n} \ln p \tag{15.3-3}$$

ここで n は定数である．

(3)　ラングミュアー式（Langmuire）

$$q = \frac{q_\infty \cdot K \cdot p}{1 + K \cdot p} \tag{15.3-4}$$

ここで q_∞ は飽和吸着量，K は定数である．

(4)　BET 式（Brunauer-Emmett-Teller）

$$\frac{p}{q(p_0 - p)} = \frac{1}{c \cdot q_m} + \frac{c-1}{c \cdot q_m} \cdot \frac{p}{p_0} \tag{15.3-5}$$

$$c = e^{(E_1 - E_L)/RT} \tag{15.3-6}$$

ここで P_0 は飽和蒸気圧，c は定数，E_1 は吸着分子1層目の吸着熱，E_L は吸着分子同士の凝縮熱であり分子の固体への吸着力を表す．q_m は単分子層吸着量を表す．

多成分系吸着[*2]

(5) Ideal Adsorbed Solution 理論（Myers-Prausnitz）とフロインドリッヒ型平衡式の組み合わせ

$$c_i = \frac{q_i}{\sum_{j=1}^{m} q_j} \left[\frac{n_i}{k_i} \sum_{j=1}^{m} \frac{q_j}{n_j} \right]^{\frac{1}{n_i}} \quad (15.3\text{-}7)$$

ここで c は濃度，i, j は成分，n, k は定数，m は成分数を表す．

(6) マーカム・ベントン式（Markham-Benton）

$$q_i = \frac{q_{\infty i} K_i p_i}{1 + \sum_{j=1}^{m} K_j p_j} \quad (15.3\text{-}8)$$

また Clausius-Clapeyron 式によると吸着温度を変えても相対圧で表した吸着等温線は同じであり，1つの吸着等温線を測定すれば他の温度（他の飽和蒸気圧）における吸着量／絶対圧を求めることが可能である．

吸脱着等温線測定においては，吸着時と脱着時の等温線が一致せずヒステリシスをもつことがある．これは吸着剤の細孔内凝縮機構が異なるためであるとされている．図 15.3-3 に IUPAC で定義されている典型的なヒステリシスの形を示す[*1]．

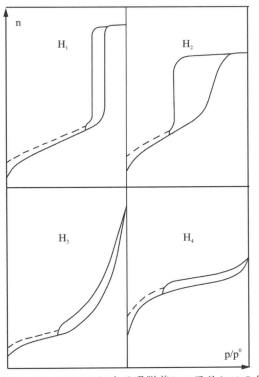

図 15.3-3　IUPAC による吸脱着ヒステリシスの分類[*3]

H1,2 型は良く観測されるタイプで，H1 は均一な細孔を持ち細孔分布範囲が狭い場合（例：FSM, MCM），H2 は異なる細孔径・分布が粒子内で結合している場合（例：シリカゲル），H3 は平板状粒子の凝集体あるいはスリット型細孔を持つ粒子，H4 はスリット型の細孔で主にマイクロポアを持つ粒子（例：活性炭）にて観測される．毛管凝縮を伴うヒステリシスではある一定の相対圧にて脱着等温線が必ず吸着等温線に閉じる．これは細孔構造によらず細孔内の液体がある圧力以下ではその状態を保てずキャビテーションを起こすためであるとされている．

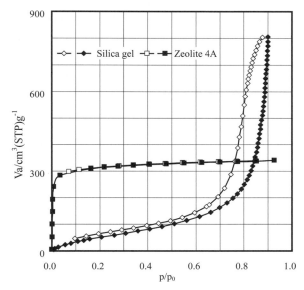

図 15.3-4　水蒸気吸着等温線

図 15.3-4 にゼオライトとシリカゲルに対する水の吸着等温線を示す．ゼオライトは低湿度における水の吸着量が著しく高いため気相の露点を下げる吸着剤として適している．シリカゲルではその細孔径の制御により水の凝縮相対湿度が変化し，凝縮圧より高い湿度の時には吸着剤で水を取り除き，低い湿度の時には細孔から水が脱着し加湿することが可能である．細孔径の最適化によりこの凝縮圧は変化させることが可能であるので凝縮圧（相対湿度）における水の吸脱着により室内の湿度を安定させることが可能となる．

不可逆吸着は吸着分子と固体表面との相互作用が強く臭気などの除去に適切である．その吸着状態は固体の表面特性に大きく左右される．不可逆吸着では一度吸着が起こると再生させるためには温度を上げるなどしなければならない．再生手法がない場合，吸着剤は飽和吸着量が寿命となり再生手法があるものより寿命が短くなる．光触媒を用いるタイプは光により吸着物質を分解させ再生可能な吸着剤として着目されている．

15.3.4　吸着量測定装置

吸着等温線を取得する方法には定容量法，重量法，流通法やパルス法などがあるが，平衡吸着量測定装置としては定容量法や重量法が用いられ，動的吸着量（吸着速度）は

流通法や重量法が用いられることが多い．

冷凍空調のプロセス設計において，平衡吸着量や吸着速度が当然重要となってくるため，本節では定容量法と重量法について，また，両者の技術を用いた多成分吸着量評価方法について解説する．

(1) 定容量法

定容量法は圧力計とバルブで囲まれた，基準容積部（Vs）と試料管が備え付けられた死容積部（Vd）に分けられる．

通常，前処理を終えた試料管を装置に取りつけ，真空ポンプにより系内を真空排気し，一定量のガス圧(P_i)をVs部に導入する（初期導入量n_i）．その後試料管直上のバルブを開け，Vs部に入れたガスをVd部に拡散させ，吸着が進行した後，平衡時の圧力（P_e）を読み取り，気相に残っているガス量（n_e）を気体の状態方程式より算出し，吸着量はn_iとn_eの差から求められる．

このように原理は非常に簡単ではあるが，より低圧からの正確な吸着等温線を取得するためには，重要な技術がいくつもある．

例えば，固体材料の適切な前処理，試料の秤量誤差，Vsの正確さ，Vs，Vd部の温度管理，圧力計の精度（飽和蒸気圧測定，平衡圧測定），正確なガス導入，ガス放出や透過の無い部材の選択，サンプル部での素早い到達真空度の達成，サーマルトランスピレーションや非理想性の吸着量補正ならびにVdの正確さである．中でも，より低圧での平衡を取るために，素早くサンプル部の到達真空度をあげ，高真空下において出来るだけ各種部材からの放出ガスの影響を無くすよう設計されたマニホールドおよび各種バルブは空圧弁を採用している．

また，上記のとおり死容積（Vd）を如何に正確に測定するかは精度の高い等温線を測定する上で一番のポイントとなる．なぜなら，Vdは試料管や試料重量が変わると変化する値であり，また，LN_2やLArなどの冷媒を用いた測定の際には，大気圧変動，酸素などの冷媒への溶解や室温変化により冷媒の蒸発量が測定中随時変化しているためである．

これまで各吸着装置メーカは吸着等温線測定中にVdの値を変化させないような工夫（冷媒の液面レベルコントロールなど）もしくは吸着測定中のVdの変化を補償することを行っているが，極低圧でのデータの安定性などが問題となっていた．そこで，これらの問題を克服した死容積連続測定法[*3]（AFSM™: Advanced Free Space Measurement）や，13.33Pa (F.S)センサーを備えることで，極低相対圧($P/P_0=10^{-8}$~)からの再現性の高い吸着等温線測定が可能[*4]（BELSORP-max）となっており，材料評価において，メソ孔やマクロ孔のみならずマイクロ孔評価や（低）比表面積評価，蒸気吸着評価ならびに化学吸着量を考慮した金属分散度評価も可能となっている．（**図15.3-5**（概略図）**図15.3-6**（外観図））

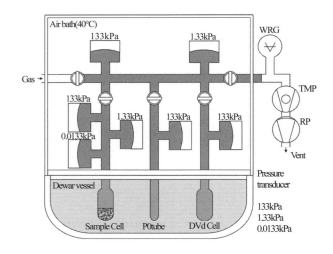

図15.3-5　次世代型吸着等温線測定装置の概要

図15.3-6　BELSORP-max 外観図

(2) 重量法

重量法の吸着量測定装置は，吸着平衡圧を圧力計，吸着量を天秤の重量変化から測定する．本測定方法は吸着量の精度が天秤により決定できるので定容量法に比較し吸着量の精度が明確である．調湿建材の吸放湿性試験方法[*5]（JIS A 1470）では電子天秤を用いた重量法が装置の構成例として記載されている．部屋の調湿のためには，空調のみならずその部屋の構成部材の吸放湿挙動が重要となってくる．

真空中から圧力を変化させ吸着量を測定する場合は重量測定において浮力の影響を受け，浮力補正を行わなければならない．浮力は式（15.3-9）のρVで表され流体の密度と排除体積による．高圧吸着においてはこの補正が特に重要となる．また一定圧力における吸着測定においても流体密度の変化により重量変化が起こりえる．吸着量は質量変化のことを意味し重量変化ではないことに注意が必要である．

$$m = w + \rho V \tag{15.3-9}$$

m は質量, w は重量, ρ は流体密度, V は天秤加重部分（主にサンプル）の体積である.

Rubotherm 社より磁気浮遊天秤が開発・販売されたことにより高圧および腐食性ガスの吸着測定が可能となった（**図 15.3-7**）. この天秤は磁力にてサンプルを持ち上げ浮遊させサンプルセル外部の天秤により重量変化が測定できるという特徴がある.

この特徴から従来重量法で困難であった蒸気吸着, 腐食性ガス吸着が可能になっただけでなく, 天秤を外部に設置する事により死容積を約 150ml に低減し, 容易に高圧吸着等温線が測定できるようになった.

また重量測定中にサンプル位置変更することでサンプルを切り離し長期間測定時における天秤のゼロドリフトやスパンを校正することができる. また3ポジション型磁気浮遊天秤もあり, 重量法の課題であった浮力補正を系内にて行う事が可能となった.

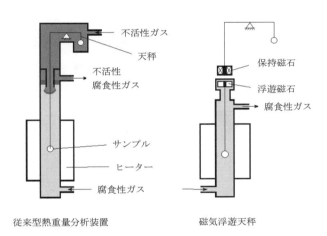

図 15.3-7　磁気浮遊天秤の概用

(3) 多成分吸着量評価

実際の空調は多成分のガスを対象にしたプロセスであるため, 少なくとも二成分混合ガスの各成分の吸着等温線を知ることは重要である.

二成分ガス吸着の場合, 基本的に4つのパラメータ（各々成分の吸着量と分圧）を測定する必要がある[*6)]. しかしこの手法はとても煩雑で時間のかかる手法である. このような実験上の難しさから2成分ガス吸着等温線は単成分ガス吸着等温線から理論的に推測されてきた[*7)]. しかしながら実際の吸着においては, 吸着分子と固体表面の相互作用だけではなく, 吸着分子同士の相互作用や競争吸着などがおこるため, これらの基礎データを取得することは重要となる.

2成分混合ガスの吸着等温線を測定する手法としては, 定容量法と重量法を組み合わせた手法 (Volumetric-Gravimetric method) が Keller ら[*8)]と直野・仲井ら[*9,*10)]によって発表されている.

本方法の原理は, 定容量法は全吸着容量 n をモルで計算し, 重量法は全吸着量 m を質量で測定することにある. 各々の成分の吸着したモルを n_1, n_2, 質量を m_1, m_2 とすると次式で表せる.

$$n = n_1 + n_2 \qquad (15.3\text{-}10)$$

$$m = m_1 + m_2 = n_1 M_1 + n_2 M_2 \qquad (15.3\text{-}11)$$

M_1 と M_2 はそれぞれの吸着成分の分子量である. もし分子量（M_1, M_2）が十分に異なる場合, 式(15.3-10), (15.3-11)を連立させることにより n_1, n_2 を求めることができる.

吸着平衡後のそれぞれの成分の分圧（P_1, P_2）は次式により計算できる.

$$P_1 = (n_{1(dosing)} - n_1) \cdot \{RT/(V_d + V_{s1} + V_{s2})\} \qquad (15.3\text{-}12)$$

$$P_2 = (n_{2(dosing)} - n_2) \cdot \{RT/(V_d + V_{s1} + V_{s2})\} \qquad (15.3\text{-}13)$$

$n_{1(dosing)}$, $n_{2(dosing)}$ は初期導入量である. ($V_d + V_{s1} + V_{s2}$) は吸着装置の全内部死容積である. T は ($V_{s1} + V_{s2}$) の領域の空気恒温槽の温度である. このように定容量法と重量法を組み合わせることにより2成分ガス吸着における4つのパラメータ (n_1, n_2, P_1, P_2) を求めることができる. この方法からもとまる吸着量精度は各成分の吸着量にもよるが約3％程度となる.

2成分以上の混合ガスの吸着等温線を測定する手法としては, 吸着平衡後各成分の濃度をガスクロマトグラフィーを用いて決定する方法 (Volumetric-Chromatographic method) があるが, 測定操作が煩雑という問題があったため[*11)], これらを克服した多成分吸着装置が開発（BELSORP-VC）（**図 15.3-8**）[*12)]されており, この方法から多成分系の吸着量（精度5％）のみならず, 競争吸着の状況も把握することが可能となっている.

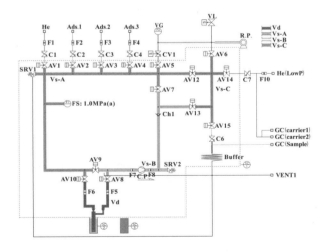

図 15.3-8　多成分吸着装置の概用

15.3.5 まとめ

デシカント空調や吸着式冷凍機などの冷凍空調プロセス設計を行う上で，吸着剤選定は非常に重要なファクターの1つである．吸着剤のキャラクタリゼーションを行うためには単成分や多成分系の吸着等温線の正確な測定は必要不可欠であり，これらの結果から，プロセス上必要な除湿量の把握（有効吸着量），比表面積，細孔分布だけではなく，吸着エネルギー，吸着速度などの重要な静的，動的情報を得ることができる．今後，これらの情報をより簡便に得ることが可能かつ，効率的な材料評価技術の開発が期待される．

参 考 文 献

*1) F. Rouquerol, J. Rouquerol, K. Sing, "Adsorption by Powders & Porous Solids", Academic Press p19, p205 (1999).
*2) 古谷英二，「最新吸着技術便覧」，（竹内雍編），NTS, p730
*3) 吉田将之, Adsorption News, Vol**21**(4), pp. 5-9 (2007)
*4) 吉田将之, 分離技術, Vol**41**(2), p29 (2011)
*5) JIS A1470-1，日本工業規格，日本規格協会 p3 (2002).
*6) Young, D. M., and Crowell, A. D., *in* "The Physical Adsorption of Gases," Chap. 11. Butterworth, London, 1962.
*7) Ruthven, D. M., *in* "Principles of Adsorption and Adsorption Processes," Chap. 4. John Wiley & Sons, New York, 1984.
*8) Keller, J. U., Staudt, R., and Tomalla, M., *Ber. Bunsenges. Phys. Chem.* **96,** 28 (1992)..
*9) Naono, H., Hakuman, M., Shimoda, M., Nakai, K., and Kondo, S., *J. Colloid Interface Sci.* **182,** 230 (1996)
*10) Nakai, K., *J. Colloid Interface Sci.* **240,** 17 (2001)
*11) Keller, J.U., Staudt, R., Gas adsorption equilibria, Springer p157 (2005)
*12) 仲井和之，分離技術, Vol**41**(5), p20 (2011)

（吉田　将之）

15.4 オイル循環率

15.4.1 概要

ヒートポンプシステムではコンプレッサの潤滑用にオイルが封入されており，その一部は冷媒とともにシステム内を循環している．このオイルはコンプレッサの潤滑という重要な役割を果たしているが，熱交換器（凝縮器，蒸発器など）に滞留すると，システムの効率の観点からはマイナスの要因となる．したがって，ヒートポンプシステム内のオイル循環率OCR(Oil Circulation Ratio)は，システムの開発，改良，信頼性の試験などで重要な測定項目となっている．OCRは式(15.4-1)で定義される．

$$OCR \text{ wt.\%} = \frac{オイルの質量流量}{オイルの質量流量+冷媒流量} \times 100 \quad (15.4\text{-}1)$$

OCR測定の方式としては，JISで定められているサンプリング方式，その他，オイル分離方式，光学式，音速式，静電容量式，可視化法が存在する．どの方式も一長一短であり，OCRの測定のむずかしさを表している．

15.4.2 サンプリング方式[*1)]

サンプリング方式はその名前の通り，冷媒とオイルをシステム内から圧力容器に抜き取って，容器全体の質量を測定し，その後冷媒を蒸発させて質量を測定し，これらの測定された質量を式(15.4-1)に当てはめてOCRを算出する．サンプリングは図**15.4-1**に示すように凝縮器と膨張弁の間から行う．

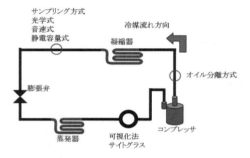

図 15.4-1　ヒートポンプシステム模式図

サンプリング方式は単純でわかりやすい測定だが，オイルと冷媒が溶けあわない非相溶性のオイルの場合はサンプリング方式では原理的にOCRは算出できない．非相溶性のオイルを用いた場合，サンプリングしたオイルと冷媒の混合液内において，オイルが一様に分布していない可能性があるからである．また，冷媒を蒸発させる過程において，オイルに溶け込んでいる冷媒の蒸発の方法や，冷媒に少量とけているオイルの量などは条件によって異なり，また人間の手による作業であるため，再現性のある測定とは言えない．各メーカではサンプリング方法を独自に決めて対応しているのが現状であろう．

近年，システム内のオイル量は非常に少なくなってきている．オイル量が少ないと，サンプリング用の圧力容器などに比してオイルの質量が小さくなるため，OCRを正確に算出するのは難しくなる．

サンプリング方式は上記のことを踏まえて，可能な限り正確な測定を妨げる要因を排除して用いるべきである．

15.4.3 オイル分離方式

オイル分離方式では分離機を用いてオイルと冷媒を分離し，オイルのみの質量流量を測定してOCRを測定する方式である．分離機の模式図を図**15.4-2**に示す．

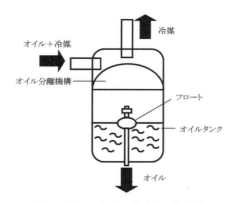

図 15.4-2　オイル分離機模式図

図15.4-2に示すように，オイルと冷媒の混合流体は分離機に導かれ，分離機においてオイルを分離する．分離したオイルをオイルタンクに溜めて，溜まったオイル上に浮いているフロートを用いてオイルの流量を測定する．

オイル分離方式はOCRの定義に忠実な測定方式であるが，オイルが完全に分離できているか，という問題は常に念頭に置いておく必要がある．また，作動圧力が高い冷媒の場合，フロートの耐圧も考慮する必要がある．

15.4.4　光学式

光学式によるOCR測定は，オイルによって吸収される波長の光を冷媒とオイルの混合流体に照射し，その光の吸収量からOCRを算出する方式である．一般的なオイルの分光透過率を**図15.4-3**に示す．

図15.4-3より，オイルは波長1.7, 2.3mmの光を吸収することがわかる．波長によって吸収量が異なり，これを利用してOCRが大きい場合と小さい場合で使い分けて測定する．

光学式によるOCR測定では，**図15.4-4**のようなセルを凝縮器と膨張弁の間に設置する．測定セルは光をオイルと冷媒の混合流体に照射するために光学窓が設置されている．この光学窓は耐圧が必要なため，サファイアが用いられることが多い．測定セル内に導かれたオイルと冷媒の混合流体は，光測定器によって特定の波長の光が照射され，その吸収量を演算してOCRを算出する．

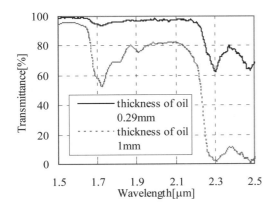

図 15.4-3　一般的なオイルの分光透過率

光学式によるOCR測定では，測定対象が一様であることが原理的に必要である．そのため，非相溶のオイルが用いられた場合，正確な測定が困難になる．このような欠点を克服するために，図15.4-4に示すとおり混合流体の流れ方向において測定セルの手前に混合器を設置する手法が提案されており実用化されている[*2]．

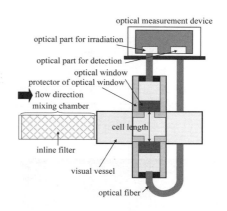

図 15.4-4　光学式OCR計測定部

15.4.5　音速式

音速式によるOCR測定は，測定系の構成は光学式と同様で光の代わりに音波を使った測定となる．欠点に関しても，非相溶なオイルを用いた場合に正確な測定が困難である点は変わらない．

15.4.6　静電容量式

静電容量式によるOCR測定は，コンデンサの電極を混合流体内に挿入し，OCRの変化による静電容量の変化からOCRを測定する．この方式は原理的に，冷媒とオイルの比誘電率の差が大きい方が有利であるが，差が小さい場合は測定精度が低下する．

15.4.7　可視化方式[*2]

可視化方式でのOCR測定は図15.4-1において混合流体の流れ方向において蒸発器の後ろ側にサイトグラスを設置して測定する．測定は下記の手順で行う．

(1) 全循環質量流量を一定にした状態で，蒸発器内を流れる冷媒とオイルの総質量流量を一定に保つ．
(2) 設置されたサイトグラスにおいて，冷媒液がなくなるまで蒸発器の加熱量を上げる．
(3) **図15.4-5**に示すように，サイトグラスの入口配管からオイルが流出し，配管下部にオイルの液滴を形成してからサイトグラスの底部へ落下する．
(4) 安定した後，流出して滴下するオイルの液滴の大きさと時間間隔を測定することにより，オイルの質量流量 m_{oil} を式(15.4-2)を用いて算出する．

$$m_{oil} = \frac{4}{3}\pi\left(\frac{D}{2}\right)^3 \rho \frac{N}{\tau}(1-w) \qquad (15.4\text{-}2)$$

ここに，Dはオイル滴の直径，ρは冷媒オイル混合物の密度，Nは測定するオイル滴の数，τはN個のオイルが滴下する時間の測定値，wはオイルに対するCO_2の溶解度を示す．ρは測定するか，計算によって求める．

(5) オイル循環率yを式(15.4-3)を用いて計算する．

$$y = \frac{m_{oil}}{m} \qquad (15.4\text{-}3)$$

可視化方式による測定では，原理的には冷媒が蒸発させられてオイルのみを観測するので，OCRが小さいシステムにおいても他の方式に比して精度の高い測定ができる可能性がある．実用面においては，蒸発器の加熱が必要なことや，オイル滴の量の測定の方法など課題は残る．

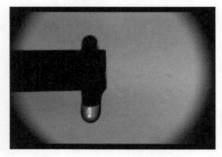

図 15.4-5　サイトグラスにおけるオイル滴

*1) JIS B8606　冷媒用圧縮機の試験方法
*2) R. Takigawa, T. Shimizu, Y. Matsusaka, L. Gao and T. Honda : Trans. of the JSRAE **26**(2), 167 (2009).
　　(in Japanese)

（瀧川　隆介）

第16章. 回転計・トルク

16.1 はじめに

多くの機械の動力源として使われているモータや内燃機関といった回転機の性能を測る，あるいは稼働状態を見る場合の測定項目としては，次のような項目が挙げられる．
- 回転速度
- トルク
- 電圧
- 電流
- 温度
- 振動
- 騒音　　など

このうち，温度や振動，騒音などは回転機の状態を間接的に見る項目であるのに対して，回転速度とトルクは回転機の性能や状態を直接測る基本的な測定項目である．

回転速度は単位時間あたりの機械的な回転の数を表すもので，時間の逆数として表され，SI 単位では s^{-1}（毎秒）で表されるが，一般には 1 分間あたりの回転数を示す min^{-1}（毎分）が使われている．日常的には r/min または RPM（revolutions per minute）と表記されることも多い．

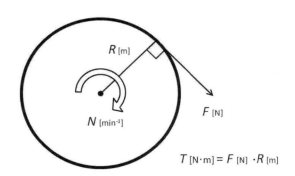

図 16.1-1　回転速度とトルク

トルクは**図 16.1-1**に示すように，半径 R [m]の円周の接線方向に F [N]の力を受けたときの作用の大きさを接線力と半径の積で表したもので，単位は N・m（ニュートン・メートル）である．

トルクと回転速度の積はパワー（仕事率）で，単位は W（ワット）であるが，一般には PS（馬力）も使われている．PS（馬力）は SI 単位ではなく，併用単位でもないが，日本の計量法では内燃機関に限ってその使用が認められている．

回転速度 N，トルク T，パワー P の関係は次のとおりである．

$$P [W] = N [s^{-1}] \times T [N \cdot m] \qquad (16.1\text{-}1)$$

$$P [PS] = P [W] / 735.5 \qquad (16.1\text{-}2)$$

16.2 回転速度の測定

回転速度は回転機械の基本的な測定項目であり，その測定器は一般には「回転計」または「タコメータ」と呼ばれ，古くからさまざまな手段が考案され，使われてきた．古くは遠心力を用いた機械式のものや，回転磁石による電磁誘導力を用いて針を振らせる準機械式のものなどがあったが，現在ではほぼ全てが電気式または電子式になっている．また単に回転数を測るだけでなく，回転速度を制御する，あるいは回転速度情報から回転機械の状態を診断する手法なども一般化している．本稿では電気式および電子式の回転速度測定に使われているセンサと回転計を紹介するとともに，回転速度制御や回転機械の診断方法について紹介する．

16.2.1 センサ

回転速度を測定するセンサには実にさまざまな原理が用いられているが，大きく分けてアナログ方式とディジタル方式がある．アナログ方式は回転速度に比例した電圧または電流を直接得るもので，代表的なものとしてタコジェネレータが挙げられる．ディジタル方式は回転速度に応じた周波数を出力するものが多く，検出方式としては電磁誘導，磁気，光学，静電容量などさまざまな原理に基づくセンサが使われている．以下，主な回転速度の検出方式を紹介する．

(1) タコジェネレータ

タコジェネレータは電磁誘導による発電を原理とするセンサで，回転速度に比例した直流電圧を出力する．直流式と交流式があり，直流式は直流モータとほぼ同じ構造をしており，固定子側にマグネット，回転子側に電機子巻線があり，回転子の回転によって電機子巻線に発生した電圧をブラシとコミュテータ（整流子）によって取り出す．直流式は直線性に優れ，回転方向によって正負の出力が得られるという特長に加えて，半導体部品を含まないので高温・高湿といった悪環境でも使用できるという特長がある．ブラシを使用しているのでブラシの寿命や，出力にリプルが含まれるという課題はあるが，使いやすいセンサとして広く使われている．

交流式は回転子側にマグネット，固定子側に巻線があり，回転子が回転すると固定子巻線に電圧が発生する．ただしこの電圧は交流なので，整流回路を通すことで直流に変換する．ブラシがないので保守が容易という特長があるが，直流式のように回転方向の判別はできない．

タコジェネレータはサーボモータの速度フィードバック要素としてモータと一体化したビルトイン型が多く，単独で使われることは少ない．

図 16.2-1 タコジェネレータの構造

(2) 電磁式回転センサ

周波数を出力するタイプの回転速度センサとしてもっとも一般的なものである．センサ自体は永久磁石とコイルを内蔵し，突起状の磁極をもった構造をしている．この磁極を，回転軸に取り付けられた磁性体歯車の歯に近接させると，回転軸の回転にともなって歯面と磁極の間の磁束が周期的に変化する．その磁束の変化が電磁誘導によってコイルに交流信号として誘起される．交流信号の周期は歯車の 1 ピッチ分の時間に相当するので，交流信号の周波数をカウントすれば回転速度が求まる．歯車の歯数を 60，120，600 などの 60 の倍数にしておくと，回転計のカウント時間（ゲート時間）を 1 秒または 0.5 秒とすることで r/min 直読値が得られる．この歯車の歯数は P/R（Pulse/Round）と表記される．このセンサは電磁誘導による回転センサということで「電磁式回転センサ」と呼ばれる．電磁式回転センサは，センサの種類や歯車の歯数にもよるが，

a) 非接触検出なので回転体に負荷をかけず，高速回転まで安全な測定が可能
b) 構造が簡単で，耐久性に優れる．
c) 温度，湿度，振動，水や油，塵埃などの影響を受けず，耐環境性に優れる．
d) 自己発電型で，外部電源が不要．

といった特長から，エンジンやポンプ，工作機械などの回転軸の回転速度検出用として多数用いられている．その一方で，

e) 回転軸に磁性体の歯車を取り付ける必要がある．
f) 低回転速度（60 P/R の場合，概ね 50 r/min 以下）では信号の振幅が小さく，測定が困難になる．

という欠点もあるので注意が必要である．

電磁式回転センサは一般には**図 16.2-2** のような，検出部と歯車が分離した形のものが多いが，**図 16.2-3** のように歯車にシャフトを付け，検出部と一体化したものもある．

電磁式回転センサの出力信号の周波数は数 kHz 程度の正弦波で，しかも振幅は数 V あるので信号伝送にはそれほど注意を払わなくても良いが，耐ノイズ性を考慮して信号ケーブルとして同軸ケーブルが使われることが多い．このときセンサが持つインダクタンスと同軸ケーブルの持つ静電容量により，ケーブル長は数十 m 程度に制限されるので，信号を長距離伝送する場合には**図 16.2-4** のような信号伝送器が必要になる．

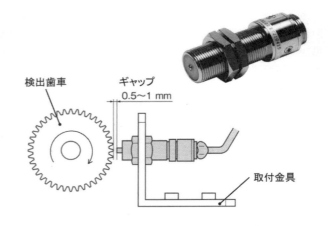

図 16.2-2 電磁式回転センサ

図 16.2-3 歯車内蔵型センサ　　図 16.2-4 信号伝送器

(3) 磁電式回転センサ

先の電磁式回転センサは電磁誘導によって磁界の変化を検出するものであったが，磁電式回転センサは磁気抵抗素子やホール素子といった磁電変換素子を用いて磁束の変化を直接検出する方式のセンサである．磁電変換素子からの信号は小さいので，信号を増幅するアンプや波形整形回路，それに電源レギュレータなどの電子回路を一体化した構造となっている．検出方法は電磁式回転センサと同様に磁性体の歯車と組み合わせて使用するので，使い方は電磁式回転センサとほぼ同じであるが，次の点で違いがある．

a) 0 r/min すなわち回転が停止した状態から検出ができる．
b) 応答が速く，20 kHz 程度まで応答できるので 60 P/R の歯車と組み合わせた場合で 20,000 r/min の高速回転まで測定できる．
c) 検出方向が決まっているので設置する際に注意が必要

-196-

d) 電子回路を内蔵しているので，使用温度範囲は-10〜70℃程度
e) 外部から電源供給が必要
f) 出力信号は矩形波

図 16.2-5　磁電式回転センサ

(4) 光電式回転センサ

このセンサは，光を回転速度に比例して断続させ，その断続光を光電変換素子により周期的に変化する電圧信号に変換するものである．スリットを透過する光を検出する透過型と，反射マークなどを用いて反射光量の変化を検出する反射型がある．

透過型の代表的なものに光学式ロータリエンコーダがある．これは図 16.2-6 のように円周上にスリット列を配置した回転スリットと，これに対向する位置に固定スリットを置き，両者の間に光を通過させることで回転信号を得る構造となっている．スリットには薄い金属板にスリット窓をあけたものや，ガラス板にクロムなどの薄膜を蒸着し，これにエッチングでスリット窓をあけたものなどが使われる．とりわけ，後者の薄膜スリットは微細で精密なスリットを作ることができるので，6000 P/R から数万 P/R といった非常に多パルスのものを作ることができる．また，光源と受光素子と固定スリットを2組用意し，固定スリットの配置を 1/4 ピッチずらすことで2相の信号を得るインクリメンタル方式のロータリエンコーダは回転方向を弁別することが可能なので，サーボモータなどの制御用センサとして幅広く使われている．

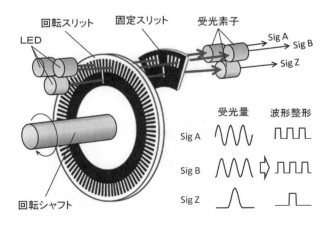

図 16.2-6　光学式ロータリエンコーダ

ロータリエンコーダは構造により，シャフト型，ビルトイン型，分離型の 3 つに分けられる．シャフト型は図 16.2-7 のようにシャフト（回転軸）を持ち，スリットと光学系と電気回路を堅牢な筐体内に収納した形式で，モータなどとはカップリングを介して接続する．シャフト型は堅牢なだけでなく，精度の高いものが製作可能である．

ビルトイン型はシャフトを中空にしたもので，モータなどのシャフトに直接取り付けることができ，カップリングは不要である．サーボモータなどで多く使われている形式であるが，モータからの熱や振動が直接伝わるので使用環境条件には配慮が必要である．分離型は回転スリット円板と固定スリット・光学系が分かれている形式のものである．回転スリット円板はモータシャフトに直接取り付け，固定スリット・光学系はモータのボディに固定するといった使い方で低コスト化が図れるが，取り付け時に調整が必要なうえ，防塵対策などを施す必要がある（図 16.2-8）．

図 16.2-7　シャフト型ロータリエンコーダ

図 16.2-8　ビルトイン型ロータリエンコーダ

反射型の回転センサは，回転体に反射材を取り付け，その反射材に光ビームを当てて反射される光の変化から回転速度を検出するものである．反射材としては微細なガラスビーズを表面に埋め込んだ再帰性反射シートがよく使われるが，最近の信号処理技術の進歩により，白黒の印刷パターンでも検出可能なセンサも登場している．代表的な反射型センサの例を図 16.2-9 に示す．これは投受光部と信号処理回路を一体化しているが，図 16.2-10 のように投受光部を光ファイバを使って延長したタイプもある．光ファイ

バなので狭い場所や環境条件の悪いところでも使用できる．このタイプの反射型センサによって得られる信号は基本的に 1P/R なので，信号の周期時間から回転速度を計算して求める方式の回転計が必要となる．1P/R の反射マークに代えて，縞模様のテープ（通称ゼブラテープ）を使えば，多パルスの信号を得ることもできる．反射型の回転センサは使いやすいセンサであるが，反射材が汚れてくると安定した測定ができなくなるので，粉塵やオイルミストの多い場所や結露する環境での使用は避けたほうが良い．また外乱光の影響を受けるので，直射日光の当たるところや明るい照明，特にインバータ制御の蛍光灯やＬＥＤ電球による照明の場所で使用する際は遮光するなどの対策を考えておくと良い．

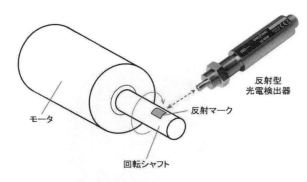

図 16.2-9　反射型回転センサ

図 16.2-10　光ファイバ回転センサ

(5)　ストロボスコープによる回転速度測定

ストロボスコープは，一定の時間間隔で光を点滅させる装置である．高速で回転している回転体にストロボスコープの光を当てたときに，光の点滅周期と回転体の回転速度が一致（同期）すると回転体が止まって見えることから，その時の光の点滅周期から回転速度を求めることができる．昔のアナログレコードプレーヤは放射状の縞模様の円盤を使って回転速度を調整していたが，これはストロボスコープと同じ原理によるものである．ストロボスコープによる回転速度測定は，

a)　非接触測定で，数 m 離れたところからでも測定可能

b)　測定対象に簡単な目印を付けるだけでよく，センサを取り付ける必要がない．

c)　正確に測定できる．

といった特長がある一方で，次のような欠点があるので，注意が必要である．

d)　光の点滅周期が回転速度の整数倍または整数分の 1 の場合にも静止して見える．

e)　手動操作と目視判断が必要で自動測定はできない．

f)　定常回転の時のみ測定可能で，回転速度が変動していると測定が困難である．

図 16.2-11 はストロボスコープの製品例で，左は光源には閃光時間の短いキセノンフラッシュを使ったポータブルタイプのもの，右は光源に高輝度 LED を用いたハンディタイプの例である．

ストロボスコープによる回転速度の測定手順は次のように行う．

ⅰ）回転体の 1 カ所に目印を書く．（図 16.2-12-(1)）
ⅱ）ストロボスコープの光を回転体に当てる．
ⅲ）ストロボスコープの点滅周波数をまず最高周波数に設定し，次に点滅周波数を徐々に下げていくと目印の見え方が次の順序で変化する．

① 同期していない場合には目印は肉眼では見えない，または移動して見える．（図 16.2-12-(2)）
② 点滅周波数が回転速度の 3 倍の場合には目印は 3 個に見える．（図 16.2-12-(3)）
③ 点滅周波数が回転速度の 2 倍の場合には目印は 2 個に見える．（図 16.2-12-(4)）
④ 点滅周波数＝回転速度になったとき，目印は初めて 1 個に見える．（図 16.2-12-(5)）　なお，この時が最も明瞭に見える．
⑤ さらに点滅周波数を下げていくと，点滅周波数＝回転速度÷K（K＝2,3,4,…）において目印は 1 個に見えるが，④の状態に比べるとコントラストが低い．（図 16.2-12-(6)）
⑥ ④の状態を探し，さらに点滅周波数を微調整して目印が静止して見える時の点滅周波数から回転速度を求める．

あらかじめだいたいの回転速度がわかっている場合には，点滅周波数をその回転速度付近に設定し，点滅周波数を微調整して目印が静止するところを探すと良い．

図 16.2-11　ストロボスコープの例

第16章. 回転計・トルク

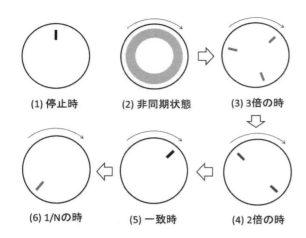

図 16.2-12　ストロボスコープによる回転速度測定

(6)　その他の回転センサ

回転速度を測るには，回転に応じた何らかの電気信号が得られれば測定が可能であり，前述のセンサの他にも，特定用途向けにいろいろなセンサが使われている．例をいくつか紹介する．

a)　イグニションパルスセンサ

ガソリンエンジンはシリンダ内で気化した燃料に点火して爆発させることで力を発生させているが，この点火には電気火花（イグニション）が使われている．そこでこのイグニション電流を検出すれば回転パルスを得ることができる．その例を図 16.2-13 に示す．点火プラグのコードを洗濯ばさみのようにくわえ，点火コードに流れる電流を電磁的に検出してパルス信号を得る．このパルス信号は 2 サイクルエンジンでは 1 回転ごとに 1 パルス，4 サイクルエンジンでは 2 回転で 1 パルスが得られる．

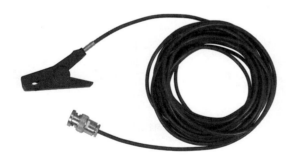

図 16.2-13　イグニションパルスセンサの例

b)　漏洩磁束センサ

DC モータや AC モータが回転していると，その周囲にはわずかながら磁束が漏洩している．この漏洩磁束はモータ内部の電機子の回転によって変化しているので，この漏洩磁束を捉えることでモータの回転数を測定することができる．ただしこの漏洩磁束はモータ周辺の場所によって変化するので，安定して検出できるところ探す必要がある．また検出された信号にはノイズが含まれていることが多いので適切なフィルタ処理を行う必要がある．この方式のセンサを使って安定に測定するためには後述のＦＦＴ回転計を使うのが良い．　なおこの方式のセンサで回転速度を測定できるのは直流モータか同期型 AC モータに限られ，誘導型 AC モータやステッピングモータには適用できない．また DC モータや同期型 AC モータであっても，モータの種類や運転条件によっては安定した測定が難しい場合があるので注意が必要である．この方式の特長は，回転軸が露出していない場合でも測定が可能な点で，図 16.2-14 は電動歯ブラシ内の DC モータの回転数を測定した例である．

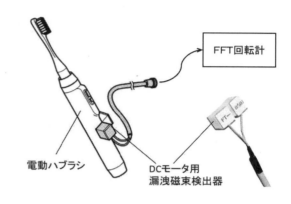

図 16.2-14　漏洩磁束センサ

c)　空間フィルタセンサ [*1]

格子越しに移動体を見ると移動体が周期的に見え隠れするが，その周期は移動体の速度と格子のピッチで決まる．この原理を応用して，スリット列を通して移動する物体を光電検出すると，その出力信号には物体の移動速度に比例した周波数成分が生じるので，その周波数から移動速度を求めることができる．この場合のスリット列のような特定の透過パターンを空間フィルタと呼び，これを応用した速度計を空間フィルタ速度計という．

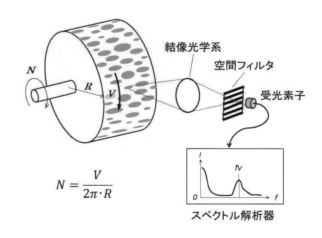

$$N = \frac{V}{2\pi \cdot R}$$

図 16.2-15　空間フィルタ速度計の原理

空間フィルタ速度計は表面の光学的なムラを検出するので，測定対象には何も取り付けることなく，しかも離れた

ところから非接触測定ができるという特長がある．空間フィルタ速度計で得られるのは表面速度であるが，目的によっては回転速度よりも周速度を知りたい場合も多く，そのような場合に有用である．もちろん回転体の径や周長が分かっていれば回転速度を計算で求めることもできる．

16.2.2 回転計

回転計に限らず，計測器の表示形態の違いによりアナログ表示とディジタル表示がある．ディジタル技術が一般化した現在では多くの計測器はディジタル表示となっているが，回転計の場合にはアナログ表示も健在で，中にはLCD (Liquid Crystal Display) でアナログメータを模した表示を行っているものもある．それは回転速度が機械の状態を示す重要な項目であり，しかも瞬時に回転速度を読み取る必要があることが多いためである．特にエンジンの場合には回転速度のレスポンス，いわゆる吹き上がりが重要なため，アナログ表示が主流である．もちろん正確な回転速度を表示させたい場合にはディジタル表示が使われる．

(1) アナログ回転計

古くはアラゴの円盤の原理に基づいた機械式の回転計も用いられていたが，現在は先述の回転センサからのパルス信号を電圧に変換し，電気式のメータを振らせる方式のものがほとんどである．回転センサ信号を電圧に変換する方法については後述のF-V変換回路が用いられる．

先に書いたように，エンジン回転の計測ではアナログ表示の回転計がよく用いられており，**図 16.2-16** はその一例である．この回転計はエンジン回転速度測定用に特化しており，アイドリング調整時などに使う低回転域と，通常運転時の回転速度測定用の高回転用の二重の目盛があり，測定範囲が自動的に切り替わるオートレンジ仕様となっているが，どちらのレンジでも常用回転数で指針の位置が同じ位置になるようにして，視認性を高めている．

図 16.2-16 アナログ回転計の例（エンジン回転計）

(2) ディジタル回転計

先述の回転センサからの信号から回転速度を求めるにはゲートカウント方式と周期演算方式の2通りの方法がある．ゲートカウント方式はある一定の時間（ゲート時間；例えば 1s）内に入力されるパルスの数をカウントする方式で，例えば 60P/R の信号をゲート時間 1s で測定すると，カウント値は r/min 直読となる．(**図 16.2-17**) ゲートカウント方式はディジタル計測の最も基本的な方式であり，ディジタル表示の計測器全般を時に「カウンタ」と呼ぶのはここから来ている．ゲートカウント方式による測定値はゲート時間中の平均値になるので，信号の品質が多少悪くても安定した測定ができるが，応答性はゲート時間に依存するので，定常的な回転速度の測定に向いている．

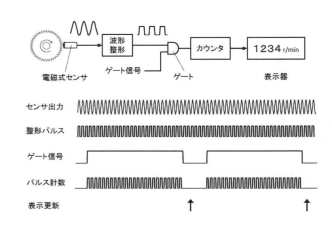

図 16.2-17 ゲートカウント方式回転計

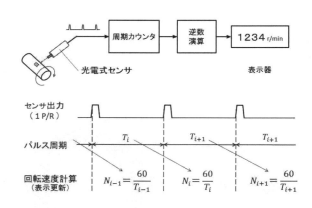

図 16.2-18 周期演算方式回転計

周期演算方式は，入力されるパルス信号の周期時間 T [s] を計り，その逆数を演算して回転速度 N [r/min]を求める方式である．(**図 16.2-18**)

$$N = \frac{60}{T} \quad \text{r/min} \tag{16.2-1}$$

逆数演算はかつては巧妙なパルス演算によって実現していたが，現在ではマイクロコンピュータを使って容易に実現されている．周期演算方式の特長は，P/R が少ない信号でも高い分解能で測定ができることで，**図 16.2-19** のように回転体に反射マークを貼り，反射式光電センサを使って

得られる 1P/R の信号から回転速度を求めるハンディタイプの回転計によく使われている．また，測定結果が 1 パルスごとに得られるので応答性が高く，回転の立ち上がり特性の測定や回転速度の変動を見たい場合に有用である．その一方で，信号の品質が悪くジッタ（時間軸上の信号のゆらぎ）が多いと正確な測定ができないという点や，回転停止の判定が難しいといった問題もあり，使う上で注意が必要である．

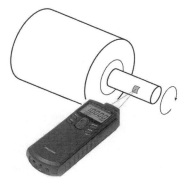

図 16.2-19　ハンディ型回転計

(3) FFT 回転計

前項と全く異なった計測方法として FFT（Fast Fourier Transform：高速フーリエ変換）演算による回転計が実用化されている．FFT とは時間軸信号を周波数スペクトルに変換する演算の方式で，アナログ信号を A/D 変換して，そのデータを FFT するとアナログ信号に含まれるいくつかの周波数成分に分解して，その周波数成分ごとの振幅を求めることができる．そこで回転センサからの信号を FFT 解析し，周波数成分の特徴から回転速度を求めることができる．ただし FFT だけでは分解能が十分ではないので，信号理論に基づいて内挿することにより実用的な分解能を得ている．この FFT を含む一連の演算には高度な計算処理能力が必要なので，実用的な回転計として実現が難しかったが，近年のマイクロコンピュータの飛躍的な能力向上によって容易に実現できるようになり，最近では図 16.2-20 右のような手軽なハンディタイプの FFT 回転計もある．FFT 回転計の特長は，ノイズの多い信号や途切れ途切れの信号でも測定が可能なことで，先述の漏洩磁束センサとの組み合わせや，回転体が発する音や振動からも回転速度を求めることができるので，広い範囲への応用が期待できる．

図 16.2-20　FFT 回転計

(4) F-V 変換

アナログ回転計の項で説明したように，回転センサからのパルス信号を受けてアナログ表示をするには F-V（Frequency-Voltage）変換回路が必要である．アナログ信号とすることで表示だけでなく，記録用信号や後述する制御用信号として，さらには信号解析を行ってモータやエンジンの特性測定や機械の異常診断など，幅広い応用が可能となる．

F-V 変換の方式には大きく 2 種類あり，目的・用途によって選ぶ必要がある．方式の一つはパルス密度変調方式で，これは図 16.2-21 に示すように，入力された回転パルス信号をトリガとして一定の時間幅のパルスに変換し，これを LPF（Low pass filter）を通過させると回転速度に比例したアナログ信号が得られる．回路が簡単でリニアリティに優れたアナログ信号が得られることから，古くから使われている方式である．欠点はリップル（脈動成分）が出やすいことで，リップルを小さくしようと LPF のカットオフ周波数を低くすると応答が遅くなるので，目的によって適切な LPF を選ぶ必要がある．

もうひとつの方式は，ディジタル回転計の項で紹介した周期演算方式である．周期計測／逆数演算はアナログ回路でも実現可能であるが，かなり複雑な回路になるので，ほとんどはマイクロコンピュータによって計算し，D-A コンバータによってアナログ出力を得る方式が使われている．周期演算方式は 1 パルスごとに出力が得られるので速い応答性が得られるが，出力が階段状になることと，高速回転つまり周波数が高い領域では分解能が低下することになるので注意が必要である．（図 16.2-22）また先述したように，周期演算方式では回転の停止状態を判断するために少し工夫が必要である．周期演算方式による製品の例を図 16.2-23 に示す．

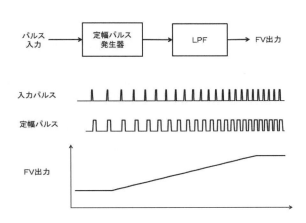

図 16.2-21　パルス密度方式 F-V 変換回路

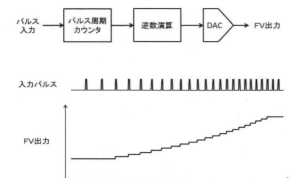

図 16.2-22　周期演算方式 F-V 変換回路

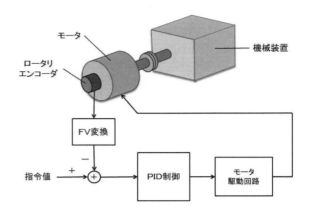

図 16.2-24　回転速度制御回路

図 16.2-23　F-V 変換器の例

16.2.3　回転計測の応用

これまでは回転速度の測定方法について述べてきたが，回転速度には回転機械の状態に関する情報が含まれているので，その情報を抽出していろいろな用途に応用することができる．ここでは回転速度制御と回転機械の異常診断について紹介する．

(1)　回転速度制御

モータは様々な機械の動力源であるが，その機械を動かす上ではモータの回転速度をある回転数に保ちたい，あるいは他の機械と同期を取って動かしたいといった要求は当然ある．そのためにはモータの回転速度を制御するわけであるが，回転速度センサをフィードバック信号とした PID 制御が広く行われている．**図 16.2-24** にその基本的な構成を示す．モータに取り付けられたロータリエンコーダの信号を F-V 変換してこれをフィードバック値（電圧）とする．指令値（電圧）とフィードバック電圧の差を取り，PID（P：比例，I：積分，D：微分）回路で補償した後，これを増幅してモータを駆動することで回転速度の自動制御を実現している．1 台のモータのフィードバック信号を別のモータの指令値とすれば 2 台のモータの同期制御が実現できる．そのほか，回転速度制御は位置制御のマイナーループとしても重要で，極めて広範に使われている技術であるが，その制御精度はフィードバック信号の精度に依存するので，回転検出センサの果たす役割は重要である．このような制御用のセンサは分解能が高いほうが良いので，多パルスの光学式のロータリエンコーダが使われることが多いが，環境条件の厳しいところでは電磁式または磁電式のセンサが使われる．

(2)　設備診断

回転機械を安定して稼働させるためには保守が重要であるが，そのための技術として設備診断がある．設備診断の手法は様々あり，最も一般的な方法は振動による診断であるが，回転速度そのものを解析する，あるいは振動情報や後述するトルクの情報と回転速度情報を組み合わせて解析することで，より詳細に診断することができる．その手法をいくつか紹介する．

a)　回転変動

モータや軸受に異常が生じると回転速度が安定せず，変動するという現象が起きることがある．例えば，回転体にアンバランスが生じた場合や，回転軸の芯がずれた場合などには，回転速度がわずかに変化することが多い．このような回転変動は周波数が低いため，振動では捉え切れないことがあるが，瞬時回転速度と平均回転速度の差を取ると検出することができる．あるいは減速機内の歯車の歯面にキズがある場合，回転軸に取り付けた多パルスのロータリエンコーダの信号を F-V 変換し，これを微分することによりキズを検出することができる．

さらに詳細な解析を行う場合には FFT アナライザを使用すると良い．FFT 回転計の項で説明したように，FFT はアナログ信号に含まれるいくつかの周波数成分に分解して，その周波数成分ごとの振幅を求めることができるので，F-V 変換した回転速度信号を FFT すると，どのような周波数で回転速度が変動しているかがわかり，そこから異常箇所や異常原因を推定することができる．[*2]

b)　回転速度差（比）

回転信号入力を 2 チャンネル持つ回転計には回転速度差あるいは速度比を求める機能がある．**(図 16.2-25)** 例えば，ベルトとプーリによる減速機構を持つ機械装置において，入力軸と出力軸それぞれの回転速度信号を 2 チャンネル回転計に入力して回転比を監視すればベルトのスリップを検出することができる．あるいは，製紙ラインや金属圧延ラインには沢山のローラがあるが，ローラ間の回転速度差（比）を監視することで，ラインの異常を検知することができる．

第16章. 回転計・トルク

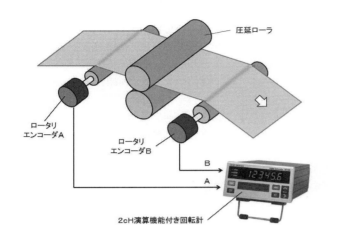

図 16.2-25 回転差（比）の測定

c) ねじり振動

回転機械では，回転軸が持つねじりのバネ性と軸の両側につながる慣性質量により振動系が構成され，ねじり共振周波数を持つ．もし速度に起因する振動とねじり共振周波数が一致すると大きなねじり振動が生じて，甚だしい場合には回転軸が折損するといった重大な事故につながることもあり，ねじり振動は極めて危険な現象である．

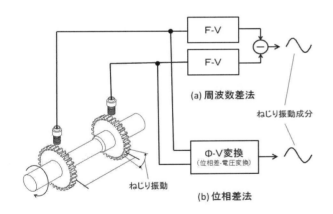

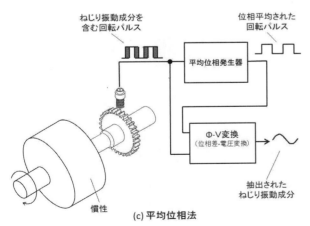

図 16.2-26 ねじり振動測定

ねじり振動が起きると当然機械振動となって現れるが，ねじり振動は急激に成長することが多く，単なる振動検出では手遅れになる恐れもある．機械が完成したあとでねじり振動が発覚してもこれを抑えることは非常に難しく，設計時に使用回転速度域でねじり振動を起こさないよう予め対策を立てておくとともに，機械が完成したところで，有害なねじり振動がないか，確認しておく必要がある．ねじり振動を測る方法はいくつかあるが，ここでは回転信号からねじり振動成分を抽出する方法を紹介する．

もっとも確実な方法は，図 16.2-26 (a)および(b)のように回転軸の両端に検出器を取り付け，相対角度を測る方法である．(a)は先に紹介した F-V 変換器を 2 台使って，その差を取ることでねじり振動成分を抽出するものである．より高精度な測定が必要な場合には(b)の示すように位相差-電圧変換器を使用する．回転軸の両端に検出器が付けられない場合には，(c)に示すように，信号処理により位相を平均化した信号との位相差からねじり振動成分を抽出する方法もある．この方法は簡便であるが，平均位相発生器は一種のローパスフィルタなので，ねじり振動周波数とフィルタ特性の関係を慎重に調整する必要がある．

d) 次数比分析とトラッキング分析

回転機械の振動を FFT アナライザを使って周波数分析すると，図 16.2-27 に示すように回転速度の整数倍の周波数の振動となって現れることが多い．これを振動の回転次数成分という．例えば，モータから発生する振動では極数の整数倍の成分が多く，エンジンの場合には気筒数の整数倍の成分が主体である．何倍の回転次数成分が大きいかということだけでも設備診断として有用な情報であるが，回転速度を変えた時には振動の周波数も変化してしまうので，詳細に解析するには不都合である．そこで周波数 f を回転次数で正規化して表示すると，図 16.2-27 に示すように回転速度が変化しても，回転次数成分は同じところに表示され，解析が容易となる．これを次数比分析という．次数比分析を実現するには，回転パルス信号を周波数逓倍し，これを FFT アナライザのサンプリング信号とすることで可能となる．さらにある回転次数成分に着目して，回転速度の上昇にしたがってどのように変化するかを観測することをトラッキング分析という（図 16.2-28）．次数比分析やトラッキングは振動の原因推定の有力なツールである[3]．

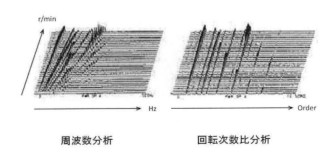

周波数分析　　　　　　回転次数比分析

図 16.2-27 回転次数比分析

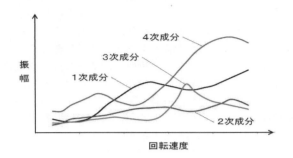

図 16.2-28　回転トラッキング分析

16.2.4　回転速度の校正方法

回転速度は JCSS（Japan Calibration Service System：計量法トレーサビリティ制度の略称）の登録区分になく，標準器となるものはないが，回転速度は時間の逆数，すなわち周波数と等価であるので，周波数を基準として校正を行う．ディジタル回転計単体の校正は，回転センサからの信号の代わりに高精度な周波数信号発生器信号を入力する方法で容易に校正できる．アナログ回転計やセンサと回転計が一体となったハンディタイプの回転計の場合には，高精度に回転速度制御をかけたモータを使った校正装置によるのが現実的である．その一例を**図 16.2-29** に示す．モータの制御に PLL（Phase Locked Loop）制御を用いれば水晶発振器と同等の精度が実現できる．

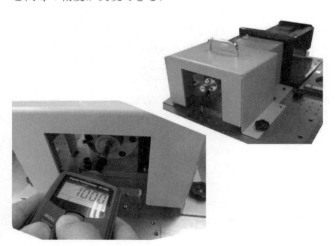

図 16.2-29　回転速度校正器の例

16.2.5　まとめ

以上，回転速度の検出方法とその応用について述べてきた．まず，回転速度を検出するセンサには様々な原理・構造のものがあり，それぞれに特長と課題があるので目的に応じたセンサを選定することが重要である．

つぎに回転速度を表示する回転計としてはディジタル表示のものが主流であるが，自動車のタコメータのようにアナログ表示のものも健在である．また回転パルスから回転速度を求める方法には，従来からのゲートカウント方式と周期演算方式のほか，FFT 技術によるものを紹介した．

さらに回転速度計測の応用として，速度変動や次数比分析による設備診断技術について紹介した．ここでは主に回転信号のみによる診断技術の紹介にとどまるが，これと例えば振動の情報を組み合わせると診断の範囲は大きく広がる．その詳細について専門の書籍が多数出ているのでそちらを参照されたい．[4]

冒頭に述べたように，回転速度は機械測定の最も基本的な測定量であり，これを正確に測ることは非常に重要である．本稿は様々な技術の紹介にとどまるが，古くからの測定法だけでなく，新しい技術による測定法が生まれており，測定できる範囲や精度が向上していることを知っていただき，その技術を利用することで回転機械の性能や信頼性の向上の一助になれば幸いである．

参　考　文　献

*1) http://www.sice.jp/handbook/空間フィルタ，計測自動制御学会オンラインハンドブック，(2010)
*2) http://www.onosokki.co.jp/HP-WK/whats_new/catalogs/products/cf4500_6.pdf，(2013)
*3) 山口公典：「やさしい FFT アナライザの使い方」，PP.119-127，オーム社，(1993)
*4) 豊田利夫：「回転機械診断の進め方」，日本プラントメンテナンス協会，(1996)

（橋詰　隆）

16.3　トルク計

16.3.1　トルク計

トルク計には大きく2つの方式がある．動力源と負荷の間に挿入しそのポイントでのトルクを計測する軸トルク計と，負荷装置にトルク計測する機能を有した動力計である．（**図 16.3-1**）

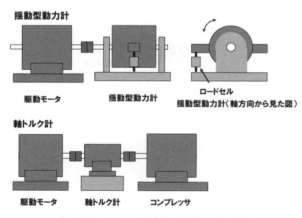

図 16.3-1　トルク計の種類と構成例

軸トルク計の特長は，トルク計の挿入ポイントでのトルクを計測できることにある．そのため，たとえば回転伝達

装置の入力と出力で同時にトルクを測定することでその装置のトルク損失を計測することが可能である．一方動力計は，一つの装置で負荷を掛けトルクを計測することができるが，計測できるポイントは出力トルクに限られる．負荷装置でトルクも計測できるため，装置構成を簡単にできる利点がある．

ここでは，主に軸トルク計について解説する．軸トルク計には，検出法にいくつかの種類が有り，位相差法，歪みゲージ法，磁歪法の三方式に代表される．次に，それぞれの検出法別に解説する．

(1) 位相差法

位相差式は，トルク伝達軸（トーションバー）に加えられるトルクに比例したねじれ角を，入力軸，および出力軸それぞれに配置した歯車などにより検出される信号の位相差に変換し検出する方法である．位相差式は，信号を回転軸と非接触で検出できるうえ，位相差は水晶発振器などの高精度な時間基準により測定できるなどの利点がある．

トルク軸がトルクを伝達するとき，軸にはトルクに比例したねじれ角が生じる．トルクをT，ねじれ角をθ_tとすると，次の関係式が成り立つ．

$$T = \frac{\pi d^4 G}{32 l}\theta_t = \frac{I_p G}{l}\theta_t = k\theta_t \qquad (16.3\text{-}1)$$

d: 軸径，l: 軸長，G: 横弾性係数，I_p: 断面二次極モーメント，$k = \dfrac{I_p G}{l}$

つまり，ねじれ角θ_tを計測すれば，トルクTを求めることができる．位相差式は，このねじれ角を二つの検出器から出力される信号の位相差で検出するものである．トルク計内部構造を**図16.3-2**に，検出原理を**図16.3-3**に示す．

まず，位相の検出方法であるが，トルク計に内蔵されたトルク伝達軸（トーションバー）の両端には二つの歯車（A,B）と二つの電磁式検出器(C,D)が置かれている．軸が回転し歯車が回転すると電磁式検出器からは交流電圧信号(E,F)が出力される．トルクが掛かるとトーションバーにはトルクに比例したねじれ角θが生じる．ねじれ角に応じて歯車A,Bの相対角度位置がずれる為，それに伴い交流信号(E,F)に位相差が発生する（図16.3-3 (a)）．

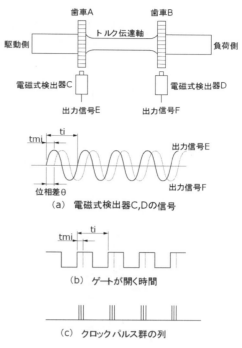

図 16.3-3 位相差式検出原理[1]

ここで，交流信号E,Fよりも十分に周波数の高い基準パルスを用意する．E,F二つの波形を用いてズレ期間だけ開くゲート信号を作り（図16.3-3 (b)），通過した基準信号のパルス列（図16.3-3 (c)）をカウントすることで，E,F二つの波形のズレ時間 tmi を計測する．同時に交流信号Eの1周期分のパルスもカウントし1周期の時間 ti も計測する．ここで，位相差は tmi/ti で計算できるので，軸にトルクが加わっていない時の位相差をθ_a，あるトルクが加えられた時の位相差をθ_bとすると，$\theta_b - \theta_a$ にトルク計の持つ固有値を掛け合わせれば，ねじれ角 θ_t を得ることが出来る．

ここで，電磁検出器から出力される交流信号は，歯車と検出器の距離により振幅が変化する．すると，回転軸のラジアル方向の振動による出力変化により，正確な位相を検出できなくなる恐れがある．これを防ぐため，歯車と同数の歯数を持った内歯歯車と環状永久磁石，コイルを用いた電磁検出器を用意し，全周に渡って検出する方法を用いる．この方法により，検出信号は全周に渡り平均化された信号となるため，回転軸がどのように振動しても相互に打ち消し合うため，安定した交流信号を得ることが可能となる．

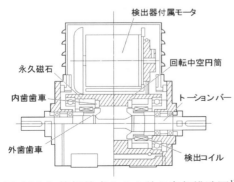

図 16.3-2 位相差式トルク計の内部構造図[1]

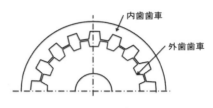

図 16.3-4 検出歯車の構造

この方式は，50年近く前に製品化されたものであるが，計測に水晶発振器という周波数が非常に安定した信号を使い時間基準で計測すると，トルク伝達軸のねじれ角は入力トルクに対して弾性域内で0.1％の直線性を持つこと，また回転部と非接触で検出できることから，長期にわたり非常に安定した計測が可能という特長を持っている．

近年は，より精度を高めるために，ねじれ角検出に歯車の代わりに位相差板（磁気遮蔽版）を，歯車が発生させる正弦波の代わりに外部キャリア信号を使用して計測する電磁誘導位相差検出方式も開発された．原理を図 16.3-5に，外観を図 16.3-6 に示す．

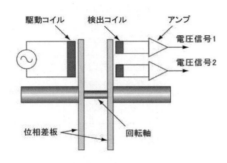

図 16.3-5 電磁誘導位相差検出方式のトルク計の原理[1]

図 16.3-6 電磁誘導位相差検出方式トルク検出器 [1]

トルク伝達軸の両側に配置された位相差板は，軸のねじれにより相対角度位置が変化すると，駆動コイルから検出コイルへの磁気損失が変化するように作られている．さらに，検出コイル1と2とでは損失の符号が逆になるように設計されているため，検出コイル1と2とでは信号に位相差が発生する．歯車を用いた位相差式同様，この位相差を計測することにより，トルク値を得ることが出来る．二つの検出コイルが得る信号は，従来の歯車を使用した信号よりもS/N（Signal to Noise ratio）がよく，また検出信号が軸の回転速度に依存しないため，安定した信号を得ることができ，正転・逆転が連続して起こる駆動装置などのトルク測定もそのまま使用できる．

(2) 歪みゲージ法

歪みゲージ法は，古くから実用化されている計測法である．トルク計の場合，トルク伝達部表面に歪みゲージを張り付け，トルクにより発生する歪みを測定してトルクに換算する．

歪みの検出には，検出器の形状として2種類が製品化されている．一つは位相差法や他のトルク計と同様にトルク伝達に丸棒の軸を用い両端に軸受け（ベアリング）を有するもの，もう一つは検出器の形状がディスク形で検出部に梁の構造を持ち軸受けを持たない薄型のフランジ型と呼ばれるものがある．

最初に，トーションバーを用いるものについて説明する．検出原理を図 16.3-7 に示す．

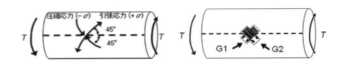

図 16.3-7 歪みゲージ式検出原理

軸にトルク T を加えると，軸表面には軸方向に対して45度の角度をなして張力と圧縮力の歪みが発生する．このひずみを測定することでトルク値に換算する．張力と圧縮の2方向の歪みをそれぞれ歪みゲージ G1，G2 で検出し，2ゲージ法によるブリッジ回路を組むことで，温度変化による見かけのひずみを相殺し，より安定した出力を得ることができる．回路例を図 16.3-8 に示す．

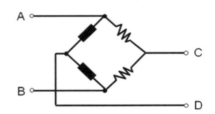

図 16.3-8 歪みゲージ検出ブリッジ回路

トルク T を受けている軸の剪断応力 τ は，軸表面で最大となり次式で表される．

$$\tau = \frac{T}{Z_p} \tag{16.3-2}$$

Z_p：極断面係数

また，剪断ひずみ γ は，

$$\gamma = \frac{\tau}{G} = \frac{T}{GZ_p} \tag{16.3-3}$$

G：横弾性係数

となる．

また，ひずみゲージが検出するひずみ ε_0 と剪断ひずみ γ には，

$$\gamma = 2\varepsilon_0 \tag{16.3-4}$$

の関係があるが，2ゲージ法により回路から得られるひずみ ε は2倍となる．

第16章．回転計・トルク

よって，剪断応力 τ とトルク T は次式で表せる．

$$\varepsilon = 2\varepsilon_0 \tag{16.3-5}$$

$$\gamma = 2\varepsilon_0 = \varepsilon \tag{16.3-6}$$

$$\tau = G\gamma = G\varepsilon \tag{16.3-7}$$

$$T = \tau Z_p = GZ_p \varepsilon \tag{16.3-8}$$

歪みゲージ式は，位相差式にくらべトルク伝達軸のねじれ角に対する検出感度が高い．その為，捩り剛性を高くすることが出来るため，速い応答性を得ることが出来る．一方，検出はアナログ回路を用い抵抗値の微小変化を電圧値に変換し使用するため，温度変化や経年変化が懸念される．歪みゲージはそれ自身の温度係数が大きいため，ブリッジ回路を用いて相殺したり，温度補償用の抵抗体で補償している．また，トルク伝達軸の機械的温度特性も補償抵抗体で補償し，トルク計としての温度係数を少なくしているものもある．

また，検出部が回転部にあるため，回転部から信号を取り出すためにスリップリングやロータリトランスが必要となる．スリップリングは，回転体に配した同芯状の電極をブラシで接触させ信号と電源を伝達するものである．回転体と固定部間で容易に信号の送受信が可能だが，ブラシが摩耗するため定期的な交換が必要となる．一方，ロータリトランスを用いる方式は非接触で信号の伝達が可能であるためメンテナンスフリーである．一般に検出信号は，ロータリトランスで信号を伝達させるために一度周波数に変換され固定側に送られる．

次に，フランジ型について説明する．外観を図 **16.3-9**に示す．

図 16.3-9　歪みゲージ式フランジ型トルク検出器[1]

フランジ型は，検出部であるロータとアンテナであるステータの2つからなる．お互いは完全に分離しており，これまで説明してきたトルク検出器と異なりトルク伝達軸を支えるベアリングを持たない．その為，ベアリングによるトルクロスが問題になる様な測定の場合には有利な検出器である．一方，接続する相手の軸にぶら下がるかたちで取り付けられるため，相手方の軸受けの耐荷重仕様がフランジ型トルク計を保持できなければならない．耐荷重仕様が十分でない場合は，フランジ型トルク計を支えるための中間軸受けを用意しなければならない．また，検出部の直径が大きくなりやすいため，検出器の回転モーメントが大きい．

他の方式に比べ検出器の長さを短く（薄く）設計出来るためねじり剛性を高くできる．そのため，回転時のトルク変動や，始動・停止・負荷変動時の過渡特性の計測など応答性が要求される場合に有利である．一方，検出部の直径が大きくなりやすいため，検出器の慣性モーメントは他のトーションバー方式に比べ大きいため，注意が必要である．また，小型化が難しい構造のため，現在生産されているトルク容量は数十N・m以上と小さな容量は商品化がされていない．

検出器の基本構造例を図 **16.3-10** に示す．入力軸と出力軸は内側と外側に分かれており，それを柱が繋いでいる．トルクが発生すると柱にせん断歪みが発生する．この歪みをひずみゲージで検出しトルク値を求めている．トーションバー式の歪みゲージ法と同様，検出素子がロータ側にあるためフランジ型のトルクメータの多くは電磁誘導方式によりトルク信号と駆動電力を伝送している．つまり，トルクメータを取り囲むように配置してある輪には誘導アンテナが組み込まれており，トルク信号を受け取ると共に，ロータ内の電子回路に電力も送っている．この誘導アンテナは，分割出来る構造になっており，セッティングが容易にできるようになっている．

このように，フランジ型は機械的にも電気的にも完全に非接触であり摩耗するところが無いため，高い耐久性を持っている．

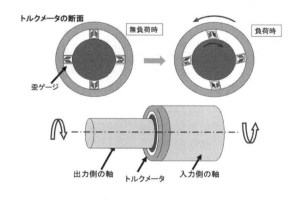

図 16.3-10　フランジ型トルク検出器の構造図[1]

(3) 磁歪法

磁歪法は，金属に歪みが発生すると透磁率が変化する磁歪効果を用いた検出法である．軸トルク計としての構造は，歪みゲージ法のトーションバー方式と似ている．

トーションバーには磁歪効果を有する磁性材料を使う．歪みの発生方向は，歪みゲージ法で説明したように軸に対して±45°である．検出方法には，磁気異方性を出すためにトーションバー表面に+45°と-45°の斜めの溝を切ったり，45度の磁歪効果を検出するために，コの字型ヨークを90度で交差させ検出コイルの角度を45°にするなどの方法がある．磁歪法は位相差法と同様，回転部に検出素子を持

-207-

たず固定側からトーションバーの歪みを検出できるため，回転部から非接触でトルク信号を取り出すことが可能で，検出機構もシンプルである．また，トルク伝達軸への溝加工を除けば，部品は固定側のコイルと電子回路のみと低コスト化が出来るため，装置組み込み型のトルク検出法として研究されている．磁歪効果は，検出コイルとトーションバーのギャップ変動や温度変動の影響を受けやすく，リニアリティ補正も必要であるなど，条件出しが難しい面がある．

16.3.2 トルク計測の応用

トルク計は回転体の出力や効率などの様々な特性を測る上で欠かせない検出器である．省エネが叫ばれて久しいが，今なお，様々な技術改善が進み，効率改善が進められている．以下にその例を紹介する．

(1) トルク計測の事例
a) 動力源の性能評価

動力源の性能評価の代表的な構成を**図 16.3-11**に示す．

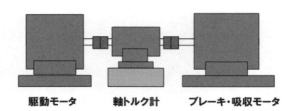

図 16.3-11 動力源の性能評価構成例

被測定対象の動力源，負荷装置であるブレーキの間に軸トルク計を挿入し，トルクを計測する．ブレーキには，ヒステリシスブレーキや渦電流式ブレーキ，ダイナモモータ(吸収モータ)が用いられる．負荷装置には，動力源の出力を受けられることはもちろん，試験要件に合わせて負荷装置を選択する必要がある．ヒステリシスブレーキは，電流によってその負荷を変化させることが出来る．軸トルク計の出力をブレーキ制御回路に入力することで，任意の一定負荷，あるいはゆっくり変化する負荷を比較的簡単に与えることが可能である．モータの負荷特性やトルクリップル測定の負荷装置としてよく使われる．一方，動力源の過渡負荷特性を測る際には，負荷のダイナミックな制御が必要となる．負荷の制御応答性を高めるため，慣性モーメントは小さい必要がある．その為，低慣性のダイナモモータなどが使われる．また，ダイナモモータを使う場合のメリットとして，負荷側から動力源を回すことも可能なため，モータのコギングトルクなどの測定もセッティングを変えずに測ることが出来るメリットもある．

次にモータのトルクリップルを計測した事例を紹介する．**図 16.3-12**は，軸トルク計のアナログ出力と回転検出器のパルス信号を回転パルス入力付きのFFTアナライザに入力して計測し，回転速度を 200 r/min から 1990 r/min に変化させたときのトルク変動を測定した例である．横軸が周波数，縦軸が回転速度，色がトルク値で黒から白を経て灰色になるにしたがって大きくなる（実際はカラー表示で青－緑－赤の順に変化する）．モータの極数により発生するトルクリップルが，グラフ上で斜めに描かれる線として表現されている．回転速度が上がるにしたがって，トルクリップルの周波数が高くなり，その大きさも変化しているのが分かる．このモータは6極であるため，回転6次と12次成分のトルクリップルが大きく出ているのが分かる．また，どの極がどの回転数の時にリップルが大きくなるかなど，モータの特性を見ることができる．

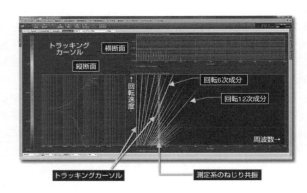

図 16.3-12 モータ回転トルク変動解析例[1]

グラフの中に回転速度に関わらず一定周波数でトルクリップルが出ているが，これがこの測定系の共振周波数である．最近は，トルク信号のサンプリング周波数を速くすることで，測定系のねじり共振周波数以上の計測が出来るようになった．しかし，ある程度の精度で計測できるトルク変動は，軸トルク計のトーションバーによる共振周波数の1/3～1/5までで，それを超えての計測はゲイン特性が大きく変化するため実用的で無い．軸トルク計を伝達系に挿入することは，伝達系の特性を変える事になるので，トルク検出器の軸剛性やイナーシャ特性を十分理解した上で使用する必要がある．

b) 負荷装置の性能評価

負荷装置の性能評価では**図 16.3-13**の様な構成となる．

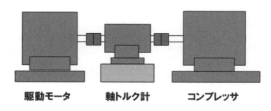

図 16.3-13 負荷装置の性能評価構成例

構成は動力源の性能評価と基本的に変わらない．被測定器のコンプレッサと動力源であるモータの間に軸トルク計を挿入する．負荷装置の発生するトルクを測定することができる．

c) 動力伝達機の性能評価

動力伝達機の性能評価では目的により構成は変わるが，ここでは伝達効率を測定する場合の構成を例に挙げる．

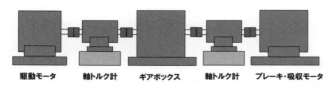

図 16.3-14 動力伝達機の効率測定構成例

伝達効率を測定する場合は，被測定器である伝達機の入力側と出力側の両方に軸トルク計を挿入する．入出力両方に軸トルク計を入れることで，精度良く伝達機の効率を測定することが出来る．近年のギアボックスの効率は非常に良いため，トルク計に求められる精度も高くなっている．また，トルク計が持つベアリングのフリクションも無視できなくなるため，あらかじめベアリングのフリクションを測定し，測定結果に補正をかける必要がある．また，トルク容量によっては，検出部が固定側から完全に分離している，フランジ型トルク検出器を用いる方法もある．

(2) ねじり共振

ねじり振動は回転方向の振動で，トルクの変動となって現れる．また，直線運動や曲げ運動と同じように共振を持つため，共振周波数（回転速度）付近で回転させることは場合によっては軸の破断や装置の破壊に繋がるため非常に危険である．

物体の重心位置に加えたねじりモーメント T による軸のねじれ角を θ とすると，ばね定数 k は，

$$k = \frac{T}{\theta} \tag{16.3-9}$$

となる．

物体の慣性モーメント J とすると，軸の慣性モーメントが他の物体に比べ無視できるものとすると，ねじりの固有振動数 f は，

$$\omega = \sqrt{\frac{k}{J}} \tag{16.3-10}$$

より

$$f = \frac{1}{2\pi}\sqrt{\frac{k}{J}} \tag{16.3-11}$$

となる．

ばね定数 k は，

$$k = \frac{GI_p}{L} \tag{16.3-12}$$

（G:横弾性係数，I_p:断面二次極モーメント，L:軸長）
で表されるので，

$$\omega = \sqrt{\frac{GI_p}{JL}} \tag{16.3-13}$$

$$f = \frac{1}{2\pi}\sqrt{\frac{GI_p}{JL}} \tag{16.3-14}$$

となる．

今，慣性モーメント J_1, J_2 が直径 d の軸の両端に接続された回転体を考える．ここで，軸の慣性モーメントは無視できるとする．

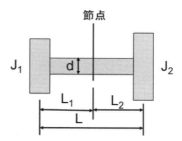

図 16.3-15 ねじり共振のモデル図

節の両側の質点系をJ_1系，J_2系とすると，J_1系の共振角速度 ω_1 は，式(16.3-12)より，

$$k_1 = \frac{GI_p}{L} \tag{16.3-15}$$

$$\omega_1 = \sqrt{\frac{GI_p}{J_1 L_1}} \tag{16.3-16}$$

となる．

同様にJ_2系は，

$$k_2 = \frac{GI_p}{L} \tag{16.3-17}$$

$$\omega_2 = \sqrt{\frac{GI_p}{J_2 L_2}} \tag{16.3-18}$$

となる．

ここで，$\omega_1 = \omega_2 = \omega_0$ で共振が起こるため

$$\omega_0 = \sqrt{\frac{GI_p}{J_1 L_1}} = \sqrt{\frac{GI_p}{J_2 L_2}} \tag{16.3-19}$$

が成り立つ．

$$L = L_1 + L_2 \tag{16.3-20}$$

より，

$$L_1 = \frac{J_2}{J_1 + J_2} L \tag{16.3-21}$$

$$L_2 = \frac{J_1}{J_1+J_2}L \tag{16.3-22}$$

よって，共振周波数 f_0 は，

$$\omega_0 = \sqrt{\frac{GI_p}{J_1\left(\frac{J_2}{J_1+J_2}L\right)}} = \sqrt{\frac{k(J_1+J_2)}{J_1 J_2}} \tag{16.3-23}$$

$$f_0 = \frac{1}{2\pi}\sqrt{\frac{k(J_1+J_2)}{J_1 J_2}} \tag{16.3-24}$$

となる．

　ねじり共振周波数は，上記の式で計算可能であり，トルク計を挿入した際の測定系の共振周波数も同様に計算できる．トルク計の両側には装置のイナーシャが接続されるため，ねじり共振周波数が低いところに出る場合がある．トルクリップルの大きさを評価する際は，トルク計の共振周波数が十分高くなるように装置を設計する必要がある．

引 用 文 献

1)　株式会社小野測器　トルク計測関連機器
　　http://www.onosokki.co.jp/HP-WK/products/category/h_torque.htm
　　http://www.onosokki.co.jp/HP-WK/products/category/h_torque2.htm
　　http://www.onosokki.co.jp/HP-WK/products/keisoku/torque/ts2800.htm

参 考 文 献

*1)　小野義一郎，福沢勝義　"巨視的弾性限度内におけるトーションバーの捩りヒステリシス"，小野測器技報 No.4，（1972）
*2)　小野測器技術ノート No.68 デジタルトルクメータ
*3)　水野正志，小島勝洋　"磁歪式トルクセンサの開発" 電気製鋼，Vol.62(3)，（1991）
*4)　欧陽 松，村上順二，加藤幸一　"パワートレイン用磁歪式トルクセンサの開発" 日立電線 No.26，（2007）
*5)　西部祐司，野々村裕，塚田厚志，竹内正治，奥村 猛　"自動車エンジン用磁歪式トルクセンサ" 豊田中央研究所R&Dレビュー Vol.31(2)，（1996）

（星 靖洋）

16.3.3　トルクの校正とトレーサビリティ

　従来，トルク計測機器は，バーにおもりを載荷し，重力加速度や空気浮力の影響などを考慮するなどして校正または試験されていた．この方法で国家標準へのトレーサビリティを確保するためには，各不確かさ要因をそれぞれ検討する必要があり，極めて高度で複雑な作業であった．現在では，SI（国際単位系）によるトルクの単位（N·m）でトレーサビリティ体系が提案されており，従来よりも容易でかつ信頼性の高い校正が実現されつつある．本章では，そのトレーサビリティ体系と，代表的なトルク校正装置（基準機）および校正方法の概要を紹介する．なお，トルク計測機器とは，弾性体の弾性変形あるいはそれに比例する量を測定することによってトルクを決定する計測機器全般のことであり，その範囲はトルク変換器，接続ケーブル，指示計器までを含めた一体の機器として定義される．

(1)　国内におけるトレーサビリティ階層構造

　図 16.3-16 に，国内におけるトルクトレーサビリティ階層構造について示す．特定標準器として，独立行政法人産業技術総合研究所計量標準総合センター（NMIJ/AIST）が開発したトルク標準機がある．このトルク標準機によって，第一階層の校正事業者が所有する特定二次標準器を校正する．特定二次標準器には，参照用トルクメータと参照用トルクレンチがある．第一階層の校正事業者は，特定二次標準器を参照標準として，自らのトルク基準機を内部校正し，校正サービスに用いる．

(2)　トルク校正装置

　トルク校正装置は，a) 実荷重式，b) ビルドアップ式，c) ロードセル式の3つのタイプに分類することができる．ここでは，それぞれの特徴について示す．

　　a)　実荷重式

　このタイプは，長さの国家標準にトレーサブルなモーメントアームの先端に，質量の国家標準にトレーサブルなおもりを載荷することによって，トルクを発生させることができる校正装置である．当然，校正装置が設置してある場所の重力加速度は，長さと時間の国家標準にトレーサブルに計測され，おもりの質量を計測する際には，空気中の浮力の影響が考慮される．図 16.3-17 に，NMIJ/AISTが開発した実荷重式トルク標準機群の一例を示す．実荷重式は，現在もっとも高精度なトルクを実現することができるので，他国の国家計量標準研究機関においてもトルク標準機として研究開発されている．

　第二階層の校正事業者は，常用参照標準としてトルクメータ，参照用トルクドライバ，参照用トルクレンチを使用し，主に出張校正を行う．そして，第三階層の校正事業者あるいは試験事業者は，トルク試験機，トルクドライバチェッカ，トルクレンチチェッカ，トルクドライバテスタ，トルクレンチテスタを用いて，ユーザのトルク計測機器の校正または試験をする．このように，トルクのトレーサビリティ体系には，大きく分けて，純ねじりによりトルクを伝達する流れ（図16.3-16の左側）と，トルクレンチのようにレバーが付随し必然的に横力や曲げモーメントを伴ってトルクを伝達する流れ（図16.3-16の右側）がある．これらの階層の実現により，トルクの単位（N·m）でトルク

第16章. 回転計・トルク

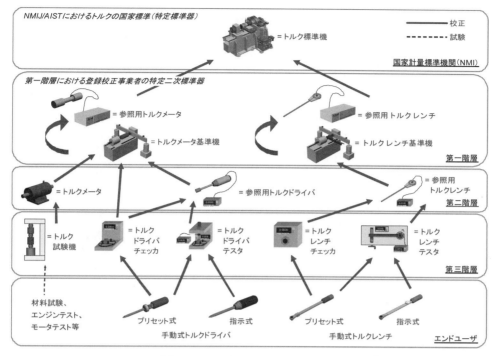

図 16.3-16　トルク SI トレーサビリティ[1]

計測機器の国家計量標準までのトレーサビリティを確立できる．なお，本トレーサビリティ体系（第一および第二階層）は，独立行政法人製品評価技術基盤機構（NITE）認定センターによる計量法校正事業登録制度（JCSS; Japan Calibration Service System）により運用されている[*1]．

図 16.3-17　実荷重式トルク標準機（NMIJ/AIST）

b）ビルドアップ式

このタイプは，実荷重式トルク標準機や，国家計量標準にトレーサビリティをとった他のトルク校正装置により校正された参照標準となるトルク変換器を内蔵し，被校正器物を直列につないで，比較校正を行う．

c）ロードセル式

このタイプは，力の国家標準にトレーサブルな力計（ロードセル）と，長さの国家標準にトレーサブルなモーメントアームにより構成される．モーメントアームの先端に，おも

りの代わりとしてロードセルを設置し，基準となるトルクを実現する．

(3)　トルク計測機器の校正方法および不確かさの評価

トルク計測機器の校正方法については，図16.3-16に示される第一階層の校正事業者のための技術基準として，社団法人日本計量機器連合会規格「JMIF-015トルクメータ校正事業者のためのガイドライン」[*2]および「JMIF-016参照用トルクレンチ校正事業者のためのガイドライン」[*3]がある．第二階層の校正事業者のための技術基準としては，「JMIF-019トルク試験機／トルクレンチテスタ校正事業者のためのガイドライン」[*4]がある．第三階層の校正事業者向けには，ISO 6789:2003「Assembly tools for screws and nuts –Hand torque tools- Requirements and test methods for design conformance testing, quality conformance testing and recalibration procedure」[*5]およびJIS B 4652:2008「手動式トルクツールの要求事項および試験方法」[*6]がある．校正事業者に要求される技術的事項や校正の不確かさ評価方法については，NITE認定センターがJCSS校正事業者を対象として公開している文書として，「JCT20901-06技術的要求事項適用指針（トルクメータおよび参照用トルクレンチ）」[*7]，「JCT20902-03技術的要求事項適用指針（トルク試験機およびトルクレンチテスタ）」[*8]，「JCG209S11-05不確かさ見積りガイド（トルクメータおよび参照用トルクレンチ）」[*9]，「JCG209S21-02不確かさ見積りガイド（トルク試験機およびトルクレンチテスタ）」[*10]がある．ここでは，JMIF-015（2004-8制定）に基づき，トルクメータの校正方法および不確かさの評価方法の概要について示す．なお，各規格および技術基準は常に最新版を参照するようにしていただきたい．

a) 校正方法

図 **16.3-18** にトルクメータの校正シーケンスの例を示す．校正は，右ねじりと左ねじりを別々に行う．また，トルク変換器の測定軸に対する設置方向について，トルク変換器のシャフトが円柱形状の場合，120°間隔で向きを変えて校正を繰り返す．校正手順は，まず，トルク変換器をトルク基準機に設置した後（0°方向），校正する方向（右ねじりまたは左ねじり）に対して，校正範囲の最大となる負荷を3回作用させる（予備負荷）．その後，増減サイクルを1回行う．ここで，校正ステップは，トルクメータに要求される等級に依存して決定される（図 16.3-18 では等級0.05[*2)]のトルクメータに対する8ステップの校正シーケンスの例を示している）．また，その等級によっては，設置方向を変えないで，増加サイクルをもう1回行わなければならない．なお，各ステップにおける測定は，所定トルクに達してから30秒後にデータを取得する．次に，設置方向を変えて予備負荷を1回行った後，増減サイクルを1回行う．もし，設置変更の作業が20分を超えた場合には，改めて予備負荷を3回実施することが望ましい．このように，0°方向，120°方向，240°方向と，3方向について校正を行う．

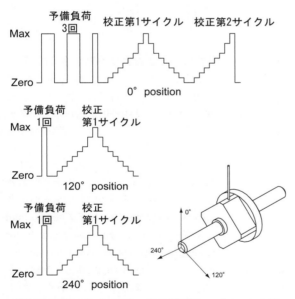

図 **16.3-18** トルクメータの校正シーケンスの例
（等級0.05）

b) 不確かさの評価方法

校正の相対拡張不確かさ U は，トルクメータ基準機に起因する相対拡張不確かさ U_{tcm} と，トルクメータに起因する相対拡張不確かさ U_{tra} の合成により表される．

$$U = \sqrt{U_{tcm}^2 + U_{tra}^2} \qquad (16.3\text{-}25)$$

U_{tra} は，等級並びにトルクメータが予め決められたスケールを持つか否かによって評価が別れる．ここでは，図16.3-18に示す0.05級について示す．

i) トルクを電気的に指示し，内挿曲線が作成できる場合

$$U_{tra} = k \cdot u_{c\_tra} \qquad (16.3\text{-}26)$$

$$u_{c\_tra}^2 = u_{rot}^2 + u_{rep}^2 + u_{int}^2 + u_{zer}^2 + u_{rev}^2 + u_{res}^2$$

$$(16.3\text{-}27)$$

ここで u_{rot} は設置を変えた場合の再現性から計算された相対標準不確かさ，u_{rep} は設置を変えない場合の繰り返し性から計算された相対標準不確かさ，u_{int} は内挿に基づく偏差から計算された相対標準不確かさ，u_{zer} は零点誤差から計算された相対標準不確かさ，u_{rev} はヒステリシス（往復誤差）から計算された相対標準不確かさ，u_{res} はトルクメータの分解能から計算された相対標準不確かさである．また，k は包含係数である．

ii) 予め決められたスケールを持ち，トルク単位で支持する場合

$$u_{c\_tra}^2 = u_{rot}^2 + u_{rep}^2 + u_{ind}^2 + u_{zer}^2 + u_{rev}^2 + u_{res}^2$$

$$(16.3\text{-}28)$$

ここで u_{ind} は指示に対する偏差から計算された相対標準不確かさである．

各要因の詳細な計算方法は，JCSS の不確かさ見積もりガイド[*9), *10)]を参照していただきたい．

引 用 文 献

1) 大串浩司：「産総研TODAY」，Vol.6, pp. 32-33(2006).

参 考 文 献

*1) JCSS, http://www.jcsslabo.or.jp/index.htm

*2) JMIF-015「トルクメータ校正事業者のためのガイドライン」：(社)日本計量機器工業連合会，(2004).

*3) JMIF-016「参照用トルクレンチ校正事業者のためのガイドライン」，(社)日本計量機器工業連合会，(2004).

*4) JMIF-019「トルク試験機／トルクレンチテスタ校正事業者のためのガイドライン」，(社)日本計量機器工業連合会，(2007).

*5) ISO 6789_2003 Assembly tools for screws and nuts – Hand torque tools- Requirements and test methods for design conformance testing, quality conformance testing and recalibration procedure, International Organization for Standardization (2003).

*6) JIS B 4652_2008 手動式トルクツールの要求事項およ

び試験方法，日本規格協会 (2008).

*7) JCT20901-06技術的要求事項適用指針（トルクメータおよび参照用トルクレンチ），独立行政法人製品評価技術基盤機構認定センター，(2012).

*8) JCT20902-03技術的要求事項適用指針（トルク試験機およびトルクレンチテスタ），独立行政法人製品評価技術基盤機構認定センター，(2012).

*9) JCG209S11-05不確かさ見積りガイド（トルクメータおよび参照用トルクレンチ），独立行政法人製品評価技術基盤機構認定センター，(2012).

*10) JCT20921-02不確かさ見積りガイド（トルク試験機およびトルクレンチテスタ），独立行政法人製品評価技術基盤機構認定センター，(2012)

(西野　敦洋)

基礎編

第17章. 粘度

17.1 はじめに

粘度とは，液体の粘性を示す尺度であり，圧縮機の組み込まれた冷凍空調機器においては，圧縮機の動作部分を潤滑する冷凍機油の粘性が特に重要である．

冷凍空調機器では，他の機械装置と異なり，熱交換器やキャピラリまたは膨張弁を配管で繋いだ閉鎖系のサイクル内に冷媒を循環させるため，冷媒と，潤滑油である冷凍機油は混合した状態で存在する．冷媒は冷凍機油と比較してきわめて粘度が低いため，冷媒が溶け込んだ冷凍機油の粘度は，本来の粘度に比べ大きく低下する．

よって，圧縮機の潤滑状態を知るためには，圧縮機底部の冷媒／冷凍機油混合液の粘度を測定することが必要となる．

17.2 冷媒と冷凍機油

冷凍空調機器に使用される潤滑油は「冷凍機油」と称され，その独特の使用環境に起因する要求性能によって他の潤滑油と区別されている．回路中に高温部分と低温部分を持つこと，液化ガスである冷媒と常時接触していること，また，冷蔵庫やエアコンなど家庭用の冷凍空調機器はオイル交換無しで長期間動作することが求められる．

特に冷媒と冷凍機油の相溶性は重要視されており，オゾン層破壊や地球温暖化といった問題が報告されると新たな冷媒が検討され採用されてきたが，その都度その冷媒に相溶する冷凍機油が求められてきた（**表 17.2-1**）．

表 17.2-1 冷媒と適用冷凍機油の変遷　　〔冷媒／冷凍機油〕

用途	1800年代～ 黎明期	1920年代～ フロン開発	1990年代～ オゾン層破壊対策	2000年代～ 地球温暖化防止対応
カーエアコン		CFC-12／鉱物油	HFC-134a／PAG	HFO-1234yf／PAG
家庭用 冷蔵庫	アンモニア／鉱物油 二酸化硫黄／鉱物油 塩化メチル／鉱物油	CFC-12／鉱物油	HFC-134a／POE	R-600a／鉱物油
業務用 冷凍倉庫など	アンモニア／鉱物油 二酸化硫黄／鉱物油 塩化メチル／鉱物油 プロパン／鉱物油 二酸化炭素／鉱物油 エチルエーテル ／鉱物油	CFC-12／鉱物油 HCFC-22／鉱物油 HCFC-507／鉱物油	HFC-134a／POE HFC-404A／POE	アンモニア／鉱物油・PAG 二酸化炭素／PAG・POE
家庭用 エアコン		HCFC-22／鉱物油 アルキルベンゼン	HFC-407C／POE・PVE HFC-410A／POE・PVE	HFC-32／POE・PVE
業務用 空調設備など		HCFC-22／鉱物油	HFC-407C／POE・PVE HFC-410A／POE・PVE	
給湯器				二酸化炭素／PAG・POE
冷凍機油 備考	冷凍機油としては鉱物油しかなかった	ナフテン系鉱物油が全盛	HFC冷媒の採用 ⇒合成冷凍機油	様々な冷媒を模索 ⇒適性油を適用

※冷凍機油について
- 鉱物油：石油系炭化水素油．ナフテン系はフロン開発当初より実績があり，様々な冷媒に適用された．パラフィン系は　低温流動性確保のため精製によるワックス分の除去が必要．
- アルキルベンゼン：合成炭化水素油．合成洗剤の副生成物として過去安価に使用できた．主にHCFC冷媒に採用．
- PAG(Polyalkylene glycol)：含酸素合成炭化水素，ポリアルキレングリコール（エーテル系）．電気絶縁性が低く，吸湿性が高い．カーエアコンにて　実績あり．
- POE(Polyol ester)：含酸素合成炭化水素，ポリオールエステル（エステル系）．HFC冷媒が使われる用途全般に適用実績あり．
- PVE(Polyvinyl ether)：含酸素合成炭化水素，ポリビニルエーテル（エーテル系）．主に，HFC冷媒仕様のPACに適用される．

これら冷凍機油の粘度は使用される冷凍空調機器の用途や圧縮機のタイプにより異なり，家庭用冷蔵庫で使用される極低粘度のものから，チラーなどのスクリュ式圧縮機に用いられる高粘度のものまで多岐にわたる．

17.3 粘度

粘度は冷凍機油を含む潤滑油の最も基本的な性質であり，特に流体潤滑において油膜の形成に寄与する性質である．

17.3.1 ニュートン流体

図 **17.3-1** のような二重になった円筒の隙間に液体を満たし内側の円筒を回転させた際に，外側の円筒に伝わる力 F はこの液体のせん断に対する抵抗であり，滑る面積 A や回転速度 u に比例するが，円筒間の距離 h に反比例する（式(17.3-1)）．このときの定数 η を粘性係数あるいは絶対粘度と呼ぶ．

ニュートン流体とは，せん断速度が変化してもこの η が一定となる液体である．

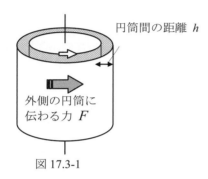

図 17.3-1

$$F = \eta \cdot \frac{u \cdot A}{h} \qquad (17.3\text{-}1)$$

F …滑る面に伝わる力　　A …滑る面積
η …粘性係数　　　　　u …回転速度（滑る速度）
h …円筒間の距離（滑る2面の距離）

17.3.2 絶対粘度　動粘度

式(17.3-1)にて定義される絶対粘度(absolute viscosity) η は滑る面の面積 $A=1\text{cm}^2$，滑る面間の距離 $h=1\text{cm}$，滑り速度 $u=1\text{cm/s}$，荷重 $F=1\text{dyn}$ のとき，この液体の粘度を1ポアズ（poise, $\text{g}\cdot\text{cm}^{-1}\cdot\text{s}^{-1}$）といい，SI単位では $0.1\text{Pa}\cdot\text{S}$ が相当する．

また，潤滑油では絶対粘度 η を液体の密度 ρ で割った動粘度(kinematic viscosity) $\nu\,(=\eta/\rho)$ を用いる．

動粘度の単位はストークス（stokes, cm^2/s）であり，潤滑油ではこの 1/100 のセンチストークス（cSt, mm^2/s）が用いられる．

17.3.3 工業用潤滑油（冷凍機油）の粘度　ISO粘度グレード

冷凍機油を含む工業用潤滑油の動粘度は粘度グレードとして**表 17.3-1** のように分類されている．

表 17.3-1　工業用潤滑油 ISO 粘度グレード

ISO 粘度 グレード番号	中央値の動粘度 mm^2/s (40℃)	動粘度範囲 mm^2/s (40℃)
ISO VG 2	2.2	1.98 ～ 2.42
ISO VG 3	3.2	2.88 ～ 3.52
ISO VG 5	4.6	4.14 ～ 5.06
ISO VG 7	6.8	6.12 ～ 7.48
ISO VG 10	10	9.00 ～ 11.0
ISO VG 15	15	13.5 ～ 16.5
ISO VG 22	22	19.8 ～ 24.2
ISO VG 32	32	28.8 ～ 35.2
ISO VG 46	46	41.4 ～ 50.6
ISO VG 68	68	61.2 ～ 74.8
ISO VG 100	100	90.0 ～ 110
ISO VG 150	150	135 ～ 165
ISO VG 220	220	198 ～ 242
ISO VG 320	320	288 ～ 352
ISO VG 460	460	414 ～ 506
ISO VG 680	680	612 ～ 748
ISO VG 1000	1000	900 ～ 1100
ISO VG 1500	1500	1350 ～ 1650
ISO VG 2200	2200	1980 ～ 2420
ISO VG 3200	3200	2880 ～ 3520

17.3.4 粘度と温度の関係

冷凍機油を含む潤滑油の粘度は温度の上昇とともに低下し，実験に基づく式である Walther 式で表すことができる（式(17.3-2)）．

潤滑油では通常 40℃および100℃の動粘度を測定し，この式に基づいて必要な温度の動粘度を求める．

（40℃および100℃の測定値から m および b を算出し，この値を用いて求めたい T の ν を算出する）

$$\log_{10}\log_{10}(\nu+k) = m\log_{10}T + b \qquad (17.3\text{-}2)$$

ν …動粘度（$\nu=\eta/\rho$）　　k …補正値(*)
m, b …潤滑油固有の値　　　T …絶対温度

(*)：文献1では $\nu\geqq1.5\text{cSt}$ のときに $k=0.6$，
　　$1.0\leqq\nu<1.5$ のときに $k=0.65$，
　　$0.7\leqq\nu<1.0$ のときに $k=0.7$，
　　$\nu<0.7$ のときに $k=0.75$
　　JIS K 2283 では k は ν によらず一律 0.7

17.4 粘度の測定方法

工業用潤滑油の粘度は，一般的に大気開放状態にて毛細管式粘度計などを用いて測定されるが，液化ガスである冷媒と冷凍機油の混合状態の粘度は密閉状態で測定する必要がある．

以下に一般的な粘度計の概要を示す．

17.4.1 毛細管式粘度計

毛細管式粘度計は，定められた温度（潤滑油では 40℃ と 100℃）で圧力差のある毛細管内を一定量の流体が流出する時間を測定することで粘度を計測する．このとき，粘度 η は式(17.4-1)（Poiseuille 式）で与えられる．

$$\eta = \frac{\pi \Delta P r^4 t}{8lV} \qquad (17.4\text{-}1)$$

ΔP …毛細管両端の圧力差　　r …毛細管半径
t …流出時間　　l …毛細管長さ
V …流体の体積

潤滑油では Ostwald 型や Ubbelohde 型，Cannon-Fenske 型などの硝子製粘度計が用いられてきており，こうした原理を元に自動粘度計も開発され，適用されている．

但し，こうした毛細管式粘度計は大気開放下，圧力差として重力を用いて測定するため，冷凍装置の圧縮機内やこれを模した密閉空間内での液化ガスである冷媒との混合状態の粘度を測定するには適さない．

17.4.2 回転式粘度計

回転式粘度計は回転体と静止体の隙間にある流体の粘性抵抗を軸のねじれや電気抵抗で測定し，粘度に換算する．例えば共軸円筒型粘度計では，同一軸を持つ二重円筒の外筒と内筒の径を近くすることで隙間の流体を薄膜化し均一にせん断がかかるようにしており，内筒若しくは外筒を回転させたときに生じる粘性抵抗から粘度を測定する．このときの粘度 η は式(17.4-2)で表される．

$$\eta = \frac{k\theta d}{2\pi h\omega R} = \frac{C\theta}{\omega R} \qquad (17.4\text{-}2)$$

k …ねじれ定数　　θ …円筒の角偏位
d …R …二重円筒の平均半径
h …円筒と接する流体の高さ
ω …回転円筒の角速度　　C …装置定数

回転式粘度計は，冷媒ガスと冷凍機油の混合状態での粘度測定に対し軸の密閉性を確保できれば，測定装置としては原理的に使用可能と思われる．しかし薄膜状態の流体中の冷媒／冷凍機油の混合状態を一定にするための工夫が必要と考えられる．

17.4.3 落球式粘度計

落球式粘度計は高温層の中に垂直に立てられた硝子円筒に粘度を測定する流体を入れ，その中で硝子球やメノウ球，鋼球などを落下させ，一定距離の落下時間を計測することで粘度を測定する．この粘度 η は Stokes の法則に基づき，式(17.4-3)にて与えられる．

$$\eta = \frac{2}{9}g \cdot \frac{\rho_B - \rho}{u} r^2 \left[1 + \frac{3}{16}N_{Re} \right] \qquad (17.4\text{-}3)$$

g …重力加速度　　ρ_B …球の密度
ρ …流体の密度　　u …球の落下速度
r …球の半径
N_{Re} …レイノルズ数

この型の粘度計は高圧化の流体の粘度を測定するのに適する．

次に述べる冷媒／冷凍機油混合液用粘度センサもこの原理に基づき，改良されたものである．

17.5 冷媒／冷凍機油混合液用粘度センサ

冷凍装置にて冷媒と潤滑油が混合した状態の粘度を測定するためには，密閉性を保ちつつ装置に取り付けられる測定機器が必要である．

実際に冷凍と潤滑油の混合状態の粘度を測定するのに用いられている粘度センサを以下に示す．

17.5.1 測定原理と構造

プラグ粘度センサは円柱落体測定法を基本原理としている．この測定方法は前述の落球式粘度計に近い方法であり，垂直に置かれた円管の中に試料流体を入れ，その中で円柱状の物体を落下させ，落下速度から粘度をもとめるものである．こうした円柱落体測定法を基にし，重力の代わりに磁力を用いることで，垂直方向以外の運動も可能にしている．設定を調節することで様々な角度での測定が可能となるため，冷凍装置における圧縮機や配管などに直接取り付けることが出来，装置内の流体粘度の連続的な測定を可能としている．センサの構造を図 17.5-1 に示す．

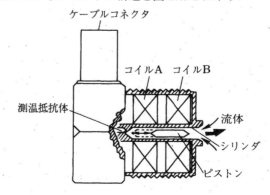

図 17.5-1　プラグ粘度センサの断面

センサは図 17.5-1 の通り，移動物（以下ピストンと呼ぶ）とボディに内蔵される二つのコイル（コイル A，コイル B），測温抵抗体で構成されており，コイルの中央の円筒（以下シリンダと呼ぶ）内に測定する流体が満たされた状態でピストンがコイルの磁力によって移動する．

重力を利用する測定方法であれば移動体は一方向にのみ移動しその速度を測定するが，プラグ粘度センサでは双方向の移動を計測することでより精度を向上している．

測定動作は，次の通りである．まずピストンがコイル A の磁力によりシリンダの入口側（コイル B 側）から底部側（コイル A 側）に移動を開始する．この時，コイル B に発生する誘導電圧を監視する．誘導電圧はピストンがコイル A 側に移動するに従い上昇し，コイル A とコイル B の中間点でピークを示す．ピストンは更にコイル A 側に移動を続け，誘導電圧は下降していく．誘導電圧がピークから 10 ％降下した時点を測定の終点としている．

粘度は測定開始から終点までに要した時間から導き出される．誘導電圧の変化は 図 17.5-2 の通りであり，低粘度の流体であれば時間（t）は短く，高粘度の流体であれば長くなる．

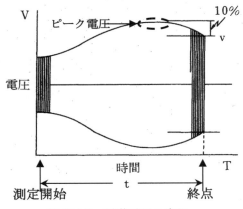

図 17.5-2　誘導電圧の変化

測定終了と同時にコイル A とコイル B の働きが入れ替わり，ピストンは引き戻されながら前述と同様に時間を計測し粘度が導き出され，これを繰り返す．したがって電力の供給を止めるまで，ピストンはコイル A とコイル B の間を往復運動しながら粘度の測定を続ける．更にこの往復測定動作により周囲の試料流体をシリンダに導入し，またシリンダ内の試料流体を排出するため，常に新鮮な試料流体を測定する働きをする．

粘度はピストンの往復測定が終了してから出力される．すなわち，ピストンのコイル B 側からコイル A 側に向かう行程での測定値とその反対の行程での測定値の合計を平均して出力される．もし何らかの力（要因）が往路の行程で加速する方向に働いた場合，その力は復路の行程では減速させる力となるため，往復行程の平均値を得ることでこうした外部要因を除外することができ，より正確な測定を行うことができる．

なお，この測定原理は ASTM(American Society for Testing and Materials) D 7483 に採用されている．

17.5.2　特徴

プラグ粘度センサは冷凍装置各部位に設置できるよう，また冷媒と潤滑油の混合粘度が測定できるよう，以下の特徴を付与されている．

(1) センサの超小型化
重力ではなく磁力を用いた測定法を採用し，センサの小型化を達成しているため，冷凍，空調装置の配管や圧縮機などの小口径，狭い部分に取り付けられる．

(2) 試料流体の吸排出機構
シリンダ内の試料流体を測定動作と連動して導入，排出可能な構造および連続測定方式を採用しており，常に新鮮な試料流体の粘度を測定できる．この機構により，組成比率の変化しやすい冷媒と潤滑油の混合液の測定にて精度を高めることができる．

(3) 自由な取り付け姿勢
ピストンの往復測定で粘度を測定することで重力などの要因を除外することができるため，センサの取り付け姿勢を自由に選択できる．

(4) 取り扱いの簡便さ
ボディ外側を 1/2"NPT のおねじとし，レンチで掴めるよう六角形のヘッドに加工している．

(5) 最大使用環境圧力が高い
ボディに継ぎ目が無く，高い使用環境圧力でも動作できる．

表 17.5-1　プラグ粘度センサの主な仕様

測定レンジ，mPa·s	0.5～10,　1～20,　2.5～50,　5～100,　10～200
最高使用温度，℃	200
最高使用圧力，MPa	17
材　質	SUS 316L & SUS 430
出　力	デジタル表示および4～20mA

17.6　圧縮機内の冷媒／冷凍機油混合液の粘度測定

冷凍装置の圧縮機内にある冷媒／冷凍機油混合液の粘度を測定する場合の一例を示す．

17.6.1　取り付け方法，位置

プラグ粘度センサは小型である為圧縮機の様々な部分に取り付けられるが，例えば空調用密閉型（半密閉型）ロータリ圧縮機やスクロール圧縮機などに取り付ける場合は，底部の油溜りにある冷媒／冷凍機油混合液体を測定するため，想定油面より低い位置につける必要がある（図 17.6-1）．

17.6.2 注意点

- 圧縮室に送られる冷凍機油が流れてこない滞留部になっていると，必要な冷媒／冷凍機油比率の粘度が測定できない可能性がある
- 冷媒／冷凍機油混合液体に分散する異物や粒子が沈殿，沈降するような箇所に取り付けるとシリンダ内部に異物が入りやすくなるため，正確な測定が難しくなり，シリンダやピストンを破損する可能性もある．

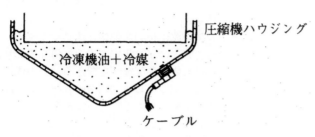

図 17.6-1　圧縮機への取り付けの一例

17.7　おわりに

圧縮機は冷凍装置に冷媒を循環させる心臓部であり，この内部の潤滑状態を把握することは冷凍装置の維持管理に対して重要な側面の一つである．

密閉された容器内の潤滑状況を常時監視する手段の一つとして，プラグ粘度センサによる粘度測定は有効であると考えられる．

他方，この測定技術は同社製高圧粘度計測システムに組み込まれ，その高い耐圧能力により，様々な用途で用いられている．例えば，二酸化炭素との共存下でのイオン液体の粘性測定や原油採掘における二酸化炭素注入による高効率化検討などで，この計測システムを用いた研究報告がなされている．冷凍空調分野においても，二酸化炭素などの高圧冷媒を検討・適用する場合などに有効に活用できる．

参 考 文 献

*1) 桜井俊男著：新版 潤滑油の物理化学「トライボロジー叢書2」
*2) 桜井俊男監修　藤田稔　杉浦健介　斉藤文之編著：新版 潤滑剤の実用性能「トライボロジー叢書2」
*3) 川平睦義著：「密閉型冷凍機」社団法人日本冷凍協会
*4) 柳沢幹夫："冷凍"，pp.37-40，(1993)
*5) 柳沢幹夫："計測技術"，(1990) 増刊号，"磁力を応用した粘度センサの新技術"
*6) 斉藤 玲："潤滑経済" Vo.9，(2010)，"冷媒・冷凍機油の変遷と動向"
*7) ASTM International Designation: D7483 – 08
*8) L. H. Bui, J. S. Tsau, and G. P. Whillhite, SPE, University of Kansas: "Laboratory Investigations of CO_2 Near-miscible Application in Arbuckle Reservoir"
*9) Azita Ahosseini, Edgar Ortega, Brent Sensenich, Aaron M. Scurto: "Fluid Phase Equilibria", 286 (2009), 62-68

（斉藤　玲）

第18章. 熱伝達率測定など

18.1 熱伝達率測定の基礎

熱伝達率 h [W/(m²·K)] は伝熱面と流体との間の熱移動のしやすさを表すパラメータであり，流体と壁面との温度差 ΔT および壁面熱流束 q [W/m²] により定義される．したがって，熱伝達率を測定する場合には，それらの値をそれぞれ測定して熱伝達率を求めることになるが，対象物および測定の方法などによって具体的な方法が異なる．加熱/冷却の方法は，熱源流体を用いる方法や電気加熱による方法などがある．また，局所の値を測定するのか，平均値を測定するのかによっても測定方法が異なる．

壁面温度を正確に測定するためには，測定対象物の形状や寸法，表面の特性に合わせて第3章で説明した温度計の中から最適なものを選定して，壁面に適切に取り付ける必要がある．流体温度の測定に際しては，流体の熱的性質に加えて，流れの速度分布や温度分布，時間変動などを考慮した測定が必要になる．

本節では，熱伝達率測定における定義や不確かさの取り扱い方法の基礎的な事項を説明する．また，種々の熱交換器の特徴とそれぞれの熱交換器における熱伝達率の測定方法の概要を述べる．

18.1.1 熱伝達率の定義と不確かさ

局所熱伝達率 h [W/(m²·K)] は，局所熱流束 q [W/m²] および温度差 ΔT [K] を用いて

$$h = \frac{q}{\Delta T} \tag{18.1-1}$$

と定義される．なお，実験で局所の値が厳密に測定できない場合には，小区間の平均熱流束 $\tilde{q}$ と平均温度差 $\widetilde{\Delta T}$ を用いて次式の様に定義する値を擬似的に局所熱伝達率として取り扱う．

$$h = \frac{\tilde{q}}{\widetilde{\Delta T}} \tag{18.1-2}$$

一方，熱交換器全体やある広い区間の平均熱伝達率 $\bar{h}$ は，伝熱面積 A の平均値として与えられるが，熱移動の条件により定義が以下のように異なる．

壁面温度と流体との温度差が一定の場合は，

$$\bar{h} = \frac{1}{A}\int_A h dA = \frac{1}{A\Delta T}\int_A q dA \tag{18.1-3}$$

壁面熱流束一定の場合は，

$$\bar{h} = \frac{1}{A}\int_A h dA = \frac{q}{A}\int_A \frac{1}{\Delta T} dA \tag{18.1-4}$$

となる．しかし，一般には壁面温度および熱流束の両方が変化することがほとんどである．したがって，式(18.1-3)および式(18.1-4)とは異なる方法で定義される．局所熱伝達率が測定されている場合には次式で求められる．

$$\bar{h} = \frac{1}{A}\int_A h dA = \frac{1}{N}\sum_{i=1}^{N} h_i \tag{18.1-5}$$

なお，上式において熱伝達率は面積の等しい N 個の伝熱面に対して求められていると仮定している．伝熱面の平均熱流束 $\bar{q}$ [W/m²] と平均温度差 $\overline{\Delta T}$ [K] が測定されている場合には

$$\bar{h} = \frac{\bar{q}}{\overline{\Delta T}} \tag{18.1-6}$$

と定義できる．前述の平均熱伝達率の定義は壁温が測定されている場合のものであるが，実際の熱交換器では壁温を測定できないことが多い．この様な場合は，熱交換器全体の熱通過率を測定し，ウィルソンプロット法[*1]などを用いて目的の流体側の平均熱伝達率を算出する．なお，平均熱伝達率の物理的意味は定義によって異なるので使用にあたっては注意を要する．

壁面温度は，熱電対などの温度センサを用いて直接測定する．流体の代表温度は，外部流れの場合は伝熱面から離れた周囲流体の温度を直接測定する．内部流れでは混合平均温度を代表温度とするため，単相流の場合は熱収支の関係から計算した温度を，凝縮や蒸発を伴う流れの場合は測定した圧力に対する飽和温度を用いる．熱流束は，流体による加熱・冷却の場合は流体の流量と温度変化から求め，電気加熱では電流と電圧を測定して求める．また，熱流束センサを用いて熱流束を測定することもできる．

熱伝達率測定の不確かさは次式で表される．

$$\begin{aligned} Uh &= \left\{ \left(Uq\frac{\partial h}{\partial q}\right)^2 + \left(U(\Delta T)\frac{\partial h}{\partial(\Delta T)}\right)^2 \right\}^{1/2} \\ &= \left\{ \left(Uq\frac{1}{\Delta T}\right)^2 + \left(U(\Delta T)\frac{q}{(\Delta T)^2}\right)^2 \right\}^{1/2} \end{aligned} \tag{18.1-7}$$

また，次式のようにも表すことができる．

$$\begin{aligned} \frac{Uh}{h} &= \frac{1}{h}\left\{ \left(Uq\frac{\partial h}{\partial q}\right)^2 + \left(U(\Delta T)\frac{\partial h}{\partial(\Delta T)}\right)^2 \right\}^{1/2} \\ &= \left\{ \left(\frac{Uq}{q}\right)^2 + \left(\frac{U(\Delta T)}{\Delta T}\right)^2 \right\}^{1/2} \end{aligned} \tag{18.1-8}$$

ここで，Uh は熱伝達率測定の不確かさ，Uq は熱流束測定の不確かさ，$U(\Delta T)$ は温度差測定の不確かさである．なお，温度は壁面と流体のそれぞれの温度の不確かさではなく，温度差の不確かさとして評価する必要がある．

18.1.2 熱交換器の種類と熱伝達率の測定

以下に代表的な熱交換器とそれぞれにおける熱伝達率の測定方法の概要を述べる．

・二重管式熱交換器

径の異なる管を同軸上に配置し，円形流路と環状流路を構成してそれぞれに流体を流す構造であり，図 **18.1-1** に示すように，管内に冷媒を，環状流路部に水やその他の熱媒体を流すことが多い．この方式の熱交換器は，管内の伝熱性能実験にもよく使われる．熱伝達率の測定においては，壁面温度を測定する方法と，ウィルソンプロット法などで環状流路部の熱伝達率をあらかじめ求めておき熱通過の関係式から算出する方法がある．

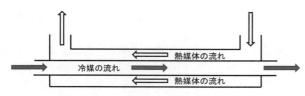

図 18.1-1　二重管式熱交換器

・フィンチューブ式熱交換器

図 **18.1-2** に示すように多数のプレートフィンを管群が貫く構造であり，管内に冷媒をフィン側に空気を流して熱交換させる．局所的にも平均的にも管壁温度およびフィン表面温度の測定は極めて困難である．そのため，空気側の熱伝達率を求める場合は熱交換器全体の熱抵抗から管内側の伝熱抵抗，管壁の熱抵抗，管とフィンとの間の接触抵抗を差し引いて算出することが多い．なお，熱抵抗は温度差を熱交換量で割った値として定義される．

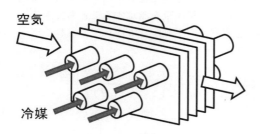

図 18.1-2　フィンチューブ熱交換器

・シェルアンドチューブ式熱交換器

大型のターボ冷凍機などでよく使われる熱交換器であり，図 **18.1-3** に示すように，径の大きな円筒の中に管群を配置する．管内側とシェル側のそれぞれに冷媒または被熱交換液体が流れる．管内に被熱交換液体を流すことが多く，次節に記述の通り管内側の熱伝達率は別途測定され，管外側の冷媒の凝縮または蒸発熱伝達率が測定される．熱交換器全体の性能から平均的な熱伝達率が算出されることもあるが，管の位置によって伝熱性能が大きく異なるため，特定の管の熱交換量から管外側の熱伝達率が求められる．

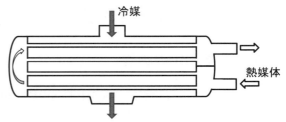

図 18.1-3　シェルアンドチューブ式熱交換器

・プレート式熱交換器

図 **18.1-4** に示すように，積層したプレートにより多数の流路を構成したもので，冷媒と熱媒体が交互に流れる構造となっている．プレートの取り付け方法には，ロウ付けしたものとパッキンによりシールしたものがあるが，いずれの場合も壁面温度の測定は困難であり，多くの場合，あらかじめ片方の流体の熱伝達率を求めておき，測定した全体の熱通過率から目的とする流体側の熱伝達率を求める．

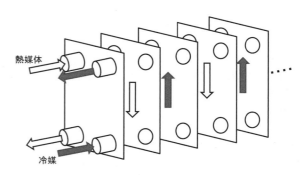

図 18.1-4　プレート式熱交換器

18.2　冷媒側熱伝達率の測定

18.2.1　管内熱伝達率

(1) 電気加熱における熱流束の測定

熱流束 q [W]の値は電流 I [A]，電圧 V [V]および伝熱面積 A [m^2]の測定値から $q = IV/A$ で求められるので，その不確かさは，

$$\frac{Uq}{q} = \left\{\left(\frac{UI}{I}\right)^2 + \left(\frac{UV}{V}\right)^2 + \left(\frac{UA}{A}\right)^2\right\}^{1/2} + \left|\frac{q_{loss}}{q}\right| \quad (18.2\text{-}1)$$

となる．なお，電気加熱の方法は，伝熱管に直接電気を流す方法と，シースヒータなどによる加熱方法がある．電流，電圧および面積は比較的高精度で測定できるので熱伝達率の不確かさに与える影響は小さい．電力や電流，電圧の測定方法については第 8 章を参照されたい．q_{loss} は外部への損失熱量であり，この損失が不確かさの大きな要因になることもあるので，保温やガードヒータなどによる熱損失低減を図る必要がある．

(2) 熱媒体による加熱/冷却における熱流束の測定

管内流の熱伝達率を水やブラインなどの熱媒体を用いて

加熱または冷却して測定する場合は，伝熱区間での熱交換量 Q [W]およびその区間での平均熱流束 q [W/m²]はそれぞれ次式で与えられる．

$$Q = m_f c\left(T_{f,out} - T_{f,in}\right) = m_f c \Delta T_f \tag{18.2-2}$$

$$q = \frac{Q}{A} = \frac{m_f c}{A}\left(T_{f,out} - T_{f,in}\right) = \frac{m_f c}{A}\Delta T_f \tag{18.2-3}$$

m_f は質量流量[kg/s]，c は比熱[J/(kg・K)]，$T_{f,in}$ および $T_{f,out}$ は入口および出口の混合平均温度[K]，ΔT_f は温度差[K]である．質量流量は第6章で説明した方法で測定する．熱流束の不確かさは

$$\frac{Uq}{q} = \left\{\left(\frac{Um_f}{m_f}\right)^2 + \left(\frac{Uc}{c}\right)^2 + \left(\frac{UA}{A}\right)^2 + \left(\frac{U\Delta T_f}{\Delta T_f}\right)^2\right\}^{1/2} + \left|\frac{q_{loss}}{q}\right| \tag{18.2-4}$$

となる．この場合，温度差を精度良く測定することが課題となるため，検定した温度センサを使用する．また，熱媒体の出入口には混合室を設けて混合平均温度を正確に測定する必要がある．図 **18.2-1** に混合室の一例を示す．熱媒体は複数のバッフル板を経て混合された後，温度が測定される．混合室の詳細は参考文献*2)を参照されたい．

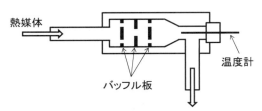

図 18.2-1　混合平均温度の測定

(3) 冷媒温度

冷媒の凝縮や蒸発などの相変化を伴う流れでは，気液界面温度および混合平均温度は飽和温度と等しく，飽和温度は圧力の測定値から蒸気表や物性値計算ソフトなどを使って求める．冷媒温度の不確かさは，圧力測定の不確かさ UP と蒸気表の不確かさ UT_{sat}^* により発生する．

$$UT_R = UT_{sat} = \left(UP\frac{dT_{sat}}{dP}\right) + UT_{sat}^* \tag{18.2-5}$$

一般に蒸気表の不確かさは小さいので，UT_{sat}^* は無視することができ，圧力測定の不確かさに起因した影響が大きいと考えられる．

(4) 壁面温度

伝熱管の内壁面温度 T_{wi} [K]は，管外壁面に熱電対を取り付けて管外壁面温度を測定し，熱伝導の関係式から計算する．

$$T_{wi} = T_{wo} + \frac{qd_i\ln(d_o/d_i)}{2\lambda} \tag{18.2-6}$$

ここで，T_{wo} は管外壁面温度の平均値[K]，λ は管の熱伝導率[W/(m・K)]，d_o および d_i は管の外径および内径[m]である．なお，水平管内の凝縮や沸騰では，管周方向に熱伝達率が変化して管壁面温度が大きく変化することがあるので注意が必要である[*3,*4)．ステンレスなどの熱伝導率の小さい管ではこの傾向が顕著である．図 **18.2-2** に銅製の伝熱管の外壁面への熱電対の取り付け例を示す．銅管とコンスタンタン素線でT型熱電対の温接点を構成して温度を測定する．なお，銅管と熱電対用の銅素線とは特性が異なるので，温度と熱起電力の関係を検定する必要がある．

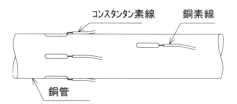

図 18.2-2　伝熱管の外壁面に取り付けた熱電対

(5) 冷媒と壁面との温度差

熱伝達率を求める際の不確かさ大きな要因は，冷媒と伝熱面との温度差 ΔT [K]の不確かさである．温度差の不確かさには，冷媒温度と壁面温度の不確かさの両方が加わるとともに，温度差が小さい条件では熱伝達率の不確かさが大きくなる．熱伝達率の不確かさに及ぼすこれらの温度の不確かさの影響は次式で表すことができる．

$$\frac{U(\Delta T)}{\Delta T} = \frac{U(T_R - T_w)}{\Delta T} = \frac{UT_R + UT_w}{\Delta T} \tag{18.2-7}$$

冷媒温度と壁面温度は別々の方法で測定されることも不確かさを大きくする要因の一つであるが，それぞれの測定の不確かさをオフセットすることで不確かさを小さくすることができる．例えば，断熱した条件で管内に冷媒を流して冷媒温度と壁面温度が一致する条件をつくり，そこで測定した冷媒温度と壁面温度の値が一致するようにそれぞれのセンサのオフセット値を調整することにより，温度差測定の不確かさを小さくする．

(6) シース熱電対を使用する際の注意事項

シース熱電対では，シース部に挿入された熱電対素線と補償導線がスリーブ部で接続されるが，その接点における起電力が測定精度に影響を及ぼす．より正確な測定が要求される場合には，補償導線を適切に選定する必要がある．また，2本のシース熱電対を使用して，図 **18.2-3** のように測温接点と基準接点の間の回路を構成することで，スリーブ部での起電力をキャンセルできる．なお，この場合はそ

れぞれのスリーブ部の温度，リード線と補償導線の接点の温度をそれぞれ等しく保つように注意する必要がある．

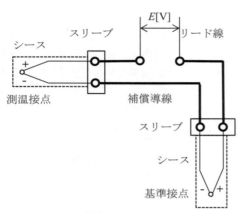

図 18.2-3　スリーブ部の起電力をキャンセルする測温接点と基準接点との間の熱電対回路

参　考　文　献

- [1] A.I.El Sherbini, A. Joardar, A.M. Jacobi : Procs. Int. Refrigeration and Air Conditioning Conf., R069, (2004).
- [2] 藤井哲，小山繁，清水洋一：機論B，**53**（486），560（1987）．
- [3] 小山繁，宮良明男，藤井哲，高松洋，米本和生：機論B，54（502），1447（1988）．
- [4] 吉田駿，松永崇，洪海平：機論B，54（508），3471（1988）．

（宮良　明男）

18.2.2　ミニチャンネル・扁平多孔管

相当直径が0.3～1 mm程度のミニチャンネルおよび扁平多孔管内の熱伝達率h [W/(m²・K)]は，沸騰などの加熱系の場合には，基本的には相当直径が数mm程度の従来径管と同様に電気加熱法によって求めることができる．しかしながら，凝縮などの冷却系の場合には，従来径管の熱伝達率測定に用いられている通常の水カロリーメータ方式では，数十センチメートル以上の管長の平均熱伝達率は測定できるものの，熱伝達率の局所的な変化を把握することが困難となる．そのため，小山ら[1,2]は熱流束センサを用いた扁平管内熱伝達率測定法を提案している．以下，小山らの扁平多孔管内熱伝達率の測定について紹介する．

a）流路断面形状の測定

扁平多孔管内の熱伝達特性を把握する為には，まず，伝熱面積および流路断面積などの流路形状の正確な測定が重要である．流路断面形状の測定には顕微鏡写真が良く用いられるが，管内平均流路断面積は管内を満たす液体の質量を測定することで求めることも可能である．

b）交換熱量の測定

ミニチャンネル・扁平多孔管の交換熱量は一般的に小さく，特に，冷却系の局所的な交換熱量を精度良く測定することは困難である．小山ら[1]は熱流束センサを用いた交換熱量の測定法を提案し，数十mmの微小区間の熱伝達率の測定を行っている．図 18.2-4 に熱流束センサの原理の説明図を示す．熱流束センサは熱伝導体の表裏の温度差によって生ずる熱電堆（thermopile：複数の熱電対を直列に接続して温度差を測定するセンサ）の熱起電力ΔV [V]を測定して熱伝導体を通過する熱流束q [W/m²]を測定するものである．熱伝導体を通過する熱流束qは，n対の熱電対で構成された熱電堆の熱起電力ΔVを測定することにより次式を用いて求められる．

$$q = \frac{\lambda}{\delta} \frac{\Delta V}{\eta_{Tm} \, n} \tag{18.2-8}$$

ここに，λ [W/(m・K)] および δ [m] は熱伝導体の熱伝導率および厚さであり，η_{Tm} [V/K] は温度T_m [℃]における使用している熱電堆材料の熱電能（熱起電力の温度微分）である．一般に，熱伝導率と熱電能は温度の関数である．小山ら[1]は，図 18.2-5 に示す熱流発生装置を用いて熱流束センサのqとΔVの関係を予め求めている．

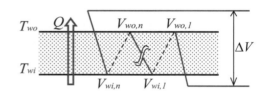

図 18.2-4　熱流束センサの原理

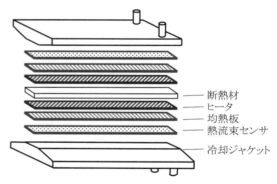

図 18.2-5　熱流束センサの検定例

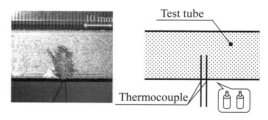

図 18.2-6　熱電対の設置例

伝熱管の相当直径が小さくなると，伝熱管単位長さあたりの交換熱量に占める外部への熱損失あるいは外部からの熱流入の割合が相対的に大きくなり，熱伝達率の測定値の

不確かさが増加するので，熱損失（熱流入）をできる限り小さく抑える必要がある．その方法としては，断熱材に加え，テストセクションと周囲との温度差を小さくすることも有効である．

c) 温度の測定

前項で述べたように，銅管の管壁温度の測定はT型熱電対素線を管壁に埋め込んで，銅管とコンスタンタン素線との接点の温度を測定する手法がある．図 18.2-6 に扁平多孔管の外壁面温度の測定例を示す．図に示すように，アルミニウム製扁平多孔管の外表面に2 mm程度離してクロメル素線とアルメル素線を埋め込んで扁平多孔管の外表面温度を測定している．この場合，各熱電対素線とアルミニウムの間で熱起電力が発生するが，熱電対取付箇所の温度が均一ならば中間金属の法則から，壁温を測定することができる（中間金属の法則：異なる2種類の金属（AおよびB）の両端を接合した閉ループにおいて，両端の接合部に温度差がある場合には熱起電力が生じる．この時，中間に第3の金属Cおよびその接合部の温度が一様であれば，金属Cおよびその接合部の温度の影響は受けない）．

参 考 文 献

*1) S. Koyama, K. Kuwahara, K. Nakashita and K. Yamamoto: Int. J. Refrig., **24**, 425(2003).

*2) 地下大輔，桑原憲，小山繁："冷空論"，**27**(1), 49 (2010).

（小山　繁・地下　大輔）

18.2.3 管外熱伝達率

(1) 熱流束

管外熱伝達率を測定する場合，一般に内管内を流れる水やブラインなどを用いて伝熱区間での熱交換量 Q [W] を測定し，その区間での平均熱流束 q [w/m^2] を次式で与える．

$$q = \frac{Q}{A} = \frac{m_f c(T_{f,out} - T_{f,in})}{A} = \frac{m_f c}{A} \Delta T_f \quad (18.2\text{-}9)$$

ここで，A は伝熱面積 [m]，m_f は質量流量 [kg/s]，c は比熱 [J/(kg K)]，$T_{f,in}$ [℃] および $T_{f,out}$ [℃] は入口および出口の混合平均温度，ΔT_f [K] は温度差である．質量流量は第6章と第15章で説明した方法で測定する．また，水やブラインなどの混合平均温度を正確に測定するため，図18.2-1 に示される方法と同様に混合室を設けて白金測温抵抗体や熱電対で温度を測定する．この場合，温度差を精度良く測定するため，予め検定した温度センサを使用する．

凝縮の管外熱伝達率を測定する場合には，次のような方法でも平均熱流束を求めることができる．予め規定液量を溜められる容器を用意し，規定液量が溜まる時間を測定して凝縮量 m_g [kg/s] を求める．同時に蒸気温度および凝縮液温度を測定し，蒸気表や物性値計算ソフトから蒸気および液のエンタルピー h_V, h_L を求めると，次式で与えられる．

$$q = \frac{Q_r}{A} = \frac{m_g(h_V - h_L)}{A} = \frac{m_g}{A} \Delta h \quad (18.2\text{-}10)$$

(2) 冷媒蒸気温度

冷媒蒸気温度 T_V [℃] は，伝熱管近傍に複数配置した熱電対から平均温度を測定する方法と圧力の測定値から蒸気表や物性値計算ソフト[1]などから求める方法がある．熱電対による測定は，対流による影響を受けやすく変動幅も大きく，密度差による温度分布も生じるため，熱電対の配置場所に十分配慮する必要がある．圧力による測定は，熱電対ほど大きな変動幅はなく，急激な変化もなく安定するので十分な精度が期待できる．

(3) 壁面温度

伝熱管の平均壁面温度 T_{Wm} [℃] は，温度変化に伴う電気抵抗値変化を利用して測定する．電気抵抗値測定のために伝熱区間部の両端にリード線をハンダ付けする．伝熱管の電気抵抗値 R_t [Ω] は，定電流発生装置により低電位で10 [A] 程度の定電流 I [A] を伝熱管に通電し，伝熱管の電圧値 V [V] をデジタルミリボルト計により測定する．

なお，図 18.2-7 に示すように伝熱管に通電した際に電流値が一定で正確である必要性があるため，通電回路内に精密抵抗 R [Ω] を挿入してその間の電圧値を測定し，オームの法則から回路内の電流値 I [A] を測定する場合もある．また，伝熱管の長さ方向の温度差による熱起電力の影響を除くため，通電方向を切換えて測定し，その平均値を伝熱管の電気抵抗値 R_t [Ω] とする．この電気抵抗値 R_t [Ω] を用いて，予め作成した平均管壁温度と電気抵抗値の検定式から伝熱管の平均壁面温度 T_{Wm} [℃] を求める．

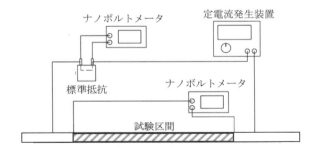

図 18.2-7　平均壁面温度の測定

伝熱管の外壁面温度 T_{Wo} [℃] は，平均壁面温度 T_{Wm} [℃] を用いて管周方向の熱伝導率を考慮すると次式で与えられる．

$$T_{Wo} = T_{Wm} - \frac{Q}{2\pi \lambda_t \ell}\left(\frac{d_i^2}{d_o^2 - d_i^2}\ln\frac{d_o^2}{d_i^2} - \frac{1}{2}\right) \quad (18.2\text{-}11)$$

ここで，λ_t [W/(m K)] は伝熱管の熱伝導率，ℓ [m] は伝熱区間長さ，d_o [m] および d_i [m] は管の外径および内径である．

(井上　順広)

18.2.4　プレート熱交換器

プレート熱交換器は，図 18.2-8 に示すような波状に加工されたステンレス鋼製平板を，上下反対に配置した板と交互に積層した構造であり，波形状の重なりによって網目状の流路が形成される．冷媒と熱媒体は積層板間の流路を交互に流れることで熱交換がなされる．それぞれの流路は網目状の構造であるから，その節での混合と分岐での熱伝達率が支配的となる．一方，各流体の出入口は，一般に上下4カ所に設けられるため，流入口ではプレート面の幅方向に流路が拡大し，流出口では流路が縮小することになる．網目状流路内局所での流量や温度，そして蒸気を含む流れでは乾き度の計測が困難であり，また流路拡大や縮小の影響の分離は困難であることから，熱交換器出入口間の総括熱伝達率が評価される．

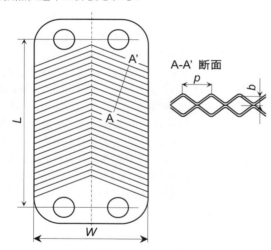

図 18.2-8　プレート熱交換器

一方，実用のプレート熱交換器では網目状の流路によって圧力損失が大きいため熱交換能力の増大には流路数を増やすことで対応される．熱媒体のように液単相流で流動する場合には，ヘッダー間の圧力損失は網目状流路で支配されるため，出入口ヘッダーの径が大きく流速が抑えられればほぼ均等に分流される．しかし，冷媒が相変化を伴い気液二相流で流動する場合には，圧力損失は質量流量と乾き度に依存するため，不均一な流量分配になる恐れがある．流路数が複数となる熱交換器については流量分配に配慮する必要がある．以下，プレート熱交換器の性能計測に関する注意事項について述べる．

(1)　流路代表長さ

熱伝達率を無次元数で整理する場合，代表長さ D [m] が用いられる．プレート熱交換器の場合，流路が複雑であることから次の2通りで定義されることが多い．

a) プレートの波高さ b [m] の2倍とする．
$D = 2 \cdot b$

b) 流路の全内容積 V [m^3] と波形状を考慮した全伝熱面積 A_S [m^2] から次式で定義される水力等価直径とする．
$D = 4 \cdot V / A_S$

(2)　伝熱面積

熱伝達率計測での伝熱面積 A [m^2] の扱いは研究者に依存するので，注意が必要である．

a) 投影面積とする．$A = W \cdot L$

ここで，W [m] はプレートの幅，L [m] は出入口ポート間の距離である．（図 18.2-8）

b) 波形状を考慮した流体に接触する面とする．$A = A_S$

なお，a) に対する b) の面積の比が面積拡大率である．

(3)　冷媒が相変化を伴う場合の注意点

複数流路のプレート熱交換器に対し凝縮流や蒸発流の熱通過率を計測する場合，冷媒分流を確認する必要がある．不均一な流れであれば，計測される熱通過率は流路数に依存した値となる．確認する手段として二つの方法が考えられる．

a) 熱電対による計測

凝縮器において出口サブクールとなる場合，出口ヘッダー内に熱電対を計測し，各流路の出口温度を計測し（図 18.2-9），熱交換量の違いから判定する．

b) 赤外線サーモグラフィによる計測

熱交換器側面の表面温度を赤外線サーモグラフィで計測する．温度分布から各流路の熱交換量の違いを推定する．赤外線サーモグラフィの計測では，周囲からの赤外線の反射の影響を避けるため表面に黒色塗料を塗るなどして放射率を1に近づけることが望ましい．

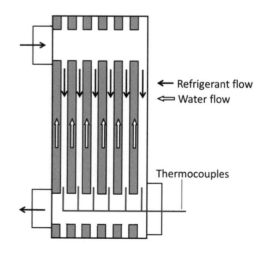

図 18.2-9　熱電対挿入による各流路出口温度の計測[1]

(4) 熱伝達率の計測

冷媒と熱媒体の熱交換において冷媒熱伝達率を計測する場合，総括熱通過率から得られる流体間の熱抵抗から熱媒体の熱抵抗，プレートの熱抵抗を差し引くことで求めることができる．熱媒体の熱伝達率は，二流体同じ熱媒体を用いて熱交換実験を行い，ウィルソンプロット法などで計測すればよい．その場合，温度効率が高くならないよう熱容量流量および流体間温度差を適切に設定する必要がある．

引用文献

1) H. Asano, K. Honda, N. Takeda, M. Kondo, K Nishimura: Bulletin of the JSME Mechanical Engineering Journal, **2**(1), Paper No. 14-00338, (2013).

(浅野 等)

18.3 空気側熱伝達率の測定

18.3.1 理論的な予測

熱交換器の空気側においては，流動する空気と，伝熱面との間で熱移動が起こるため，現象としては対流熱伝達であり，原理的には熱伝達率を決めることができるはずである．しかし，空気を媒体として用いる熱交換器は，主にフィンチューブ式（**図 18.3-1**）かプレートフィン式（**図 18.3-2**）に限られており，これらは空気側伝熱面が非常に複雑な形状をしている．

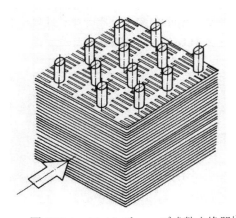

図 18.3-1　フィンチューブ式熱交換器[1]

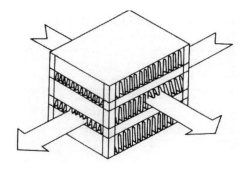

図 18.3-2　プレートフィン式熱交換器[1]

対流熱伝達においては，媒体が液体であるか気体であるか，によって熱伝達率が大きく違い，一般に液体の方が数十倍程度大きくなる．つまり，空気側は熱伝達率が小さいため，温度差が同等だとすれば，熱流束が液体側の数十分の一になる．まして液体側で蒸発が起こる場合，空気側熱流束は液体側の数千～数万分の一にまでなり得る．この熱流束の違いを補うための方法は，空気側の伝熱面積を増大させるほかは無い．空気を媒体として用いる場合に，限定された形式の熱交換器しか用いられないのは，このような理由による．

この複雑な伝熱面における熱伝達率を理論的に予測するためにはどうすれば良いか．**図 18.3-3** はフィンチューブ式熱交換器の空気側伝熱面のモデル図である．左図がフィン材の断面図であり，フィン厚さが t_f [mm]，スリーブ長さが t_c [mm] となっている．このフィン材を積層してスリーブ部に蒸発管を貫通させ，拡管して密着させたものが右図になる．フィンピッチは f_p [mm] となる．

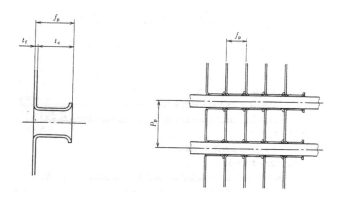

図 18.3-3　フィンチューブ式熱交換器の空気側伝熱面の構造[2]

空気に接触する伝熱面は，フィン部とスリーブ部に分けられる．形状は，フィン部は平板，スリーブ部は円管であるから，それぞれ単純な平板と円管でモデル化してやれば，ある流速の空気流との間の熱伝達率を決めることは決して難しくない．これをフィン部，スリーブ部の面積で比例配分してやれば，空気側伝熱面全体の平均熱伝達率が推算できる．ただしこれは，空気側伝熱面の温度がどこでも均一であるという前提の下でのみ使用可能なもので，現実的とは言い難い．冷媒側の流体温度がどこも均一であったと仮定しても，スリーブ表面温度は，蒸発管材内部の熱伝導による熱抵抗，蒸発管とスリーブの間の接触抵抗，スリーブ材内部の熱抵抗によって影響を受ける．またフィン部表面温度については，フィン材内部の熱伝導によって複雑な温度分布を示すことが一般的である．空気側伝熱面の温度はまず均一とは考えにくい．何らかの平均化操作により，空気側伝熱面の代表温度を決めることはできるであろうが，そもそも，伝熱面形状が複雑ということは，空気の流路形状も非常に複雑であるから，空気流速がどこも均一という仮定が既に非現実的である．このような理論的アプローチを突き詰めるならば，それは熱交換器全体を対象と

した数値計算へと行きつかざるを得ない．将来，計算機と計算技術がさらに発達すれば，このような方法が一般的になるかも知れないが，現在のところ，これはまだ現実味の薄い方法論であると思われる．

18.3.2 経験的な予測方法

次に，経験的な相関式から熱交換器の性能を予測する方法を紹介する．正確に言うと，ここで対象とするのは，単体の熱交換器ではなく，フィンチューブ式熱交換器とファンを組み合わせた，いわゆるユニットクーラである．ユニットクーラは，冷蔵倉庫の冷却装置として広汎に用いられるが，他の冷凍空調機器とは違い，設置現場で初めて，コンデンシングユニット(コンプレッサとコンデンサを組み合わせたもの)に接続されるのが一般的である．このため，倉庫に対する適切なユニットクーラの選定，またそれに対する適切なコンデンシングユニットの選定を設計段階で行うためには，ユニットクーラ単体での熱交換性能が数値で表されている必要がある．しかし，その性能評価法がまちまちであると，結果の再現性が保証されず，製品の評価にも公平性を欠くため，ユニットクーラの性能予測法は，JIS B 8610として規格化されている．

さらに言えば，この規格により予測されるのは，空気側熱伝達率ではなく，空気側の全伝熱面積と，冷媒側と空気側の対数平均温度差により規定された熱通過率である．前項で述べたように，熱交換器の空気側は代表温度を決めるのが困難であり，熱伝達率を出すことはできても，それは代表温度の精度に大きく依存するため，実用上あまり有用とは言い難い．そこで，冷媒側と空気側の条件を限定し，熱交換器の様々な設計パラメータを変更したときの熱通過率を予測する方法，として規格が制定されている．なお，熱通過率が予測／実測できれば，材料内部の熱伝導，管内側の熱伝達を差し引くことで，管外側の熱伝達率を求めることができる．

想定された設計パラメータは，図18.3-3に示すように，管ピッチP_p[mm]，フィンピッチf_p，フィン厚さt_f，さらに管外径d_o[mm]である．まずは，**図18.3-4**に示すような図を用いて，上述のパラメータから図式解法により有効伝熱面積比k（空気側の全伝熱面積Aに対する，空気側有効伝熱面積A_eの比）を算出する．

次いで，**図18.3-5**に示す図を用いて，有効内外面積比m（冷媒側有効伝熱面積に対する空気側有効伝熱面積A_eの比）とクーラ前面平均風速U_{af}[m/s]をパラメータとした図式解法により，熱通過率K[W/m²K]が求められる．なお，この熱通過率から実際の冷凍能力Φ_0[W]を算出するに当たっては，有効伝熱面積比kと管内側のドライアウト部長さa[m]の影響を考慮した次式を用いる．ここでl[m]：1回路管長，a：1回路管長当たりの過熱部長さ，$\overline{\Delta t}$[K]：対数平均温度差　である．

$$\Phi_0 = k A \left(\frac{l-a}{l}\right) K \overline{\Delta t} \tag{18.3-1}$$

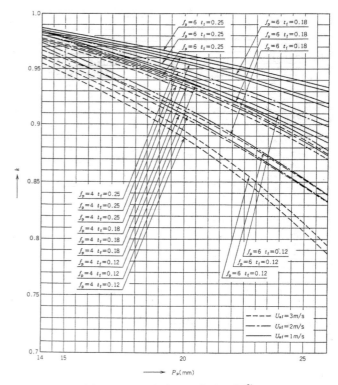

図 18.3-4　kを求めるための図[2)]

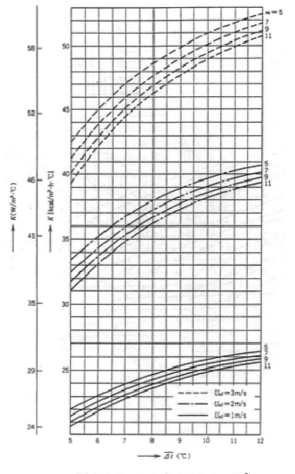

図 18.3-5　Kを求めるための図[2)]

以上に述べた方法を用いれば，図式解法により比較的容易に熱通過率を予測することができる．ただし，本方法は冷蔵倉庫用のクーラを対象としたものであり，蒸発管外径はϕ8.00 mm，ϕ9.52 mm，ϕ12.70 mm，ϕ15.88 mmの4種類からしか選べないし，管ピッチ，フィンピッチも，冷蔵倉庫用クーラに適した値を想定している．空調用や小型の冷凍装置用の蒸発器では，蒸発管径がより細く，フィンピッチも狭いものがほとんどなので，本規格を適用することはできない．

18.3.3 交換熱量の計測方法（日本の規格）

これまで，熱交換器の性能を計算により予測するための方法について述べてきた．次はこれを実測する方法について説明する．

蒸気圧縮式冷凍サイクルの一部である熱交換器の場合，再現性をもって交換熱量を正確に測定することは実はそれほど簡単ではない．このため，性能測定法がまちまちであると測定結果の信頼性が低くなり，製品の公平な評価ができなくなる．そこで前項と同様，熱交換器単体ではなくユニットクーラを対象とした交換熱量の測定方法が，JIS B 8626として規格化されている．本項ではこの規格について概説する．また米国でもANSI/AHRI Standardとして規格化されているので，これは次項で紹介する．

JIS B 8626によれば，以下の4種類の測定方法が規定されている．

(1) 冷媒流量計法

クーラ通過前後の冷媒のエンタルピー差と冷媒の質量流量との積によって冷凍能力を推定する方法．しかし，蒸発管内部には冷媒だけでなく冷凍機油が混入しているため，冷媒だけの質量流量を正確に計測するのは非常に困難である．この方法の原理的な欠点と言える．

(2) 凝縮器冷媒流量計法

試供用ユニットクーラを含む冷凍サイクルの，水冷式凝縮器の出入口における冷却水の温度差と冷却水流量との積から冷媒の凝縮潜熱を算出し，これと凝縮器出入口での冷媒のエンタルピー差から冷媒質量流量を求める．これにクーラ出入口での冷媒のエンタルピー差を乗ずれば冷凍能力を算出する事ができる．(1)における冷凍機油の問題は解決するが，測定項目が増えるため，原理的に誤差要因が増える．

(3) 熱量計式試験室法

図18.3-6に示すように，二重の断熱壁によって囲われる検査室に試供用クーラとヒータを配置して，検査室内の空気温度変化が無くなるようにヒータの印加電力を制御し，その時の印加電力量によって冷凍能力を推定するという方法．直接の誤差要因となるのが電力計のみであるから，原理的に測定精度は高い．しかし，検査室を断熱するために非常に大掛かりな設備が必要となるし，検査室内での熱的平衡条件が成立することを前提としているため，検

査室内の温度分布と温度変化を一定とするためには長時間を費やさなければならない．本規格には明記されていないが，一般に12時間程度を要すると言われる．

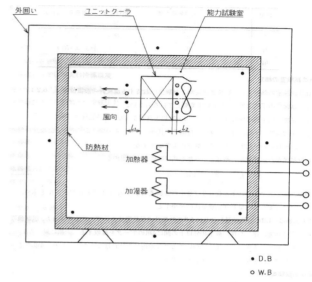

図18.3-6 熱量計式試験室法[3]

(4) 風量測定法

クーラ出入口の空気温度差と空気の質量流量および比熱の積として冷凍能力を推算する方法．空気流量を正確に測定するのが難しく，10％程度の誤差は避け難いと考えられる．

これらのうち，(1)と(2)もしくは，(1)，(2)のどちらかと(3)の測定を行い，それらの2つの測定値を比較して，誤差が6％以内であることを確認した上で平均値を算出し，これをクーラの冷凍能力とするよう規定されている．また，定格条件である決まったTD（ユニットクーラ入口空気温度と冷媒蒸発温度の差）という条件下では，(4)の方法を用いても良い．

以上のように，どの計測方法も長所と短所があるが，それらを組み合わせることで信頼性を高める工夫がなされている．

18.3.4 交換熱量の計測方法（米国の規格）

ANSI/AHRI Standard 420[*1)]がそれであり，日本の場合と同じく，対象はユニットクーラである．規定されている測定方法は以下の3種類である．

(1) Method 1：DX Dual Instrumentation

クーラ通過前後の冷媒のエンタルピー差と冷媒の質量流量を，独立した2系統の方法で測定し，それらの平均値を冷凍能力とする．

(2) Method 2：DX Calibrated box

(1)のどちらかの系統の方法で測定した値と，Calibrated boxへの熱入力を平均して，冷凍能力とする．Calibrated boxというのは，前項の「(3) 熱量計式試験室法」と同じ方法と考えられる．

(3) Method 3 : Liquid Overfeed

満液式のクーラを想定した方法である．クーラ通過前後の冷媒のエンタルピー差と冷媒の質量流量から算出した値と，コンデンサカロリーメータ法で算出した値を用いる．コンデンサカロリーメータ法とは，前項の「(2) 凝縮器冷媒流量計法」と同じ方法と考えられる．

規格の適用範囲を明確に示すこと，計測器の誤差を規定すること，必ず2種類の測定を行ってその平均値を取るようにすること，などの工夫により信頼性を上げようとしているが，個々の測定方法はJISと同じであるから，測定値に誤差が含まれる可能性が高いという問題点は同じである．またCalibrated box法は，試験に長時間掛かることが明記されており，11時間のデータを取るように規定されている．根本的に，JISと同じ問題を抱えていることが判る．

18.3.5 気流の温度定常状態を利用した交換熱量測定方法

クーラの冷凍能力測定に関する日本と米国の工業規格では，幾つかの方法で冷凍能力を測定しているが，本質的に同じ測定法を利用しているため，問題点も共通であった．冷媒もしくは空気の流量とエンタルピー差を乗じて算出する方法では，流量計，温度計，圧力計など，多くの測定機器の精度が冷凍能力の誤差要因となるため，精度を向上させることが難しい．また断熱試験室にクーラと電気ヒータを設置して，冷凍能力とヒータ入力とをバランスさせる方法は，設備が大きいことと，定常状態に達するまでに約半日という長時間を要する点が実用上不便である．

以上を踏まえて本項では，ダクトを用いてクーラとヒータを接続することで，冷却と加熱による気流の温度定常状態を迅速かつ確実に実現させ，従来法の問題点を解消し得る交換熱量測定方法の試験原理[*2)]について説明する．

試験原理は以下の通りである．温度を一定に保った検査室内に，**図 18.3-7** に示すような断熱されたダクトを置き，その両端にクーラおよび電気ヒータを設置する．そのダクト内に空気を流入させると，始めにクーラで冷却され，続いてヒータで加熱される．この時ダクトの流入温度と流出温度が同じであれば，ヒータが空気流に与えた熱量とクーラが奪った熱量は同じであると考えられるから，ヒータへの印加電力を測定すれば，それが即ちクーラの冷凍能力となる．なお，図 18.3-7から判るように，本試験法はクーラとファンが離れていた方が都合がよいので，ユニットクーラではなく，熱交換器単体の冷凍能力測定に適している．

本原理の最も大きな特長は，冷凍能力の測定に直接関わる測定器が電力計のみだということである．風速や冷媒流量は全く測定する必要が無く，温度についてもダクト入口と出口で等しくなっていることを検知できればよいので，原理的には測定精度に影響を及ぼさない．特に本方法では，ダクト出入口の温度が等しいことを検知するために，熱電対のループ結線を採用した[*2)]．この方法ならば，起電力がゼロであることを確認するだけで済むため，直接的な測定誤差には繋がらない．また，本質的にはダクトのみに断熱を施せばよいため，熱漏洩を大幅に抑止することができ，それに起因する測定誤差が大幅に減少することが見込まれる．さらに，測定に関わる機器の体積が小さく，かつ空気がダクト内を定常的に流動しているため，温度平衡に達するまでの時間がJISの熱量計式試験室法と比べて格段に短くでき，究めて迅速な試験が可能になると考えられる．

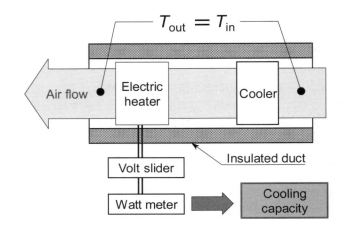

図 18.3-7 提案する計測方法の概念図[4)]

このように，原理的には非常に優れた方法であるが，実際に高精度の測定を実現するためには，ダクト内の気流の流速と温度が均一でなくてはならない等，多くの課題があることが判った．ダクト内にミキサを挿入する等の対策の結果，短時間で高精度の測定が可能であることは実証されたが[4)]，実用化のためには，さらに再現性と信頼性を向上させる必要がある．

18.3.6 まとめと今後の課題

熱交換器の空気側の伝熱は，現象として非常に複雑であるため，予測，実測とも，あまり精度の高い方法は確立されていない．18.3.5で示した方法は，大きな可能性をもっていると考えるが，測定条件を氷点下温度に拡張するというだけでも新たな問題が顕在化しており[6)]，まだ十分な精度と再現性を保証できる技術レベルには達していない．結露，着霜が起こった場合の伝熱特性への影響なども含め，今後の研究の進展が期待される．

引 用 文 献

1) 伝熱工学資料 改訂第4版，日本機械学会編，(1986).
2) JIS B 8610-2002，冷凍用ユニットクーラの冷凍能力計算方法，日本工業標準調査会審議，日本規格協会発行，2002.
3) JIS B 8626-1993，冷凍用ユニットクーラ―冷凍能力試験方法，日本工業標準調査会審議，日本規格協会発行，1993.
4) 渡辺学，三堀友雄，原正和，梶谷志乃，宮尾大樹，酒井昇，ユニットクーラの冷凍能力試験方法，冷空論，22(3)，249，(2005).

参 考 文 献

*1) ANSI/AHRI Standard 420, 2008 Standard for Performance Rating of Forced-Circulation Free-Delivery Unit Coolers for Refrigeration, 2008.
*2) 特許第3608655号, 冷凍能力試験方法およびその装置, (2004.10.22).
*3) Hao Wang, Manabu Watanabe, Tatsunori Man'o, Toru Suzuki, A new method for measuring refrigerating capacity of fin-tube type heat exchanger, Proc. 11th Gustav Lorentzen Conference on Natural Refrigerants, Hangzhou, China, 2014-8, ID: 63.

(渡辺 学)

18.4 水側熱伝達率

18.4.1 熱流束

管内の水側熱伝達率を測定する場合，内管内を流れる冷却水・加熱水の伝熱区間での熱交換量を測定し，その区間での平均熱流束を次式で与える．

$$q = \frac{Q}{A} = \frac{m_f c(T_{f,out} - T_{f,in})}{A} = \frac{m_f c}{A} \Delta T_f \tag{18.4-1}$$

ここで，m_f は質量流量 [kg/s]，c は比熱 [J/(kg K)]，$T_{f,in}$ [℃] および $T_{f,out}$ [℃] は入口および出口の混合平均温度，ΔT_f [K] は温度差である．質量流量は第6章と第15章で説明した方法で測定する．また，冷却水・加熱水の混合平均温度を正確に測定するため，図18.2-1 に示される方法と同様に混合室を設けて白金測温抵抗体や熱電対で温度を測定する．この場合，温度差を精度良く測定するため，予め検定した温度センサを使用する．

18.4.2 壁面温度
(1) 電気抵抗値による測定

伝熱管の平均壁面温度 T_{Wm} [℃] は，温度変化に伴う電気抵抗値変化を利用して測定する．電気抵抗値測定のために伝熱区間部の両端にリード線をハンダ付けする．伝熱管の電気抵抗値 R_t [Ω] は，定電流発生装置により低電位で10 [A] 程度の定電流 I [A] を伝熱管に通電し，伝熱管の電圧値 V [V] をデジタルミリボルト計により測定する．

なお，図18.2-7 に示すように伝熱管に通電した際に電流値が一定で正確である必要性があるため，通電回路内に精密抵抗 R [Ω] を挿入してその間の電圧値を測定し，オームの法則から回路内の電流値 I [A] を測定する場合もある．また，伝熱管の長さ方向の温度差による熱起電力の影響を除くため，通電方向を切換えて測定し，その平均値を伝熱管の電気抵抗値 R_t [Ω] とする．この電気抵抗値 R_t [Ω] を用いて，予め作成した平均管壁温度と電気抵抗値の検定式から伝熱管の平均壁面温度 T_{Wm} [℃] を求める．

伝熱管の外壁面温度 T_{Wi} [℃] は，平均壁面温度 T_{Wm} [℃] を用いて管周方向の熱伝導率を考慮すると次式で与えられる．

$$T_{Wi} = T_{Wm} - \frac{Q}{2\pi \lambda_t \ell}\left(\frac{d_o^2}{d_o^2 - d_i^2}\ln\frac{d_o^2}{d_i^2} - \frac{1}{2}\right) \tag{18.4-2}$$

ここで，ℓ は伝熱区間長さ，λ_t は伝熱管の熱伝導率，d_o および d_i は管の外径および内径である．

(2) 熱電対による測定

伝熱管の内壁面温度 T_{Wi} は，管外壁面に熱電対を取り付けて(取り付け例は図18.2-2を参照)管外壁面温度を測定し，管周方向の熱伝導率を考慮して次式から求める．

$$T_{Wi} = T_{Wo} + \frac{Q}{2\pi \lambda_t \ell}\ln\left(\frac{d_o}{d_i}\right) \tag{18.4-3}$$

平均の内壁面温度 T_{Wim} [℃] は，伝熱区間の数か所で図18.2-2 の方法で測定した場合，伝熱管の内壁面温度から算術平均して求める方法と，図 **18.4-1** に示す面積平均して次式から求める方法の二通りの考え方ができる．

$$T_{Wim} = \frac{T_1 d_i \pi \ell_1 + T_2 d_i \pi \ell_2 + \cdots\cdots + T_n d_i \pi \ell_n}{d_i \pi \ell}$$

$$= \frac{\sum_{i=1}^{n} T_n \ell_n}{\ell} \tag{18.4-4}$$

ここで，$\ell = \ell_1 + \ell_2 + \cdots\cdots + \ell_n = \sum_{i=1}^{n}\ell_n$ である．

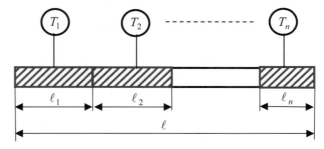

図 18.4-1　面積平均温度

18.4.3 水と壁面との温度差

管内の水側は，管壁からの冷却または加熱によって，管軸方向に温度は常に変化する．この変化する管内の水側温度分布を正確に把握することは困難であるため，**図18.4-2** および次式に示す対数平均温度差を用いて，水と壁面との温度差 ΔT [K] を定義して求め

$$\Delta T = (\Delta T_{in} - \Delta T_{out})/\ln(\Delta T_{in}/\Delta T_{out}) \tag{18.4-5}$$

$$\Delta T_{in} = T_{Wim} - T_{f,in}, \quad \Delta T_{out} = T_{Wim} - T_{f,out} \tag{18.4-6}$$

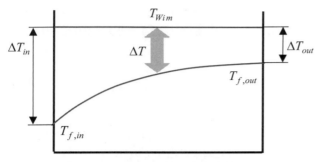

図 18.4-2　対数平均温度差

ただし，以下の場合は，水と壁面との温度差を算術平均温度差で近似*1)できる．

$$\Delta T \cong \frac{\Delta T_{in} + \Delta T_{out}}{2} \quad \left(\frac{1}{2} \leq \frac{\Delta T_{in}}{\Delta T_{out}} \leq 2\right) \tag{18.4-7}$$

参　考　文　献

*1) 吉田駿:「伝熱学の基礎」, pp.166-168, 第1版, 理工学社, 東京 (1999).

(井上　順広)

18.5　冷媒流動の可視化

　冷媒が気液二相流として流動する場合，その熱流動特性は流路内の気液相分布に強く依存する．そのため，気液二相流の熱流動現象は，気液界面構造の特徴によって分類された流動様式によって整理される．実用機器は金属容器であるため内部流動を見ることはできないので，流動条件と流路形状に対して流動様式線図を用いて流動様式が推定される．しかし，機器のコンパクト化，高性能化の進展によって流路形状が複雑化，微細化しており必ずしも従来の流動様式線図が適用できない状況になっている．伝熱性能は温度や流量の計測値から求めることができるが，計測結果を適切に評価するには内部流動を把握していることが望ましい．ここでは，冷媒流動の可視化方法と事例について述べる．

18.5.1　流路壁面を透明素材に置換する方法

　流路壁面を透明素材で置換できれば内部の流動構造を観察できる．透明素材にはガラスや透明樹脂が使用される．HFC系冷媒は樹脂に膨潤しないので透明アクリル樹脂や透明ポリカーボネート樹脂を使用できるが，耐圧強度に配慮が必要である．また，構造物全体を置換する必要はなく，可視化目的に応じて必要な箇所を置換すればよい．例えば，シェルチューブ熱交換器のシェル側において局所の流動状態を観察したい場合，容器壁面にのぞき窓を設置すれ

ばよい．プレート熱交換器やプレートフィン熱交換器では流路全面の観察が望まれるが，単流路であれば片側の壁を断熱壁とし，透明素材に置換することで可視化できる．ただし，プレート熱交換器の場合，内壁に波形状を加工する必要があり，また耐圧のため金属製のカバープレートの設置が求められる．

　溝付伝熱管において溝形状が環状流液膜に及ぼす影響を知りたい場合，溝付管を透明素材にすることは困難である．Miyaraらは，溝付管出口に透明管を接続し，溝付管からの流出口での液膜挙動から溝形状の影響を評価している[1]．図 18.5-1 は，ヘリンボーン溝付管出口の冷媒二相流の観察事例である．流動様式は環状流であるが，溝の影響を受けて上下に液が偏っていることがわかる．

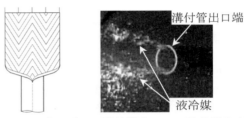

図 18.5-1　ヘリンボーン溝付管出口での流動観察事例[1]

　一方，冷媒回路において気液二相流の流動挙動が強く影響する箇所として冷媒分配が挙げられる．流量分配は各流路の圧力損失が等しくなるように受動的に決定されるが，気液二相流の場合，圧力損失は質量流量だけでなく乾き度に依存するため，気液の分配が分流器内の気液界面構造の影響を受けると考えられるためである．Zuradzmanらは多穴管熱交換器のくし形ヘッダ内の流動に対し，ヘッダを透明アクリル樹脂で製作して可視化を行っている[2]．

　透明素材にガラスを使用し，その表面に金属薄膜（例えば，ITO膜）を蒸着させれば，壁を通しての可視化と金属薄膜への直接通電による加熱を両立させることができる．

18.5.2　赤外線サーモグラフィによる方法

　気液界面構造の観察はできない場合でも，壁面の温度分布から内部流動を評価できる．特に，冷媒分配は熱交換器設計で大きな課題であるが，不均等分配の場合，熱交換能力にその影響が顕れるため，伝熱面温度分布を計測することは有意義である．本田らは，冷媒単流路のプレート熱交換器の片側壁面を断熱とし，赤外線サーモグラフィで壁面温度分布を計測している[3]．図 18.5-2 は，凝縮流の結果の一例である．過熱蒸気がサブクール液まで冷却される過程が観察されている．壁面の温度分布から冷媒が湿り蒸気である範囲を推定できる．波高さが高くなることで蒸気がサブクール液中に侵入しやすくなり，湿り蒸気の範囲が広くなっているのがわかる．水平流の場合，波形状の影響を強く受け，液がプレート面中央に集まっている様子もわかる．

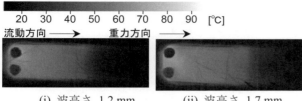

(i) 波高さ 1.2 mm　　(ii) 波高さ 1.7 mm
(a) 鉛直下降流

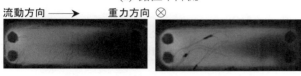

(i) 波高さ 1.2 mm　　(ii) 波高さ 1.7 mm
(b) 水平流

図 18.5-2　赤外線サーモグラフィによる壁温計測事例[3]

18.5.3　放射線による透過法

節 18.5.1, 18.5.2 で述べた方法では，冷媒流動の可視化のため流路構造をなにかしら変更している．可視化対象を限定したうえで流路構造の変化を考慮して観察結果の考察ができればよいが，緻密で複雑な流路形状である場合には製品に何ら変更を加えず実用条件で可視化することが望ましい．放射線を利用すれば金属容器内の冷媒挙動を可視化できる．可視化で使用される放射線には，X 線，γ 線，中性子線，陽子線があるが，ここでは，人体計測で広く用いられているX線と中性子線についてその違いを紹介する．

放射線を利用した透過手法（ラジオグラフィ）は物体に対する放射線の減衰率の差異によって物体内部の構造を可視化する手法で，観察方向の積分情報が投影画像から得られる．多方向からの情報があれば，CT（Computed tomography, コンピュータ断層撮影法）によって再構成処理を行うことで三次元構造を知ることができる．X線を利用した透過手法はレントゲンとして広く知られており，X線 CT は非破壊検査や医療で用いられている．放射線の減衰率は，物体を構成する元素によって決定される．X線は元素番号が大きい程，減衰率が大きくなる．つまり，人体の構成要素である水はよく透過し，バリウムのような造影剤の減衰が大きいことから，胃の中の造影剤の動きを鮮明に可視化できる．しかし，金属に対する減衰率は冷媒より大きいので金属容器内の流れの可視化は不得手である．

中性子線は，原子での吸収だけでなく，原子との衝突による散乱によって減衰するため，減衰率は元素の種類に強く依存し，X線の特性とは大きく異なる．水素に対する減衰が特に大きく，アルミニウムや銅など金属に対する減衰が比較的小さいことから金属容器内の水素を含む流体の可視化に適している．分流器の可視化事例を図 18.5-3 に示す[4]．

(a) 外形図　　(b) 可視化画像

図 18.5-3　中性子ラジオグラフィによる分流器の計測事例
（黒い部分が液が多いことを示す．）[4]

図の下側より湿り蒸気の冷媒が流入し，上部から流出する．分流器入口には絞りがあり，絞りを通過して減圧することで液が霧状に流れる噴霧流とし，均質流と扱える流動に変化させ，単相流と同様に分流器で流路断面を拡げて流速を落とすことで均一分配を達成する狙いであった．しかし，可視化結果を見ると，分流器内で減速させたことによって重力の影響が大きくなり，相分離してしまっていることがわかる．これが不均一分配を誘引する結果となった．単相流設計に基づく思い込みが悪影響をもたらしたことが明らかとされたよい可視化事例である．冷媒は，CO_2を除けば大抵水素を含んでおり，冷媒流動の可視化に極めて有効な手段であるが，X線と異なり線源が限定されるため利用環境が整っているとは言えない．大きな中性子線強度が得られる原子炉が適しており，日本では世界最高水準の施設である日本原子力研究開発機構原子力科学研究所（茨城県東海村）の研究炉と京都大学原子炉実験所（大阪府熊取町）の研究炉に中性子ラジオグラフィ設備がある．海外では，例えばスイスポールシェラー研究所（Paul Scherrer Institute），米国国立標準技術研究所（NIST），韓国原子力研究所（KAERI）などが中性子ラジオグラフィ設備を有している．

引 用 文 献

1) A. Miyara, K. Nonaka, N. Taniguchi, International Journal of Refrigeration, 23, pp. 141-152, (2000).
2) Zuradzman, 五島, 滝口, 土屋, 岡本, 廣田, 丸山, 西村, 日本冷凍空調学会年次大会講演集, B223 (2010).
3) 本田, 浅野, 動力エネルギー技術シンポジウム講論集, C111 (2014).
4) H. Asano, N. Takenaka, T. Fujii, Y. Shibata, T. Ebisu, M. Matsubayashi, Nuclear Instruments and Methods in Physics Research-A, 424 (1), pp. 98-103, (1999).

（浅野　等）

第19章. 風量測定の応用例

19.1 風量測定の種類と原理

風量測定にはいくつかの測定方法があるが，大きく分けて絞りなど差圧を利用して風量を算出する方法と風速を測定して風量を算出する方法とがある．風量測定方法の基の一つとなっている JIS B 8330「送風機の試験および検査方法」の本文ではオリフィス板および吸込ノズルの差圧を利用して風量を算出する方法とピトー管を利用して風速を測定し風量を算出する方法とが記載されている．その風量測定の種類と原理について記述する．なお，本節の各数式の記号は以下による．

記　号

A_1, A_2	吸込側および吹出側測定管路の断面積	m²
A_n	オリフィス板の円孔面積($=\pi d^2/4$)	m²
D_1, D_2	吸込側および吹出側測定管路の内径	m
d	オリフィス板の円孔内径	m
$\bar{h}_d$	測定管路の平均動圧	Pa
$\bar{h}_{d1}, \bar{h}_{d2}$	吸込側および吹出側測定管路の平均動圧	Pa
$h_1, h_2\cdots$	ピトー管による動圧の測定値	Pa
h_n	オリフィス圧力差または吸込ノズル負圧	Pa
P_1, P_2	オリフィス板の直前・直後の絶対静圧	Pa
Q_1, Q_2	吸込および吹出風量	m³/min
R_D	レイノズル数$=\bar{v}D/\nu$	-
$\bar{v}_1, \bar{v}_2$	吸込側および吹出側測定管路の平均速度	m/s
$\bar{v}$	測定管路の平均速度	m/s
α_0	吸込ノズルの流量計数$=0.99$	-
α_n	オリフィス板の流量計数	-
ε	空気の膨張による修正係数	-
κ	比熱比（常温空気の場合は1.40とする）	-
ν	動粘度	m²/s
ρ	測定管路内の空気密度	kg/m³
ρ_1, ρ_2	吸込側および吹出側測定管路の空気密度	kg/m³
ρ_n	オリフィス板の直前の空気密度	kg/m³

添記
s	静圧
d	動圧
n	オリフィス板に関するもの
1	送風機吸込側オリフィス板の直前（除くh_1）
2	送風機吹出側オリフィス板の直後（除くh_2）

19.1.1 絞りなど差圧による風量測定

気流が流れている管路を絞ると流速が増加し，圧力は低下するのでその絞りの前後で圧力差を生じる．その圧力差と風量とは一定の関係があり，差圧が判れば関係式から風量が求められる．絞り機構にはオリフィス，吸込ノズル，ベンチュリ管などがあり，**JIS Z 8762**「円形管路の絞り機構による流量測定方法」および JIS B 8330「送風機の試験および検査方法」にその構造，使用範囲，計算式などが規定されている．詳細は各規格を参照されたい．

(1) オリフィス

JIS B 8330 に規定されているオリフィス板の構造を**図 19.1-1** に，測定装置の例を**図 19.1-2** に示す．

オリフィスで測定する際の注意点を以下に記載する．

a) 圧力取出方法は図 19.1-1 に示すコーナタップとする．やむを得ず縮流タップまたはフランジタップとする場合はJIS Z 8762 の規定に従う．

b) オリフィス板の大きさは管の内径が50～1000 mmで，絞り面積比 $\beta^2=(d/D)^2$ は，0.05～0.64 のものを用い，その圧力差は500 Pa 以上となるように選ぶ．

c) 圧力差の測定は少なくとも1/100まで読み取る．

d) 図 19.1-2 に示すようにオリフィス前後の管路の直管部を十分に取り，整流格子を取り付ける．

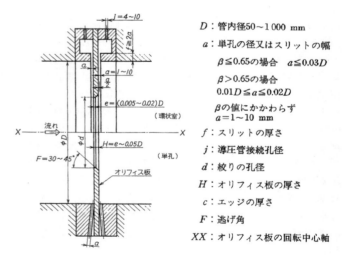

図 19.1-1　オリフィス板の構造[1]

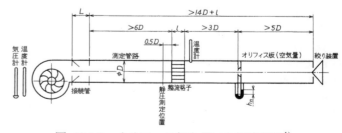

図 19.1-2　オリフィス板を用いた測定装置[1]

風量を算出する計算式を次に示す．

$$Q_1 = 60\alpha_n \varepsilon A_n \sqrt{\frac{2h_n}{\rho_1}} \qquad (19.1\text{-}1)^{1)}$$

$$Q_2 = 60\alpha_n \varepsilon A_n \sqrt{\frac{2h_n}{\rho_n}} \qquad (19.1\text{-}2)^{1)}$$

オリフィス板の流量計数 α_n の面積比 $\beta^2=(d/D)^2$ に対する値を図 **19.1-3** に示す．図 19.1-3 の適用範囲は次の通りである．

i) $10^5 \leqq R_D \leqq 2\times 10^6$
ii) $0.05 \leqq \beta^2 \leqq 0.64$
iii) $50 \leqq D \leqq 1000$ mm

空気の膨張による修正係数 ε のオリフィス板直前および直後の圧力比 P_2/P_1 に対する値を図 **19.1-4** に示す．

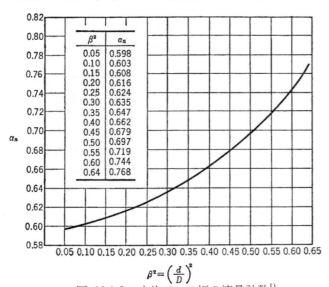
図 19.1-3 オリフィス板の流量計数[1]

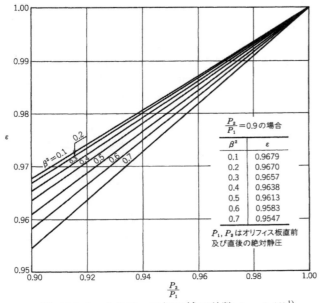
図 19.1-4 オリフィス板の補正計数 ($\kappa=1.40$)[1]

(2) 吸込ノズル

JIS B 8330 に規定されている吸込ノズルの構造を図 **19.1-5** に，測定装置の例を図 **19.1-6** に示す．

吸込ノズルで測定する際の注意点を以下に記載する．

a) 吸込ノズル内面はできるだけ滑らかに製作する．
b) 吸込ノズルの内径は，4ヶ所以上の直径の平均値とし，各直径の誤差は平均値に対し±0.005D以内にする．
c) 圧力差の測定は少なくとも1/100まで読み取る．
d) 吸込ノズルは壁および床から1D（Dは測定管路の直径）以上の距離をとり，入口に他の風の影響を受けないように設置する．

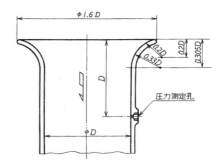
図 19.1-5 吸込ノズルの構造[1]

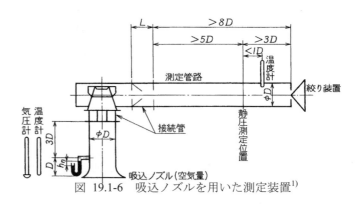
図 19.1-6 吸込ノズルを用いた測定装置[1]

風量を算出する計算式を次に示す．

なお，計算式は $R_D \geqq 5.5\times 10^4$ に適用され，JIS B 8330 によれば誤差範囲は±1 % となる．

$$Q_1 = 60\alpha_0 \varepsilon A_1 \sqrt{\frac{2h_n}{\rho_1}} \qquad (19.1\text{-}3)^{1)}$$

19.1.2 風速計による風量測定

気流が流れている管路の風速が分かると管路の断面積を乗ずることで管路に流れている風量が求められる．

管路の風速を求める方法としてピトー管で平均動圧を測定して平均風速を求める方法と，熱線式風速計など風速計で風速を測定して平均風速を求める方法とがある．

(1) ピトー管

JIS B 8330 に規定されているピトー管の構造を**図 19.1-7**に，測定装置の例を**図 19.1-8**に示す．

ピトー管で測定する際の注意点を以下に記載する．

a) ピトー管は鼻管を流れに対して平行にし，測定点は**図 19.1-9**に示す通り，円形管路では測定管路断面における互いに直角な直径上で各10点，計20点の動圧(=全圧-静圧)を測定し，平均動圧を算出する．

b) 図 19.1-8 に示すようにピトー管前後の管路の直管部を十分に取り，整流格子を取り付ける．

c) 測定管路の内径が400mm以下の場合には，なるべくオリフィス板または吸込ノズルを用いるのが良いとされている．

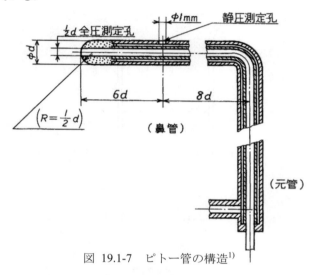

図 19.1-7 ピトー管の構造[1]

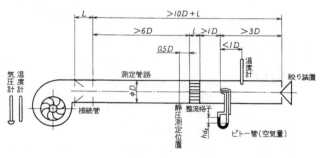

図 19.1-8 ピトー管を用いた測定装置[1]

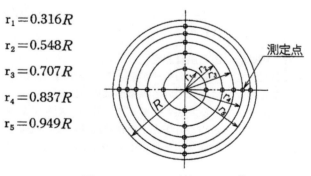

図 19.1-9 ピトー管の測定点[1]

風量の算出は測定した多点の動圧を式(19.1-4)で平均動圧を求め，式(19.1-5)および式(19.1-6)により風量を算出する．

$$\bar{h}_d = \frac{1}{n}(h_1 + h_2 + h_3 \cdots + h_n) \quad (19.1\text{-}4)^{[1]}$$

$$Q_1 = 60A\bar{v}_1 = 60A_1\sqrt{\frac{2\bar{h}_{d1}}{\rho_1}} \quad (19.1\text{-}5)^{[1]}$$

$$Q_2 = 60A\bar{v}_2 = 60A_2\sqrt{\frac{2\bar{h}_{d2}}{\rho_2}} \quad (19.1\text{-}6)^{[1]}$$

(2) 複合ピトー管

風量を正確に測定するためにはJISに準拠した測定を行なえば良いが，測定のために必要とする直管長さが長く，またピトー管では平均動圧を求めるために多くの測定を精度よく行わなければならず，適用が困難な場合や精度が得られない場合が多々ある．

複合ピトー管は管路の平均動圧を瞬時に精度良く測定できるよう開発された風量センサで，多数の測定孔を持つセンサが複数配置され，平均化された全圧と静圧を検出できる構造となっている．また，整流格子を備えていて測定のための直管長さも極端に短くすることができ，各種空調の風量管理や各種試験設備などでの風量・風速測定に広く使用されている．風速範囲や必要直管長さなど使用条件については，適用の際にメーカ資料を参照されたい．

複合ピトー管風量センサ本体の構造を**図 19.1-10**に，センサ構造を**図 19.1-11**に示す．

複合ピトー管は一般的なピトー管同様，全圧と静圧を検出し，その差圧として動圧を測定する差圧検出装置であるが，管路の平均化された差圧が検出できる．ただし，静圧はセンサ下流側でセンサ自身のつくる渦流の中で測定するため，一般的なピトー管での測定値とは値が異なり，静圧は管路内静圧よりも低めの「見かけの静圧」となる．このため，センサ上流部で検出される全圧と「見かけの静圧」との差圧は「見かけの動圧」となる．測定した差圧の「見かけの動圧」から風速を求めるには風量センサのサイズに応じたセンサ係数を乗じて値を補正する．

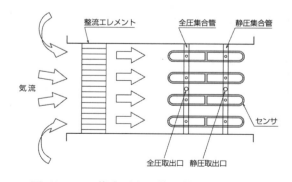

図 19.1-10 複合ピトー管風量センサ本体の構造

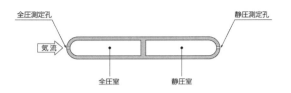

図 19.1-11　複合ピトー管のセンサ構造

風量の算出は式(19.1-7)により行う.

$$Q = 60A\alpha\bar{v} = 60A\alpha\sqrt{\frac{2VP}{\rho}} \qquad (19.1\text{-}7)$$

Q	管路の風量	m³/min
VP	見かけの動圧（全圧-見かけの静圧）	Pa
α	センサ係数（サイズ毎の固有係数）	
A	管路の断面積	m²
ρ	空気密度	kg/m³

空気密度 ρ は1.2kg/m³（20℃, 60%, 1気圧の時）

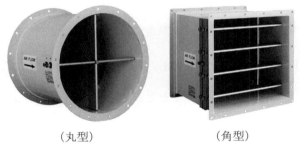

（丸型）　　　　　（角型）
図 19.1-12　複合ピトー管風量センサの外観

(3) 熱線式風速計

加熱した熱線に気流を当てるとその風速に応じて放熱し，熱線の温度が降下する．風速と放熱による温度降下（放熱量）には一定の関係があり，熱線式風速計はこの基本原理を利用して風速を直読できるようにした測定器である．

取扱いが簡単で風速が直読できることから，冷凍空調設備機器の点検や現場のダクトなどの風速，風量測定に多く使用されている．

正確な風量測定を行うにはピトー管での測定と同様に，多点の風速測定を行なって管路の平均風速を求めれば良いが，測定では十分な直管距離および整流格子を設けるなど，風速分布の偏流がなく定常な状態で測定することが大切である．

空調ダクトなど現場での測定ではダクトの曲がり，拡大，縮小あるいは送風機の影響で偏流や旋回流など気流が乱れていることが多々ある．このような状況下で測定を行なっても期待した精度が得られないことが多いので，ダクト設計の段階から直管部や測定位置などをあらかじめ考慮しておくことが望ましい．

風量は次式により計算される．

$$\bar{v} = \frac{1}{n}(v_1 + v_2 \cdots + v_n) \qquad (19.1\text{-}8)$$

$$Q = 60A\bar{v} \qquad (19.1\text{-}9)$$

$\bar{v}$	管路の平均風速	m/s
$v_1, v_2 \cdots v_n$	測定した風速	m/s
Q	管路の風量	m³/min
A	管路の断面積	m²

19.2　環境試験室での風量測定例

送風機やエアコンディショナなど冷凍空調機器の性能試験や各種検証などは各社メーカの環境試験室など専用試験室で行なわれる．環境試験室は大きさはもちろんのこと，その温湿度範囲や測定設備など実施する試験の目的や内容およびその規模に応じて専用設計されるのが一般的である．

風量測定に当たっては，精度良く測定するために測定する各機器のJIS規格，あるいはそれに準拠して行なわれる．以下に換気扇とファンコイルユニットのJIS規格での測定例を記載する．

19.2.1　事例1. 換気扇の風量測定

換気扇にはJIS C 9603の規格があり，換気扇メーカではこのJIS規格にしたがって風量測定が行われている．

換気扇の風量測定方法にはオリフィスと吸込ノズルを用いた2種類の測定方法が規定されている．

代表して吸込ノズルを用いた試験装置の例を**図19.2-1**に示す．

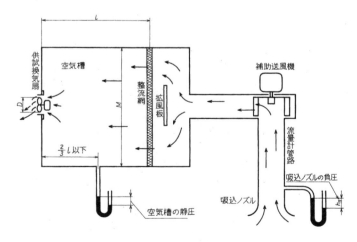

図 19.2-1　吸込ノズルを用いた試験装置[2]

図 19.2-1の装置で風量測定する際の注意点を以下に記載する．

(1) 空気槽のM寸法は次の通りとする．
　角型の空気槽の場合，$M > \square 2.8D$
　丸型の空気槽の場合，$M > \phi 3.16D$
ここで，Dは換気扇の羽根の直径である．
空気槽のl寸法は$l > M/2$とする．
(2) 吸込ノズルはJIS B 8330で規定されているものを使用する．
(3) 吸込ノズル後の直管部の長さの規定はないが，JIS B 8330「送風機の試験および検査方法」に準拠して3D（ここでDは測定管路の直径）以上の直管長さを設ける．
(4) オリフィスの圧力差の測定は少なくとも1/100まで読み取れるマノメータなどを用意する．
(5) 吸込ノズルは壁および床から1D（Dは測定管路の直径）以上の距離をとり，入口に他の風の影響を受けないように設置する．
(6) 整流網および拡風板は，空気槽内の風速を均一化させるためのもので，整流網を通過する風速の最大値が風速の平均値の1.5倍以下になるように整流網および拡風板を取り付ける．

風量測定の手順
(1) 換気扇の吸込み空気が指定の標準吸込状態（温度20℃，湿度65%，101.3kPa）となるように吸込み温湿度を設定する．
(2) 試験時の状態が標準吸込状態と異なる場合には，次式によって空気槽の静圧を補正する．
　空気槽の静圧$= \rho / \rho_0 \times$風量を測定する静圧
　ρ：試験時の空気の密度（kg/m³）
　ρ_0：標準吸込状態の空気の密度（1.20 kg/m³）
(3) 換気扇を定格周波数，定格電圧で運転し，空気槽の静圧が換気扇の風量を測定する時の静圧に等しくなるように（大気開放状態の風量を測定するのであれば静圧0 Pa）補助送風機の風量を調整し，その時の吸込ノズルの負圧を読み取る．
この時，温度，湿度，気圧も合わせて測定する．
(4) 風量は次式によって算出する．

$$Q = 60\alpha_0 a \sqrt{\frac{2h_n}{\rho}} \quad (19.2\text{-}1)^{2)}$$

　Q　換気扇の風量（m³/min）
　α_0　吸込ノズルの流量計数（=0.99）
　a　試験管路の断面積（m²）
　h_n　吸込ノズルの負圧（Pa）
　ρ　空気の密度（kg/m³）

19.2.2 事例2. ファンコイルユニットの風量測定

ファンコイルユニットはJIS A 4008の規格があり，ファンコイルユニットメーカではこのJIS規格にしたがって風量測定が行われている．
ファンコイルユニットは床置型，天井埋込み型，天井カセット型など設置形態によっていくつかの種類があり，それぞれでの試験装置がある．また，風量測定方法ではオリフィス，ノズル，渦流量計を用いた3種類が規定されている．
代表して多く使用されているオリフィス用いた試験装置の例を図19.2-2に示す．

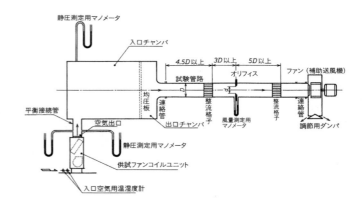

図 19.2-2　オリフィスを用いた試験装置[3]

図19.2-2の装置で風量測定する際の注意点を以下に記載する．
(1) 入口チャンバは計算上の平均通過風速が1.2 m/s以下になるサイズとする．
(2) 風量の測定はマノメータを持つ差圧式流量計を使用し，オリフィスはJIS B 8330またはJIS Z 8762-2で規定されているものを使用する．また，オリフィスの口径は測定する差圧が140 Pa以上になるものを選ぶ．
(3) 平衡接続管はファンコイルユニット吹出し口の開口と同断面で，100 mm以上の直管とする．ただし，入口チャンバ内で静圧測定する場合には，平衡接続管は用いない．やむを得ず接続管を使用する場合はなるべく短くする．
(4) 平衡接続管の静圧測定孔は同一断面の4面に最小各1点，計4点以上設け，大気圧との差圧をとる．
入口チャンバ内で静圧測定する場合には，ファンコイルユニットからの吹出し気流と直角な同一断面の3面に最小各1点づつ，計3点以上設ける．
いずれの場合も測定されたそれぞれの静圧値に±1 Pa以上の差異がないことを確認する．
(5) 均圧板はパンチングメタルを2～3枚重ねるなど，適当な抵抗を付けて気流を整流させ，均圧板の入口および出口断面での最大風速がその断面における平均風速の140%になるように均圧板を設ける．

風量測定の手順
(1) ファンコイルユニットを入口空気温度など測定条件の状態で10分以上暖機運転し，送風機の回転数が安定してから測定を行う．

(2) 空気を直接室内から吸込んで直接室内に吹き出すタイプのファンコイルユニットの場合には，平衡接続管と大気圧の差圧（静圧差）は0 Pa，ダクト接続型で機外静圧を有するファンコイルユニットの場合には差圧がその機外静圧の値になるように補助送風機で風量を調整し，その時のオリフィスの差圧を読み取る．

(3) また，標準空気状態での風量に換算するため気圧測定の他にファンコイルユニットの入口空気の温湿度またはサンプリングチューブを用いてオリフィス直前の空気の温湿度を測定する．

(4) 風量は次式によって標準空気状態での値に換算して算出する．

$$Q_s = 60 \alpha \, \varepsilon \, a \sqrt{\frac{2h_n}{\rho_n}} \qquad (19.2\text{-}2)^{3)}$$

$$\rho_n = 3.47 \times \frac{P_n}{t_n + 273} \qquad (19.2\text{-}3)^{3)}$$

- Q_s　標準空気状態に換算した風量（m³/min）
- α　オリフィスの流量計数（JIS B 8330 参照）
- ε　空気の膨張による修正係数（JIS B 8330 参照）
- a　オリフィスの開口面積（m²）
- h_n　オリフィス前後の圧力差（Pa）
- ρ_n　オリフィス直前の空気の密度（kg/m³）
- P_n　オリフィス直前の絶対圧力（kPa）
- t_n　オリフィス直前の空気温度（℃）

標準状態における空気の密度は，1.20 kg/m³とする．

引　用　文　献

1) JIS B 8330:2000 送風機の試験および検査方法
2) JIS C 9603:1988 換気扇
3) JIS A 4008:2008 ファンコイルユニット

(青木　敏和)

日本冷凍空調学会専門書シリーズ
測定器の取扱方法

定価（本体価格 4,167円+税）

昭和55年9月20日　　　初版発行
平成27年3月25日　　　第2次改訂版発行

編集・発行　公益社団法人日本冷凍空調学会

〒103-0011　東京都中央区日本橋大伝馬町13-7
日本橋大富ビル
TEL　03（5623）3223
FAX　03（5623）3229

印　刷　所　日本印刷株式会社

© 2015　JSRAE　　　ISBN978-4-88967-126-1-C3053　￥4167E